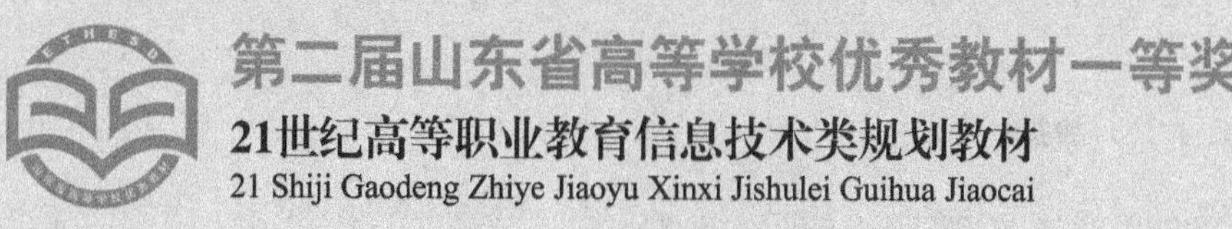

第二届山东省高等学校优秀教材一等奖

21世纪高等职业教育信息技术类规划教材
21 Shiji Gaodeng Zhiye Jiaoyu Xinxi Jishulei Guihua Jiaocai

Windows Server 2003 组网技术与实训

（第2版）

Windows Server 2003 ZUWANG JISHU YU SHIXUN

杨云 平寒 薛立强 主编

人 民 邮 电 出 版 社

北 京

图书在版编目（CIP）数据

Windows Server 2003组网技术与实训 / 杨云，平寒，薛立强主编. -- 2版. -- 北京 : 人民邮电出版社，2012.5（2022.8重印）
21世纪高等职业教育信息技术类规划教材
ISBN 978-7-115-24719-3

Ⅰ. ①W… Ⅱ. ①杨… ②平… ③薛… Ⅲ. ①服务器—操作系统（软件），Windows Server 2003—高等学校：技术学校—教材 Ⅳ. ①TP316.86

中国版本图书馆CIP数据核字(2011)第011040号

内 容 提 要

本书全面详细地介绍 Windows Server 2003 的组网技术，并以项目或工程案例方式对相关内容进行强化训练，使读者在读完本书后能完成中小型企业的局域网组建与管理的工作任务。

本书共分 11 章，主要内容包括 DNS 服务器、DHCP 服务器、活动目录、文件服务器和打印服务器、Web 服务器、FTP 服务器、电子邮件服务器、认证服务器、VPN 服务器、NAT 服务器的搭建、配置与管理，以及 Windows Server 2003 的规划与安装、远程管理与远程协助、存储管理、IP 路由等。本书每章后面配有习题、实训和工程案例分析，本书的最后附有两个结合实际的综合实训项目。实训项目和工程案例重在培养读者分析和解决实际问题的能力。

本书可作为高职高专院校计算机专业、信息专业、电子商务专业、电子商务专业及其他相关专业的 Windows Server 组网技术与应用课程的教材，也是中小型网络管理员、技术支持经理，以及从事网络管理的网络爱好者必备的参考书。

◆ 主　　编　杨　云　平　寒　薛立强
责任编辑　赵慧君
◆ 人民邮电出版社出版发行　　北京市丰台区成寿寺路 11 号
邮编　100164　　电子邮件　315@ptpress.com.cn
网址　http://www.ptpress.com.cn
北京虎彩文化传播有限公司印刷
◆ 开本：787×1092　1/16
印张：19.25　　2012 年 5 月第 2 版
字数：495 千字　　2022 年 8 月北京第 15 次印刷

ISBN 978-7-115-24719-3

定价：36.80 元

读者服务热线：(010)81055256　印装质量热线：(010)81055316
反盗版热线：(010)81055315

第 2 版前言

《Windows Server 2003 组网技术与实训》一书出版 3 年来，得到了各院校师生的厚爱，已经重印 5 次。为了适应计算机网络的发展和高职高专教材改革的需要，我们对本书第 1 版进行了修改，吸收有实践经验的网络企业工程师参与教材大纲的审订与编写，改写或重写了核心内容，删除部分陈旧内容，增加了部分新技术。

第 2 版主要修订的内容如下。

1. 实训内容全部重写，使之更新颖、更实用，更利于学生学习和教师授课。

2. 去掉“视频服务器”，增加电子邮件服务器。

3. 重写了活动目录、DNS 服务器、DHCP 服务器、部署 IP 路由、NAT 服务器、VPN 服务器等核心内容。

4. 在电子证书服务一章中增加了“基于 SSL 的网络安全应用”实例。

5. 为了便于教与学，绘制了所有实验实训的网络拓扑图，全书增加 28 个网络实验拓扑图。拓扑图的使用，使教学过程一目了然，更易于学生理解和学习。

6. 将文件服务器和打印服务器进行整合。

为了便于学生自主学习，书后增加了大量不同类型的习题，可以帮助学生进一步巩固基础知识。每章还附有实践性较强的实训；书的最后有两个综合实训，可以供学生上机操作时使用。本书配备了 PPT 课件、教学与实验录像、习题答案、综合实训参考方案、课程标准、模拟试题等丰富的教学资源，任课教师可到人民邮电出版社教学服务与资源网（www.ptpedu.com.cn）免费下载使用，也可访问作者的课程网站 http://windows.jnrp.cn。

本书的参考学时为 76 学时，其中实践环节为 36 学时，各章的参考学时参见下面的学时分配表。

章　节	课程内容	学时分配	
		讲　授	实　训
第 1 章	Windows Server 2003 规划与安装	2	2
第 2 章	DNS 服务器配置与管理	4	2
第 3 章	DHCP 服务器配置与管理	4	2
第 4 章	活动目录与用户管理	4	2
第 5 章	文件服务器和打印服务器的配置与管理	4	4
第 6 章	远程管理和远程协助	2	2
第 7 章	存储管理	2	2
第 8 章	IIS 服务器的配置与管理	4	4
第 9 章	电子邮件服务器的配置与管理	4	4

续表

章 节	课 程 内 容	学 时 分 配	
		讲 授	实 训
第 10 章	电子证书服务	4	2
第 11 章	路由和远程访问	6	4
	综合实训 1、2	—	6
课 时 总 计		40	36

本书由寒云工作室策划，由杨云、平寒、薛立强担任主编，李娟、和乾担任副主编，是一本工学结合的教材。北京通软博大科技有限公司山东分公司技术总监王春身（MCSE）审订了大纲并编写了部分实训内容。其中，李娟编写了第 1 章～第 3 章、第 9 章，平寒编写了第 4 章，和乾编写了第 5 章～第 7 章，薛立强编写了第 8 章，杨云编写了第 10 章，周晶编写了第 11 章。张晖、杨磊、于静、郭娟、闫丽君、张亦辉、吕子泉、牛文琦、马立新、金月光、刘芳梅、徐莉、姜海岚、王勇等老师也参加了部分章节的编写。

由于时间有限，加之编者水平有限，书中难免存在错误和不妥之处，恳请广大读者批评指正。作者的 E-mail：yangyun@jn.gov.cn。

编 者

2010 年 11 月

目 录

第1章 Windows Server 2003规划与安装

本章学习要点

Windows Server 2003 不仅继承了 Windows 2000/XP 的简易性和稳定性，而且提供了更高的硬件支持和更强大的功能，无疑是中小型企业应用服务器的首选。本章介绍 Windows Server 2003 家族及安装规划。

- 掌握从 CD-ROM 开始全新安装 Windows Server 2003 的方法
- 了解无人参与安装
- 掌握网络服务的添加与管理
- 掌握微软控制台的使用

1.1 Windows Server 2003 概述

基于微软 NT 技术构建的操作系统现在已经发展了 3 代：Windows NT、Windows 2000 和 Windows Server 2003。Windows Server 2003 是从 Windows 2000 演化而来的服务器版本的操作系统。对于目前基于 Windows 2000 操作系统的网络管理员来说，配置这个新的 Windows 版本不会带来繁重的学习负担；对于刚刚开始使用这个系统的新手来说，同样不会产生太多困难，因为 Windows Server 2003 继承了微软公司产品一贯的易用性。

1.1.1 Windows Server 2003 的版本

Windows Server 2003 操作系统是微软公司在 Windows 2000 Server 基础上于 2003 年 4 月正式推出的新一代网络服务器操作系统，其目的是在网络上构建各种网络服务。Windows Server 2003 有如下 4 个版本。

- Windows Server 2003 标准服务器版。
- Windows Server 2003 Web 服务器版。

- Windows Server 2003 企业服务器版（32 位和 64 位版本）。
- Windows Server 2003 数据中心服务器版（32 位和 64 位版本）。

每个版本是应不同的需求而推出的，可以根据需要选用不同的版本。

1. Windows Server 2003 标准服务器版

Windows Server 2003 标准服务器版是为小型企业和部门使用而设计的，其可靠性、可伸缩性和安全性能满足小型局域网构建的要求，基本功能包括文件共享、打印共享和 Internet 共享等。Windows Server 2003 标准服务器版支持最大 4GB 的内存，支持 4 路的对称多处理器版（SMP），但是不支持服务器的集群。所谓集群是几台服务器共同负责原来一台服务器的工作。集群可以提供负载平衡的能力，同时可以防止服务器单点故障的产生，也使网络更易于扩展。

2. Windows Server 2003 Web 服务器版

Windows Server 2003 Web 服务器版是专为用做 Web 服务器而构建的操作系统，主要目的是作为 IIS 6.0 服务器使用，用于生成并承载 Web 应用程序、Web 页和 XML Web 服务。虽然 Web 服务器可以作为 Active Directory 域的成员服务器，但 Web 服务器上却无法运行活动目录（Active Directory），也无法进行集群。Windows Server 2003 Web 服务器版软件通常不单独销售，一般通过指定的合作伙伴获得。Windows Server 2003 Web 服务器版支持最大 2GB 的内存，支持 2 路的对称多处理器。

3. Windows Server 2003 企业服务器版

Windows Server 2003 企业服务器版是为满足大中型企业的需要而设计的，有 32 位和 64 位两个版本。Windows Server 2003 企业服务器版除了包括标准服务器版的全部功能外，还有更强大的功能，支持 8 路的对称多处理器。32 位和 64 位两个版本都支持 64GB 的内存，还支持服务器集群。Windows Server 2003 企业服务器版软件的高可靠性和高性能，使得它特别适合于企业的应用，如 Web 服务器、数据库服务器等。

4. Windows Server 2003 数据中心服务器版

Windows Server 2003 数据中心（Data Center）服务器版是功能最强大的版本，是应企业需要运行大负载、关键性应用而设计的，具有非常强的可伸缩性、可用性和高度的可靠性，也有 32 位和 64 位两个版本。Windows Server 2003 数据中心服务器版支持 32 位的对称多处理器，支持 8 个节点的服务器集群。32 位版支持 64GB 内存，64 位版支持 128GB 内存。和 Windows Server 2003 Web 服务器版软件类似，Windows Server 2003 数据中心服务器版软件一般也不单独销售，而是和合作伙伴进行 OEM。

1.1.2 Windows Server 2003 新特性

相对于 Windows 2000 操作系统， Windows Server 2003 提供了许多新功能，其中一部分是在已有功能的基础上做的改进，还有一些是全新设计的功能。下面将对 Windows Server 2003 的新功能做总体介绍，这些新功能的详细使用方法将在本书其他章节中具体描述。

1. 新的远程管理工具

Windows Server 2003 提供了几种工具，使用户可以更容易地远程管理各种服务。用户可以从自己的工作站来查看、修改服务器和域的设置，或者对服务器进行监测。此外，还可以将任务委派给 IT 部门的其他成员，并让他们从自己的工作站管理授权的资源。

（1）远程安装服务（RIS）。在 Windows 2000 中，使用 RIS 服务器仅能对 Windows 的工作站版本进行自动部署。而使用 Windows Server 2003，可以使用新的 NET RIS 功能来配置所有 Windows Server 2003 的版本（数据中心版除外）。

（2）远程桌面。实际上，远程桌面在 Windows 2000 Server 中已经引进。在 Windows 2000 Server 中，终端服务器分成远程管理模式和应用服务器模式两个不同的模式。远程管理模式在一个服务器上提供两个免费的终端服务器许可，因此管理员能够通过访问终端服务器来执行远程管理任务；应用服务器模式为在服务器上运行应用程序提供标准的终端服务器工具。在 Windows Server 2003 中，终端服务器仅仅用于运行应用程序，远程管理模式的终端服务则以“远程桌面”的形式内置于操作系统。

Windows Server 2003 和 Windows XP（可以认为是 Windows Server 2003 家族中的客户端成员）系统内置了远程桌面的客户端程序，对于较早的 Windows 版本，可以从 Windows Server 2003 安装光盘上安装客户端软件，或者从包含 Windows Server 2003 安装文件的网络共享点上安装。

（3）远程协助。帮助新手用户最好的方式就是登录到用户的工作站上去。远程协助提供以下两种工作方式，使技术支持人员可以工作在远程用户的计算机上。

- 初学者向有经验的用户请求帮助。
- 有经验的用户向初学者提供帮助（即使没有收到邀请）。

当支持人员用远程协助连接到用户的计算机上时，支持人员可以看到用户计算机的屏幕，甚至可以用自己的鼠标和键盘控制用户的计算机。为了增加便利，远程协助还提供了聊天功能和文件交换功能。要使用远程协助，必须符合以下标准。

- 计算机必须运行 Windows Server 2003 或者 Windows XP。
- 计算机必须在局域网上或者已经接入 Internet。

在 Windows XP 中，远程协助邀请默认设置为启用，所以运行 Windows XP 的任何用户可以向任何运行 Windows Server 2003 或 Windows XP 的有经验的用户请求援助。在运行 Windows Server 2003 的计算机上，为了请求帮助，必须启用远程协助功能。在活动目录域上和在本地的 Windows Server 2003/Windows XP 计算机上，有一个组策略可用来启用远程协助。

2. “管理您的服务器”向导

Windows Server 2003 增加了服务器角色的概念。所谓服务器角色是指 Windows Server 2003 能够提供某种网络服务的能力。与 Windows 2000 有所不同，出于安全的考虑，默认情况下大部分 Windows Server 2003 的网络服务是未安装的，只有添加了某个服务器角色之后，该服务才能工作。

“管理您的服务器”向导提供一个中心位置，可供用户安装或删除运行 Windows Server 2003 的服务器上可用的服务器角色。常用的服务器角色包括文件服务器角色、打印服务器角色、应用程序服务器角色、邮件服务器角色、终端服务器角色、远程访问/VPN 服务器角色、域控制器角

色、DNS 服务器角色、DHCP 服务器角色、流媒体服务器角色和 WINS 服务器角色。

3. 新的 Active Directory 功能

Windows Server 2003 的 Active Directory 和组策略编辑器增加了很多特性和新功能。Windows Server 2003 改进了搜索功能，所以，现在查找并操纵 Active Directory 对象变得更容易了。可以通过从一个已存在的域控制器中恢复备份的方式来建立域控制器，这是一种极为有效的配置域的方式。

4. 可用性和可靠性的改进

为了尽可能达到完美，Windows Server 2003 引入了一些新工具。

（1）自动系统恢复。自动系统恢复（Automated System Recovery，ASR）是基于软盘的恢复工具，但是不同于 NT4.0 和 Windows 2000 的紧急修复过程，ASR 被连接到启动 Windows 相关的备份文件上。用户可以将这些备份文件存储在本地硬盘，或本地可移动磁盘上。

（2）程序兼容性。Windows Server 2003 提供两个工具来帮助运行遗留的软件，它们是兼容性向导和程序兼容性模式。这两个工具对于那些对 Windows 版本具有硬编码访问的内部程序特别有用。向导会带领用户测试一个程序对于 Windows 版本的兼容性。当设置兼容模式后，应用程序每一次都将以这个模式启动。也可以对程序的安装文件运行应用程序兼容性向导。程序兼容模式执行类似的工作，但是忽略了向导，而是对可执行文件直接工作。在 Windows Server 2003 中，所有的可执行文件在“属性”对话框中都有一个新的“兼容性”选项卡，如图 1-1 所示，可以用其中的选项来调整兼容模式、视频设置和安全设置。

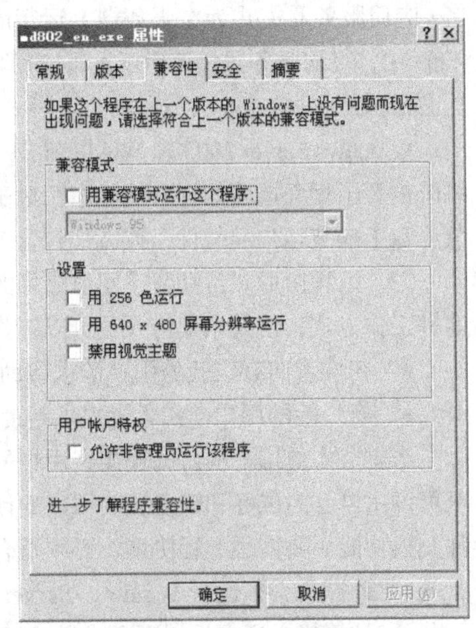

图 1-1　Windows 2003“兼容性”选项卡

（3）策略的结果集。Windows 2000 最令人失望的方面之一就是管理员很容易丢失对计算机和用户应用的策略，组策略用户界面不提供任何方式来判断你做什么。Windows Server 2003 包含一个很好的工具，这个工具称为策略的结果集（Resultant Set of Polices，RSoP），它可以使用户看到策略在计算机和用户上设置的效果。最后，当用户抱怨限制不合适时，或者由于太多的策略而使启动变慢时，Windows Server 2003 内置了方法来调试策略，而且 RSoP 具有“计划模式”，可以在应用策略之前显示它们的效果。

1.2 安装 Windows Server 2003

1.2.1 硬件需求和硬件兼容性

在安装之前，首先需要确认计算机是否能够满足安装的最低要求，否则安装程序将无法安装

成功。另外，很多服务器都使用自己的磁盘阵列产品，所以要准备针对该服务器磁盘阵列的专用驱动程序，否则安装过程也将无法继续。一般情况下，服务器产品通常会自备一个辅助安装的可引导光盘（如 HP 公司的 SmartStart），用它来执行 Windows 的安装将会变得更方便快捷。表 1-1 所示为微软官方提供的最低安装配置数据。

表 1-1　　Windows Serve 2003 最低硬件需求

	Web 版	标　准　版	企　业　版	数据中心版
最小处理器速度（x86）	133MHz 推荐 550MHz	133MHz 推荐 550MHz	133MHz 推荐 550MHz	133MHz 推荐 550MHz
最小处理器速度（Itanium）			1G Hz	1G Hz
支持的处理器数目	2	4	8	32（32 位） 64（64 位）
最小 RAM	128MB 推荐 256MB	128MB 推荐 256MB	128MB 推荐 256MB	128MB 推荐 256MB
磁盘空间	1.25GB ~ 2GB			

在实际安装 Windows Server 2003 之前，还需要确认硬件是否与 Windows Server 2003 家族产品兼容。Microsoft 的硬件兼容性列表（Hardware Compatibility List，HCL）提供了许多厂商产品的列表，包括系统、集群、磁盘控制器和存储区域网络（Storage Area Network，SAN）设备。可以通过从安装盘上运行预安装兼容性检查或通过 Microsoft 提供的硬件兼容性信息检查进行确认。

（1）从安装盘上运行预安装兼容性检查。

① 利用安装 CD 进行硬件和软件兼容性检查。兼容性检查不需要实际进行升级或安装。要进行检查，请将安装 CD 放入 CD-ROM 驱动器中，显示出内容时，按照提示检查系统兼容性。

② 将安装 CD 放入 CD-ROM 驱动器中，打开命令提示符并输入命令：

```
g:\i386\Winnt32 /checkupgradeonly
```

（2）要获得 Windows 操作系统所支持的硬件和软件的综合列表，也可以参阅以下网址提供的信息：

```
http://www.microsoft.com/Windows/catalog/Server/
```

1.2.2　制订安装配置计划

将一个新的操作系统安装到网络中不是一件简单的事情。为了保证网络的稳定运行，在将计算机安装或升级到 Windows Server 2003 之前，需要在实验环境下全面测试操作系统，并且要有一个清晰的文档化过程。这个文档化的过程就是配置计划。

首先是关于目前的基础设施和环境的信息、公司组织的方式和网络的详细描述，包括协议、寻址和到外部网络的连接（如局域网之间的连接和 Internet 的连接）。此外，配置计划应该标示出在用户的环境下使用的但可能受 Windows Server 2003 的引入而受到影响的应用程序。这包括多层应用程序、基于 Web 的应用程序和将要运行在 Windows Server 2003 计算机上的所有组件。一旦确定需要的各个组件，配置计划就应该记录安装的具体特征，包括测试环境的规格说明、将要被配置的服务器的数目和实施顺序等。

最后作为应急预案，配置计划还应该包括发生错误时需要采取的步骤。制定偶然事件处理方

案来对付潜在的配置问题是计划阶段最重要的方面之一。很多 IT 公司都有维护灾难恢复计划，这个计划标示出具体步骤，以备在将来的自然灾害事件发生时恢复服务器，并且这是存放当前的硬件平台、应用程序版本相关信息的好地方，也是重要商业数据存放的地方。

1.2.3 Windows Server 2003 的安装方式

Windows Server 2003 可以有不同的安装方式，主要是根据安装程序所在的位置、原有的操作系统等进行分类的。

1. 从 CD-ROM 启动开始全新的安装

这种安装方式是最常见的。如果计算机上没有安装 Windows Server 2003 以前版本的 Windows 操作系统（如 Windows 2000 Server 等），或者需要把原有的操作系统删除时，这种方式很合适。

2. 在运行 Windows 98/NT/2000/XP 的计算机上安装

如果计算机上已经安装了 Windows Server 2003 以前版本的 Windows 操作系统，再安装 Windows Server 2003 可以实现双启动。这种方式通常用于需要 Windows Server 2003 和原有的系统并存的情形。

3. 从网络进行安装

从网络进行安装方式是安装程序不在本地的计算机上，事先在网络服务器上把 CD-ROM 共享或者把 CD-ROM 的 i386 目录复制到服务器上再共享，然后使用共享文件夹下的 Winnt32.exe 开始安装。这种方式适合于需要在网络中安装多台 Windows Server 2003 的场合。

4. 通过远程安装服务器进行安装

远程安装需要一台远程安装服务器，该服务器要进行适当的配置。可以把一台安装好 Windows Server 2003 和各种应用程序并且做好了各种配置的计算机上的系统做成一个映像文件，把文件放在远程安装服务器上。客户机通过网卡和软盘启动，从 RIS 上开始安装。这种方式非常适合于有多台计算机要安装 Windows Server 2003，并且这些计算机上的配置、Windows Server 2003 的配置以及应用程序的设置等都非常类似的场合。本书不对这种方式进行介绍，读者可参阅相关资料。

5. 无人参与安装

在安装 Windows Server 2003 的过程中，通常要回答 Windows Server 2003 的各种信息，如计算机名、文件系统分区类型等，管理员不得不在计算机前等待。无人参与安装是事先配置一个应答文件，在文件中保存了安装过程中需要输入的信息，让安装程序从应答文件中读取所需的信息，这样管理员就无需在计算机前等待着输入各种信息。

6. 升级安装

如果原来的计算机已经安装了 Windows Server 2003 以前的 Windows Server 软件，可以在不破坏以前的各种设置和已经安装的各种应用程序的前提下对系统进行升级。这样可以大大减少重

新配置系统的工作量，同时可保证系统过渡的连续性。

如果 Windows 2000 服务器早先是从 Windows NT 4 升级来的，就应该考虑全新安装。因为每个升级都保留先前的操作系统的组件，而这些组件可能对 Windows Server 2003 安装的性能和稳定性有反作用。

1.2.4　使用光盘安装 Windows Server 2003

使用 Windows Server 2003 的引导光盘进行安装是最简单的安装方式。在安装过程中，用户不需过多干预，只需掌握几个关键点即可顺利完成安装。需要注意的是，如果当前服务器没有安装 SCSI 接口设备或者 RAID 卡，则可以略过相应步骤。安装过程可以分为字符界面安装和图形界面安装两大部分，具体步骤如下。

（1）设置光盘引导。重新启动系统并把光盘驱动器设置为第一启动设备，保存设置。

（2）从光盘引导。将 Windows Server 2003 安装光盘放入光驱并重新启动。如果硬盘内没有安装任何操作系统，计算机会直接从光盘启动到安装界面；如果硬盘内安装有其他操作系统，计算机就会显示“Press any key to boot from CD…”的提示信息，此时在键盘上按任意键，才从 CD-ROM 启动。

（3）准备安装 SCSI 设备。从光盘启动后，便会出现“Windows Setup”蓝色界面。安装程序会先检测计算机中的各硬件设备。如果服务器安装有 Windows Server 2003 不支持的 RAID 卡或 SCSI 存储设备，当安装程序界面底部显示“Press F6 if you need to install a third party SCSI or RAID driver…”提示信息时，必须按 F6 键，准备为该 RAID 卡或 SCSI 设备提供驱动程序。如果服务器中没有安装 RAID 卡或 SCSI 接口卡，则无需按 F6 键，而是直接进入 Windows 安装界面。

磁盘的损坏不仅将直接导致系统瘫痪和网络服务失败，而且还将导致宝贵的存储数据丢失，所造成的损失往往是难以估量的。为了提高系统的稳定性和数据安全性，服务器通常都采用 RAID 卡实现磁盘冗余，既保证了系统和数据的安全，又提高了数据的读取速率和数据的存储容量。

（4）安装 SCSI 设备。按 F6 键后，根据提示安装特殊的 SCSI 设备的驱动程序。若没有安装，则不执行该步操作。

（5）Windows 安装界面。光盘自启动后，便会出现“Windows Setup”蓝色界面，如图 1-2 所示。这时即开始了字符界面安装过程。如果全新安装 Windows Server 2003，只需要按“Enter”键即可。

（6）许可协议。如图 1-3 所示，对于许可协议的选择，用户并没有选择的余地，按“F8”键接受许可协议。

（7）分区及文件系统。如图 1-4 所示，用“↑”或“↓”方向键选择安装 Windows Server 2003 系统所用的分区。选择好分区后按“Enter”键，安装程序将检查所选分区的空间以及所选分区上是否安装过操作系统。如果所选分区上已安装了操作系统，安装程序就会提出警告信息，要求用户确认。确认完成后，会出现分区格式化窗口，如图 1-5 所示。

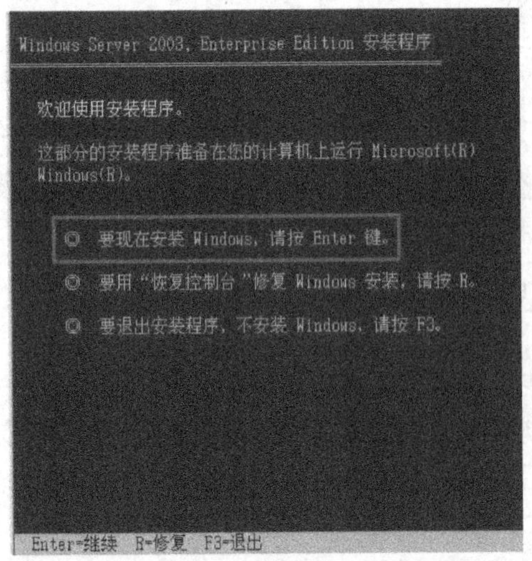

图 1-2　Windows Server 2003 安装提示

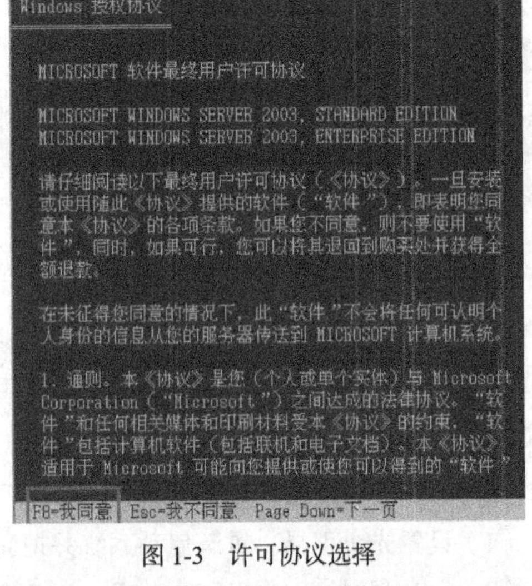

图 1-3　许可协议选择

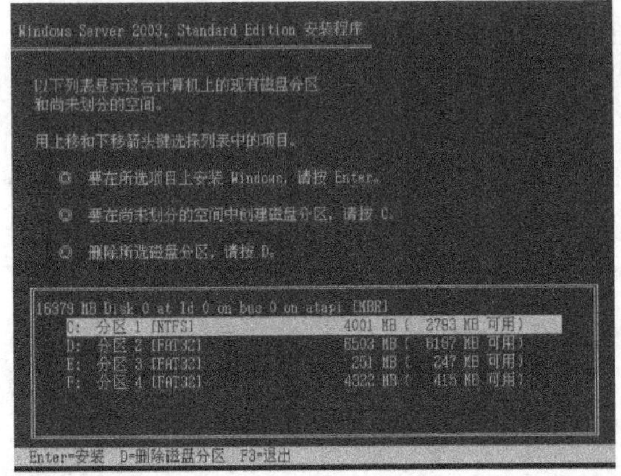

图 1-4　分区选择

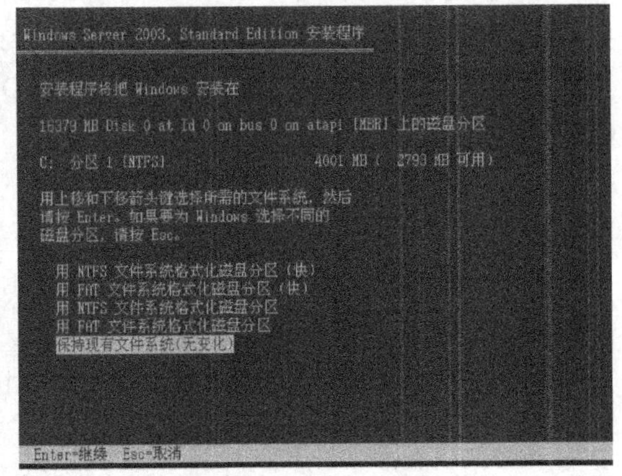

图 1-5　分区格式化窗口

（8）格式化硬盘。图 1-5 最下方提供了 5 个对所选分区进行操作的选项，其中，“保持现有文件系统（无变化）”的选项不含格式化操作，其他选项都会有对分区进行格式化的操作。选择格式化选项时一定要格外注意，以免损坏数据。

（9）复制文件。格式化分区完成后，安装程序会创建要复制的文件列表，然后开始复制系统文件到临时分区，如图 1-6 所示。

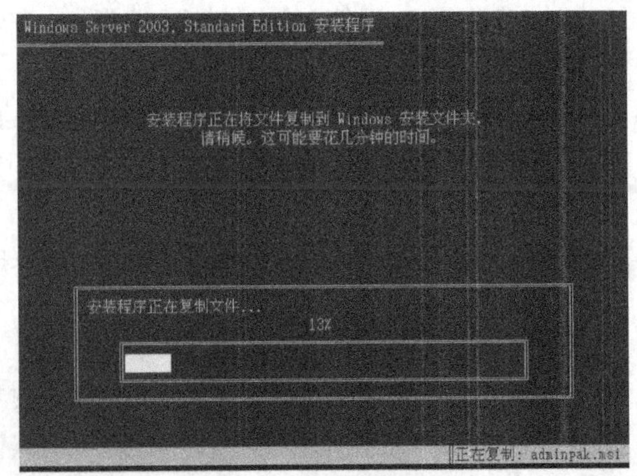

图 1-6　复制安装文件

（10）首次启动。计算机第一次重新启动后，会自动检测计算机硬件配置。该过程可能会需要几分钟，请耐心等待，检测完成后就开始安装系统，如图 1-7 所示。

（11）区域和语言选项。安装程序检测完硬件后，提示用户进行区域和语言设置。区域和语言设置选用默认值就可以了，以后可以在控制面板中进行修改。

图 1-7　图形界面安装过程

（12）自定义软件及产品密钥。如图 1-8 所示，输入用户姓名和单位，然后单击“下一步”按钮，出现如图 1-9 所示的输入产品密钥界面。在这里输入安装序列号。

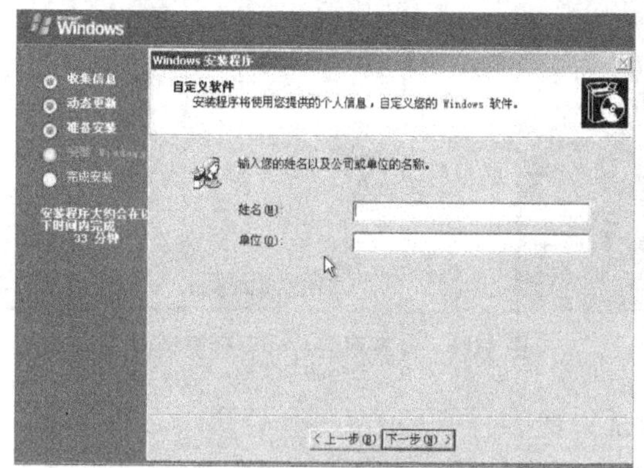

图 1-8　输入用户姓名和单位

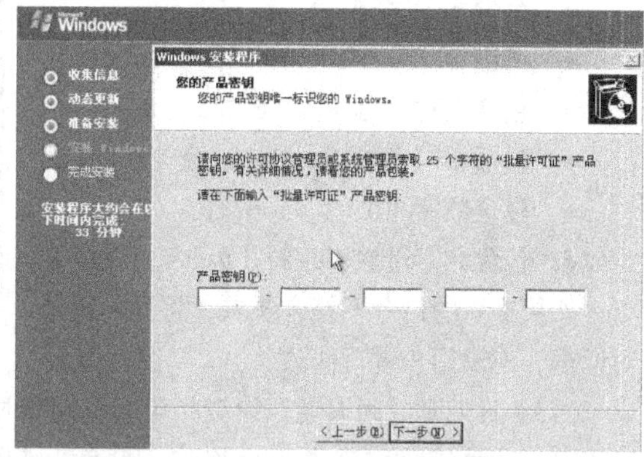

图 1-9　输入产品密钥界面

（13）授权模式。如图 1-10 所示，微软公司对其服务器产品有两种授权模式：“每服务器”模式和“每设备或每用户”模式。

① “每服务器”模式。“每服务器”模式是指每个与此服务器的并发连接都需要一个单独的客户端访问许可证（CAL）。换句话说，此服务器在任何时间都可以支持固定数量的连接。例如，如果用户购买了 5 个许可证的“每服务器”授权，那么该服务器可以一次具有 5 个并发连接（如果每一个客户端需要一个连接，那么一次允许存在 5 个客户端）。使用这些连接的客户端不需要任何其他许可证。

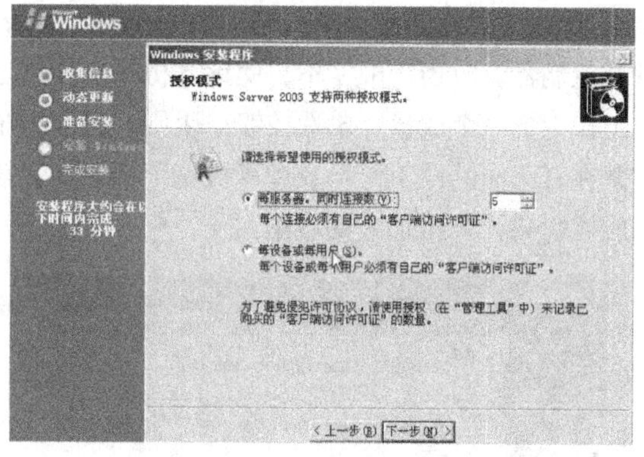

图 1-10　授权模式

② “每设备或每用户”模式。访问运行 Windows Server 2003 家族产品的服务器的每台设备或每个用户都必须具备单独的 CAL。通过一个 CAL，特定设备或用户可以连接到运行 Windows Server 2003 家族产品的任意数量的服务器上。拥有多台运行 Windows Server 2003 家族产品的服务器的公司大多采用这种授权方法。

具体选择何种授权模式，应取决于企业拥有的服务器数量以及需要访问服务器的客户机的数量。

（14）计算机名称和管理员密码。此处用来为该服务器指定一个计算机名称和管理员密码，如

图 1-11 所示。安装程序自动为系统创建一个计算机名称，用户也可以自己更改这个名称。为了便于记忆，这个名称最好具有实际意义，并且简单易记。还需要输入两次系统管理员（Administrator）密码。出于安全的考虑，当密码长度少于 6 个字符时会出现提示信息，要求用户设置一个具有一定复杂性的密码。

计算机名称既要在网络中独一无二，同时又要能标识该服务器的身份。另外，在这里输入的管理员密码必须牢记，否则将无法登录系统。

对于管理员密码，Windows Server 2003 的要求非常严格，管理员口令要求必须符合以下条件中的前两个，并且至少要符合 3 个条件。

- 至少 6 个字符。
- 不包含“Administrator”或“admin”。
- 包含大写字母（A、B、C 等）。
- 包括小写字母（a、b、c 等）。
- 包含数字（0、1、2 等）。
- 包含非字母数字字符（#、&、~等）。

如果输入的口令不符合要求，将显示提示对话框，建议用户进行修改。

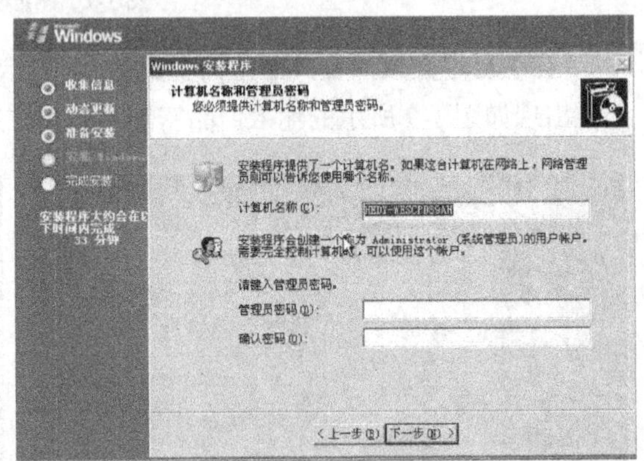

图 1-11　计算机名称和管理员密码

（15）日期和时间设置。设置相应的日期和时间。

（16）网络设置。如果对网络连接没有特殊要求，可选中“典型设置”单选按钮，如图 1-12 所示。如果对网络有特别需求，如设置 IP 地址、安装网络协议等，请选中“自定义设置”单选按钮。

（17）工作组或计算机域。如图 1-13 所示，如果网络中只有这一台服务器，或者网络中没有域控制器，应当选中“不，此计算机不在网络上，或者在没有域的网络上。把此计算机作为下面工作组的一个成员”单选按钮；否则，应当选中“是，把计算机作为下面域的成员”单选按钮，并在其下面的“工作组或计算机域”框中输入该计算机所在工作组或域的名称。也可以在安装完成后再将计算机加入到域中。

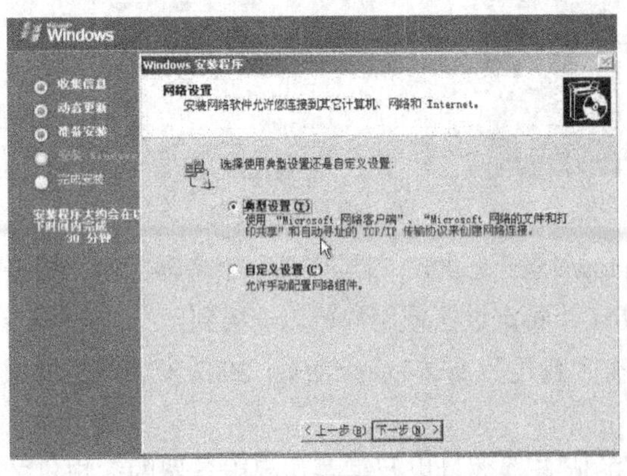

图 1-12　网络设置

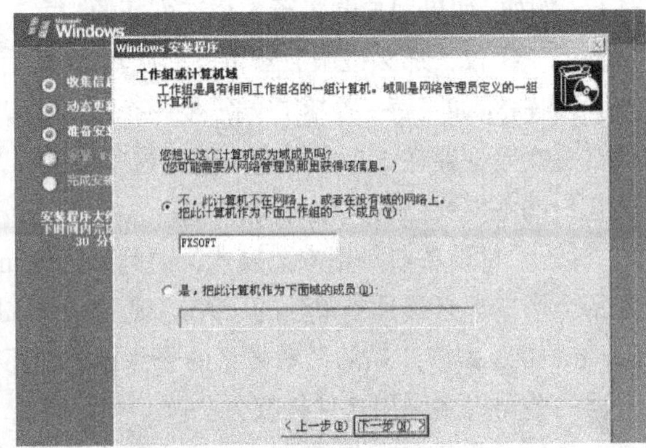

图 1-13　设置工作组和计算机域

（18）安装完成，重新登录系统。至此，所有的设置都已完成。安装程序会添加用户选择

的各个组件，并保存设置，删除安装过程中使用的临时文件，最后系统会自动重新启动。启动完成后，就可以看到 Windows Server 2003 的登录界面了。在登录界面上按 “Ctrl+Alt+Delete” 组合键就可以进行登录。

（19）“管理您的服务器” 向导。第一次登录到 Windows Server 2003 会自动运行“管理您的服务器” 向导，如图 1-14 所示。

如果不想每次启动都出现这个窗口，可选择该窗口左下角的 “在登录时不要显示此页” 复选框，然后关闭窗口。

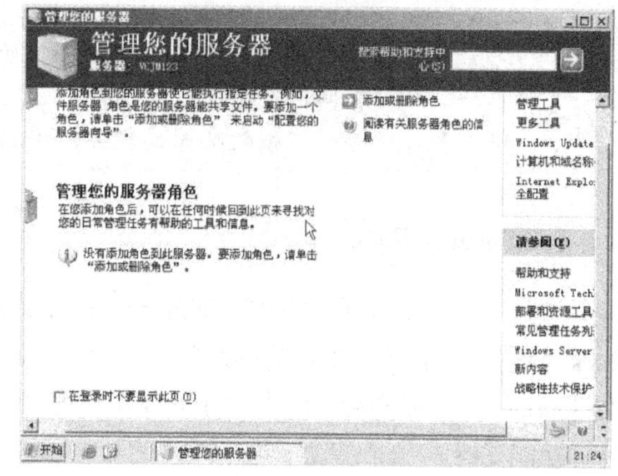

图 1-14　管理您的服务器向导

注意

基于安全的考虑，Windows Server 2003 安装时，默认安装了 Internet Explorer 增强的安全设置，默认关闭了声音，默认没有开启显示和声音的硬件加速。这样用户上网时大部分网站不能打开，无法播放声音。同时默认开启了关机事件跟踪，用户关闭系统时需要填写关机事件报告。

1.2.5　构建安全的系统

“金无足赤，人无完人”。即使是 Windows Server 2003 这样优秀的操作系统也并非完美无瑕，操作系统的庞大性决定了 Windows 也并非无懈可击。于是，微软公司会不定时地发布一些更新或补丁程序，以增强操作系统的功能、弥补漏洞。而自动更新和系统补丁为打造安全 PC 的两大 “杀手锏”。

1. 自动更新的设置与实现

自动更新是 Windows 使用最新的更新和增强功能来保障系统性能的一种策略。启用自动更新后，用户无需搜索关键更新和信息，系统能够自动识别并从 Windows Update 网站搜索下载，最后将它们直接发送到本地计算机。

（1）打开 “控制面板” 窗口，双击 “系统” 图标，打开 “系统属性” 对话框，切换到 “自动更新” 选项卡。要执行此操作，必须是本地计算机中 Administrators 组的成员。

（2）选中 “保持我的计算机最新。启用此设置后，在应用任何其他更新之前，Windows Update 软件可能被自动地更新” 复选框，然后在 “设置” 选项组中选择一种设置方式即可。

2. 手动更新系统补丁

除了采用自动更新方式升级系统补丁外，还可以在一些重要安全补丁发布后，直接到微软官方网站（http://www.microsoft.com/china）下载最新补丁程序。实践证明，从系统补丁发布到受到恶意攻击的时间越来越短，现在大致只有十几天的样子。“冲击波” 和 “震荡波” 等病毒之所以能够肆虐，原因就在于很多用户没有及时下载和更新安全补丁。

一定要到微软官方网站下载补丁程序，因为有些黑客会制作一些“假”的、植入木马的程序在网上发布，借此达到入侵对方计算机的目的。在微软官方网站上发布的补丁程序都经过了微软公司的数字签名，安全性有保障。

3. Service Pack

与其他 Windows 版本一样，Windows Server 2003 也发布了自己的 Service Pack。所谓 Service Pack，是指将此前发布的所有系统补丁打包在一起，并加入一些新的应用程序或重要功能。因此，在 Service Pack 发布后，应当立即下载并安装，以最大限度地保护服务器的安全，并免费获取额外的功能支持。

目前，安装 Windows Server 2003 后，应该下载 Service Pack 3 并安装。

1.3 Windows Server 2003 高级安装技术

前面介绍了基本的 Windows Server 2003 安装技术。有时管理员需要对安装过程进行更详细的定制，这就需要更多的安装技术。

1.3.1 详细的安装命令

Windows Server 2003 提供了两个安装命令：Winnt.exe 和 Winnt32.exe。这两个命令位于安装光盘的 i386 目录中，分别用于 16 位环境（如 DOS）和 32 位环境（Windows）中。在旧的 Windows 系统基础上安装 Windows Server 2003，必须使用 Winnt32.exe 程序。

常用的安装参数如下。

/checkupgradeonly：检查计算机是否与 Windows Server 2003 产品兼容。如果在使用该选项时使用了/unattend，则不需要用户输入。否则，结果将显示在屏幕上，可以指定文件名保存它们。默认保存位置是在 systemroot 文件夹中，默认的文件名是 Upgrade.txt。

/cmd:command_line：指示安装程序在执行安装的最后阶段之前，运行一个特定的命令。这将在计算机已经重新启动并且“安装程序”已经收集了必要的配置信息后，但在“安装程序”完成之前发生。

/cmdcons：在基于 x86 的计算机上，安装“恢复控制台”作为启动选项。恢复控制台是一个命令行界面，可以用它执行诸如启动和停止服务以及访问本地驱动器（包括 NTFS 格式的驱动器）这样的任务。该选项并不是一个安装过程参数，只有在正常安装完毕后，才可以使用/cmdcons 选项。

/copydir:{i386|ia64}\folder_name：在安装操作系统文件的文件夹中创建另外一个文件夹。Folder_name 是指保存对站点所进行的修改而创建的文件夹。例如，对于基于 x86 的计算机，可以在安装的 i386 源文件夹中创建一个名为 Private_drivers 的文件夹，并将驱动程序文件放入该文件夹。然后，可以输入/copydir:i386\Private_drivers 让安装程序将该文件夹复制到新安装的计算机上，并建立新的文件夹位置 systemroot\Private_drivers。还可以使用/copydir 命令创建任意多个其他的文件夹。

/copysource:folder_name：在安装操作系统文件的文件夹中创建另外一个临时文件夹。Folder_name 是指为保存对站点所进行的修改而创建的文件夹。例如，可以在安装程序的源文件夹中创建名为 Private_drivers 的文件夹，并将驱动程序文件放入该文件夹。然后，可以输入/copysource:Private_drivers 让安装程序将该文件夹复制到新安装的计算机上，并在安装期间使用它的文件，从而建立临时文件夹位置 systemroot\Private_drivers。还可以使用/copysource 命令创建任意多个其他的文件夹。与/copydir 创建的文件夹不同，/copysource 创建的文件夹在安装完成后即被删除。

/s:sourcepath：为安装指定文件的源位置。要同时从多个服务器复制文件，可多次输入/s:sourcepath 选项（最多 8 次）。如果多次输入选项，则所指定的第一个服务器一定是可用的，否则"安装"将失败。

/syspart:drive_letter：在基于 x86 的计算机上，可以将"安装"的启动文件复制到硬盘分区上，并将硬盘分区标记为活动，然后将该磁盘安装到其他计算机上。启动该计算机时，它将自动启动下一阶段的"安装"。但必须始终同时使用/tempdrive 参数和/syspart 参数。可以在运行 Windows NT 4.0、Windows 2000、Windows XP 的基于 x86 的计算机上使用/syspart 选项启动 Winnt32。如果计算机运行 Windows NT 4.0，则要求 Service Pack 5 或更高版本。

/tempdrive:drive_letter：指示安装程序将临时文件复制到指定分区。对于一个新的安装，总是将服务器操作系统安装在指定的分区上。对于升级安装，/tempdrive 选项仅影响临时文件的位置，而操作系统的升级则在运行 Winnt32 的分区中进行。

/udf:id [,UDB_file]：用来指定"唯一数据库（UDB）"文件如何修改应答文件的标识符（id）。UDB 会覆盖应答文件中的一些值，且标识符会确定使用 UDB 文件中的哪些值。

/unattend：在一个基于 x86 的计算机上，以无人参与安装模式安装 Windows Server 2003。因为所有用户设置都可以从应答文件中获得，所以在安装过程中并不需要用户干预。

/unattend[num]:[answer_file]：在无人参与安装模式下执行新安装。所指定的 answer_file 为安装提供了自定义规范。Num 是安装完成复制文件和重新启动计算机之间的间隔秒数。

如果在 DOS 系统中启动安装过程，需要使用 Winnt.exe 程序，该程序的参数功能与 Winnt32.exe 类似，只是参数写法有所不同。

1.3.2　执行无人参与安装

使用无人参与安装方式，可以简化在多台计算机上安装 Windows 系统的工作。为此，需要创建和使用"应答文件"，此文件是自动回答安装问题的自定义脚本。然后，通过无人参与安装的适当选项运行 Winnt32.exe 或 Winnt.exe。

可以使用"安装管理器"来创建应答文件。该工具位于 Windows Server 2003 安装光盘的 support\tools\deploy.cab 文件中。将 deploy.cab 解压缩后，可以找到 setupmgr.exe 命令，运行该命令就可以打开安装管理器。

创建应答文件的基本步骤如下。

（1）运行 setupmgr.exe，启动安装管理器向导。单击"下一步"按钮开始设置，如图 1-15 所示。首先需要

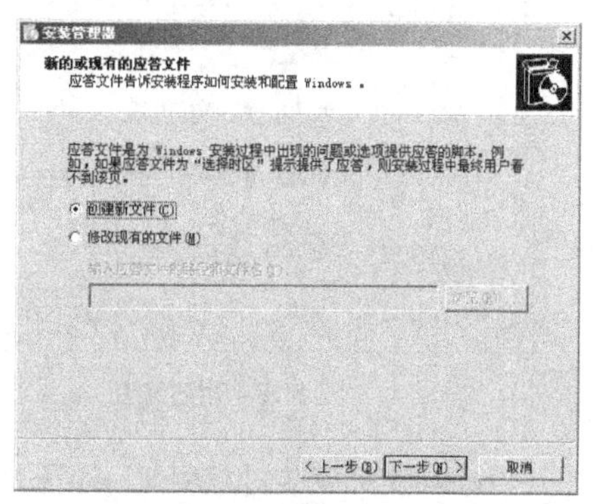

图 1-15　创建应答文件

确定是创建新的应答文件，还是修改原有的应答文件。选择后单击“下一步”按钮继续。

（2）接下来需要设置应答文件支持的安装类型。安装管理器可以为以下 3 种安装类型提供应答文件：

- 无人参与安装；
- Sysprep 安装；
- 远程安装服务（RIS）。

这里以无人参与安装为例，如图 1-16 所示。

（3）所建立的无人参与安装应答文件可以用来安装 Windows XP 和 Windows Server 2003 系统，如图 1-17 所示。选择合适的系统，单击“下一步”按钮继续。

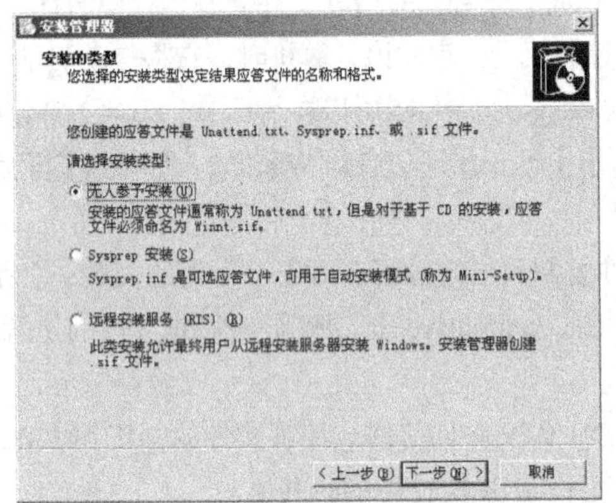

图 1-16　选择应答文件类型

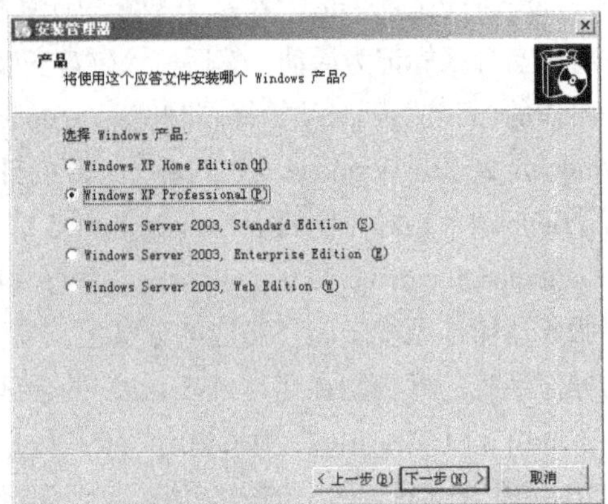

图 1-17　无人参与安装支持的产品

（4）还需要设置无人参与安装的用户交互级别，如图 1-18 所示，安装管理器提供了 5 种交互级别：用户控制、全部自动、隐藏页、只读和使用 GUI 选择一个合适的级别，单击“下一步”按钮继续。

（5）接下来设置安装源，如图 1-19 所示。可用的安装源包括网络共享和 CD。对于本地硬盘上的安装文件，等同于从 CD 安装。选择合适的选项，单击“下一步”按钮继续。

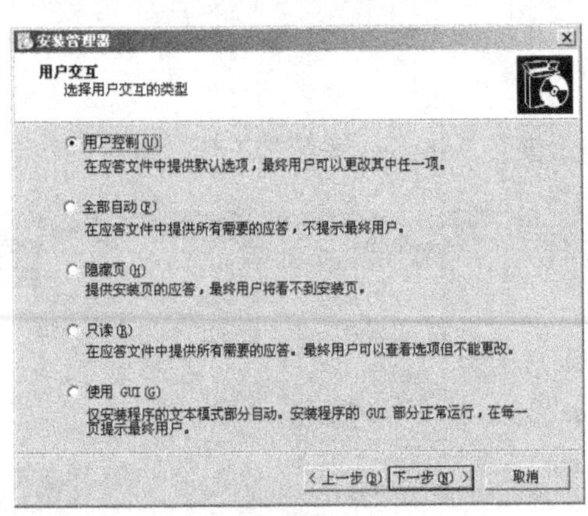

图 1-18　用户交互

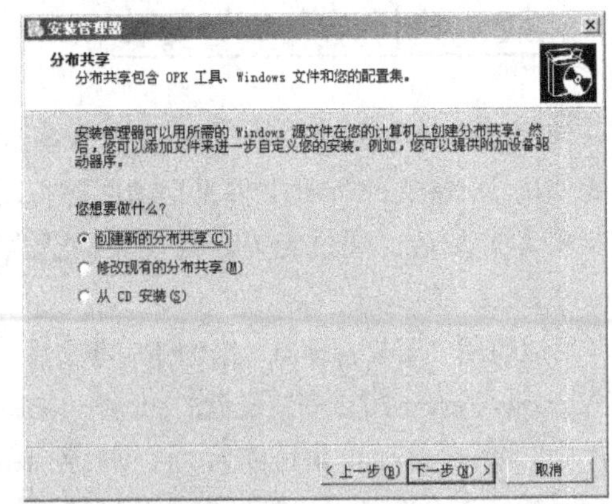

图 1-19　设置安装源

（6）与实际安装过程相似，还需要接受 Microsoft 许可协议。接受协议后，单击“下一步”按钮继续，可以看到如图 1-20 所示的窗口。

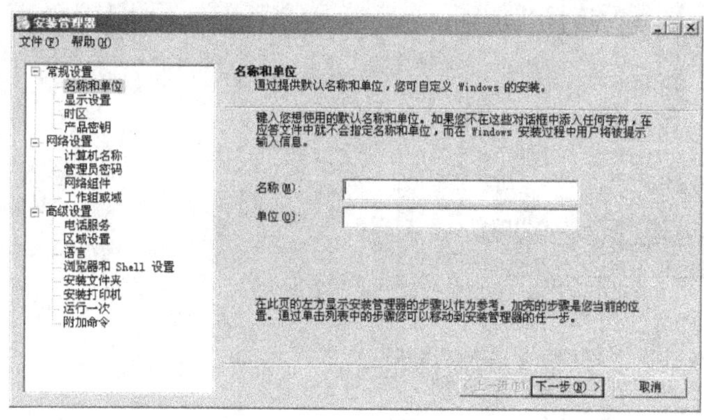

图 1-20　设置安装信息

在该窗口中逐项输入实际安装过程中需要提供的各项信息。输入完成后，安装管理器会提示用户保存文件。通常会建立如下两个文件。

- unattent.txt：应答文件。
- unattent.bat：启动安装过程的批处理文件。

unattend.txt 文件是无人值守应答文件的样本，可以对该文件进行适当的修改。注意以“;”开头的为注释行。修改过的应答文件的内容如下（加下画线的是修改过的内容）：

```
; Microsoft Windows
; (c) 1994 - 2001 Microsoft Corporation. All rights reserved.
; 无人值守安装应答文件示例
; 此文件包含如何自动安装或升级 Windows 的信息，这样安装程序的运行就不需要用户的输入
; 可以在 CD:\support\tools\deploy.cab 中的 ref.chm 文件中获得更多信息
 [Unattended]
    Unattendmode = FullUnattended
    OemPreinstall = NO
    TargetPath = *
    Filesystem = LeaveAlone
[GuiUnattended]
    ;设置时区为中国
    ;设置管理员密码为 Pa$$word
    ;设置 AutoLogon 为 ON 并登录
    TimeZone="210"
    AdminPassword=Pa$$word
    AutoLogon=Yes
    AutoLogonCount=1
[LicenseFilePrintData]
    ;用于 Server 安装，授权模式为每服务器模式，用户数为 10 个
    AutoMode="PerServer"
    AutoUsers="10"
[GuiRunOnce]
    ; 列出第一次登录计算机时将启动的程序
[Display]
    BitsPerPel = 16
    XResolution = 800
    YResolution = 600
    VRefresh = 70
[Networking]

[Identification]
    ;为工作组模式，工作组名为 Railway-Comp
```

```
    JoinWorkgroup=Railway-Comp
[UserData]
    ;用户的姓名，单位
    ;计算机名为 Win2003Server
    ;产品密钥
    FullName="杨云"
    OrgName="济南铁道职业技术学院"
    ComputerName=Win2003Server
    ProductKey="JB88F-WT2Q3-DPXTT-Y8GHG-7YYQY"
[WindowsFirewall]
    Profiles=WindowsFirewall.EMSUnattended
[WindowsFirewall.EMSUnattended]
    Type = 3
    Mode = 1
    Exceptions = 1
    Services = WindowsFirewall.RemoteDesktop

[WindowsFirewall.RemoteDesktop]
    Type = 2
    Mode = 1
    Scope = 0
[TerminalServices]
    AllowConnections=1
```

修改好应答文件后，保存在软盘或者其他介质上，然后运行 Winnt32.exe 文件。例如，Winnt32 /s:G:\i386 /unattend:a:\unattend.txt

其中，/s:G:\i386 表示安装源在 G 盘的 i386 目录；unattend:a:\unattend.txt 表示进行无人值守安装，应答文件为 A 盘上的 unattend.txt。

也可利用批处理文件来完成无人值守安装。批处理文件内容如下所示：

```
@rem SetupMgrTag
@echo off
rem
rem   这是由安装管理器生成的示例批处理脚本
Rem   如果此脚本是从它所生成的地址移入，它可能需要修改
rem
set AnswerFile=.\unattend.txt
set SetupFiles=G:\i386
G:\i386\Winnt32 /s:%SetupFiles% /unattend:%AnswerFile% /copysource:lang
```

有时可能需要修改批处理文件中的部分设置，如安装源文件的位置等。

Unattend.bat 文件利用 Winnt32.exe 程序安装 Windows 操作系统。在命令提示符状态下输入 unattend.bat 命令，安装程序会自动完成 Windows Server 2003 系统的安装，无须用户进行干预。

1.4 网络服务的添加与管理

Windows Server 2003 成功安装后，默认不安装任何网络服务，只是一个提供用户登录的独立的网络服务器。显然若要使其为网络提供各种服务，就必须添加相应的网络服务，并做必要的配置。

1.4.1 网络服务的添加

网络服务的添加通常可采用两种方式，即借助于“管理您的服务器”添加和借助“添加/删除

Windows 组件”添加。

1. 借助“管理您的服务器”添加

（1）打开“管理您的服务器”窗口，如图 1-21 所示。默认状态下，该窗口会随同 Windows Server 2003 自动打开，活动目录的安装，以及其他所有应用服务器的添加与配置均可借助该窗口完成。如果该窗口未能自动显示，可依次执行“开始”→“管理您的服务器”命令，或者执行“开始”→“所有程序”→“管理工具”→“管理您的服务器”命令打开。

（2）系统测试完毕，显示“配置选项”对话框，如图 1-22 所示。如果该服务器是网络中的第一台服务器，而且要将其配置为域控制器、DHCP 服务器和 DNS 服务器，可选中“第一台服务器的典型配置”单选按钮。如果只是准备把该服务器配置为其他网络服务器，则应当选中“自定义配置”单选按钮。

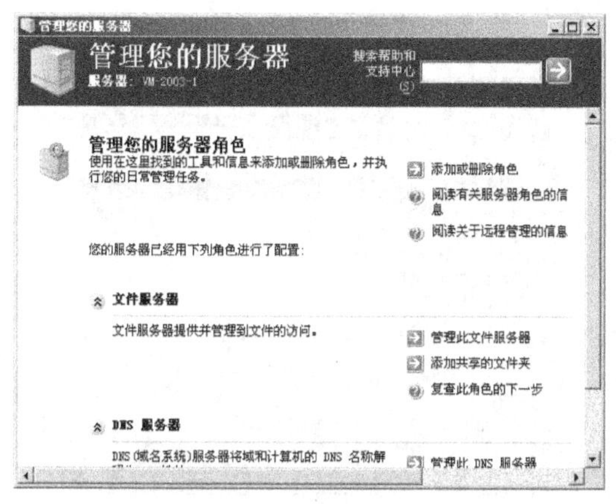

图 1-21　管理您的服务器

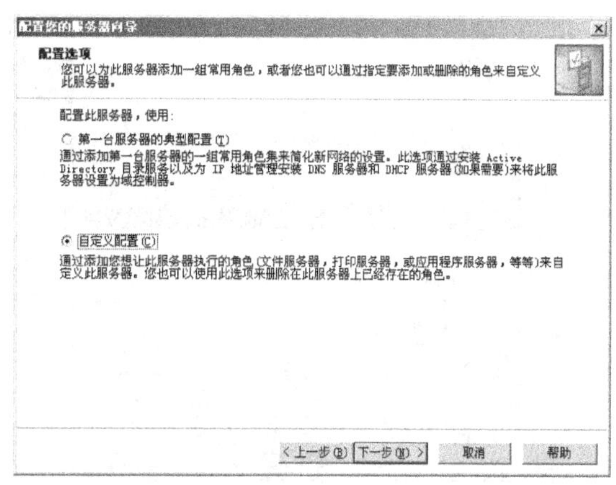

图 1-22　“配置选项”对话框

（3）在图 1-23 所示的“服务器角色”对话框中，所有可安装的网络服务全部显示在列表框中。如果“已配置”栏显示为“否”，说明该网络服务尚未安装；如果“已配置”栏显示为“是”，说明该网络服务已经安装。在列表框中选择要安装的网络服务，使其呈蓝色显示。Windows Server 2003 提供了一系列的管理工具，对系统的各个方面进行管理。这些工具提供了友好的界面和操作方式，非常适合初学者入门。

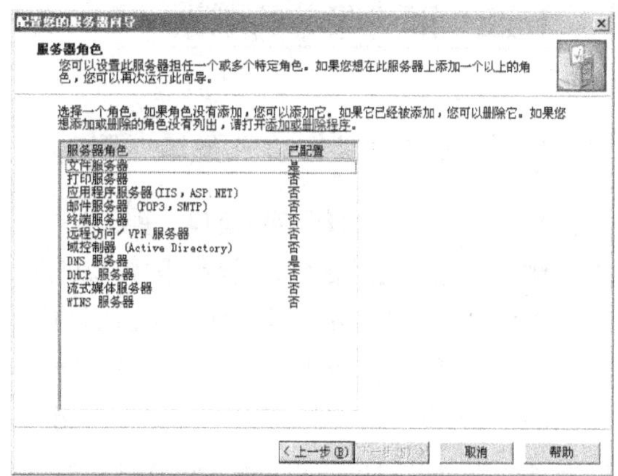

图 1-23　服务器角色对话框

（4）根据系统提示插入系统安装盘。有些网络服务可能会在安装过程中调用配置向导，做一些简单的服务配置，但更详细的配置通常都借助于安装完成后的网络管理实现。安装完成后，返回“管理您的服务器”窗口，显示已经安装的网络服务。

2. 借助“添加/删除 Windows 组件”添加

（1）在 Windows Server 2003 的“控制面板”窗口中双击“添加或删除程序”图标，显示“添

加或删除程序”窗口。

（2）单击“添加/删除 Windows 组件”按钮，显示如图 1-24 所示的“Windows 组件向导”对话框。有些网络服务位于“Windows 组件”对话框的“组件”列表框中，如多媒体服务（Windows Media Services）、电子邮件服务、Web 服务和 FTP 服务（应用程序服务），直接选中要添加服务前的复选框即可。

（3）有些网络服务（如 DHCP 服务、DNS 服务）则属于“网络服务”组件，需要先在列表框中选中“网络服务”复选框，然后再单击“详细信息”按钮，在显示的“网络服务”对话框中选择要安装的网络服务，并根据系统提示插入系统安装盘，如图 1-25 所示。

注意

采用“添加/删除 Windows 组件”方式添加网络服务时，不会自动调用相关的服务器配置向导，因此，必须在成功安装网络服务后再进行手工配置。

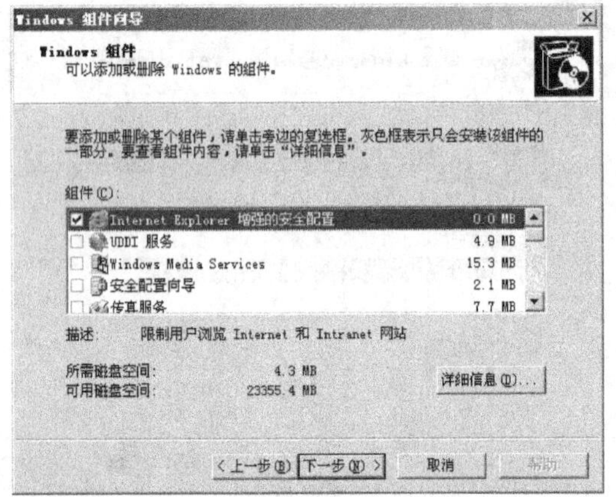

图 1-24 “Windows 组件向导”对话框

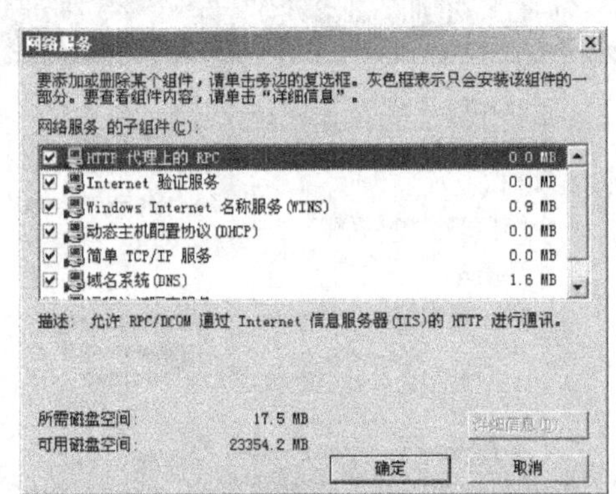

图 1-25 “网络服务”对话框

1.4.2 网络服务的删除

1. 借助“管理您的服务器”删除

打开“管理您的服务器”窗口，单击“添加或删除角色”超级链接，运行“配置您的服务器向导”。在“服务器角色”对话框的列表框中选择要删除的网络服务，在图 1-26 所示的“角色删除确认”对话框中选中“删除×××服务器角色”复选框，确认删除该网络服务即可。

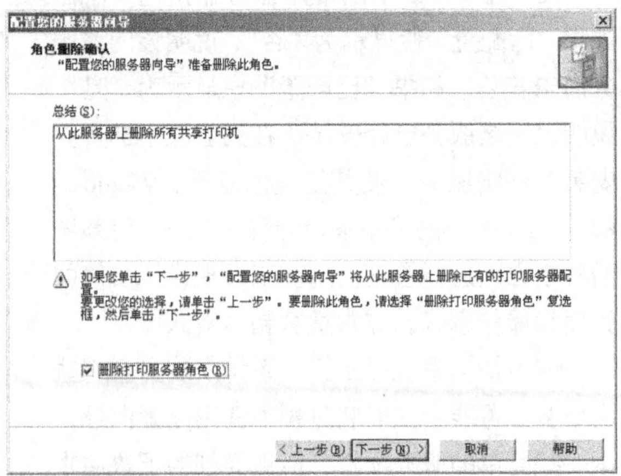

图 1-26 配置您的服务器向导—角色删除确认

2. 借助“添加/删除 Windows 组件”删除

运行“添加/删除 Windows 组件向导”，在“Windows 组件”对话框的“组件”列表框或者“网络服务”对话框中清除对要删除网络服务的复选框的选中即可。

1.4.3　网络服务的管理

网络服务的管理通常也是在“管理您的服务器”窗口（见图 1-21）中进行。当某个网络服务安装完成后，总是在该网络服务栏的右侧显示一个名为“管理此×××服务器”的超级链接，单击该超级链接，即可调用相关的网络服务控制台，对该服务器进行配置和管理。另外，也可执行“开始”→“管理工具”命令，然后再选择要管理的网络服务。

1.5　Windows Server 2003 控制台

Microsoft 管理控制台（Microsoft Management Console，MMC）用于创建、保存并打开管理工具。这些管理工具用来管理硬件、软件和 Windows 系统的网络组件，实现对 Windows Server 2003 全方位的管理。

1.5.1　Microsoft 管理控制台

MMC 不执行管理功能，但集成了管理工具。可以添加到控制台的主要工具类型称为管理单元，其他可添加的项目包括 ActiveX 控件、网页的链接、文件夹、任务板视图和任务。

Windows Server 2003 中的一些管理工具如 Active Directory 用户和计算机、Internet 信息服务管理器等，都是 MMC 使用的一部分。

使用 MMC，添加“管理单元”后，可以管理本地或远程计算机。例如，可以在网络中一台没有安装 Microsoft Exchange 2003 的计算机上，安装 Exchange 2003 的管理工具，然后通过 MMC 管理远程的 Exchange 2003 服务器。当然，也可以在一台普通计算机上，通过安装 Windows Server 2003 的管理工具，实现对服务器的远程管理。

MMC 有着统一的管理界面。MMC 由分成两个窗格的窗口组成，如图 1-27 所示。左侧窗格为控制台树，显示控制台中可以使用的项目；右侧窗格列出左侧项目的详细信息和有关功能，包括网页、图形、图表、表格和列。每个控制台都有自己的菜单和工具栏，与主 MMC 窗口的菜单和工具栏分开，从而有利于用户执行任务。

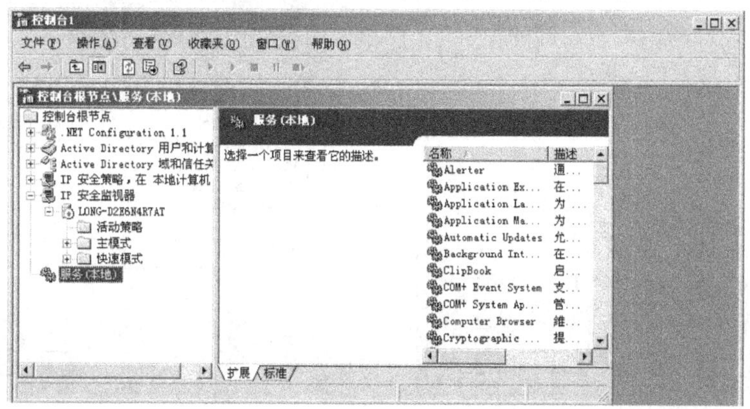

图 1-27　MMC

每一个管理工具都是一个“精简”的 MMC，即使不使用系统自带的管理工具，通过 MMC，也可以添加所有的管理工具。例如，“管理工具”只列出了一些最常用的命令（或管理工具），要使用其他的管理工具管理非本地的计算机，就需要使用 MMC 来添加这些管理工具。

在 MMC 中，每一个单独的管理工具称为一个“管理单元”，每一个管理单元完成一个任务。在一个 MMC 中，可以同时添加许多“管理单元”。

1.5.2 使用 MMC

使用 MMC 管理本地或远程计算机时，需要有管理相应服务的权限。另外，使用 MMC 的插件管理远程计算机时，就像管理本地的计算机一样方便。使用 MMC 插件并不能管理远程计算机上的所有服务，有些服务只能在本地计算机上进行管理。这些将在下面具体应用中进行说明。

1. MMC 的使用

使用 MMC 可以管理本地或远程计算机的一些服务或应用，这与安装在要管理的计算机上的程序相关。例如，若要管理 Exchange 服务器，就可以使用 MMC 中的 Exchange 插件。如果远程计算机上没有安装 Exchange，那么使用 MMC 的 Exchange 插件是没有意义的。

在使用 MMC 进行管理之前，需要添加相应的管理插件。主要步骤如下。

（1）执行“开始”→“运行”命令，输入“MMC”命令，单击“确定”按钮，打开 MMC 管理控制台。

（2）选择“文件”→“添加/删除管理单元”选项，或者按“Ctrl+M”组合键，显示“添加/删除管理单元”对话框，如图 1-28 所示。

（3）单击“添加”按钮，显示“添加独立管理单元”对话框，如图 1-29 所示。在该对话框中将列出当前计算机中安装的所有 MMC 插件。选中一个插件，单击“添加”按钮，即可将其添加到 MMC。如果添加的插件是针对本地计算机的，管理插件会自动添加到 MMC；如果添加的插件也可以管理远程计算机，将显示选择管理对象的对话框，如图 1-30 所示。

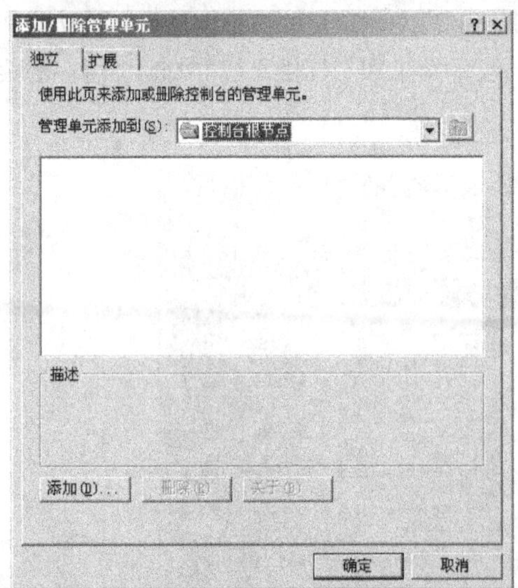

图 1-28 “添加/删除管理单元”对话框

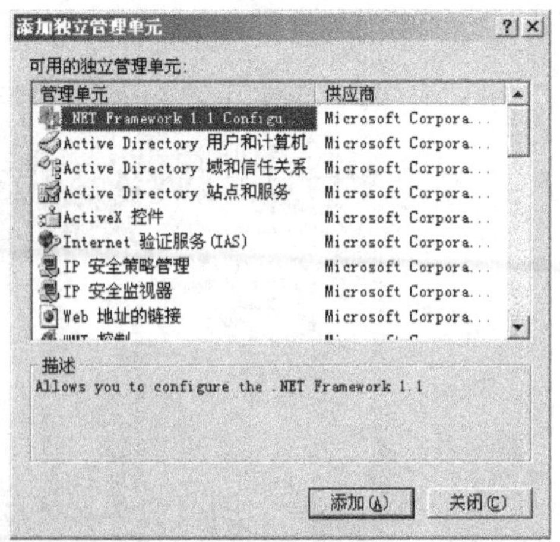

图 1-29 “添加独立管理单元”对话框

若是直接在被管理的服务器上安装 MMC，可以选中“本地计算机（运行这个控制台的计算机）”单选按钮，将只能管理本地计算机。若要实现对远程计算机的管理，则选中“另一台计算机”单选按钮，并输入另一台计算机的名称。

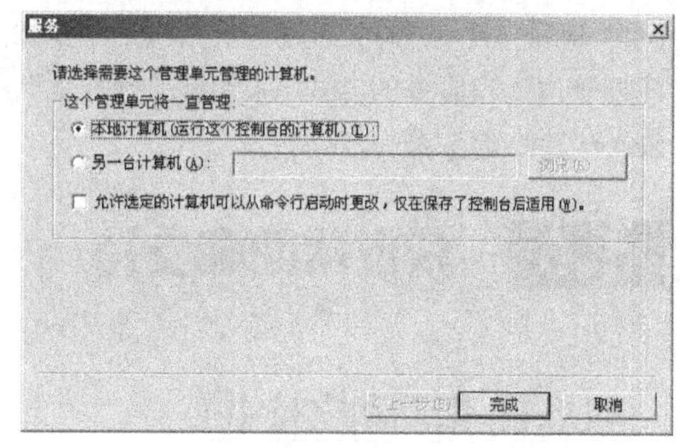

图 1-30　选择管理对象的对话框

2. 使用 MMC 管理远程服务

使用 MMC 还可以管理网络上的远程服务器。实现远程管理的前提是拥有要管理计算机的相应权限和在本地计算机上有相应的 MMC 插件。实现管理远程服务的主要步骤如下。

（1）运行 MMC，添加独立管理单元。选择“另一台计算机”选项，并输入要管理的计算机的 IP 地址。

（2）双击新添加的管理单元，在“选择计算机”对话框中选中“以下计算机”单选按钮，并输入要管理的计算机的地址。之后，即可像管理本地计算机一样管理远程计算机了。

如果在管理远程计算机时，出现“拒绝访问”或“没有访问远程计算机的权限”警告框，说明当前登录的账号没有管理远程计算机的权限。

此时，可以保存当前的控制台为“远程计算机管理”，关闭 MMC。在“管理工具”中，用鼠标右键单击“远程计算机管理”选项，从弹出的快捷菜单中选择“运行方式”选项。弹出“运行身份”对话框，如图 1-31 所示，输入有权管理远程计算机的用户名和密码。

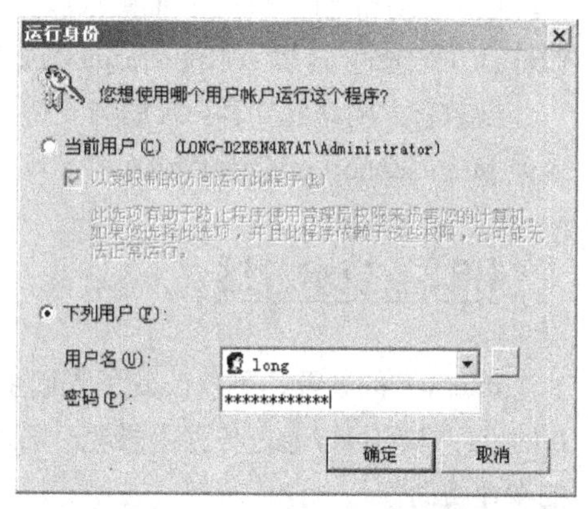

图 1-31　“运行身份”对话框

再次进入 MMC，就可以管理远程计算机了。

3. 使用 MMC 管理其他服务器

若要使用本地计算机管理远程计算机上的相关服务，但本地计算机没有相关的组件，或者本地计算机与远程计算机不是同种系统时，可以在本地计算机上安装相关的 MMC 管理组件。这种情况有如下两种。

（1）当前计算机没有安装相应的服务，如用 Active Directory 中的一台成员服务器，管理网络中的一台 Exchange 服务器，可以在管理机上安装 Exchange 的管理组件。

（2）本地计算机与远程计算机不是同种系统，如使用 Windows 2000 Professional 或 Windows XP 管理 Windows 2000 或 Windows Server 2003 的 Active Directory 用户和计算机，就需要在 Windows 2000Professional 或 Windows XP 的计算机上安装计算机管理组件。

在 Windows 2000 Professional/XP 中安装 Windows Server 2003 管理工具时，将 Windows Server 2003 的安装光盘放入光驱中，运行“安装光盘\i386 目录”下的“adminpak.msi”程序，即可显示 Windows Server 2003 管理工具包安装向导。安装完成后，其 MMC 将拥有全部的 Windows Server

2003 管理工具。这样，就可以在 MMC 中添加所有的管理工具，然后保存。在行使管理权限时，按照管理远程服务的方式，采用“运行方式”，输入管理员账号和密码，即可管理远程 Windows Server 2003 服务器。

1.6 获取帮助和支持

1.6.1 帮助和支持中心

在“开始”菜单中选择“帮助和支持”，可以进入 Windows Server 2003 的“帮助和支持中心”。“帮助和支持中心”提供了比以往 Windows 系统的连机帮助更为详细和有效的支持。

该工具由“帮助内容”和“支持任务”两部分组成。“帮助内容”提供类似于旧版 Windows 系统连机帮助的内容；“支持任务”提供更广泛的支持功能，这些支持功能包括 Windows Update、远程协助、错误和事件日志消息以及一系列的系统信息扫描工具。

在“帮助和支持中心”页面的顶部，可以看到一个搜索工具。搜索对象既包括帮助内容，也包括微软官方网站的知识库（Knowledge Base）文章，因此可以提供更详细、更准确的帮助信息。

微软官方网站的“客户帮助与支持”栏目提供了更多帮助内容和支持服务，该栏目的具体网址是 http://support.microsoft.com。

1.6.2 技术社区

Internet 的普及，不仅改变了人们生产、生活的方式，也改变了人们获取知识的方式。通过 Internet，人们可以通过各种手段随时随地地获取需要的知识。其中，技术社区往往能够提供及时的专业帮助。

下面提供以下几个技术社区链接，希望能对读者学习微软 Windows 系列产品提供一点帮助。

微软中文社区：http://www.microsoft.com/china/community/default.mspx

中国软件网专家门诊：http://Expert.csdn.net

中国电脑报天极网论坛：http://BBS.yesky.com

微软中文杂志社区：http://www.winmag.com.cn/

开发者俱乐部：http://www.dev-club.com/

小结

本章首先介绍了 Windows Server 2003 的 4 个版本：标准服务器、Web 服务器、企业服务器和数据中心服务器。不同版本所支持的性能及其使用场合是不同的。安装 Windows Server 2003 前要确定计算机的配置是否满足安装的最低要求，另外，还要检查硬件的兼容性。Windows Server 2003

有不同的安装方式，可以从 CD-ROM 开始全新的安装、从网络进行安装、从远程安装服务器（RIS）进行安装、无人参与安装等。本章重点介绍了从 CD-ROM 开始全新安装 Windows Server 2003 的过程。在安装过程中要对磁盘进行分区，并把分区格式化成所需的文件系统格式。不同的文件系统（FAT 和 NTFS）有各自的特点，推荐采用 NTFS。授权模式有每服务器和每设备或每用户模式，选择合适的模式可以减少需要购买的许可数。同时，在安装完成时注意构建安全的系统。除此之外，本章还重点介绍了无人参与安装的实现和手工修改产生应答文件的方法。最后介绍了网络服务器的添加与管理、微软控制台、获取帮助和支持等内容。通过本章学习，读者应该对 Windows Server 2003 有一个初步了解，并能独立安装 Windows Server 2003。

习题

一、填空题

1. Windows Server 2003 的 4 个版本是________、________、________、________。

2. Windows Server 2003 所支持的文件系统包括________、________、________。推荐 Windows Server 2003 系统安装在________文件系统分区。

3. 某企业规划有两台 Windows Server 2003 和 50 台 Windows 2000 Professioal，每台服务器最多只有 15 人能同时访问，最好采用________授权模式。

4. 安装 Windows Server 2003 时，内存不低于______，硬盘的可用空间不低于________。

5. 无人参与安装的命令格式是____________。

二、选择题

1. 有一台服务器的操作系统是 Windows 2000 Server，文件系统是 NTFS，无任何分区。现要求对该服务器进行 Windows Server 2003 的安装，保留原数据，但不保留操作系统，应使用下列（　　）种方法进行安装才能满足需求。

A. 在安装过程中进行全新安装并格式化硬盘

B. 做成双引导，不格式化硬盘

C. 对原操作系统进行升级安装，不格式化硬盘

D. 重新分区并进行全新安装

2. 现要在一台装有 Windows 2000 Server 操作系统的机器上安装 Windows Server 2003，并做成双引导系统。此计算机硬盘的大小是 10.4 GB，有两个分区：C 盘 4 GB，文件系统是 FAT；D 盘 6.4 GB，文件系统是 NTFS。为使计算机成为双引导系统，下列哪个选项是最好的方法？（　　）

A. 安装时选择升级选项，并且选择 D 盘作为安装盘

B. 全新安装，选择 C 盘上与 Windows 相同目录作为 Windows Server 2003 的安装目录

C. 升级安装，选择 C 盘上与 Windows 不同目录作为 Windows Server 2003 的

安装目录

D. 全新安装，且选择 D 盘作为安装盘

3. 某公司计划建设网络系统，有两台服务器，安装 Windows Server 2003 操作系统；40 台工作站，安装 Windows XP。服务器的许可协议选择何种模式较合理？（　　）

A. 每服务器模式　　B. 每客户模式　　C. 混合模式　　D. 忽略该选项

三、简答题

1. 简述 Windows Server 2003 各版本的特点。

2. 简述如何构建一个安全的 Windows Server 2003 系统。

实训　Windows Server 2003 的安装配置与对等网实训

一、实训目的

（1）掌握 Windows Server 2003 网络模型和组织方式的选择与确定方法。

（2）学会磁盘空间的规划，以及系统文件格式的选择。

（3）了解各种安装方式，能根据情况正确选择不同的方式来安装系统。

（4）掌握 Windows Server 2003 操作系统的启动和安装步骤。

（5）理解 Windows Server 2003 的基本配置。

（6）掌握在 Windows Server 2003 操作系统中组建对等网（工作组网络）的方法。

二、实训环境

（1）已建好的 10/100Base-T 网络，两台以上的计算机（或用虚拟机）。

（2）计算机配置：CPU 为 Intel Pentium 4 以上，内存不小于 256MB，硬盘不小于 2GB，有光驱。

三、实训要求

（1）从 CD-ROM（或虚拟机）开始全新的 Windows Server 2003 安装。要求 Windows Server 2003 的安装分区大小为 2GB，文件系统格式为 NTFS，授权模式为每服务器 30 个连接，计算机名为 win2003-××（××可以是学生的学号），管理员密码为 admin，服务器的 IP 地址为 192.168.210. ××（××可以是学生的学号），子网掩码为 255.255.255.0，DNS 服务器为 192.168.0.1，默认网关为 192.168.210.254，属于工作组 COMP。

（2）用安装管理器产生无人值守安装的应答文件，应答信息参见上面的要求。

（3）配置计算机为桌面上显示“我的电脑”和“网上邻居”图标，通过单击打开项目。系统开机时自动启动 Messenger 项目，系统失败时不自动重新启动。虚拟内存大小为实际内存的 2 倍。

（4）建立两个硬件配置文件，分别为 profile1 和 profile2。在 profile1 中启用网卡，在 profile2 中禁用网卡。用户可以在 1min 内选择硬件配置文件。

（5）组建工作组网络并共享资源。

四、实训指导

1. 全新安装 Windows Server 2003

（1）进入计算机的 BIOS，设置从 CD-ROM 上启动系统。

（2）按照本章讲解的内容进行 Windows Server 2003 全新安装。

（3）安装过程中按照实训要求对文件系统格式、授权模式、计算机名、管理员密码、IP、子网掩码、DNS、网关、工作组等各项内容进行配置。

（4）安装 Service Pack 2（从网上可以下载）。

（5）安装主板及其他板卡的驱动程序。

（6）安装防病毒程序，如金山毒霸。

（7）利用“程序”中的“Windows Update”对系统进行在线更新，并设置为自动更新方式。

2. 生成无人值守安装文件

（1）使用“安装管理器”来创建应答文件。该工具位于 Windows Server 2003 安装光盘的 support\tools\deploy.cab 文件中。将 deploy.cab 解压缩后，可以找到 setupmgr.exe。

（2）运行 setupmgr.exe，启动安装管理器向导。按照实训要求生成 unattent.txt（应答文件）和 unattent.bat（启动安装过程的批处理文件）。

在命令提示符状态下输入 unattend.bat 命令，安装程序会自动完成 Windows Server 2003 系统的安装，无须用户干预。

3. 基本配置

（1）按照实训要求配置“文件夹选项”。

（2）按照实训要求在“系统属性”的“高级”选项卡里配置“启动和故障恢复”和“虚拟内存”。

请关注系统盘上的 boot.ini 文件，该文件是被隐藏保护的文件。在双启动的系统中，该文件的设置很关键。下面是 boot.ini 文件的一个示例。

```
[boot loader]
timeout=30
default=multi(0)disk(0)rdisk(0)partition(2)\WINDOWS
[operating systems]
multi(0)disk(0)rdisk(0)partition(2)\WINDOWS="Windows Server 2003, Standard" /noexecute=optout /fastdetect
multi(0)disk(0)rdisk(0)partition(1)\WINDOWS="Windows Server 2000, Standard" /noexecute=optout /fastdetect
```

4. 组建工作组网络，共享资源

（1）创建本地用户组。建立两个账户 u1、u2 和一个本地组 w1（包括 u1 和 u2）。

（2）开放共享资源。在“计算机管理”窗口进行共享资源与访问控制权限的设置，实现网络资源的安全互访，应当包括开放共享资源（共享、添加用户和设置用户的访问权限）。例如，建立一个共享目录“D:\software”，将其设置为共享，添加 w1 组，并赋予其更改权限，删除 everyone 组的默认权限。

（3）直接使用已开放的共享资源。在工作组的其他计算机中登录，在“网上邻居”对话框中直接访问共享资源所在计算机已开放的共享目录“D:\software”。

（4）映射使用已开放的共享资源。在工作组的其他计算机上登录，通过映射网络驱动器的方法进行访问，并验证访问权限是否是“更改”。

（5）UNC 方法使用已开放的共享资源。在工作组的其他计算机上登录；在“运行”对话框中，输入以 UNC 方式命名的网络资源，并验证访问权限是否是“更改”。

五、在虚拟机中安装 Windows Server 2003 的注意事项

在虚拟机中安装 Windows Server 2003 比较简单，但安装的过程中需要注意以下事项。

（1）Windows Server 2003 安装完成后，必须安装“VMware 工具”。在安装完操作系统后，需要

安装计算机的驱动程序。VMware 专门为 Windows、Linux、Netware 等操作系统“定制”了驱动程序光盘，称作“VMware Tools”。VMware 工具除了包括驱动程序外，还有一系列的功能。

安装方法：执行“虚拟机”→“安装 VMware 工具”命令，根据向导完成安装。

安装 VMware 工具并且重新启动后，从虚拟机返回主机，不再需要按下“Ctrl+Alt”组合键，只要把鼠标指针从虚拟机中向外“移动”超出虚拟机窗口后，就可以返回到主机按钮，在没有安装 VMware 工具之前，移动鼠标指针会受到窗口的限制。另外，启用 VMware 工具之后，虚拟机的性能会提高很多。

（2）启用显示卡的硬件加速功能。在桌面上右键单击，在弹出的快捷菜单中，选择“属性”→“设置”→“高级”→“疑难解答”选项，启用硬件加速。

（3）修改本地策略，去掉按“Ctrl+Alt+Del”组合键登录选项，步骤如下。

执行“开始”→“运行”命令，输入“gpedit.msc”，打开“组策略编辑器”对话框，选择“计算机配置”→“Windows 设置”→“安全设置”→“本地策略”→“安全选项”选项，双击“交互式登录：不需要按 CTRL+ALT+DEL 已禁用”图标，改为“已启用”，如图 1-32 所示。

这样设置后可避免与主机的热键发生冲突。

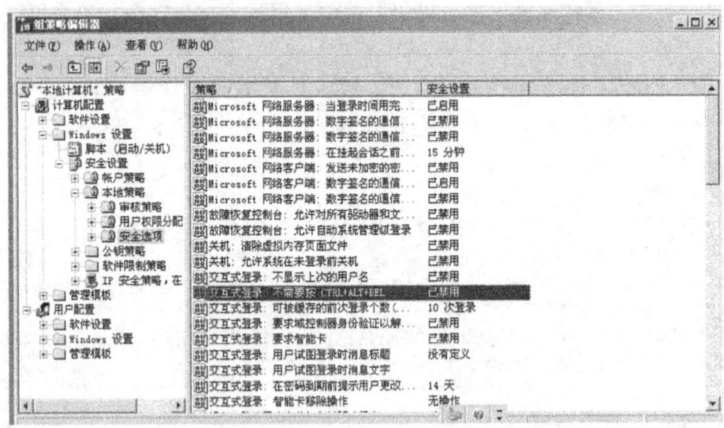

图 1-32　不需要按“Ctrl +Alt+Del”组合键

六、实训思考题

（1）安装 Windows Server 2003 网络操作系统时需要哪些准备工作？

（2）安装 Windows Server 2003 网络操作系统时应注意哪些问题？

（3）如何选择分区格式？同一分区中有多个系统又该如何选择文件格式？如何选择授权模式？

（4）如果服务器上只有一个网卡，而又需要多个 IP 地址，该如何操作？

（5）在 VMware 中安装 Windows Server 2003 网络操作系统时，如果不安装 VMware Tools 会出现什么问题？

（6）什么是资源的安全互访？如何实现？实现时的设置内容有哪些？

（7）什么是默认的特殊共享？是否可以删除那些隐含的特殊共享资源？

（8）在 Microsoft 工作组的什么数据库中保存有本地的用户和组的安全信息？

七、实训报告要求

（1）实训目的。

（2）实训环境。

（3）实训要求。

（4）实训步骤。

（5）实训中的问题和解决方法。

（6）回答实训思考题。

（7）实训心得与体会。

（8）建议与意见。

关于 VMware 的详细使用请从人民邮电教学资源网站（http://www.ptpedu.com.cn）上下载。

工程案例

假如有若干个用户，并且他们当前使用的计算机在运行 Windows 2000。

（1）现在要把用户的计算机升级到 Windows 2003。

（2）在一个月之内，用户既运行 Windows 2000，也运行 Windows 2003。

（3）用户在启动计算机时，有 20s 的等待时间选择操作系统。

（4）安装完成一个月后，用户计算机不再保留在启动时选择操作系统的选项。

（5）安装完成两个月后，删除 Windows 2000 操作系统。

请提供执行以上任务的详细步骤。

第2章 DNS服务器配置与管理

本章学习要点

众所周知，在网络中唯一能够用来标识计算机身份和定位计算机位置的方式就是IP地址，但当访问网络上的许多服务器，如邮件服务器、Web服务器、FTP服务器时，记忆这些纯数字的IP地址不仅特别枯燥而且容易出错。如果借助于DNS服务，将IP地址与形象易记的域名一一对应起来，使用户在访问服务器或网站时不使用IP地址，而使用简单易记的域名，通过DNS服务器将域名自动解析成IP地址并定位服务器，就可以解决易记与寻址不能兼顾的问题了。

- 了解域名空间结构
- 掌握DNS服务器和客户端的配置
- 掌握DNS的测试
- 理解DNS服务器的动态更新

2.1 DNS的基本概念与原理

在TCP/IP网络上，每个设备必须分配一个唯一的地址。计算机在网络上通信时只能识别如202.97.135.160之类的数字地址，而人们在使用网络资源的时候，为了便于记忆和理解，更倾向于使用有代表意义的名称，如域名www.yahoo.com（雅虎网站）。

DNS（Domain Name System）服务器就承担了将域名转换成IP地址的功能。这就是为什么在浏览器地址栏中输入如www.yahoo.com的域名后，就能看到相应的页面的原因。输入域名后，有一台称为DNS服务器的计算机自动把域名“翻译”成了相应的IP地址。

DNS实际上是域名系统的缩写，它的目的是为客户机对域名的查询（如www.yahoo.com）提供该域名的IP地址，以便用户用易记的名字搜索和访问必须通过IP地址才能定位的本地网络或Internet上的资源。

通过 DNS 服务，使得网络服务的访问更加简单，对于一个网站的推广发布起到极其重要的作用。而且许多重要网络服务（如 E-mail 服务、Web 服务）的实现，也需要借助于 DNS 服务。因此，DNS 服务可视为网络服务的基础。另外，在稍具规模的局域网中，DNS 服务也被大量采用，因为 DNS 服务不仅可以使网络服务的访问更加简单，而且可以完美地实现与 Internet 的融合。

2.1.1 域名空间结构

DNS 的核心思想是分级的，是一种分布式的、分层次型的、客户机/服务器式的数据库管理系统。它主要用于将主机名或电子邮件地址映射成 IP 地址。一般来说，每个组织有其自己的 DNS 服务器，用于维护域名称映射数据库记录或资源记录。每个登记的域都将自己的数据库列表提供给整个网络复制。

目前负责管理全世界 IP 地址的单位是 InterNIC（Internet Network Information Center），在 InterNIC 之下的 DNS 结构共分为若干个域（Domain），如图 2-1 所示的阶层式树状结构，这个树状结构称为域名空间（Domain Name Space）。

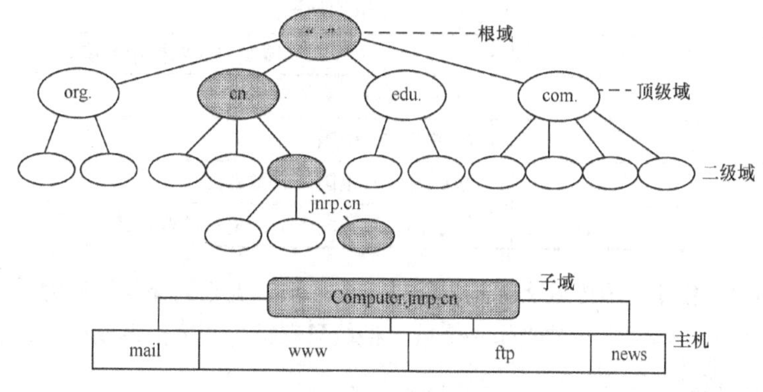

图 2-1 域名空间结构

域名和主机名只能用字母 a～z（在 Windows 服务器中大小写等效，而在 UNIX 中则不同）、数字 0～9 和连线“-”组成。其他公共字符如连接符“&”、斜杠“/”、句点和下画线“_”都不能用于表示域名和主机名。

1. 根域

图 2-1 中位于层次结构的最高端是域名树的根，提供根域名服务，以“.”来表示。在 Internet 中，根域是默认的，一般都不需要表示出来。全世界共有 13 台根域名服务器，这些根域服务器分布于世界各大洲，并由 InterNIC 管理。根域名服务器中并没有保存任何网址，只具有初始指针指向第一层域，也就是顶级域，如 com、edu、net 等。

2. 顶级域

顶级域位于根域之下，数目有限且不能轻易变动。顶级域也是由 InterNIC 统一管理的。在 Internet 中，顶级域大致分为两类：各种组织的顶级域（机构域）和各个国家地区的顶级域（地理域）。顶级域所包含的部分域名称如表 2-1 所示。

表 2-1　　顶级域所包含的部分域名称

域　名　称	说　　明
com	商业机构
edu	教育、学术研究单位
gov	官方政府单位
net	网络服务机构
org	财团法人等非营利机构
mil	军事部门
其他的国家或地区代码	代表其他国家/地区的代码，如 cn 表示中国，jp 为日本，hk 为香港

3. 子域

在 DNS 域名空间中，除了根域和顶级域之外，其他的域都称为子域，子域是有上级域的域，一个域可以有许多子域。子域是相对而言的，如 www.jnrp.edu.cn 中，jnrp.edu 是 cn 的子域，jnrp 是 edu.cn 的子域。表 2-2 所示为域名层次结构中的若干层。

表 2-2　　域名层次结构中的若干层

域　　名	域名层次结构中的位置
.	根是唯一没有名称的域
.cn	顶级域名称，中国子域
.edu.cn	二级域名称，中国的教育部门
.jnrp.edu.cn	子域名称，教育网中的济南铁道职业技术学院

实际上，和根域相比，顶级域实际是处于第二层的域，但它们还是被称为顶级域。根域从技术的含义上是一个域，但常常不被当作一个域。根域只有很少几个根级成员，它们的存在只是为了支持域名树的存在。

第二层域（顶级域）是属于单位团体或地区的，用域名的最后一部分即域后缀来分类。例如，域名 edu.cn 代表中国的教育系统。多数域名后缀可以反映使用这个域名所代表的组织的性质，但并不总是很容易通过域后缀来确定所代表的组织、单位的性质。

4. 主机

在域名层次结构中，主机可以存在于根以下的各层上。因为域名树是层次型的而不是平面型的，因此只要求主机名在每一连续的域名空间中是唯一的，而在相同层中可以有相同的名字。如 www.163.com、www.263.com 和 www.sohu.com 都是有效的主机名，也就是说，即使这些主机有相同的名字 www，但都可以被正确地解析到唯一的主机上。即只要是在不同的子域，就可以重名。

2.1.2 DNS 名称的解析方法

DNS 名称的解析方法主要有两种，一种是通过 hosts 文件进行解析，另一种是通过 DNS 服务器进行解析。

1. hosts 文件

hosts 文件解析只是 Internet 中最初使用的一种查询方式。采用 hosts 文件进行解析时，必须由人工输入、删除、修改所有 DNS 名称与 IP 地址的对应数据，即把全世界所有的 DNS 名称写在一个文件中，并将该文件存储到解析服务器上。客户端如果需要解析名称，就到解析服务器上查询 hosts 文件。全世界所有的解析服务器上的 hosts 文件都需保持一致。当网络规模较小时，hosts 文件解析还是可以采用的。然而，当网络越来越大时，为保持网络里所有服务器中 hosts 文件的一致性，就需要大量的管理和维护工作，在大型网络中这将是一项沉重的负担，此种方法显然是不适用的。

在 Windows Server 2003 中，hosts 文件位于%systemroot%\system32\drivers\etc 目录中。该文件是一个纯文本的文件，如图 2-2 所示。

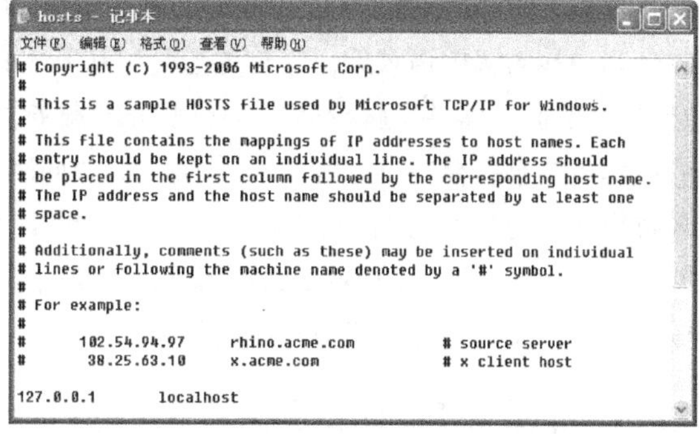
hosts - 记事本
文件(F) 编辑(E) 格式(O) 查看(V) 帮助(H)

```
# Copyright (c) 1993-2006 Microsoft Corp.
#
# This is a sample HOSTS file used by Microsoft TCP/IP for Windows.
#
# This file contains the mappings of IP addresses to host names. Each
# entry should be kept on an individual line. The IP address should
# be placed in the first column followed by the corresponding host name.
# The IP address and the host name should be separated by at least one
# space.
#
# Additionally, comments (such as these) may be inserted on individual
# lines or following the machine name denoted by a '#' symbol.
#
# For example:
#
#      102.54.94.97     rhino.acme.com          # source server
#       38.25.63.10     x.acme.com              # x client host

127.0.0.1       localhost
```

图 2-2　Windows Server 2003 中的 hosts 文件

2. DNS 服务器

DNS 服务器是目前 Internet 上最常用也是最便捷的名称解析方法。全世界有众多的 DNS 服务器各司其职，互相呼应，协同工作构成了一个分布式的 DNS 名称解析网络。例如，jnrp.cn 的 DNS 服务器只负责本域内数据的更新，而其他 DNS 服务器并不知道也无需知道 jnrp.cn 域中有哪些主机，但它们知道 jnrp.cn 的 DNS 服务器的位置。当需要解析 www.jnrp.cn 时，它们就会向 jnrp.cn 的 DNS 服务器请求帮助。采用这种分布式解析结构时，一台 DNS 服务器出现问题并不会影响整个体系，而数据的更新操作也只在其中的一台或几台 DNS 服务器上进行，使整体的解析效率大大提高。

2.1.3　DNS 服务器的类型

DNS 服务器用于实现 DNS 名称和 IP 地址的双向解析。在网络中，主要有 4 种类型的 DNS 服务器：主 DNS 服务器、辅助 DNS 服务器、转发 DNS 服务器和惟缓存 DNS 服务器。

1. 主 DNS 服务器

主 DNS 服务器（Primary Name Server）是特定 DNS 域所有信息的权威性信息源。它从域管理员构造的本地数据库文件（即区域文件，Zone File）中加载域信息，该文件包含着该服务器具有管理权的 DNS 域的最精确信息。

主 DNS 服务器保存着自主生成的区域文件，该文件是可读可写的。当 DNS 域中的信息发生变化时（如添加或删除记录），这些变化都会保存到主 DNS 服务器的区域文件中。

2. 辅助 DNS 服务器

辅助 DNS 服务器（Secondary Name Server）可以从主 DNS 服务器中复制一整套域信息。该服务器的区域文件是从主 DNS 服务器中复制生成的，并作为本地文件存储。这种复制称为“区域

传输”。在辅助 DNS 服务器中存有一个域所有信息的完整只读副本，可以对该域的解析请求提供权威的回答。由于辅助 DNS 服务器的区域文件仅是只读副本，因此无法进行更改，所有针对区域文件的更改必须在主 DNS 服务器上进行。在实际应用中，辅助 DNS 服务器主要用于均衡负载和容错。如果主 DNS 服务器出现故障，可以根据需要将辅助 DNS 服务器转换为主 DNS 服务器。

3. 转发 DNS 服务器

转发 DNS 服务器（Forwarder Name Server）可以向其他 DNS 转发解析请求。当 DNS 服务器收到客户端的解析请求后，它首先会尝试从其本地数据库中查找；若未能找到，则需要向其他指定的 DNS 服务器转发解析请求；其他 DNS 服务器完成解析后会返回解析结果，转发 DNS 服务器将该解析结果缓存在自己的 DNS 缓存中，并向客户端返回解析结果。在缓存期内，如果客户端请求解析相同的名称，则转发 DNS 服务器会立即回应客户端；否则，将会再次发生转发解析的过程。

目前网络中所有的 DNS 服务器均被配置为转发 DNS 服务器，向指定的其他 DNS 服务器或根域服务器转发自己无法完成的解析请求。

4. 惟缓存 DNS 服务器

惟缓存 DNS 服务器（Caching-only Name Server）可以提供名称解析服务，但它没有任何本地数据库文件。惟缓存 DNS 服务器必须同时是转发 DNS 服务器，它将客户端的解析请求转发给指定的远程 DNS 服务器，并从远程 DNS 服务器取得每次解析的结果，并将该结果存储在 DNS 缓存中，以后收到相同的解析请求时就用 DNS 缓存中的结果。所有的 DNS 服务器都按这种方式使用缓存中的信息，但惟缓存 DNS 服务器则依赖于这一技术实现所有的名称解析。

惟缓存 DNS 服务器并不是权威性的服务器，因为它提供的所有信息都是间接信息。

（1）所有的 DNS 服务器均可使用 DNS 缓存机制相应解析请求，以提供解析效率。

（2）可以根据实际需要将上述几种 DNS 服务器结合，进行合理配置。

（3）一些域的主 DNS 服务器可以是另一些域的辅助 DNS 服务器。

（4）一个域只能部署一个主 DNS 服务器，它是该域的权威性信息源；另外至少应该部署一个辅助 DNS 服务器，作为主 DNS 服务器的备份。

（5）配置惟缓存 DNS 服务器可以减轻主 DNS 服务器和辅助 DNS 服务器的负载，从而减少网络传输。

2.1.4 DNS 名称解析的查询模式

当 DNS 客户端向 DNS 服务器发送解析请求或 DNS 服务器向其他 DNS 服务器转发解析请求时，均需要使用查询，请求其所需的解析结果。目前使用的查询模式主要有递归查询和迭代查询两种。

1. 递归查询

递归查询是最常见的查询方式，域名服务器将代替提出请求的客户机（下级 DNS 服务器）进行域名查询，若域名服务器不能直接回答，则域名服务器会在域各树中的各分支的上下进行递归查询，最终将返回查询结果给客户机，在域名服务器查询期间，客户机将完全处于等待状态。

2. 迭代查询

迭代查询（又称转寄查询）是指当服务器收到 DNS 工作站的查询请求后，如果在 DNS 服务器中没有查到所需数据，该 DNS 服务器便会告诉 DNS 工作站另外一台 DNS 服务器的 IP 地址，然后再由 DNS 工作站自行向此 DNS 服务器查询，依此类推，一直到查到所需数据为止。如果到最后一台 DNS 服务器都没有查到所需数据，则通知 DNS 工作站查询失败。“转寄”的意思就是，若在某地查不到，该地就会告诉你其他地方的地址，让你转到其他地方去查。一般在 DNS 服务器之间的查询请求便属于转寄查询（DNS 服务器也可以充当 DNS 工作站的角色），在 DNS 客户端与本地 DNS 服务器之间的查询属于递归查询。

下面以查询 www.163.com 为例，介绍转寄查询的过程，如图 2-3 所示。

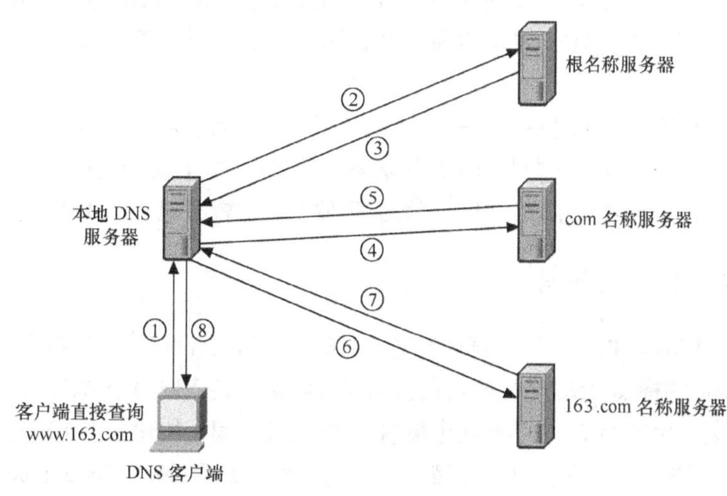

图 2-3　转寄查询

（1）客户端向本地 DNS 服务器直接查询 www.163.com 的域名。

（2）本地 DNS 无法解析此域名，它先向根域服务器发出请求，查询.com 的 DNS 地址。

说明

（1）正确安装完 DNS 后，在 DNS 属性中的“根目录提示”选项卡中，系统显示了包含在解析名称中为要使用和参考的服务器所建议的根服务器的根提示列表，默认共有 13 个，参见图 2-55 的 “根提示”选项卡。

（2）目前全球共有 13 个域名根服务器。1 个为主根服务器，放置在美国。其余 12 个均为辅根服务器，其中美国 9 个、欧洲 2 个（英国和瑞典各 1 个）、亚洲 1 个（日本）。所有的根服务器均由 ICANN（互联网名称与数字地址分配机构）统一管理。

（3）根域 DNS 管理着.com、.net、.org 等顶级域名的地址解析，它收到请求后把解析结果（管理.com 域的服务器地址）返回给本地的 DNS 服务器。

（4）本地 DNS 服务器得到查询结果后接着向管理.com 域的 DNS 服务器发出进一步的查询请求，要求得到 163.com 的 DNS 地址。

（5）.com 域把解析结果（管理 163.com 域的服务器地址）返回给本地 DNS 服务器。

（6）本地 DNS 服务器得到查询结果后接着向管理 163.com 域的 DNS 服务器发出

查询具体主机 IP 地址的请求（www），要求得到满足要求的主机 IP 地址。

（7）163.com 把解析结果返回给本地 DNS 服务器。

（8）本地 DNS 服务器得到了最终的查询结果，并把这个结果返回给客户端，从而使客户端能够和远程主机通信。

2.1.5 DNS 区域

为了便于根据实际情况来分散 DNS 名称管理工作的负荷，将 DNS 名称空间划分为区域（Zone）来进行管理。区域是 DNS 服务器的管辖范围，是由 DNS 名称空间中的单个域或由具有上下隶属关系的紧密相邻的多个子域组成的一个管理单位。因此，DNS 服务器是通过区域来管理名称空间的，而并非以域为单位来管理名称空间，但区域的名称与其管理的 DNS 名称空间的域的名称是一一对应的。

一台 DNS 服务器可以管理一个或多个区域，而一个区域也可以有多台 DNS 服务器来管理（如由一个主 DNS 服务器和多个辅助 DNS 服务器来管理）。在 DNS 服务器中必须先建立区域，然后再根据需要在区域中建立子域以及在区域或子域中添加资源记录，才能完成其解析工作。

1. 正向解析和反向解析

将 DNS 名称解析成 IP 地址的过程称为正向解析，递归查询和迭代查询两种查询模式都是正向解析。将 IP 地址解析成 DNS 名称的过程称为反向解析，它依据 DNS 客户端提供的 IP 地址，来查询它的主机名。由于 DNS 名字空间中域名与 IP 地址之间无法建立直接对应关系，所以必须在 DNS 服务器内创建一个反向查询的区域，该区域名称的最后部分为 in-addr.arpa。

DNS 服务器分别通过正向查找区域和反向查找区域来管理正向解析和反向解析。在 Internet 中，正向解析的应用非常普遍。而反向解析由于会占用大量的系统资源，给网络带来不安全，通常不提供反向解析。

2. 主要区域、辅助区域和存根区域

不论是正向解析还是反向解析，均可以针对一个区域建立 3 种类型的区域，即主要区域、辅助区域和存根区域。

（1）主要区域。一个区域的主要区域建立在该区域的主 DNS 服务器上。主要区域的数据库文件是可读可写的，所有针对该区域的添加、修改和删除等写入操作都必须在主要区城中进行。

（2）辅助区域。一个区域的辅助区域建立在该区域的辅助 DNS 服务器上。辅助区域的数据库文件是主要区域数据库文件的副本，需要定期地通过区域传输从主要区城中复制以获得更新。辅助区域的主要作用是均衡 DNS 解析的负载以提高解析效率，同时提供容错能力。必要时可以将辅助区域转换为主要区域。

（3）存根区域。一个区域的存根区域类似于辅助区域，也是主要区域的只读副本，但存根区域只从主要区域中复制 SOA 记录、NS 记录以及粘附 A 记录（即解析 NS 记录所需的 A 记录），而不是所有的区域数据库信息。存根区域所属的主要区域通常是一个受委派区域，如果该受委派区域部署了辅助 DNS 服务器，则通过存根区域可以让委派服务器获得该受委派区域的权威 DNS

服务器列表（包括主 DNS 服务器和所有辅助 DNS 服务器）。

在 Windows Server 2003 服务器中，DNS 服务支持增量区域传输（Incremental Zone Transfer），也就是在更新区域中的记录时，DNS 服务器之间只传输发生改变的记录，因此提高了传输的效率。

在以下情况可以启动区域传输：管理区域的辅助 DNS 服务器启动、区域的刷新时间间隔过期、在主 DNS 服务器记录发生改变并设置了 DNS 通告列表。在这里，所谓 DNS 通告是利用“推”的机制，当 DNS 服务器中的区域记录发生改变时，它将通知选定的 DNS 服务器进行更新，被通知的服务器启动区域复制操作。

3. 资源记录

DNS 数据库文件由区域文件、缓存文件、反向搜索文件等组成。其中区域文件是最主要的，它保存着 DNS 服务器所管辖区域的主机的域名记录。默认的文件名是“区域名.dns”，在 Windows NT/2000/2003 系统中，置于%systemroot%\system32\dns 目录下。而缓存文件用于保存根域中的 DNS 服务器名称与 IP 地址的对应表，文件名为 Cache.dns。DNS 服务就是依赖于 DNS 数据库文件来实现的。

每个区域数据库文件都是由资源记录构成的。资源记录是 DNS 服务器提供名称解析的依据，当收到解析请求后，DNS 服务器会查找资源记录并予以响应。

常见的资源记录主要包括 SOA 记录、NS 记录、A 记录、CNAME 记录、MX 记录及 PTR 记录等类型，详细说明如表 2-3 所示。

表 2-3　常用资源记录类型及说明

资源记录类型	类型字段说明
SOA（Start Of Authority）	初始授权记录，用于表示一个区域的开始。SOA 记录后的所有信息均是用于控制这个区域的。每个区域数据库文件都必须包含一个 SOA 记录，并且必须是其中的第一个资源记录，用以标识 DNS 服务器所管理的起始位置
NS（Name Server）	名称服务器记录，用于标识一个区域的 DNS 服务器
A（Address）	主机记录，实现正向解析，建立 DNS 名称到 IP 地址的映射
CNAME（Canonical Name）	CNAME（规范名称）记录，也称为别名（Alias）记录，定义 A 记录的别名，用于将 DNS 域名映射到另一个主要的或规范的名称，该名字可能为 Internet 中规范的名称，如 www
PTR（Domain Name PoinTeR）	指针记录，实现反向解析，建立 IP 地址到 DNS 名称的映射
MX（Mail Exchanger）	MX（邮件交换器）记录，用于指定交换或者转发邮件信息的服务器（该服务器知道如何将邮件传送到最终目的地）

标准的资源记录具有其基本格式：

```
[name]        [ttl]        IN        type        rdata
```

name：名称字段名，此字段是资源记录引用的域对象名，可以是一台单独的主机，也可以是整个域。name 字段可以有以下 4 种取值：“.”表示根域；“@”表示默认域，即当前域；“标准域名”或是以“.”结束的域名，或是一个相对域名；“空（空值）”：该记录适用于最后一个带有名字的域对象。

ttl（time to live）：生存时间字段，它以秒为单位定义该资源记录中的信息存放在 DNS 缓存中的时间长度。通常此字段值为空，表示采用 SOA 记录中的最小 ttl 值。

IN：此字段用于将当前资源记录标识为一个 Internet 的 DNS 资源记录。

type：类型字段，用于标识当前资源记录的类型。常用的资源记录的类型如表 2-3 所示。

rdata：数据字段，用于指定与当前资源记录有关的数据，数据字段的内容取决于类型字段。

2.1.6 DNS 规划与域名申请

在建立 DNS 服务之前，进行 DNS 规划是非常必要的。

1. DNS 的域名空间规划

决定如何使用 DNS 命名，以及通过使用 DNS 要达到什么目的。要在 Internet 上使用自己的 DNS，公司必须先向一个授权的 DNS 域名注册颁发机构申请并注册一个二级域名，注册并获得至少一个可在 Internet 上有效使用的 IP 地址。这项业务通常可由 ISP 代理。如果准备使用 Active Directory，则应从 Active Directory 设计着手，并用适当的 DNS 域名空间支持它。

2. DNS 服务器的规划

确定网络中需要的 DNS 服务器的数量及其各自的作用，根据通信负载、复制和容错问题，确定在网络上放置 DNS 服务器的位置。对于大多数安装配置来说，为了实现容错，至少应该对每个 DNS 区域使用两台服务器。DNS 被设计成每个区域有两台服务器，一个是主服务器，另一个是备份或辅助服务器。在单个子网环境中的小型局域网上仅使用一台服务器时，可以配置该服务器扮演区域的主服务器和辅助服务器两种角色。

3. 申请域名

活动目录域名通常是该域完整的 DNS 名称。同时，为了确保向下兼容，每个域还应当有一个与 Windows 2000 以前版本相兼容的名称。同时，为了能够将企业网络与 Internet 很好地整合在一起，实现局域网与 Internet 的相互通信，建议向域名服务商（如万网 http://www.net.cn 和新网 http://www.xinnet.com）申请合法的域名，然后设置相应的域名解析。

若要实现其他网络服务（如 Web 服务、E-mail 服务等），DNS 服务是必不可少的。没有 DNS 服务，就无法将域名解析为 IP 地址，客户端也就无法享受相应的网络服务。若要实现服务器的 Internet 发布，就必须申请合法的 DNS 域名。

2.2 DNS 服务器项目设计与准备

1. 项目设计

为了保证校园网中的计算机能够安全可靠地通过域名访问本地网络以及 Internet 资源，需要在网络中部署主 DNS 服务器、辅助 DNS 服务器、惟缓存 DNS 服务器，具体参数如图 2-4 所示。

（1）在服务器 mdns 上部署 jnrp.cn 和 computer.jnrp.cn 两个主要区域，并将 jw.jnrp.cn 委派给 jwdns 服务器。

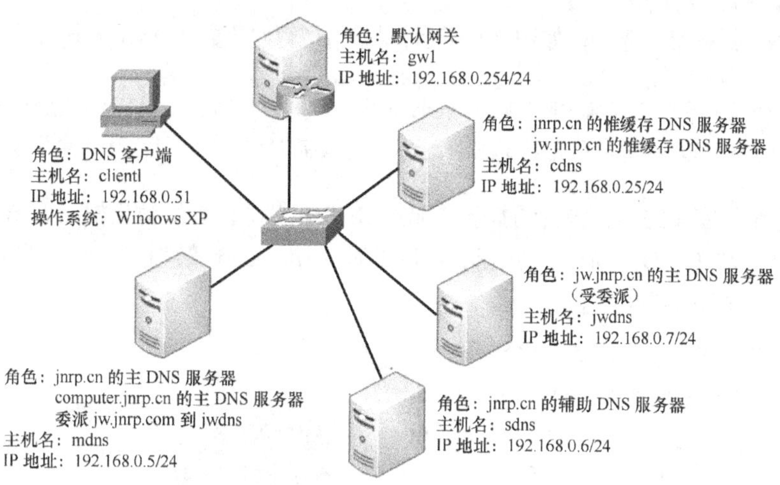

图 2-4 项目环境

（2）在服务器 sdns 上部署 jnrp.cn 的辅助区域。

（3）将服务器 cdns 部署成惟缓存 DNS 服务器。

（4）将计算机 client1 部署成 DNS 客户端。

2. 项目准备

（1）安装有 Windows Server 2003 标准版或企业版操作系统的服务器 4 台，用来部署 DNS 服务器。

（2）安装有 Windows XP 操作系统的计算机 1 台，用来部署 DNS 客户端。

（3）确定每台计算机的角色，并规划每台计算机的 IP 地址及计算机名。

DNS 服务器的 IP 地址必须是静态的。

2.3 安装和添加 DNS 服务器

设置 DNS 服务器的首要任务就是建立 DNS 区域和域的树状结构。DNS 服务器以区域为单位来管理服务，区域是一个数据库，用来链接 DNS 名称和相关数据，如 IP 地址和网络服务，在 Internet 环境中一般用二级域名来命名，如 computer.com。而 DNS 区域分为两类：一类是正向搜索区域，即域名到 IP 地址的数据库，用于提供将域名转换为 IP 地址的服务；另一类是反向搜索区域，即 IP 地址到域名的数据库，用于提供将 IP 地址转换为域名的服务。

2.3.1 安装 DNS 服务

要提供 DNS 服务，首先要安装 DNS 服务，然后再配置并申请正式的域名。

DNS 服务的安装方法如下。

1. 使用“配置您的服务器向导”安装 DNS

（1）在 Windows Server 2003 服务器上运行“配置您的服务器向导”，在“服务器角色”对话

框中选择“DNS 服务器”选项，如图 2-5 所示，将该计算机配置为 DNS 服务器。

提示

如果是第一次安装DNS服务，系统会提示用户插入Windows Server 2003的安装光盘，以复制安装 DNS 服务所需要的文件，以后再安装 DNS 服务则不再需要复制文件了。

（2）DNS 组件安装完毕，将自动打开“配置 DNS 服务器向导”对话框（见图 2-6），进一步配置 DNS 服务。单击“DNS 清单”按钮，可以查看“Microsoft 管理控制台”，获取对 DNS 服务器规划、配置等方面的帮助信息。

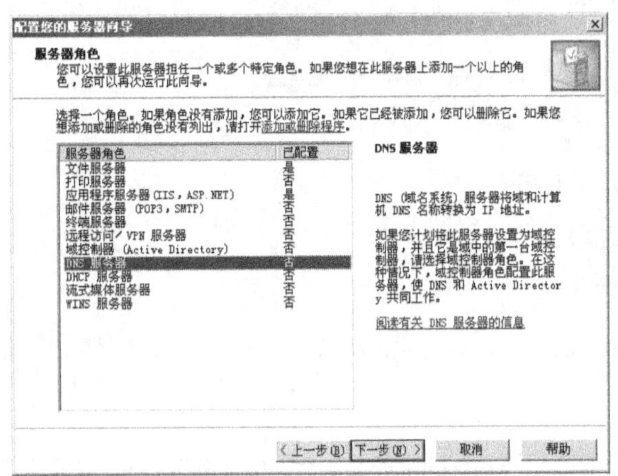

图 2-5 “服务器角色”对话框

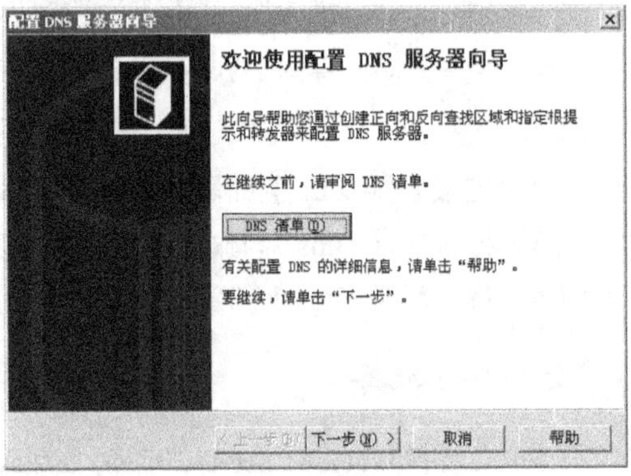

图 2-6 “配置 DNS 服务器向导”对话框

（3）在“选择配置操作”对话框（见图 2-7）中选中“创建正向查找区域（适合小型网络使用）”单选按钮，使该 DNS 服务器只提供正向 DNS 查找，不过该方式无法将在本地查询的 DNS 名称转发给 ISP 的 DNS 服务器。在大型网络环境中，可以选中“创建正向和反向查找区域（适合大型网络使用）”单选按钮，同时提供正向和反向 DNS 查询。

（4）在“主服务器位置”对话框（见图 2-8）中，当在网络中安装第一台 DNS 服务器时，选中“这台服务器维护该区域”单选按钮，可以将该 DNS 服务器配置为主 DNS 服务器。再次添加 DNS 服务器时，选中“ISP 维护该区域，一份只读的次要副本常驻在这台服务器上”单选按钮，从而将其配置为辅助 DNS 服务器。

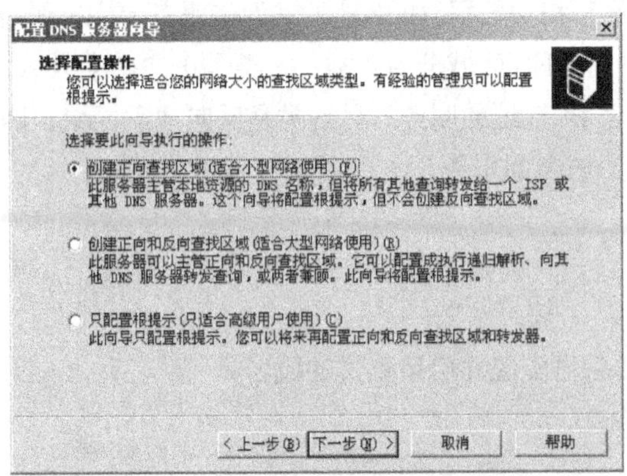

图 2-7 “选择配置操作”对话框

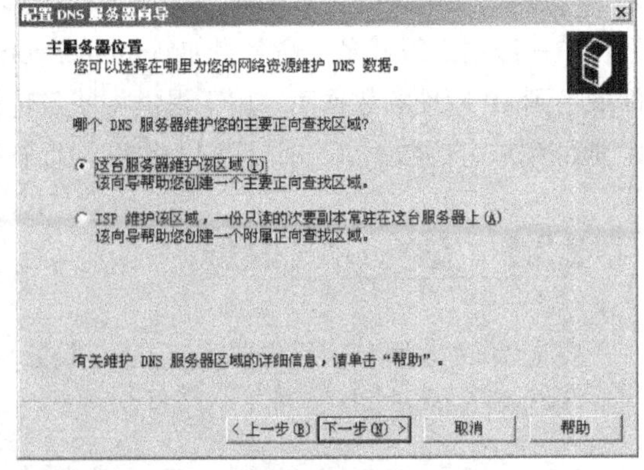

图 2-8 “主服务器位置”对话框

（5）在“区域名称”对话框（见图 2-9）中输入在域名服务机构申请的正式域名，如“×××.com”。

区域名称用于指定 DNS 名称空间的部分，可以是域名（×××.com）或者下级域名（jw.×××.com）。

（6）在“区域文件”对话框（见图 2-10）中选中“创建新文件，文件名为”单选按钮，采用系统默认的文件名保存区域文件（创建新的 DNS 服务器应选用此项）。

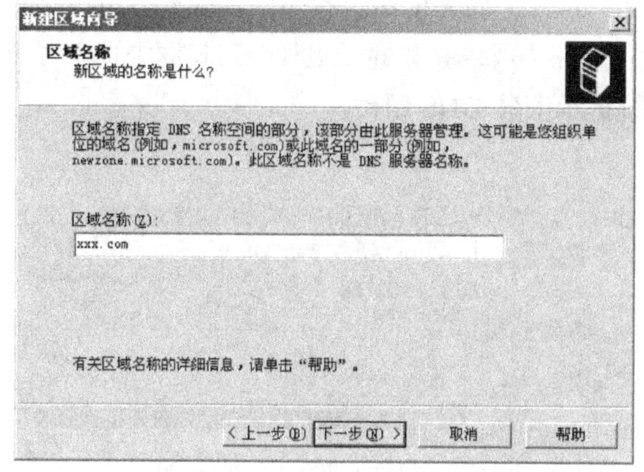

图 2-9　“区域名称”对话框

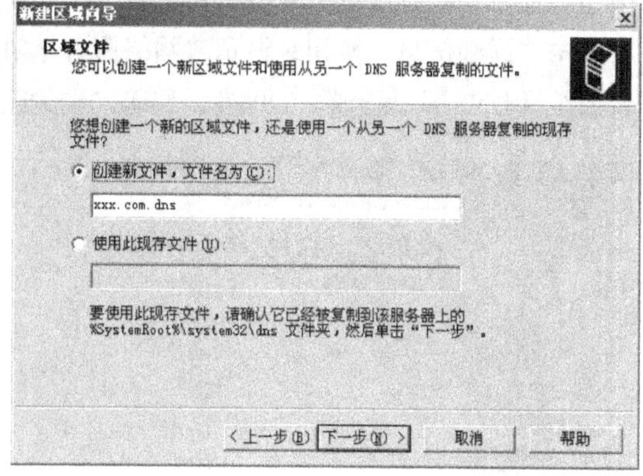

图 2-10　“区域文件”对话框

当然，也可以从另一个 DNS 服务器复制文件，将记录文件复制到本地计算机，然后选中“使用此现存文件”单选按钮（新建一个 DNS 服务器，以取代原有 DNS 服务器或与原有的 DNS 服务器分担负载，应选用此项），在下面的文本框中输入保存路径即可。

（7）在“动态更新”对话框（见图 2-11）中选中“不允许动态更新”单选按钮，不接受资源记录的动态更新，以安全的手动方式更新 DNS 记录。

① 只允许安全的动态更新（适合 Active Directory 使用）。只有在安装了 Active Directory 集成的区域后才能使用该项。

② 允许非安全和安全动态更新。如果要使任何客户端都可接受资源记录的动态更新，可选中该项。但由于可以接受来自非信任源的更新，所以使用此项时可能会不安全。

③ 不允许动态更新。可使此区域不接受资源记录的动态更新，使用此项比较安全。

（8）在“转发器”对话框（见图 2-12）中选中“是，应当将查询转发到下列 IP 地址的 DNS 服务器上”单选按钮，并输入 ISP 提供的 DNS 服务器的 IP 地址。这样，当 DNS 服务器接收到客户端发出的 DNS 请求时，如果本地无法解析，将自动把 DNS 请求转发给 ISP 的 DNS 服务器。

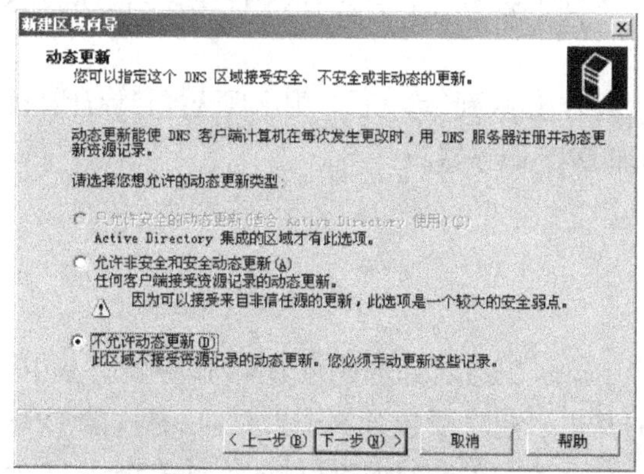

图 2-11　“动态更新”对话框

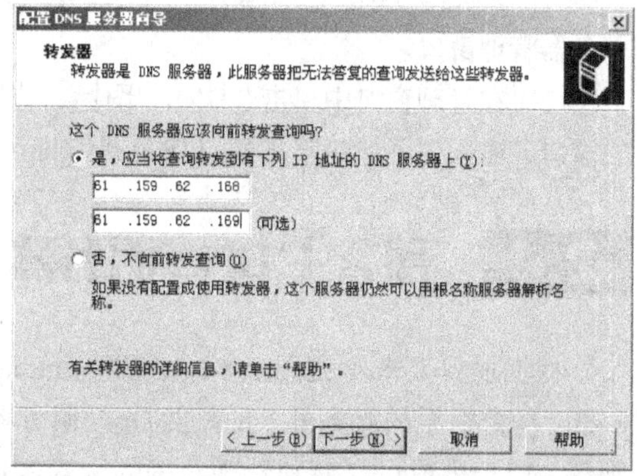

图 2-12　“转发器”对话框

（9）安装和配置完成后，系统会提示该服务器已经成为 DNS 服务器，如图 2-13 所示。

2. 使用“添加 Windows 组件”的方式安装 DNS

另外，也可以按照传统的做法，在“添加/删除程序”窗口中单击“添加/删除 Windows 组件”按钮，显示“添加 Windows 组件向导”对话框。在“组件”列表框中选择“网络服务”组件，然后单击“详细信息”按钮，显示“网络服务”对话框。在“网络服务的子组件”列表框中选中“域名系统（DNS）”复选框（见图 2-14），并根据系统提示安装 DNS 组件。

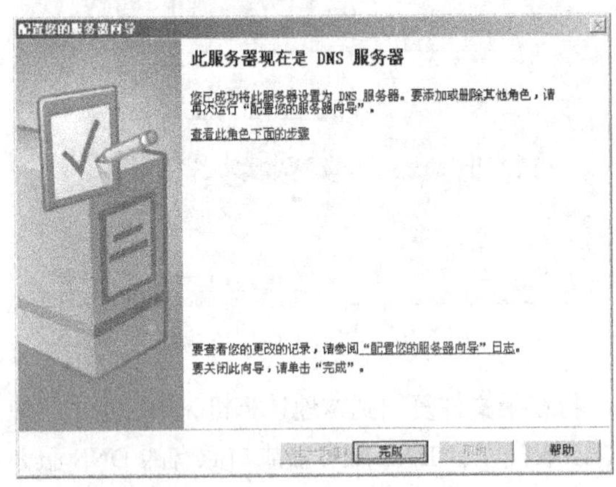

图 2-13　完成 DNS 服务器的安装

图 2-14　传统安装方法

使用这种方法安装后要对“转发器”选项卡进行配置。

2.3.2　添加 DNS 服务器

一般情况下，DNS 管理器中所添加的 DNS 服务器就是安装了 DNS 服务的本台机器。有时，为了在某台 DNS 服务器中管理其他的 DNS 服务器，也可使用添加 DNS 服务器的方法来实现。在安装了 DNS 服务后，就需要将该 DNS 服务器添加到 DNS 管理器，以便对所提供的 DNS 服务进行管理。

（1）执行“开始”→“程序”→“管理工具”→“DNS”命令，启动 DNS 管理器，出现 DNS 服务器管理窗口。

（2）在管理窗口中单击“DNS”图标，选择“操作/连接到计算机”，则出现选择目标计算机的窗口，输入要添加的服务器的 IP 地址，即可添加 DNS 服务器。

2.4　部署主 DNS 服务器

根据项目要求（见图 2-4），需要把 mdns 和 jwdns 服务器部署成主 DNS 服务器，其中，jwdns 是受委派的服务器。部署主 DNS 服务器的基本思想主要包含 3 个内容：一是安装 DNS 服务，用于生成可存储和管理数据的物理实体；二是为该 DNS 创建管辖的区域（Zone），生成可存储该区域信息的数据库；三是在该数据库中添加记录，即主机名和其 IP 地址的对应关系。

2.4.1　创建正向主要区域

设置 DNS 服务器的首要工作是决定 DNS 域和区域的树状结构。在上述采用“配置 DNS 服务器向导”安装 DNS 服务的过程中，就可以创建一个 DNS 区域，如 xxx.com。此外，还可以使用 DNS 控制台新建 DNS 区域。在一台 DNS 服务器上可以提供多个域名的 DNS 解析，因此，可以创建多个 DNS 区域。

（1）在“管理工具”中打开 DNS 控制台窗口，展开 DNS 服务器目录树，如图 2-15 所示。右键单击“正向查找区域”选项，在弹出的快捷菜单中选择“新建区域”选项，显示“新建区域向导”。通过该向导，即可添加一个正向查找区域。

（2）单击“下一步”按钮，出现如图 2-16 所示的“区域类型”对话框，用来选择要创建的区域的类型，有“主要区域”、“辅助区域”和“存根区域”3 种。若要创建新的区域，应当选中“主要区域”单选按钮。

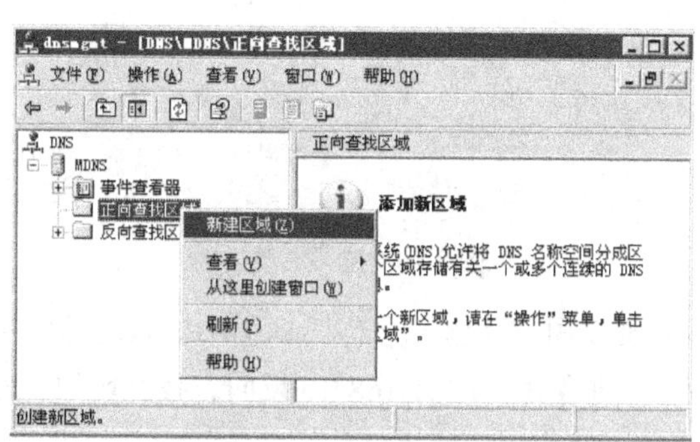

图 2-15　DNS 控制台

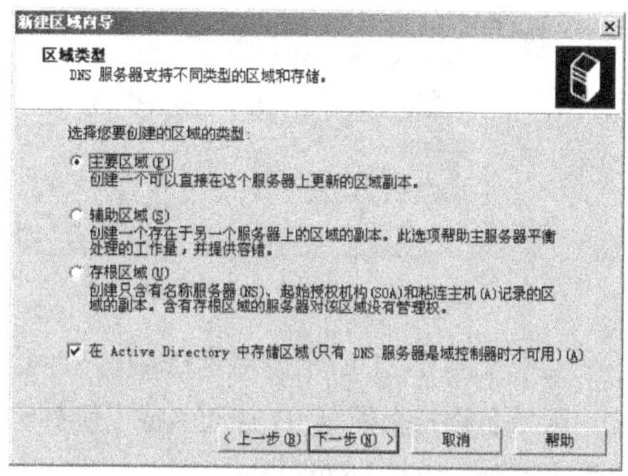

图 2-16　“区域类型”对话框

如果当前 DNS 服务器上安装了 Active Directory 服务，则“在 Active Directory 中存储区域”复选框将自动选中。

（3）在“区域名称”对话框（见图 2-17）中设置要创建的区域名称，如 jnrp.cn。区域名称用于指定 DNS 名称空间的部分，由此 DNS 服务器管理。

（4）单击“下一步”按钮，创建区域文件 jnrp.cn.dns（见图 2-18）。

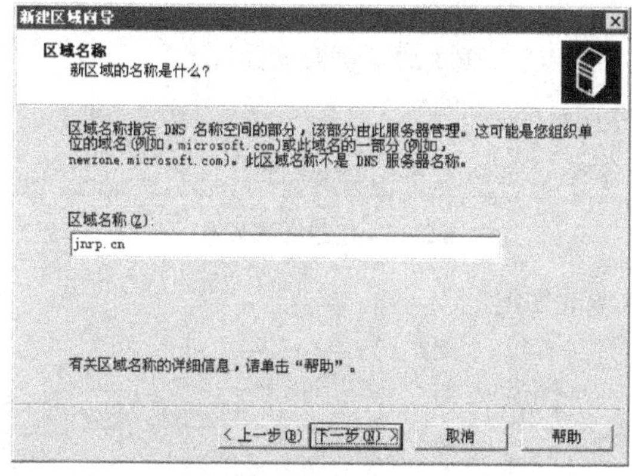

图 2-17　区域名称

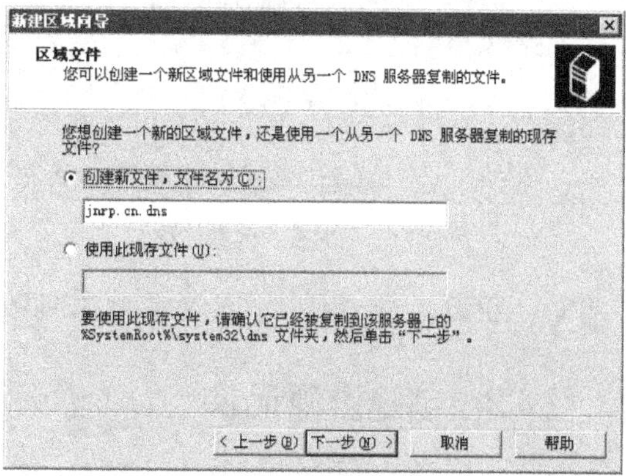

图 2-18　区域文件

（5）单击“下一步”按钮，本例选择“不允许动态更新”。

（6）显示新建区域摘要。单击“完成”按钮，完成区域创建。

2.4.2 创建反向主要区域

反向查找区域用于通过 IP 地址来查询 DNS 名称。创建的具体过程如下。

（1）在 DNS 控制台中，右键单击反向查找区域，在弹出的快捷菜单中选择新建区域（见图 2-19），并在“区域类型”对话框中选择“主要区域”单选按钮（见图 2-20）。

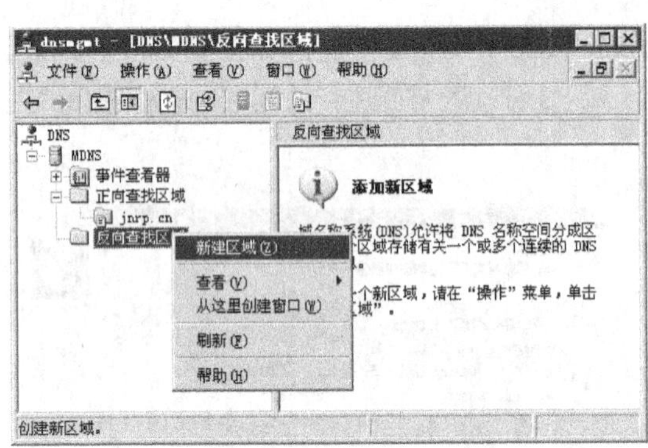

图 2-19　新建反向查找区域

图 2-20　选择区域类型

（2）在图 2-21 所示的对话框中输入网络 ID 或者反向查找区域名称，本例中输入的是网络 ID，区域名称根据网络 ID 自动生成。例如，当输入了网络 ID 为 192.168.0，反向查找区域的名称自动为 0.168.192.in-addr.arpa。

（3）单击“下一步”按钮，创建区域文件，默认文件名称为“0.168.192.in-addr.arpr.dns”。如图 2-22 所示。

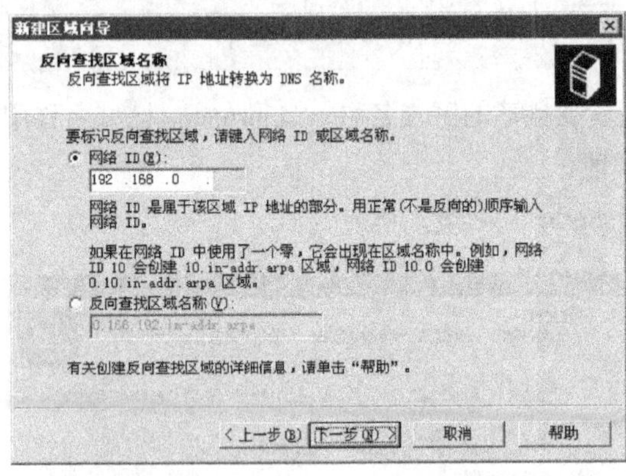

图 2-21　反向查找区域名称

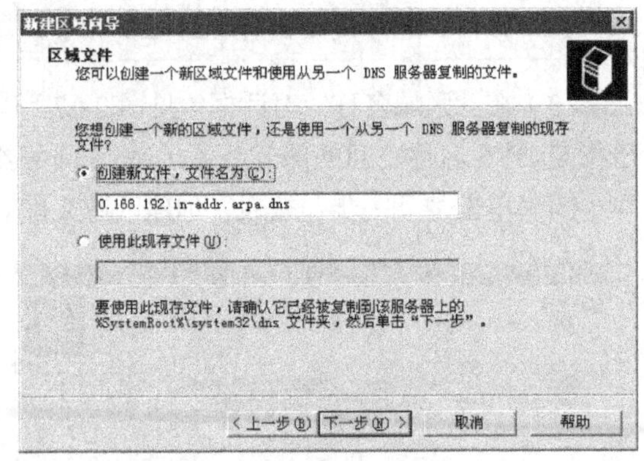

图 2-22　创建区域文件

（4）单击“下一步”按钮，至完成反向查找区域的创建。

2.4.3 创建资源记录

DNS 服务器需要根据区域中的资源记录提供该区域的名称解析。因此，在区域创建完成之后，

需要在区域中创建所需的资源记录。

1. 创建资源记录

打开 DNS 管理控制台，在左侧控制台树中选择要创建资源记录的正向主要区域，然后在右侧控制台窗口的空白处右键单击或右键单击要创建资源记录的正向主要区域，在弹出的菜单中选择相应功能项即可创建资源记录，如图 2-23 所示。

（1）创建主机记录

选择“新建主机（A）”选项，将打开“新建主机”对话框，通过此对话框可以创建 A 记录，如图 2-24 所示。

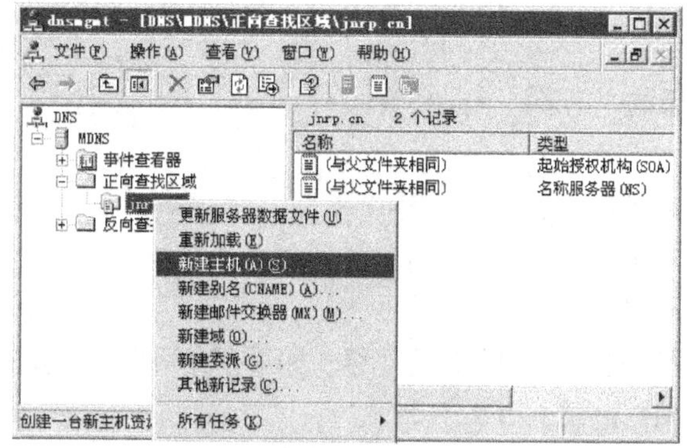

图 2-23　创建资源记录

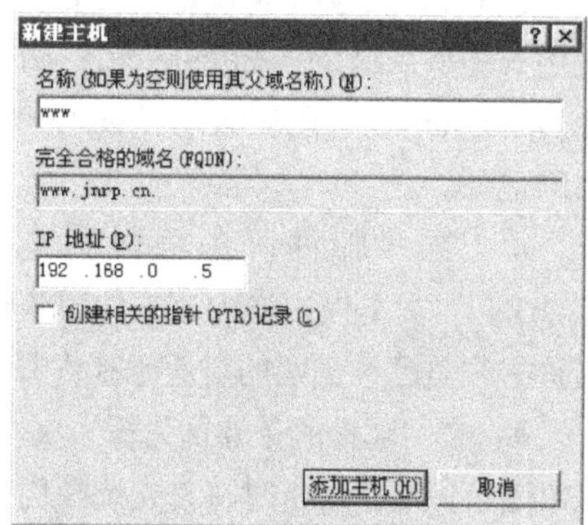

图 2-24　创建 A 记录

- 在“名称”文本框中输入 A 记录的名称，该名称即为主机名，如“www”。
- 在“IP 地址”文本框中输入该主机的 IP 地址。
- 若选中“创建相关的指针（PTR）记录”复选框则在创建 A 记录的同时可在已经存在的相对应的反向主要区域中创建 PTR 记录。若之前没有创建对应的反向主要区域，则不能成功创建 PTR 记录。

以同样的方式在区域 jnrp.cn 中创建如下主机记录：mail（192.168.2.10）、sdns（192.168.0.6）、jwdns（192.168.0.7）、cdns（192.168.0.25）。

（2）创建别名记录

选择“新建别名（CNAME）”选项，将打开“新建资源记录”对话框的“别名（CNAME）”选项卡，通过此选项卡可以创建 CNAME 记录，如图 2-25 所示。

- 在“别名（如果为空则使用其父域）”文本框中输入一个规范的名称（主机名）。有时一台主机可能担当多个服务器，这时需要给这台主机创建多个别名。例如，一台主机既是 Web 服务器，也是 FTP 服务器，这时就可以给这台主机创建多个别名。如 Web 服务器和 FTP 服务器分别为 web.jnrp.cn 和 ftp.jnrp.cn。

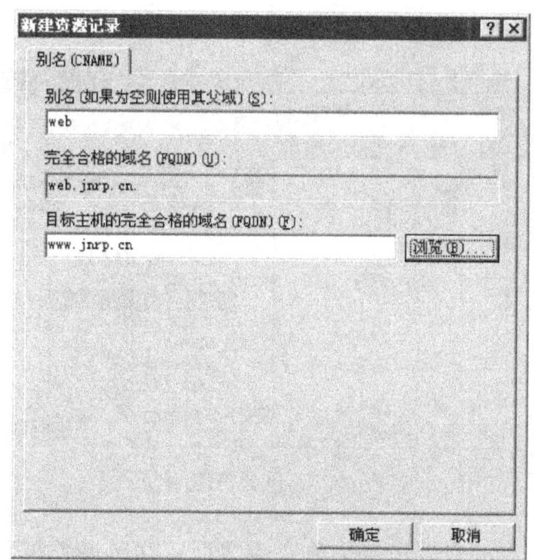

图 2-25　创建 CNAME 记录

- 在“目标主机的完全合格的域名（FQDN）”中输入需要定义别名的完整 DNS 域名。

（3）创建邮件交换器记录

选择“新建邮件交换器（MX）”选项，将打开“新建资源记录”对话框的“邮件交换器（MX）选项卡，通过此选项卡可以创建 MX 记录，如图 2-26 所示。

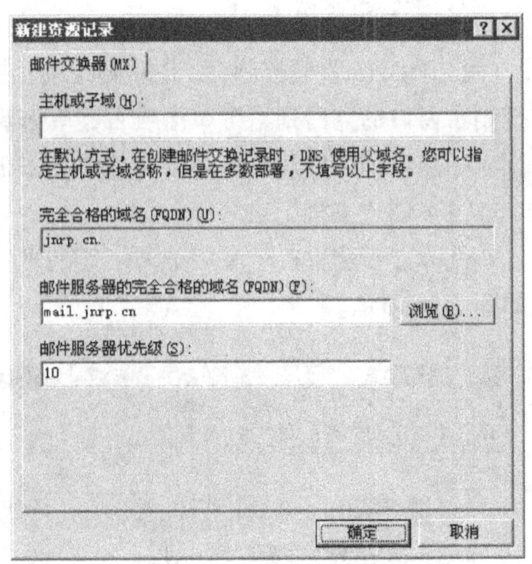

图 2-26 创建 MX 记录

- 在“主机或子域”文本框中输入 MX 记录的名称，该名称将与所在区域的名称一起构成邮件地址中“@”右面的后缀。例如，邮件地址为 ph@jnrp.cn，则应将 MX 记录的名称设置为空（即使用其中所属域的名称 jnrp.cn）；如果邮件地址为 ph@mail.jnrp.cn，则应输入“mail”为 MX 记录的名称记录。
- 在“邮件服务器的完全合格的域名（FQDN）”文本框中输入该邮件服务器的名称（此名称必须是已经创建的对应于邮件服务器的 A 记录）。
- 在“邮件服务器优先级”文本框中设置当前 MX 记录的优先级；如果存在两个或更多的 MX 记录，则在解析时将首先选择优先级高的 MX 记录。

2. 创建指针记录

在左侧控制台树中双击展开“反向查找区域”，然后选择要创建资源记录的反向主要区域；在右侧控制台窗口的空白处右键单击（右键单击要创建资源记录的反向主要区域），在弹出的菜单中选择“新建指针（PTR）”（见图 2-27）选项，在打开的“新建资源记录”对话框的“指针（PTR）”选项卡中即可创建 PTR 记录，如图 2-28 所示。

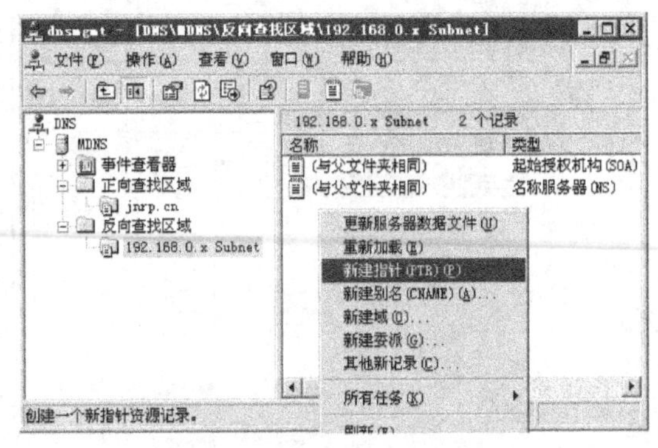

图 2-27 创建 PTR 记录（1）

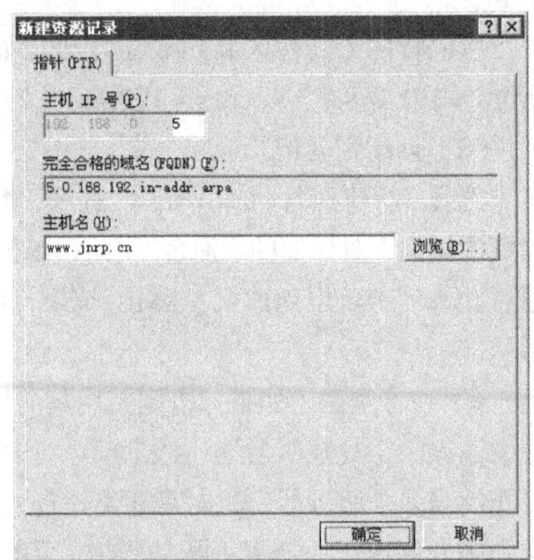

图 2-28 创建 PTR 记录（2）

资源记录创建完成之后，在区域数据库文件中和 DNS 管理控制台中都可以看到这些资源记录，如图 2-29 和图 2-30 所示。

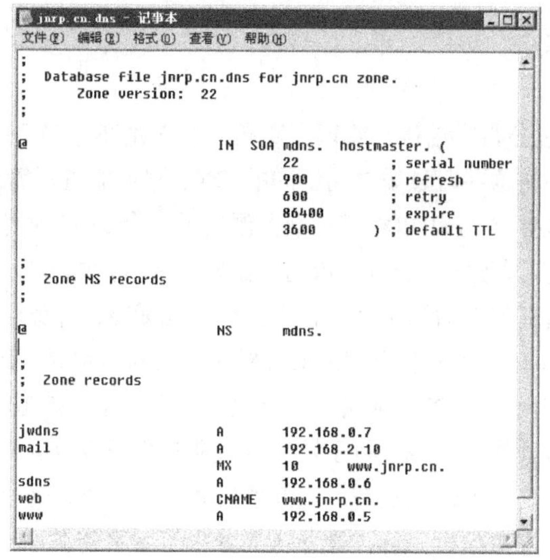

jnrp.cn.dns - 记事本

文件(F)　编辑(E)　格式(O)　查看(V)　帮助(H)

```
;
;  Database file jnrp.cn.dns for jnrp.cn zone.
;      Zone version:  22
;

@                       IN  SOA mdns.  hostmaster. (
                                22           ; serial number
                                900          ; refresh
                                600          ; retry
                                86400        ; expire
                                3600       ) ; default TTL

;
;  Zone NS records
;

@                       NS      mdns.

;
;  Zone records
;

jwdns                   A       192.168.0.7
mail                    A       192.168.2.10
                        MX      10      www.jnrp.cn.
sdns                    A       192.168.0.6
web                     CNAME   www.jnrp.cn.
www                     A       192.168.0.5
```

图 2-29　通过区域数据库文件查看正向区域中的资源记录

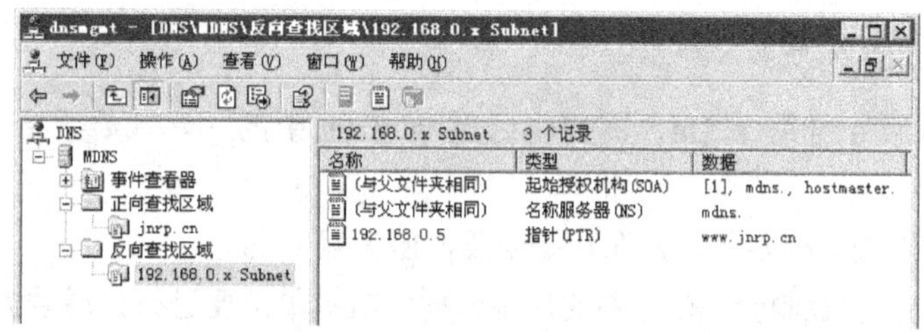

图 2-30　通过 DNS 管理控制台查看反向区域中的资源记录

2.4.4　创建子域及其资源记录

当一个区域较大时，为了便于管理，可以把一个区域划分成若干个子域。例如，在 jnrp.cn 下可以按照部门划分出 computer、jw 等子域。使用这种方式时，实际上是子域和原来的区域都共享原来的 DNS 服务器。

添加一个区域的子域时，在 DNS 控制台中先选中一个区域，如 jnrp.cn，然后右键单击，在弹出的快捷菜单中选择“新建域”选项（见图 2-23），则出现如图 2-31 所示的输入子域的对话框，输入“computer”并单击“确定”按钮，然后可以在该子域下创建资源记录，如图 2-32 所示。

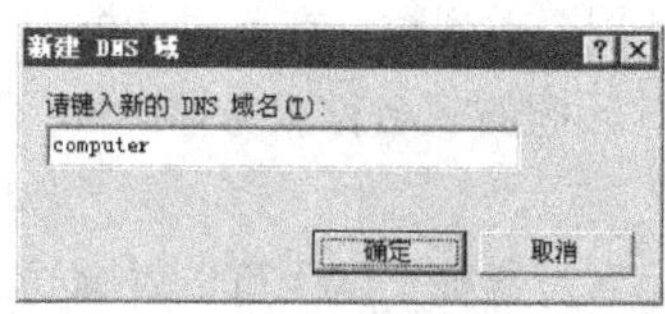

图 2-31　创建子域

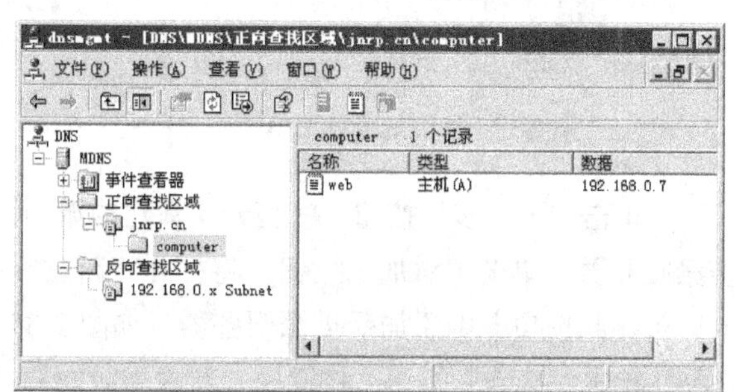

图 2-32　查看子域中的资源

2.4.5 区域委派

DNS 名称解析是通过分布式结构来管理和实现的，它允许将 DNS 名称空间根据层次结构分割成一个或多个区域，并将这些区域委派给不同的 DNS 服务器进行管理。例如，某区域的 DNS 服务器（以下称“委派服务器”）可以将其子域委派给另一台 DNS 服务器（以下称“受委派服务器”）全权管理，由受委派服务器维护该子域的数据库，并负责响应针对该子域的名称解析请求。而委派服务器则无需进行任何针对该子域的管理工作，也无需保存该子域的数据库，只需保留到达受委派服务器的指向，即当 DNS 客户端请求解析该子域的名称时，委派服务器将无法直接响应该请求，但其明确知道应由哪个 DNS 服务器（即受委派服务器）来响应该请求。

采用区域委派可有效地均衡负载。将子域的管理和解析任务分配到各个受委派服务器，可以大幅度降低父级或顶级域名服务器的负载，提高解析效率。同时，通过这种分布式结构，使得真正提供解析的受委派服务器更接近于客户端，从而减少了带宽资源的浪费。

部署区域委派需要在委派服务器和受委派服务器中都进行必要的配置。

1. 配置委派服务器

本任务中委派服务器是 mdsn，需要将区域 jnrp.cn 中的 jw 域委派给 jwdns（IP 地址是 192.168.0.7）。

（1）使用具有管理员权限的用户账户登录委派服务器 mdns。

（2）打开 DNS 管理控制台，在左侧的控制台树中右键单击要进行区域委派的区域，在弹出的快捷菜单中选择“新建委派”命令，如图 2-33 所示，将打开“新建委派向导”对话框。

（3）单击“下一步”按钮，将打开“新建委派向导—受委派域名”对话框，在此对话框中指定要委派给受委派服务器进行管理的域名，如图 2-34 所示。

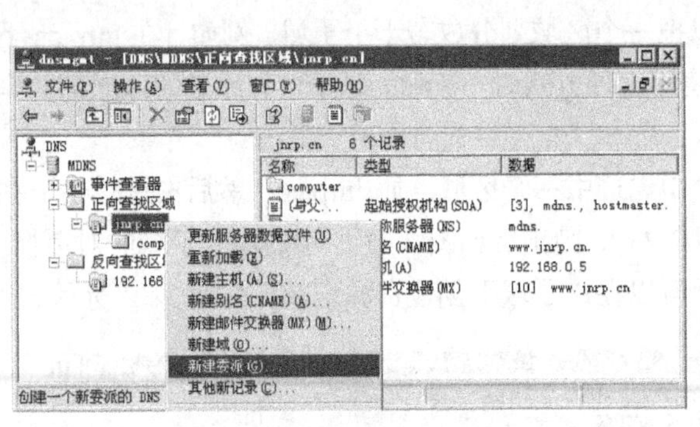

图 2-33 区域的级联菜单

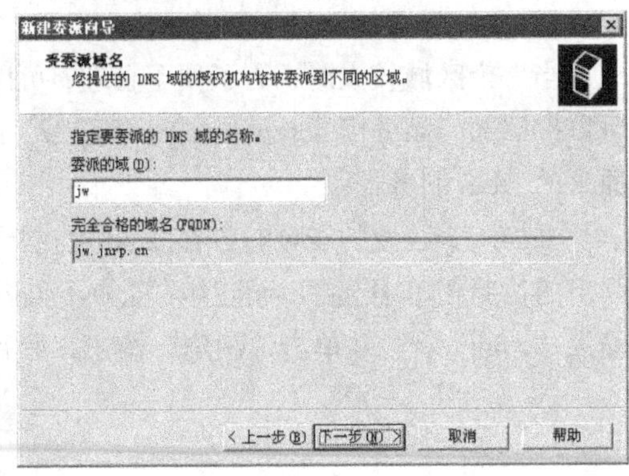

图 2-34 “受委派域名”对话框

（4）单击“下一步”按钮，将打开“新建委派向导-名称服务器”对话框，在此对话框中指定受委派服务器，单击“添加”按钮，将打开“新建资源记录”对话框的“名称服务器（NS）”选项卡，可在此选项卡中添加受委派服务器，如图 2-35 所示。

（5）单击“确定”按钮，将返回“新建委派向导-名称服务器”对话框，从中可以看到受委派服务器，如图 2-36 所示。

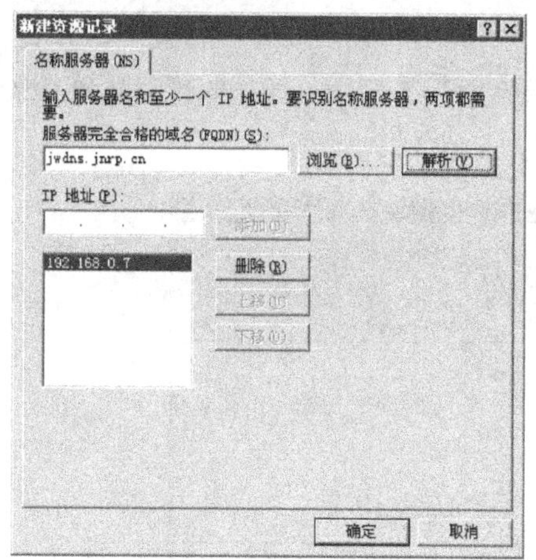

图 2-35　添加受委派服务器

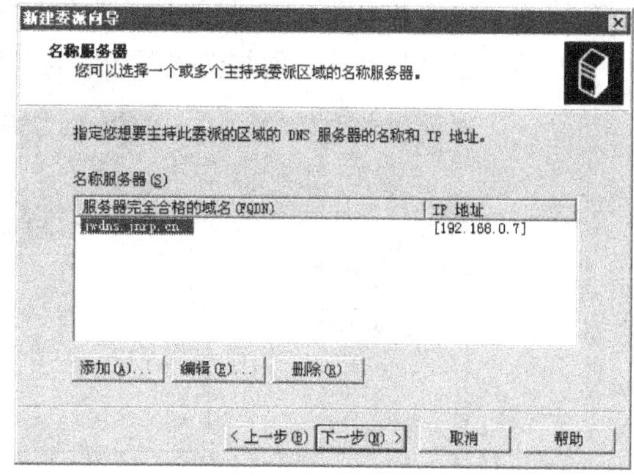

图 2-36　"新建委派向导-名称服务器"对话框

受委派服务器必须在委派服务器中有一个对应的 A 记录，以便委派服务器指向受委派服务器。该 A 记录可以在新建委派之前创建，否则在新建委派时会自动创建。

（6）单击"下一步"按钮，将打开"新建委派向导-完成"对话框，如图 2-37 所示，单击"完成"按钮，将返回 DNS 管理控制台，则委派服务器配置完成，如图 2-38 所示。

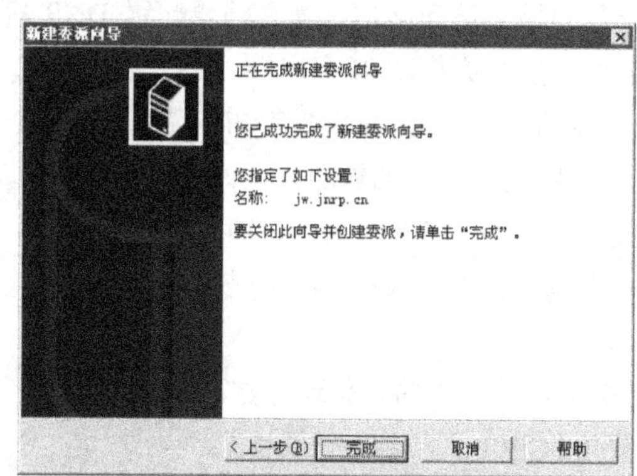

图 2-37　"新建委派向导-完成"对话框

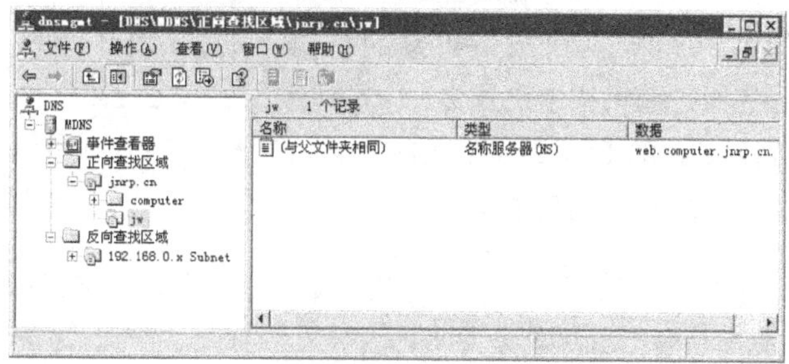

图 2-38　委派服务器配置完成

2. 配置受委派服务器

（1）使用具有管理员权限的用户账户登录受委派服务器 jwdns。

（2）在受委派服务器上安装 DNS 服务。

（3）参考本任务中主 DNS 服务器部署的相关介绍在受委派服务器 jwdns 上创建区域和资源记录（正向主要区域的名称必须与受委派区域的名称相同），如图 2-39 所示。

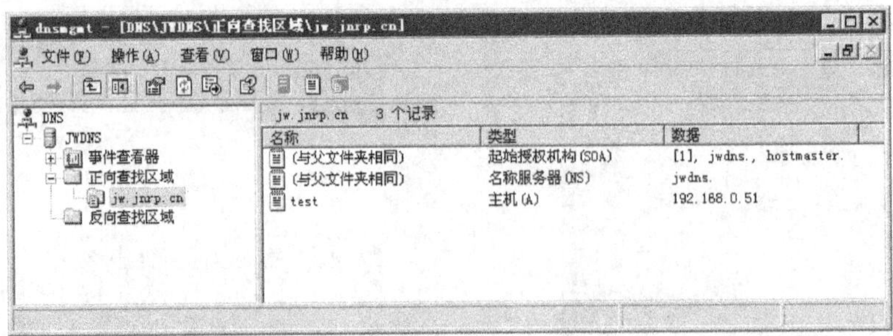

图 2-39　配置受委派服务器

2.4.6　配置 DNS 客户端并测试主 DNS 服务器

1. 配置 DNS 客户端

尽管 DNS 服务器已经创建成功，并且创建了合适的域名，但是如果要在客户机的浏览器中成功地使用类似"www.jnrp.cn"的域名访问网站，就必须要配置 DNS 客户端。如果在一台主机上指定了 DNS 服务器的 IP 地址，它就成了 DNS 客户端。通过在客户端设置 DNS 服务器的 IP 地址，客户机就知道到哪里去寻找 DNS 服务，识别用户输入的域名。

可以通过手工方式来配置 DNS 客户端，也可以通过 DHCP 自动配置 DNS 客户端（要求 DNS 客户端是 DHCP 客户端）。

（1）手工配置 DNS 客户端：在客户端的"本地连接"属性中，选择"Internet 协议（TCP/IP）"，单击"属性"按钮，弹出"Internet 协议（TCP/IP）属性"对话框。在"首选 DNS 服务器"编辑框中设置所部署的主 DNS 服务器 mdns 的 IP 地址"192.168.0.5"（见图 2-40），同时也可以在"备用 DNS 服务器"编辑栏中设置 2.5.1 小节中部署的辅助 DNS 服务器 sdns 的 IP 地址"192.168.0.6"。此时就可以使用 DNS 服务器提供的功能了。

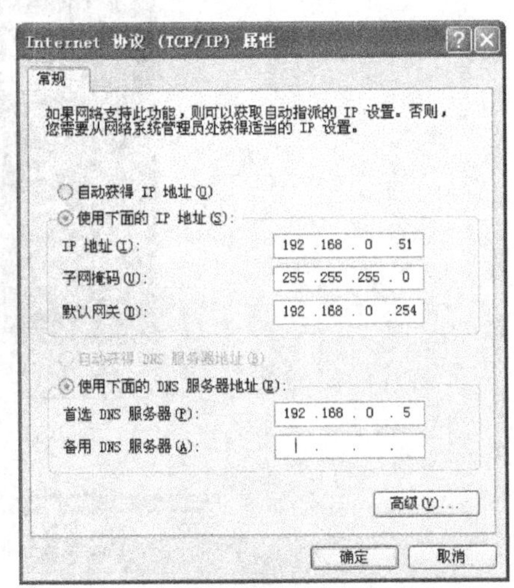

图 2-40　配置 DNS 客户端，指定 DNS 服务器的 IP 地址

在 DNS 客户端的设置中，并没有设置受委派服务器 jwdns 的 IP 地址，那么从客户端上能不能查询到 jwdns 服务器上的资源？

（2）通过 DHCP 自动配置 DNS 客户端：参考"第 3 章 DHCP 服务器配置与管理"。

2. 测试 DNS 服务器

部署完主 DNS 服务器并启动 DNS 服务后，应该对 DNS 服务器进行测试，最常用的测试工具

是 nslookup 和 ping 命令。

nslookup 是用来进行手动 DNS 查询的最常用工具，可以判断 DNS 服务器是否工作正常。如果有故障的话，可以判断可能的故障原因。它的一般命令用法为

```
nslookup  [-option…]  [host to find]  [sever]
```

这个工具可以用于两种模式。

（1）非交互模式。这时要从命令行输入完整的命令，如

```
C:\>nslookup  www.jnrp.cn
```

（2）交互模式。输入 nslookup 并按“Enter”键，不需要参数，就可以进入交互模式。在交互模式下直接输入 FQDN 进行查询。

任何一种模式都可以将参数传递给 nslookup，但在域名服务器出现故障时更多地使用交互模式。在交互模式下，可以在提示符“>”下输入 help 或“?”来获得帮助信息。

下面在客户端 client1 的交互模式下测试上面部署的 DNS 服务器。

① 进入 nslookup 环境。

```
C:\>nslookup
Default Server: www.jnrp.cn
Address: 192.168.0.5
```

② 测试主机记录。

```
>www.jnrp.cn
Server: www.jnrp.cn
Address: 192.168.0.5
Name: www.jnrp.cn
Address: 192.168.0.5
>
```

③ 测试正向解析的别名记录。

```
>web.jnrp.cn
Server: www.jnrp.cn
Address: 192.168.0.5
Name: www.jnrp.cn
Address: 192.168.0.5
Aliases: web.jnrp.cn
>
```

④ 测试子域及其资源。

```
>web.computer.jnrp.cn
Server: www.jnrp.cn
Address: 192.168.0.5
Name: web.computer.jnrp.cn
Address: 192.168.0.7
>
```

⑤ 测试 MX 记录。

```
> set type=MX
> jnrp.cn
Server:  www.jnrp.cn
Address:  192.168.0.5
jnrp.cn MX preference = 10, mail exchanger = mail.jnrp.cn
mail.jnrp.cn    internet address = 192.168.2.10
>
```

> set type 表示设置查找的类型。set type=MX，表示查找邮件服务器记录；set type=cname，表示查找别名记录；set type=A，表示查找主机记录；set type=PRT，表示查找指针记录；set type=NS，表示查找区域。

⑥ 测试委派区域及其资源。

```
>test.jw.jnrp.cn
Server: www.jnrp.cn
Address: 192.168.0.5
Non-authoritative answer:
Name: test.jw.jnrp.cn
Address: 192.168.0.51
>
```

⑦ 测试指针记录。

```
>set type=PTR
>192.168.0.5
Server: www.jnrp.cn
Address: 192.168.0.5
5.0.168.192.in-addr.arpa        name = www.jnrp.cn
>192.168.0.7
Server: www.jnrp.cn
Address: 192.168.0.5
7.0.168.192.in-addr.arpa        name = web.computer.jnrp.cn
>
```

⑧ 查找区域信息。

```
>set type=ns
>jnrp.cn
Server: www.jnrp.cn
Address: 192.168.0.5
jnrp.cn nameserver = mdns
jnrp.cn nameserver = sdns.jnrp.cn
sdns.jnrp.cn    internet address = 192.168.0.6
>jw.jnrp.cn
Server: www.jnrp.cn
Address: 192.168.0.5
Non-authoritative answer:
jw.jnrp.cn      nameserver = jwdns.jnrp.cn
jwdns.jnrp.cn   internet address = 192.168.0.7
>
```

⑨ 退出 nslookup 环境。

```
>exit
```

2.5 部署辅助 DNS 服务器

如果在一个 DNS 服务器上创建了某个 DNS 区域的辅助区域，则该 DNS 服务器将成为该 DNS 区域的辅助 DNS 服务器。辅助 DNS 服务器通过区域传输从主 DNS 服务器获得区域数据库信息，

并响应名称解析请求，从而实现均衡主 DNS 服务器的解析负载和为主 DNS 提供容错。

2.5.1　在主 DNS 服务器上指定辅助 DNS 服务器

（1）使用具有管理员权限的用户账户登录主 DNS 服务器 mdns，并打开 DNS 控制台。

（2）在准备为其部署辅助 DNS 服务器的正向主要区域上右键单击，然后在弹出的菜单中选择“属性”选项，如图 2-41 所示。

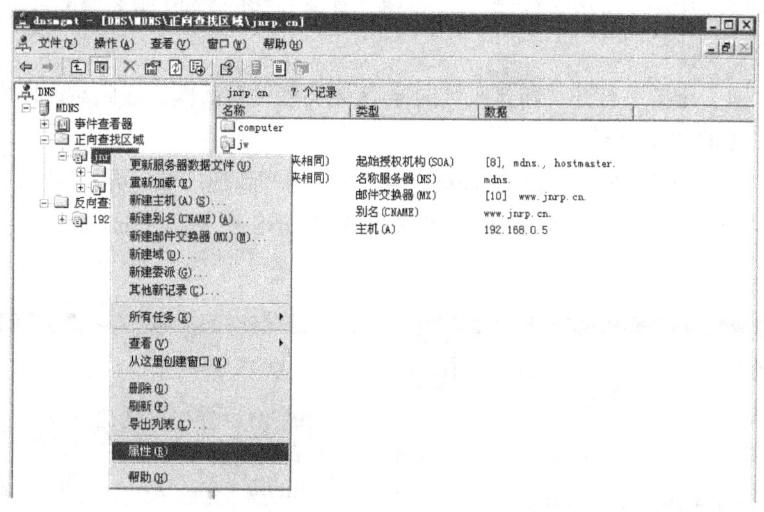

图 2-41　打开主要区域的属性对话框

（3）在打开的区域属性对话框中打开“名称服务器”选项卡，在该选项卡中单击“添加”按钮，将打开“新建资源记录”对话框的“名称服务器（NS）”选项卡，在此添加辅助 DNS 服务器，如图 2-42 所示。

（4）单击“确定”按钮，将返回区域属性对话框的“名称服务器”选项卡，此时能够从“名称服务器”列表看到添加的辅助 DNS 服务器以及原来存在的主 DNS 服务器，如图 2-43 所示。

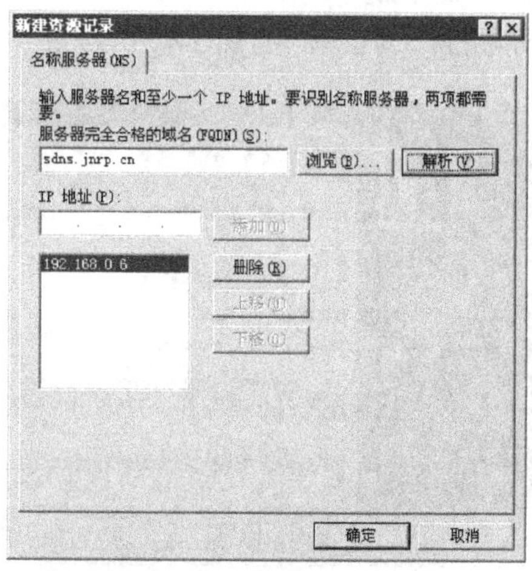

图 2-42　添加辅助 DNS 服务器

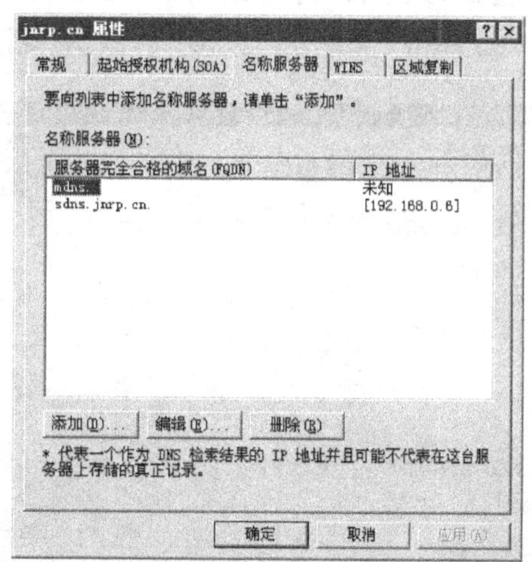

图 2-43　区域属性对话框的“名称服务器”选项卡

此处所添加的辅助 DNS 服务器的域名需要在添加前创建。

（5）单击“确定”按钮，完成配置。然后采用同样的方法在反向主要区域上指定辅助 DNS 服务器。

2.5.2 在辅助 DNS 服务器上安装 DNS 服务和创建辅助区域

（1）使用具有管理员权限的用户账户登录将要部署为辅助 DNS 服务器的计算机 sdns。

（2）安装 DNS 服务。

（3）参考 2.4.1 小节，打开“新建区域向导-区域类型”对话框，在此对话框中选择“辅助区域”单选按钮，如图 2-44 所示。

（4）单击“下一步”按钮，将打开如图 2-45 所示的“新建区域向导-区域名称”对话框。在此对话框中输入区域名称，该名称应与该 DNS 区域主 DNS 服务器 mdns 上的主要区域名称完全相同（如 jnrp.cn）。

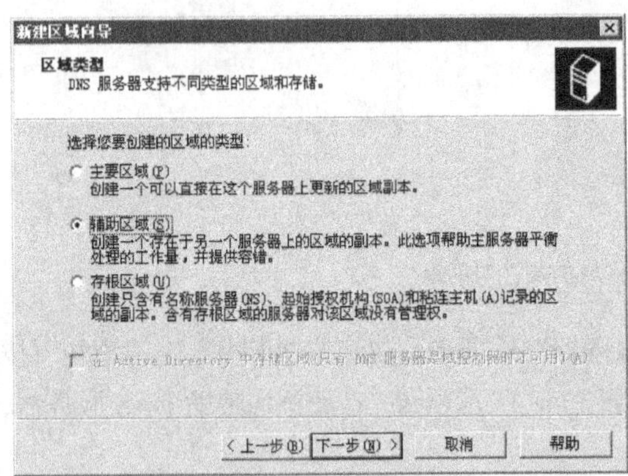

图 2-44 “新建区域向导-区域类型”对话框

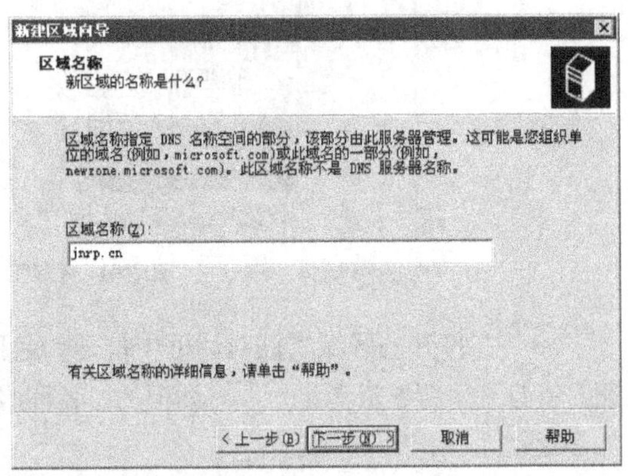

图 2-45 “新建区域类型-区域名称”对话框

（5）单击“下一步”按钮，将打开“新建区域向导-主 DNS 服务器”对话框。在此对话框中指定主 DNS 服务器的 IP 地址（如 192.168.0.5），如图 2-46 所示。

（6）单击“下一步”按钮，将出现“新建区域向导-完成”对话框（见图 2-47）。单击“完成”

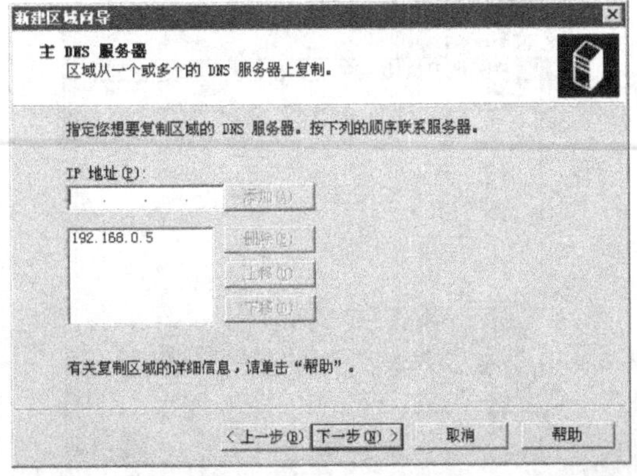

图 2-46 “新建区域向导-主 DNS 服务器”对话框

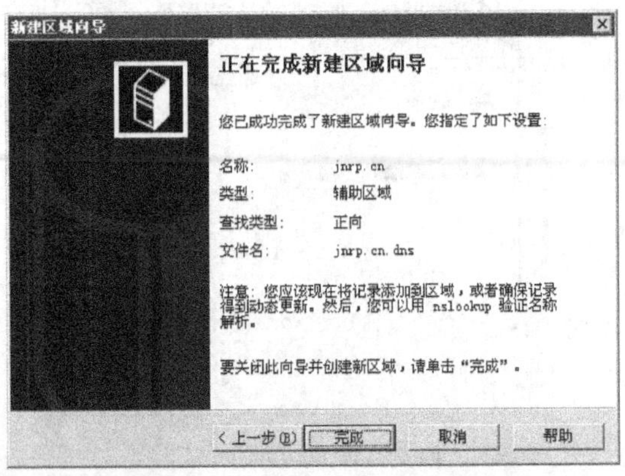

图 2-47 “新建区域向导-完成”对话框

按钮，将返回 DNS 管理控制台，此时能够看到从主 DNS 服务器复制而来的区域数据，如图 2-48 所示，则辅助区域创建完成。

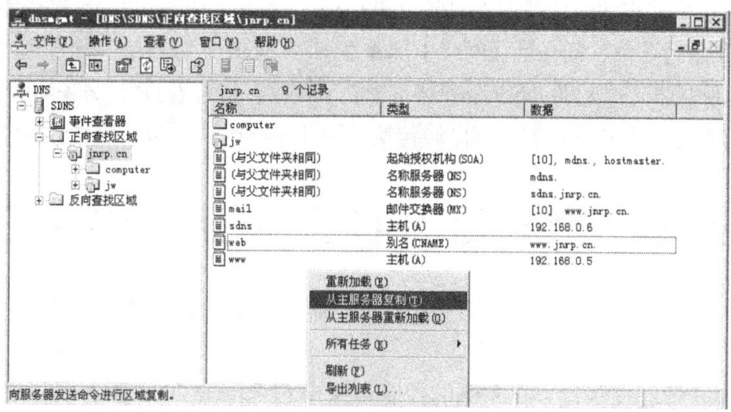

图 2-48　DNS 控制台

（7）采用同样的方法，创建反向辅助区域。

部署辅助 DNS 服务器时，必须首先根据 2.5.1 小节所示的步骤在主 DNS 服务器指定辅助 DNS 服务器，否则在辅助 DNS 服务器创建辅助区域后，将会不能正常加载，出现错误提示。

2.5.3　配置 DNS 客户端测试辅助 DNS 服务器

（1）使用具有管理员权限的用户账户登录要配置的 DNS 客户端。

（2）参考 2.4.6 小节客户端的配置方式，打开如图 2-40 所示的“Internet 协议（TCP/IP）属性”对话框，将 DNS 服务器指定为辅助 DNS 服务器，如图 2-49 所示。

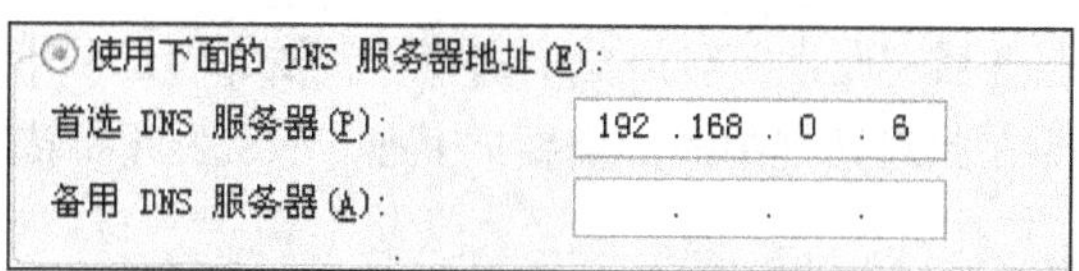

图 2-49　指定辅助 DNS 服务器的 IP 地址

（3）打开命令提示符窗口，使用 nslookup 命令测试辅助 DNS 服务器。

```
C:\>nslookup web.computer.jnrp.cn
Server:  sdns.jnrp.cn
Address:  192.168.0.6
Name:   web.computer.jnrp.cn
Address:  192.168.0.7
```

2.6　部署惟缓存 DNS 服务器

尽管所有的 DNS 服务器都会缓存其已解析的结果，但惟缓存 DNS 服务器是仅执行查询、缓存解析结果的 DNS 服务器，不存储任何区域数据库。惟缓存 DNS 服务器对于任何域来说都不是权威的，并且它所包含的信息限于解析查询时已缓存的内容。

当惟缓存 DNS 服务器初次启动时，并没有缓存任何信息，只有在响应客户端请求时才会缓存。如果 DNS 客户端位于远程网络且该远程网络与主 DNS 服务器（或辅助 DNS 服务器）所在的网络通过慢速广域网链路进行通信，则在远程网络中部署惟缓存 DNS 服务器是一种合理的解决方案。因此一旦惟缓存 DNS 服务器（或辅助 DNS 服务器）建立了缓存，其与主 DNS 服务器的通信量便会减少。此外，由于惟缓存 DNS 服务器不需执行区域传输，因此不会因区域传输而导致网络通信量的增大。

2.6.1　在惟缓存 DNS 服务器上安装 DNS 服务并配置 DNS 转发器

（1）使用具有管理员权限的用户账户登录将要部署惟缓存 DNS 服务器的计算机 cdns。

（2）参考 2.3.1 小节安装 DNS 服务。

（3）打开 DNS 管理控制台，在左侧的控制台树中右键单击 DNS 服务器，在弹出的快捷菜单中选择“属性”选项，如图 2-50 所示。

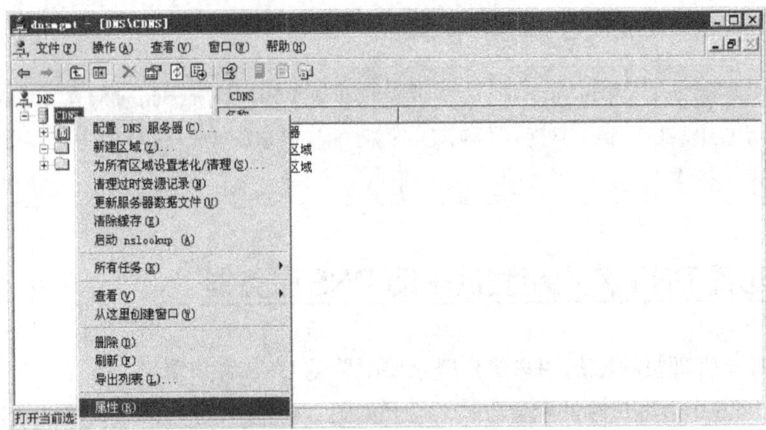

图 2-50　打开 DNS 服务器的属性对话框

（4）在打开的 DNS 服务器“属性”对话框中选择“转发器”选项卡，单击“新建”按钮，将打开“新转发器”对话框，在此对话框中添加需要向其他 DNS 服务器转发解析请求的 DNS 区域，如图 2-51 所示。

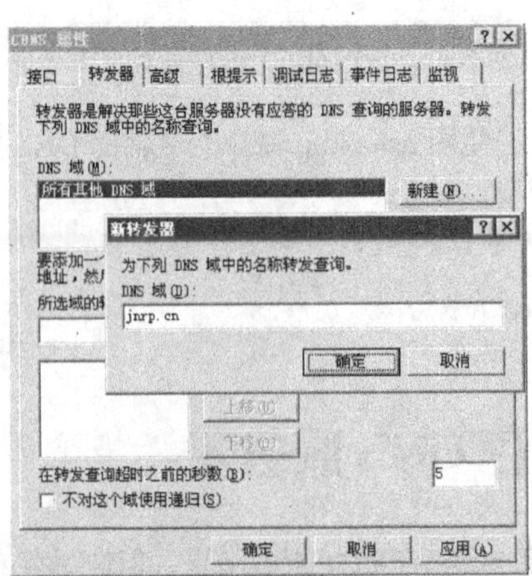

图 2-51　添加需要向其他服务器转发解析请求的 DNS 区域

（5）单击"确定"按钮，返回 DNS 服务器属性对话框的"转发器"选项卡，选择新添加的 DNS 区域，并在 IP 地址列表中添加将针对该区域的解析请求转发到的目的 DNS 服务器的 IP 地址，如图 2-52 所示。

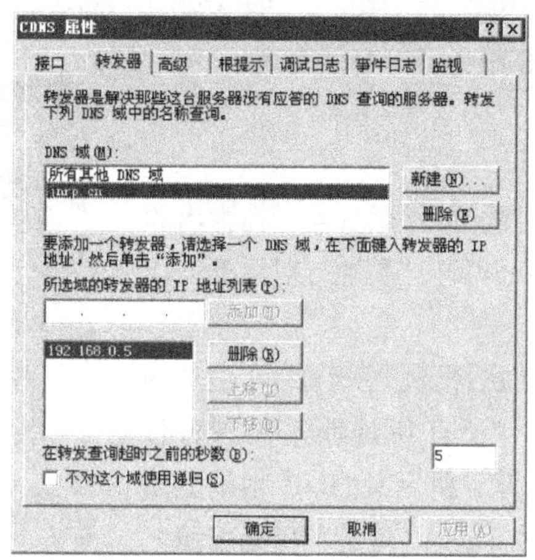

图 2-52　添加解析转达请求的 DNS 服务器的 IP 地址

（6）采用同样的方法，根据需要配置其他区域的转发。

2.6.2　配置 DNS 客户端测试辅助 DNS 服务器

（1）使用具有管理员权限的用户账户登录要配置的 DNS 客户端。

（2）参考 2.5.3 小节，打开"Internet 协议（TCP/IP）属性"对话框，将 DNS 服务器指定为惟缓存 DNS 服务器的 IP 地址（192.168.0.25）。

（3）打开命令提示符窗口，使用 nslookup 命令测试惟缓存 DNS 服务器。

```
C:\>nslookup web.jnrp.cn
Server:  cdns.jnrp.cn
Address:  192.168.0.25
Name:   www.jnrp.cn
Address:  192.168.0.5
Aliases: web.jnrp.cn
```

2.6.3　管理惟缓存 DNS 服务器的缓存

（1）使用具有管理员权限的用户账户登录惟缓存 DNS 服务器，打开 DNS 管理控制台。

（2）选择控制台菜单中的"查看"→"高级"选项，打开高级查看模式，则在左侧的控制台树中将出现"缓存的查找"选项。

（3）单击"缓存的查找"按钮，将能够看到缓存于当前惟缓存 DNS 服务器中的解析结果。

（4）在"缓存的查找"项下指定的区域或资源记录上右键单击，在弹出的快捷菜单中选择"删除"选项，在高速缓存中删除针对指定区域或资源记录的缓存。

（5）右键单击"缓存的查找"，在弹出的快捷菜单中选择"清除缓存"选项，可以清除当前惟缓存 DNS 服务器上所有解析结果的缓存。

2.7 设置 DNS 服务器

DNS 服务器属性对话框中包含了“接口”、“转发器”、“高级”、“安全”等 8 个选项卡，通过对它们的设置，可实现对 DNS 服务器的有效管理。

1. “接口”选项卡

右键单击 DNS 控制台树中的 DNS 服务器，在弹出的快捷菜单中选择“属性”选项，打开“属性”对话框，如图 2-53 所示。

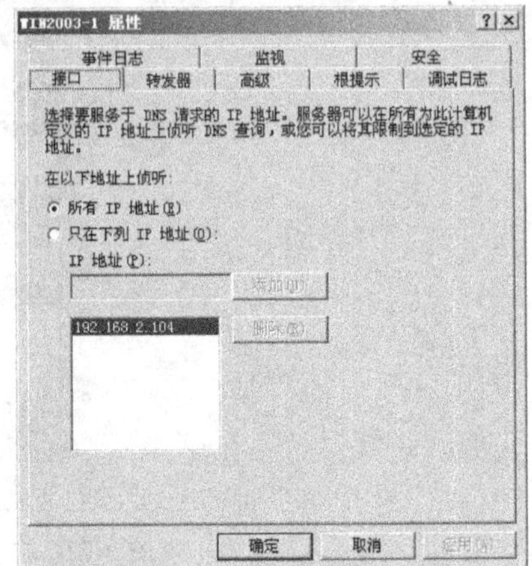

图 2-53　DNS 属性对话框

在“接口”选项卡中，主要选择要服务于 DNS 请求的 IP 地址。在默认情况下，选中“所有 IP 地址”单选按钮，它表明服务器可以在所有为此计算机定义的 IP 地址上侦听 DNS 查询。如果选择“只在下列 IP 地址”单选按钮，则将会被限制在用户添加的 IP 地址范围内。

2. “转发器”选项卡

在“转发器”选项卡中，转发器主要用来帮助解析该 DNS 服务器不能回答的 DNS 查询时可转到另一个 DNS 服务器的 IP 地址。如果服务器是根服务器，则没有转发器属性对话框。

在启用转发器时，需要添加转发器（另一台 DNS 服务器）的 IP 地址。

3. “高级”选项卡

使用“高级”选项卡可以优化服务器，“高级”选项卡如图 2-54 所示。

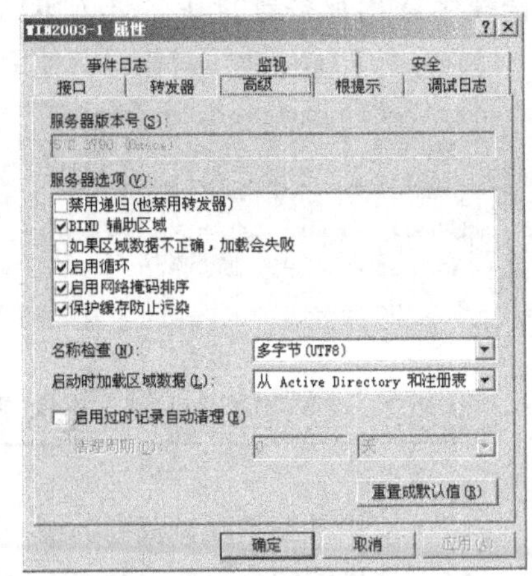

图 2-54　“高级”选项卡

（1）在“服务器选项”列表框中，列出能够被选择应用到该 DNS 服务器的可用高级选项。

- 停用递归：选中该项，可以在 DNS 服务器上禁用递归过程。
- BIND 辅助区域：选择该项，可以启用区域传送过程中的快速复制格式。
- 如果区域数据不正确，加载会失败：选择该项，可以防止加载带错误数据的区域。
- 启用循环：选择该项，可以启用多宿主名称的循环旋转。
- 启用网络掩码排序：选择该项，可以启用本地子网多宿主名称的优先权。
- 保护缓存防止污染：选择该项，可以保护服务器缓存区以防名称被破坏。

（2）“名称检查”下拉列表框中为 DNS 服务器更改使用名称的检查方法，这里有 3 种。

- 严格的 RFC（ANSI）：这种方法严格地强制服务器处理的所有 DNS 使用的名称须符合 RFC 规范的命名规则。不符合 RFC 规范的名称被服务器视为错误数据。

- 非 RFC（ANSI）：这种方法允许不符合 RFC 规范的名称用于 DNS 服务器，如可以使用 ASCII 字符。
- 多字节（UTF8）：这种方法允许在 DNS 服务器中使用采用 Unicode 8 位转换编码方案的名称。

（3）“启动时加载区域数据”下拉列表框为 DNS 服务器更改使用的引导方法。在默认情况下，DNS 服务器使用存储在 Windows 注册表中的信息进行服务的初始化以及加载在服务器上使用的任何区域数据。作为附加选项，可以为 DNS 服务器配置为从文件引导，也可以在 Active Directory 环境中，使用对存储在 Active Directory 数据库中的目录集成区域检索的区域数据补充本地注册表数据。如果使用文件方法，则所用的文件必须是名为 Boot.dns 位于本机的%systemroot%\System32\dns 文件夹中的文本文件。

（4）选择“启用陈旧记录自动清理”复选框，则可以根据设置的清理周期自动清理数据库中的陈旧记录。

4.“根提示”选项卡

在“根提示”选项卡中，系统显示了包含在解析名称中为要使用和参考的服务器所建议的根服务器的根提示列表，默认共有 13 个。用户也可以根据实际情况添加、编辑和删除服务器根提示。对于根服务器，该字段应该为空，如图 2-55 所示。

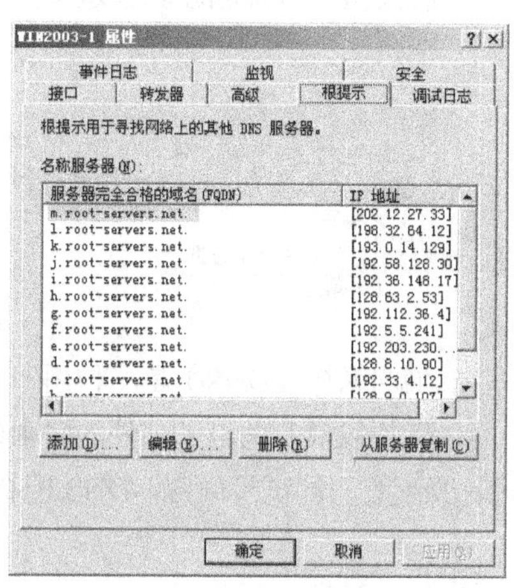

图 2-55　“根提示”选项卡

5.“调试日志”选项卡

“调试日志”选项卡中列出了可用的 DNS 服务器事件日志记录选项，如图 2-56 所示。在默认情况下，不启用 DNS 服务器上的任何调试日志。

6.“事件日志”选项卡

在该选项卡中设定了哪种类型的事件需要记录到日志中，如图 2-57 所示。记录到日志中的事件可以通过“事件查看器”查看。

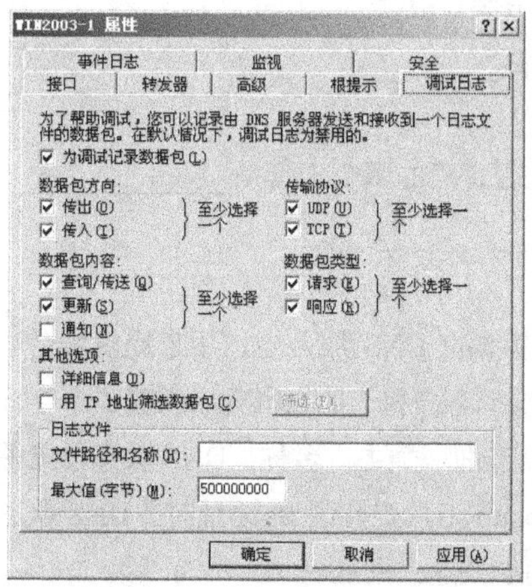

图 2-56　“调试日志”选项卡

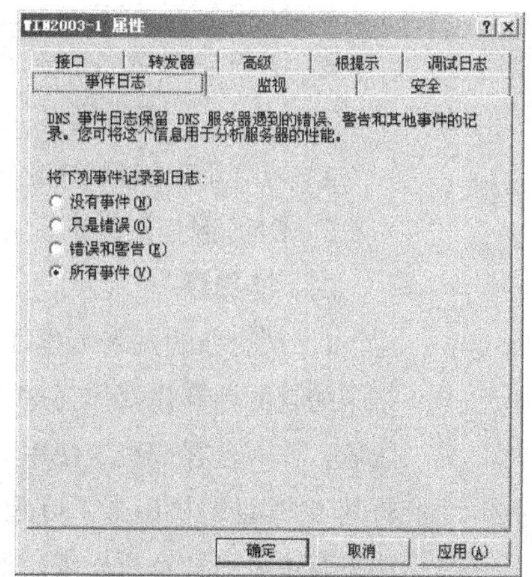

图 2-57　“事件日志”选项卡

7. “监视”选项卡

使用“监视”选项卡，可以验证服务器的配置。

在该选项卡中，如果选择“对此 DNS 服务器的简单查询”复选框，可以测试 DNS 服务器上的简单查询，如果选择“对此 DNS 服务器的递归查询”复选框，可以在 DNS 服务器上测试递归查询。如果要立即进行测试，可以单击“立即测试”按钮，这时在选项卡下面的“测试结果”列表框中将显示出查询的结果。而如果希望以指定的时间间隔自动进行测试，可以选择“以下列间隔进行自动测试”复选框，并在“测试间隔”文本框中设置测试间隔大小。

8. “安全”选项卡

在此可以添加和删除管理服务器的用户和组，并设置它们的权限。

小结

域名系统（DNS）是一种用于 TCP/IP 应用程序的分布式数据库，它提供主机名和 IP 地址之间的转换以及有关电子邮件的路由信息。本章主要介绍了 DNS 的基本原理、DNS 域名解析过程、DNS 配置与测试等内容。DNS 配置是网络管理的重点和难点，应该好好掌握和理解。

习题

一、填空

1. DNS 提供了一个________的命名方案。
2. DNS 顶级域名中表示商业组织的是________。
3. ________表示别名的资源记录。
4. 可以用来检测 DNS 资源创建的是否正确的两个工具是________、________。
5. DNS 服务器的查询方式有________、________。

二、选择题

1. 某企业的网络工程师安装了一台基本的 DNS 服务器，用来提供域名解析。网络中的其他计算机都作为这台 DNS 服务器的客户机。他在服务器创建了一个标准主要区域，在一台客户机上使用 nslookup 工具查询一个主机名称，DNS 服务器能够正确地将其 IP 地址解析出来。可是当使用 nslookup 工具查询该 IP 地址时，DNS 服务器却无法将其主机名称解析出来。请问，应如何解决这个问题？（　　）

A. 在 DNS 服务器反向解析区域中为这条主机记录创建相应的 PTR 指针记录

B. 在 DNS 服务器区域属性上设置允许动态更新

C. 在要查询的这台客户机上运行命令 Ipconfig /registerdns

D. 重新启动 DNS 服务器

2. 在 Windows Server 2003 的 DNS 服务器上不可以新建的区域类型有（　　）。

A. 转发区域　　B. 辅助区域　　C. 存根区域　　D. 主要区域

三、简答题

1. DNS 的查询模式有哪几种？

2. DNS 常见的资源记录有哪些？

3. DNS 的管理与配置流程是什么？

4. DNS 服务器属性中的"转发器"的作用是什么？

5. 什么是 DNS 服务器的动态更新？

四、案例分析

某企业安装有自己的 DNS 服务器，为企业内部客户端计算机提供主机名称解析。然而企业内部的客户除了访问内部的网络资源外，还想访问 Internet 资源。作为企业的网络管理员，你应该怎样配置 DNS 服务器？

实训　DNS 服务器的配置与管理实训

一、实训目的

（1）掌握 DNS 的安装与配置。

（2）掌握两个以上的 DNS 服务器的建立与管理。

（3）了解 DNS 正向查询和反向查询的功能。

（4）掌握反向查询的配置方法。

（5）掌握 DNS 资源记录的规划和创建方法。

二、实训要求

（1）完成单个 DNS 服务器区域的建立。实现使用 ftp.china.long.com 和 www.china.long.com 名称访问网络中 FTP 站点资源和 Web 站点的目的。

（2）配置辅助 DNS 服务器，并实现与主 DNS 服务器的同步。

（3）配置多个 DNS 服务器。

三、实训指导

1. 完成单个 DNS 服务器区域的建立

（1）准备好 3 台已安装好 Windows Server 2003 的服务器，其地址和名称分配如下。

- 一台 DNS 服务器，IP 地址为 192.168.0.1，计算机域名为 dnspc.china.long.com。
- 一台 WWW 服务器，IP 地址为 192.168.0.2，计算机域名为 www.china.long.com。
- 一台 FTP 服务器，IP 地址为 192.168.0.3，计算机域名为 ftp.china.long.com。

（2）在 DNS 服务器端，启用 DNS 服务。

（3）创建 DNS 正向查找区域和反向查找区域。

（4）添加主机记录。

先建区域“long.com”，再建子域“china”，最后建主机记录“WWW”、“FTP”等。

（5）配置 DNS 客户机（如 www.china.long.com 对应 IP 地址 192.168.0.2），包括 TCP/IP、高级 DNS 属性。

（6）在 DNS 服务器或其他客户机上使用“ping　www.china.long.com”检查 DNS 服务是否正常，同时用 nslookup 来测试。

2. 配置辅助 DNS 服务器

参见 2.5 节部署辅助 DNS 服务器。

3. 完成多个区域 DNS 服务器系统的建立

（1）在 DNS 服务器的控制台中，对两个以上的 DNS 服务器（如域名分别为 china.long.com 和 jinan.smile.com）进行管理，如添加、删除和修改 DNS 服务器。

（2）在上述 DNS 服务器的区域内，添加主机记录，并在浏览器中使用所设置的主机名或别名进行访问，如别名为 ftp1、mail1、www1 的主机。

（3）经过转发器设置实现客户机对两个区域，以及 Internet 中主机名的解析服务。

四、实训思考题

（1）DNS 服务的工作原理是什么？

（2）要实现 DNS 服务，服务器和客户端各自应如何配置？

（3）如何测试 DNS 服务是否成功？

（4）如何实现不同的域名转换为同一个 IP 地址？

（5）如何实现不同的域名转换为不同的 IP 地址？

五、实训报告要求

参见第 1 章后的实训要求。

第3章 DHCP 服务器配置与管理

本章学习要点

IP 地址是每台计算机必定配置的参数，手动设置每一台计算机的 IP 地址成为管理员最不愿意做的一件事，于是出现了自动配置 IP 地址的方法，这就是 DHCP。DHCP（Dynamic Host Configuration Protocol，动态主机配置协议）可以自动为局域网中的每一台计算机自动分配 IP 地址，并完成每台计算机的 TCP/IP 配置，包括 IP 地址、子网掩码、网关以及 DNS 服务器等。DHCP 服务器能够从预先设置的 IP 地址池中自动给主机分配 IP 地址，它不仅能够解决 IP 地址冲突的问题，也能及时回收 IP 地址以提高 IP 地址的利用率。

- 理解 DHCP 的工作原理
- 掌握 DHCP 服务器和客户机的设置
- 了解复杂网络 DHCP 服务的部署

3.1 DHCP 服务及其工作原理

3.1.1 何时使用 DHCP 服务

众所周知，TCP/IP 网络中的每一台主机都需要一个唯一的 IP 地址，网络中的主机是通过 IP 地址进行通信的。网络中每一台主机的 IP 地址与相关配置，可以采用以下两种方式获得；手工配置和自动获得（自动向 DHCP 服务器获取）。

在网络主机数目少的情况下，可以手工为网络中的主机分配静态的 IP 地址。但在某些情况下，网络管理员为每一台计算机设置静态地址就显得力不从心，这就需要动态 IP 地址方案。在该方案中，每台计算机并不设定固定的 IP 地址，而是在计算机开机时才被分配一个 IP 地址，这台计算机被称为 DHCP 客户端（DHCP client）。在网络中提供 DHCP

服务的计算机称为 DHCP 服务器。DHCP 服务器利用 DHCP（动态主机配置协议），为网络中的主机分配动态 IP 地址，并提供子网掩码、缺省网关、路由器的 IP 地址以及一个 DNS 服务器的 IP 地址等。

动态 IP 地址方案可以减少管理员的工作量。只要 DHCP 服务器正常工作，IP 地址的冲突是不会发生的。要大批量更改计算机的所在子网或其他 IP 参数，只要在 DHCP 服务器上进行即可，管理员不必设置每一台计算机。

需要动态分配 IP 地址的情况包括以下几种。

（1）网络的规模较大，网络中需要分配 IP 地址的主机很多，特别是要在网络中增加和删除网络主机或者要重新配置网络时，使用手工分配工作量很大，而且常常会因为用户不遵守规则而出现错误，如导致 IP 地址的冲突等。

（2）网络中的主机多，而 IP 地址不够用，这时也可以使用 DHCP 服务器来解决这一问题。例如某个网络上有 200 台计算机，采用静态 IP 地址时，每台计算机都需要预留一个 IP 地址，即共需要 200 个 IP 地址。然而这 200 台计算机并不同时开机，甚至可能只有 20 台同时开机，这样就浪费了 180 个 IP 地址。这种情况对 Internet 服务供应商（Internet Service Provider，ISP）来说是一个十分严重的问题。如果 ISP 有 100 000 个用户，是否需要 100 000 个 IP 地址？解决这个问题的方法就是使用 DHCP 服务。

（3）DHCP 服务使得移动客户可以在不同的子网中移动，并在他们连接到网络时自动获得网络中的 IP 地址。随着笔记本电脑的普及，移动办公成为习以为常的事情，当计算机从一个网络移动到另一个网络时，每次移动也需要改变 IP 地址，并且移动的计算机在每个网络中都需要占用一个 IP 地址。

利用拨号上网实际上就是从 ISP 那里动态获得了一个共有的 IP 地址。

3.1.2 DHCP 服务的工作过程

1. DHCP 工作站第一次登录网络

当 DHCP 客户机第一次登录网络时，主要通过 4 个阶段与 DHCP 服务器建立联系，如图 3-1 所示。

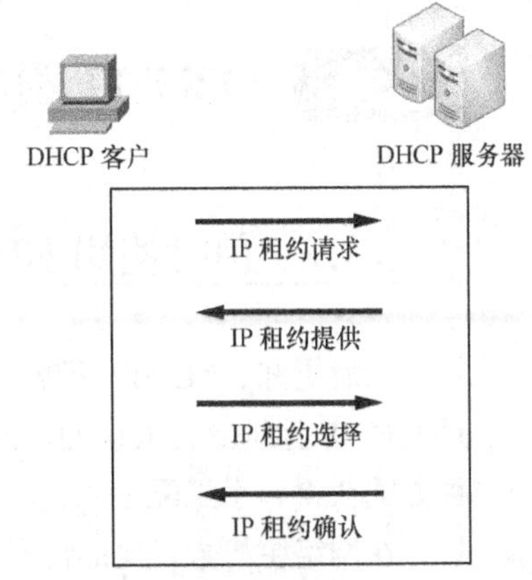

图 3-1 DHCP 的工作过程

（1）DHCP 客户机发送 IP 租用请求。当 DHCP 客户机第一次启动时，由于客户机此时没有 IP 地址，也不知道服务器的 IP 地址，因此客户机在当前的子网中以 0.0.0.0 作为源地址，以 255.255.255.255 作为目标地址向 DHCP 服务器广播 DHCP Discover 报文，申请一个 IP 地址。DHCP Discover 报文中还包括客户机的 MAC 地址和主机名。

（2）DHCP 服务器提供 IP 地址。DHCP 服务器收到 DHCP Discover 报文后，将从针对那台主机的地址池中为它提供一个尚未被分配出去的 IP 地址，并把提供的 IP 地址暂时标记为“不可用”。服务器使用广播将 DHCP Offer 报文送回给客户机，DHCP Offer 报文中包含的信息如图 3-2 所示。如果网络中包含有不止一个的 DHCP 服务器，则客户机可能收到好几个 DHCP Offer

报文，客户机通常只承认第一个DHCP Offer。

DHCP客户机将等待1s，若DHCP客户机未能得到DHCP服务器提供的地址，将分别以2 s、4 s、8 s和16 s的时间间隔重新广播4次，若还没有得到DHCP服务器的响应，则DHCP客户机将以0～1000ms内的随机时间间隔再次发出广播请求租用IP地址。

如果DHCP客户机经过上述努力仍未能从任何DHCP服务器端获得IP地址，则客户机将使用保留的B类地址169.254.0.1～169.254.255.254范围中的一个。

（3）DHCP客户机进行IP租用选择。客户机收到DHCP Offer后，向服务器发送一个包含有关DHCP服务器提供的IP地址的DHCP Request报文。如果客户机没有收到DHCP Offer报文并且还记得以前的网络配置，此时使用以前的网络配置（如果该配置仍然在有效期限内）。

（4）DHCP服务器IP租用认可。DHCP服务器向客户机发回一个含有原先被发出的IP地址及其分配方案的一个应答报文（DHCP ACK），如图3-3所示。

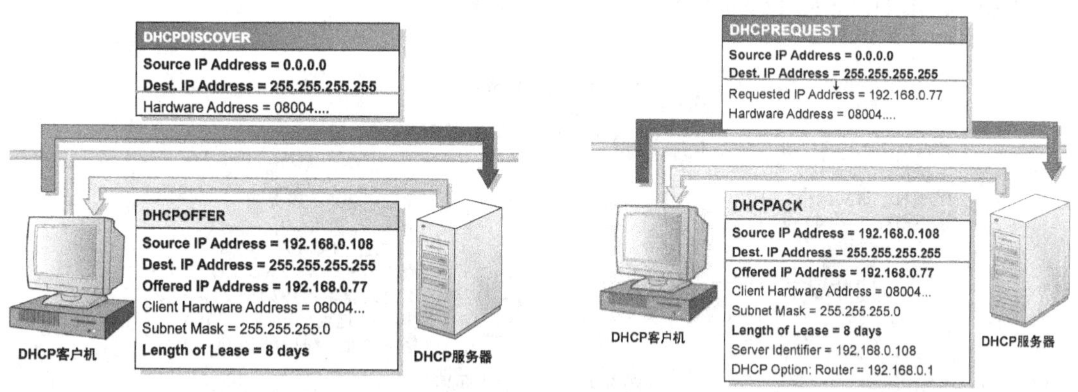

图3-2　DHCP请求和提供　　　　图3-3　DHCP选择与确认

客户机接收到包含配置参数的DHCP ACK报文，利用ARP检查网络上是否有相同的IP地址。如果检查通过，则客户机接受这个IP地址及其参数。如果发现有问题，客户机向服务器发送DHCP Decline信息，并重新开始新的配置过程。服务器收到DHCP Decline信息，将该地址标记为“不可用”。

2. DHCP工作站第二次登录网络

DHCP客户机获得IP地址后再次登录网络时，就不需要再发送DHCP Discover报文了，而是直接发送包含前一次所分配的IP地址的DHCP Request报文。当DHCP服务器收到DHCP Request报文，会尝试让客户机继续使用原来的IP地址，并回答一个DHCP ACK（确认信息）报文。

如果DHCP服务器无法分配给客户机原来的IP地址，则回答一个DHCP NACK（不确认信息）报文。当客户机接收到DHCP NACK报文后，就必须重新发送DHCP Discover报文来请求新的IP地址。

3. DHCP租约的更新

DHCP服务器将IP地址分配给DHCP客户机后，有租用时间的限制，DHCP客户机必须在该次租用过期前对它进行更新。客户机在50%租借时间过去以后，每隔一段时间就开始请求DHCP服务器更新当前租借，如果DHCP服务器应答则租用延期。如果DHCP服务器始终没有应答，在有效租借期的87.5%时，客户机应该与任何一个其他的DHCP服务器通信，并请求更新它的配置信息。如果客户机不能和所有的DHCP服务器取得联系，租借时间到期后，它必须放弃当前的IP

地址，并重新发送一个 DHCP Discover 报文开始上述的 IP 地址获得过程。

客户端可以主动向服务器发出 DHCP Release 报文，将当前的 IP 地址释放。

3.2 DHCP 服务器项目设计及准备

1. 项目设计

部署 DHCP 之前应该先进行规划，明确哪些 IP 地址用于自动分配给客户端（即作用域中应包含的 IP 地址），哪些 IP 地址用于手工指定给特定的服务器。例如，在项目中，将 IP 地址 192.168.2.10—200/24 用于自动分配，将 IP 地址 192.168.2.104/24 预留给需要手工指定 TCP/IP 参数的服务器，将 192.168.2.100 用作保留地址等。

本项目根据如图 3-4 所示的环境来部署 DHCP 服务。

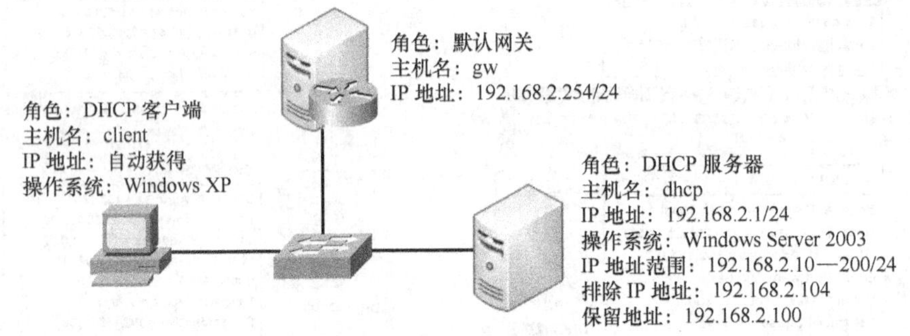

图 3-4　项目设计环境

注意　用于手工配置的 IP 地址一定要排除掉，或者是地址池之外的地址（如图 3-4 中的 192.168.2.1/24 和 192.168.2.104/24），否则会造成 IP 地址冲突。

2. 项目需求准备

部署 DHCP 服务应满足下列需求。

（1）安装 Windows Server 2003 标准版、企业版或数据中心版等服务器端操作系统的计算机一台，用作 DHCP 服务器。

（2）DHCP 服务器的 IP 地址、子网掩码、DNS 服务器等 TCP/IP 参数必须手工指定，否则将不能为客户端分配 IP 地址。

（3）DHCP 服务器必须要拥有一组有效的 IP 地址，以便自动分配给客户端。

3.3 DHCP 服务的安装和配置

3.3.1 安装 DHCP 服务器

DHCP 服务器安装 TCP/IP，并设置固定的 IP 地址信息。

在 Windows Server 2003 操作系统中，除了可以使用“Windows 组件向导”安装 DHCP 服务以外，还可通过“配置您的服务器向导”实现。

（1）在“服务器角色”对话框（见图 3-5）中选择“DHCP 服务器”选项，将该计算机安装为 DHCP 服务器。

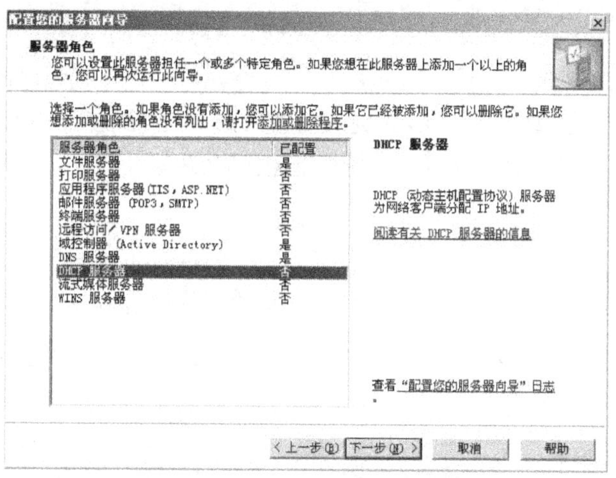

图 3-5　“服务器角色”对话框

（2）在“作用域名”对话框（见图 3-6）中指定该 DHCP 服务器作用域的名称。

（3）在“IP 地址范围”对话框（见图 3-7）中设置由该 DHCP 服务器分配的 IP 地址范围（称作 IP 地址池），并设置“子网掩码”或子网掩码的“长度”。

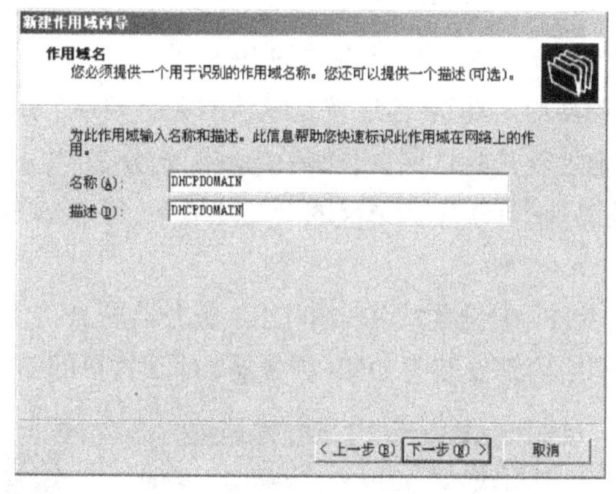

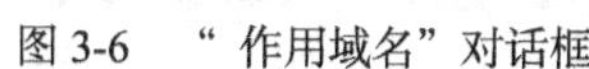
图 3-6　“ 作用域名”对话框

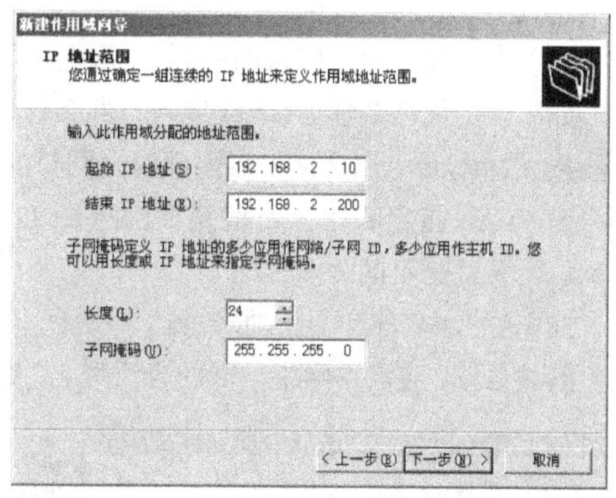

图 3-7　“IP 地址范围”对话框

创建作用域时一定要准确设定子网掩码，因为作用域创建完成后，将不能再更改子网掩码。

（4）在“添加排除”对话框（见图 3-8）中设置保留的、不再动态分配的 IP 地址的起止范围。由于所有的服务器都需要采用静态 IP 地址，另外某些特殊用户（如管理员以及其他超级用户）往往也需要采用静态 IP 地址，此时就应当将这些 IP 地址添加至“排除的 IP 地址范围”列表框中，而不再由 DHCP 动态分配。

（5）在“租约期限”对话框中设置租约时间。租约期限默认为 8 天。

提示 对于台式机较多的网络而言，租约期限应当相对较长一些，这样将有利于减少网络广播流量，从而提高网络传输效率。对于笔记本较多的网络而言，租约期限则应当设置得较短一些，从而有利于在新的位置及时获取新的 IP 地址。特别是对于划分有较多 VLAN 的网络，如果原有 VLAN 的 IP 地址得不到释放，那么就无法获取新的 IP 地址，接入新的 VLAN。

（6）在“配置 DHCP 选项”对话框（见图 3-9）中选中“是，我想现在配置这些选项”单选按钮，准备配置默认网关、DNS 服务器 IP 地址等重要的 IP 地址信息，从而使 DHCP 客户端只需设置为“自动获取 IP 地址信息”即可，无需再指定任何 IP 地址信息。也可以选择“否，以后再配置这些选项”。

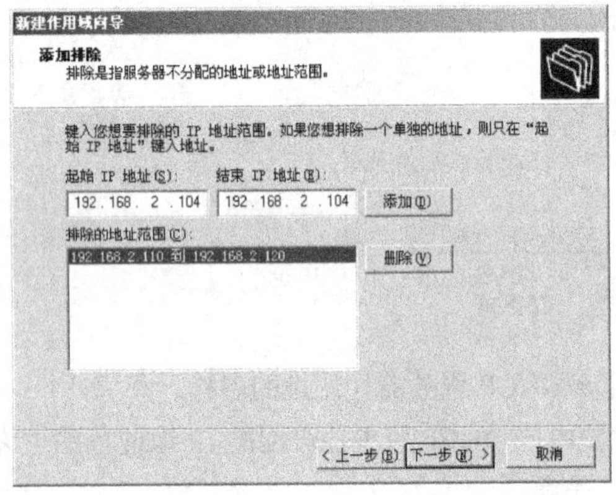

图 3-8 “添加排除”对话框

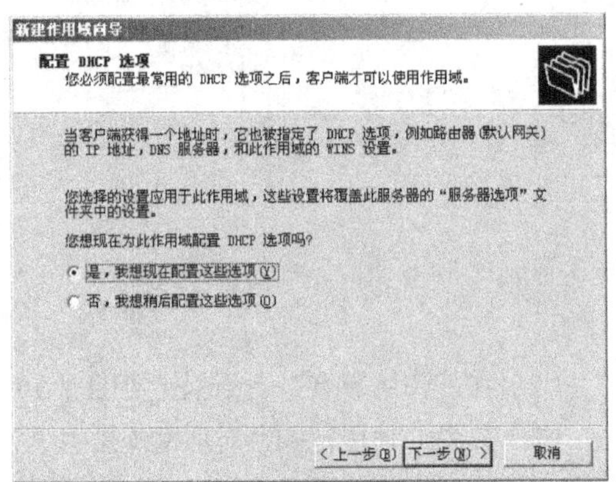

图 3-9 “配置 DHCP 选项”对话框

（7）在“路由器（默认网关）”对话框（见图 3-10）中指定默认网关的 IP 地址。

如果使用代理共享 Internet 接入，那么代理服务器的内部 IP 地址就是默认网关；如果采用路由器接入 Internet，那么路由器内部以太网口的 IP 地址就是默认网关；如果局域网划分有 VLAN，那么为 VLAN 指定的 IP 地址就是默认网关。也就是说，在划分有 VLAN 的网络环境中，每个 VLAN 的默认网关都是不同的。

（8）在“域名称和 DNS 服务器”对话框（见图 3-11）中设置域名称和 DNS 服务器的 IP 地址。这里的域名称，应当是网络申请的合法域名。如果网络内部安装有 DNS 服务器，那么这里的 DNS

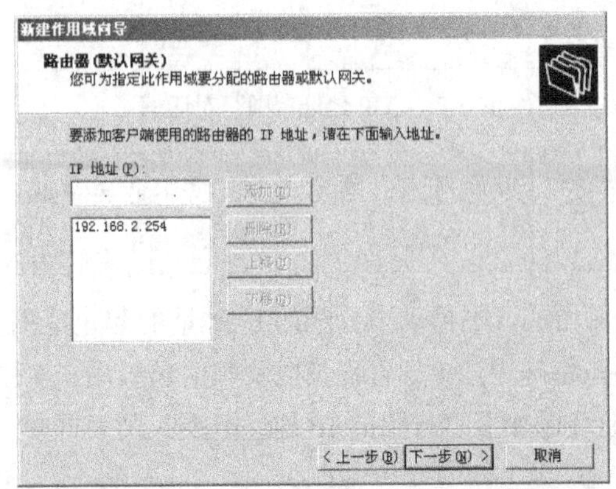

图 3-10 “路由器（默认网关）”对话框

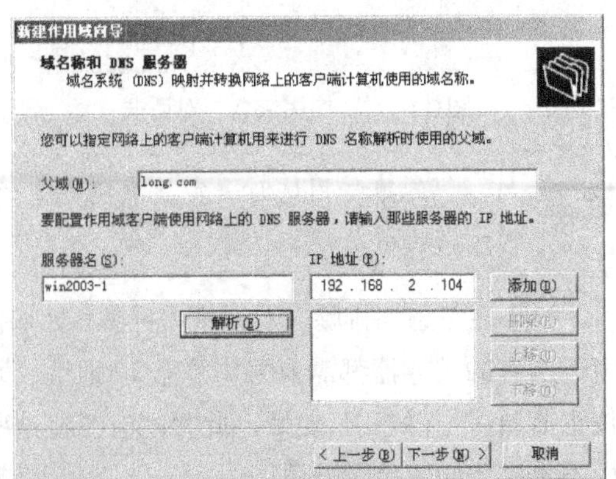

图 3-11 “域名称和 DNS 服务器”对话框

应当指定内部 DNS 服务器的 IP 地址。如果网络没有提供 DNS 服务，那么就应当输入 ISP 提供的 DNS 服务器的 IP 地址。另外，应当提供两个以上的 DNS 服务器，保证当第一个 DNS 服务器发生故障后，仍然可以借助其他 DNS 服务器实现 DNS 解析。

（9）在“激活作用框”对话框中选中“是，我想现在激活此作用域”单选按钮，激活该 DHCP 服务器，为网络提供 DHCP 服务。

注意

DHCP 服务器必须在激活作用域后才能提供 DHCP 服务。

另外，DHCP 服务也可以在“控制面板”窗口中，采用传统的“添加/删除程序”方式来安装。通过“Windows 组件”对话框打开“网络服务”对话框，选中“动态主机配置协议（DHCP）”复选框即可（见图 3-12）。

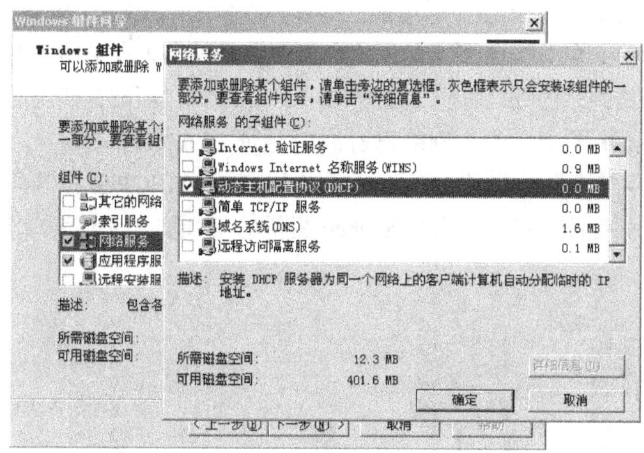

图 3-12　通过“添加/删除程序”方式安装 DHCP

3.3.2　授权 DHCP 服务器

Windows Server 2003 为使用活动目录的网络提供了集成的安全性支持。针对 DHCP 服务器，它提供了授权的功能。通过这一功能可以对网络中配置正确的合法 DHCP 服务器进行授权，允许它们对客户端自动分配 IP 地址。同时，还能够检测未授权的非法 DHCP 服务器以及防止这些服务器在网络中启动或运行，从而提高了网络的安全性。

1. 对域中的 DHCP 服务器进行授权

打开 DHCP 管理控制台，右键单击左侧控制台树中的 DHCP，在弹出的快捷菜单中选择“管理授权的服务器”选项，如图 3-13 所示。打开“管理授权的服务器”对话框，如图 3-14 所示，单击“授权”按钮，并添加要授权的服务器的名称或 IP 地址。

2. 为什么要授权 DHCP 服务器

由于 DHCP 服务器为客户端自动分配 IP 地址时均采用广播机制，而且客户端在发送 DHCP

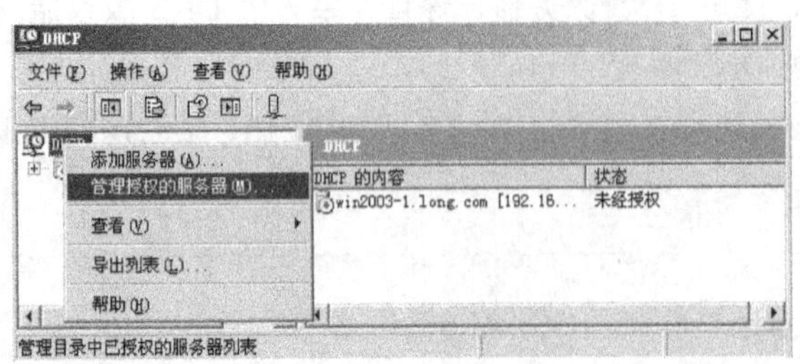

图 3-13 DHCP 授权

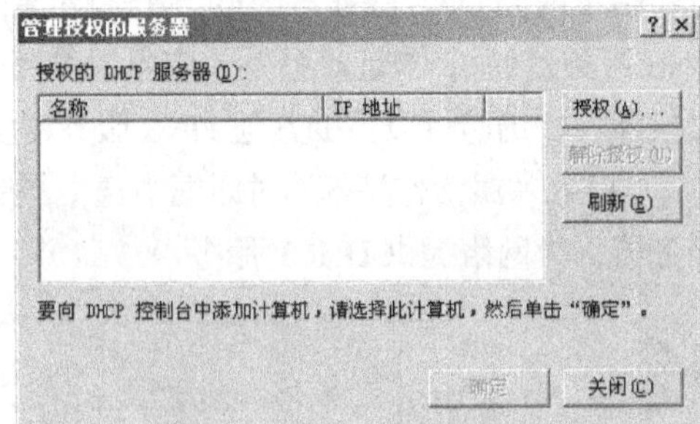

图 3-14 管理授权的服务器

Request 消息进行 IP 租用选择时也只是简单地选择第一个收到的 DHCP Offer，这意味着在整个 IP 租用过程中，网络中所有的 DHCP 服务器都是平等的。如果网络中的 DHCP 服务器都是正确配置的，则网络将能够正常运行。如果在网络中出现了错误配置的 DHCP 服务器，则可能会引发网络故障。例如，错误配置的 DHCP 服务器可能会为客户端分配不正确的 IP 地址而导致该客户端无法进行正常的网络通信。在图 3-15 所示的网络环境中，配置正确的 DHCP 服务器 dhcp 可以为客户端提供的是符合网络规划的 IP 地址 192.168.2.10—200/24，而配置错误的非法 DHCP 服务器 bad_dhcp 为客户端提供的却是不符合网络规划的 IP 地址 10.0.0.11—100/24。对于网络中的 DHCP 客户端 client 来说，由于在自动获得 IP 地址的过程中，两台 DHCP 服务器具有平等的被选择权，因此 client 将有 50%的可能获得一个由 bad_dhcp 提供的 IP 地址，这意味着网络出现故障的可能性将高达 50%。

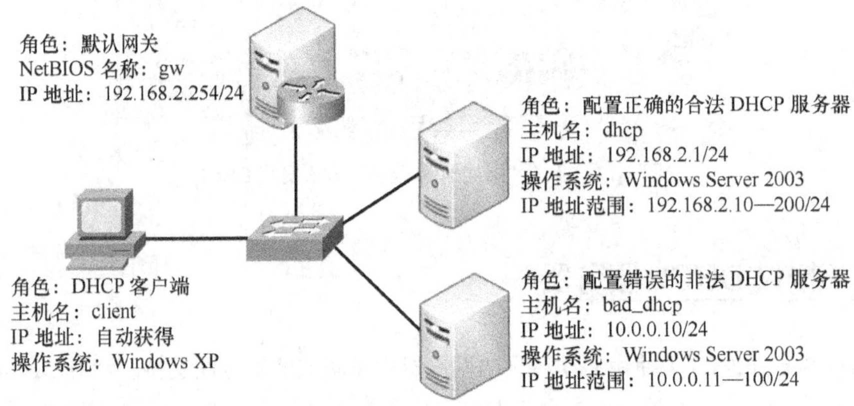

图 3-15 网络中出现非法的 DHCP 服务器

为了解决这一问题，Windows Server 2003 引入了 DHCP 服务器的授权机制。通过授权机制，DHCP 服务器在服务于客户端之前，需要验证是否已在 ActiveDirectory 中被授权。如果未经授权，将不能为客户端分配 IP 地址。这样就避免了由于网络中出现错误配置的 DHCP 服务器而导致的大多数意外网络故障。

3. 不同角色的 DHCP 服务器

DHCP 服务器的授权过程取决于该服务器在网络中的安装角色。在 Windows Server 2003 网络中，每台计算机都可以安装成 3 种角色（服务器类型）。

（1）域控制器：该计算机为域成员用户和计算机保存、维护活动目录数据库并提供安全的账

户管理与身份验证。

（2）成员服务器：该计算机不作为域控制器运行，但是它加入了域，在所加入域的活动目录数据库中拥有成员身份账户。

（3）独立服务器：该计算机不作为域控制器或域中的成员服务器运行，而是作为工作组中的一台服务器，通过特定的工作组名称在网络上公开自己的身份并提供相应服务。

如果在 Windows Server 2003 的网络中部署了活动目录，则所有 DHCP 服务器都必须是域控制器或域成员服务器，否则将无法获得授权，为客户端提供服务。

如果将独立服务器作为 DHCP 服务器，则无需授权，但要求该 DHCP 服务器所在的子网中不能存在任何已授权的 DHCP 服务器。如果基于独立服务器的 DHCP 服务器检测到同一子网中存在已授权的 DHCP 服务器，它将自动停止向 DHCP 客户端租用 IP 地址。

（1）工作组环境中，DHCP 服务器肯定是独立的服务器，无需授权（也不能授权）即能向客户端提供 IP 地址。

（2）域环境中，域控制器或域成员身份的 DHCP 服务器能够被授权，为客户端提供 IP 地址。

（3）域环境中，独立服务器身份的 DHCP 服务器不能被授权，若域中有被授权的 DHCP 服务器，则该服务器不能为客户端提供 IP 地址；若域中没有被授权的 DHCP 服务器，则该服务器可以为客户端提供 IP 地址。

3.3.3　创建 DHCP 作用域

在安装 DHCP 服务之后，可使用“配置 DHCP 服务器向导”配置 DHCP 服务器。

每一个 DHCP 服务器都需要设置作用域，也称为 IP 地址池或 IP 地址范围。DHCP 以作用域为基本管理单位向客户端提供 IP 地址分配服务。

作用域既可以在安装 DHCP 服务的过程中创建，也可以在安装了 DHCP 服务以后再手动创建。如果是以添加 Windows 组件的方式安装 DHCP 服务，则必须手动创建 DHCP 作用域。

在 DHCP 管理控制台中，右击服务器名称，在弹出的快捷菜单中选择“新建作用域”选项，弹出“欢迎使用新建作用域向导”界面。根据向导的提示，依次设置作用域名、IP 地址范围、子网掩码、添加排除、租约期限、DHCP 作用域选项、保留地址（可选）等信息。具体过程参见 3.3.1 小节“安装 DHCP 服务器”。

3.3.4　保留特定的 IP 地址

如果用户想保留特定的 IP 地址给指定的客户机，以便 DHCP 客户机在每次启动时都获得相同的 IP 地址，则按以下步骤进行设置。

（1）启动 DHCP 控制台，在出现 DHCP 控制台窗体后，在左侧窗格中选择作用域中的保留项。

（2）选择“操作”后单击“添加”按钮，打开“新建保留”对话框，如图 3-16 所示。

（3）在“IP 地址”文本框中输入要保留的 IP 地址。

（4）在“MAC 地址”文本框中输入 IP 地址要保留给哪一个网卡。

（5）在“保留名称”文本框中输入客户名称。注意此名称只是一般的说明文字，并不是用户账号的名称，但此处不能为空白。

（6）如果需要可在“注释”文本框内输入一些描述此客户的说明性文字。

添加完成后，用户可以利用作用域中的“地址租约”项进行查看。大部分情况下，客户机使用的仍然是以前的 IP 地址。也可以利用以下方法进行更新：ipconfig /release 释放现有 IP 和 ipconfig /renew 更新 IP。

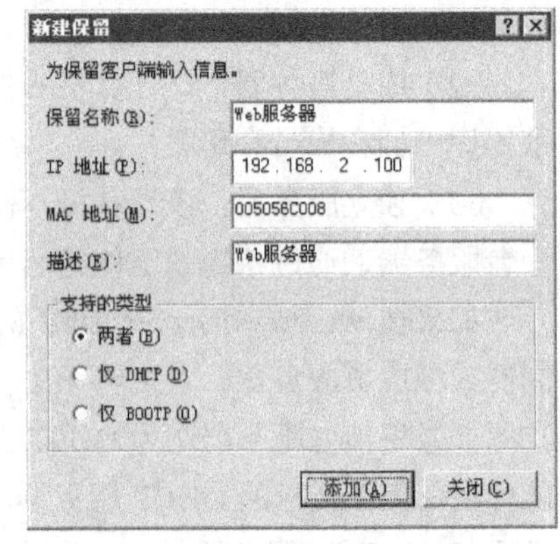

图 3-16　新建保留

如果在设置保留地址时，网络上有多台 DHCP 服务器存在，用户需要在其他服务器中将此保留地址排除，以便客户机可以获得正确的保留地址。

3.3.5　超级作用域

超级作用域是运行 Windows Server 2003 的 DHCP 服务器的一种管理功能。当 DHCP 服务器上有多个作用域时，就可组成超级作用域，作为单个实体来管理。超级作用域常用于多网配置。多网是指在同一物理网段上使用两个或多个 DHCP 服务器以管理分离的逻辑 IP 网络。在多网配置中，可以使用 DHCP 超级作用域来组合多个作用域，为网络中的客户机提供来自多个作用域的租约。其网络拓扑如图 3-17 所示。

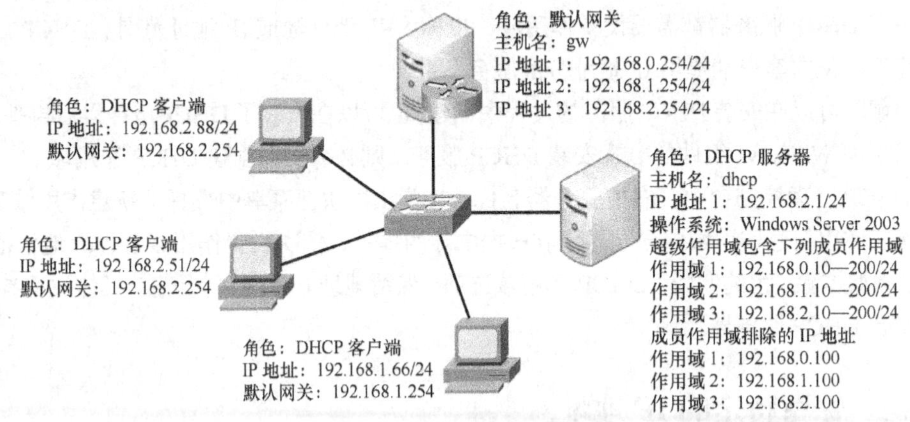

图 3-17　超级作用域应用实例

超级作用域设置方法如下。

（1）在 DHCP 控制台中，右击 DHCP 服务器，在弹出的快捷菜单中选择“新建超级作用域”选项，启动“新建超级作用域向导”。在“选择作用域”对话框中，可选择要加入超级作用域管理的作用域。

（2）当超级作用域创建完成以后，会显示在 DHCP 控制台中，而且还可以将其他作用域也添加到该超级作用域中。

超级作用域可以解决多网结构中的某种 DHCP 部署问题，比较典型的情况就是当前活动作用域的可用地址池几乎已耗尽，而又要向网络添加更多的计算机，可使用另一个 IP 网络地址范围以扩展同一物理网段的地址空间。

超级作用域只是一个简单的容器，删除超级作用域时并不会删除其中的子作用域。

3.4 配置和测试 DHCP 客户端

1. 配置基于 Windows 平台的 DHCP 客户端

目前常用的操作系统均可作为 DHCP 客户端，本任务仅以 Windows 平台为客户端进行配置。在 Windows 平台中配置 DHCP 客户端非常简单，其步骤如下。

（1）打开本地连接的“Internet 协议（TCP/IP）属性”对话框。

（2）在该对话框选中“自动获得 IP 地址”和“自动获得 DNS 服务器地址”单选按钮，如图 3-18 所示。

其中，在图 3-18 中，客户端的 IP 地址、子网掩码、默认网关以及 DNS 服务器的信息都必须从 DHCP 服务器上获得，在 DHCP 服务器上，除了创建 DHCP 作用域之外，还需要指定客户端所需的默认网关和 DNS 服务器的信息。在图 3-19 中，客户端所需的 DNS 服务器的 IP 地址是手工配置的，则将不从 DHCP 服务器上获得 DNS 服务器信息。

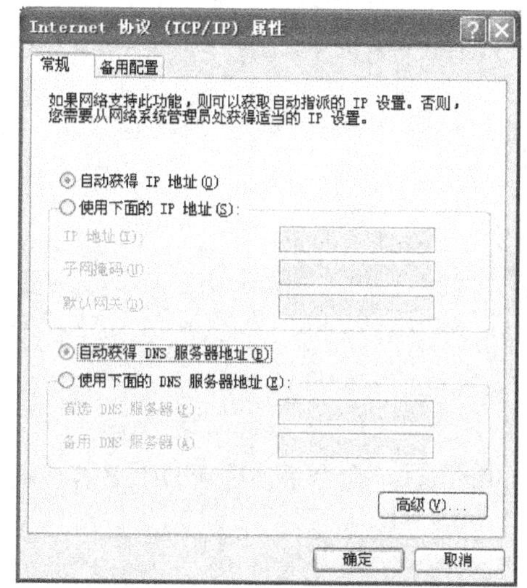

图 3-18　配置 DHCP 客户端（1）

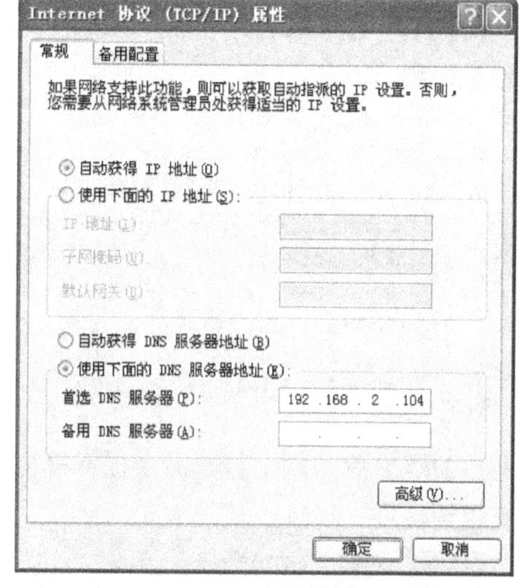

图 3-19　配置 DHCP 客户端（2）

由于 DHCP 客户机是在开机的时候自动获得 IP 地址的，因此并不能保证每次获得的 IP 地址是相同的。

2. 测试 DHCP 客户端

在 DHCP 客户端上打开命令提示符窗口，通过 ipconfig /all 和 ping 命令对 DHCP 客户端进行测试。

① 查看 DHCP 客户端的 TCP/IP 参数。

```
C:\>ipconfig /all
……（省略部分信息）
Physical Address. . . . . . . . . : 00-50-56-C0-00-01
Dhcp Enabled. . . . . . . . . . . : Yes    // "Yes" 说明 IP 自动获得; "No" 说明 IP 手工分配
Autoconfiguration Enabled . . . . : Yes
  IP Address. . . . . . . . . . . . : 192.168.2.200          //IP 地址
  Subnet Mask . . . . . . . . . . . : 255.255.255.0          //子网掩码
  Default Gateway . . . . . . . . . :192.168.2.254           // 默认网关
  DHCP Server . . . . . . . . . . . : 192.168.2.1            //DHCP 服务器的 IP 地址
  DNS Servers . . . . . . . . . . . : 192.168.2.104          //DNS 服务器的 IP 地址
 Lease Obtained. . . . . . . . . . : 2009年8月24日 16:59:41  //租约起始时间
  Lease Expires . . . . . . . . . . : 2009年9月1日 16:59:41  //租约到期时间
```

② 测试 DHCP 客户端。

```
C:\>ping 192.168.2.1
Pinging 192.168.2.1 with 32 bytes of data:
Reply from 192.168.2.1: bytes=32 time<1ms TTL=128
Reply from 192.168.2.1: bytes=32 time<1ms TTL=128
Reply from 192.168.2.1: bytes=32 time<1ms TTL=128
Reply from 192.168.2.1: bytes=32 time<1ms TTL=128
```

3. 手动释放 DHCP 客户端的 IP 地址租约

在 DHCP 客户端上打开命令提示符窗口，使用 ipconfig /release 命令手动释放 DHCP 客户端的 IP 地址租约。

```
C:\>ipconfig /release
Windows IP Configuration
Ethernet adapter 本地连接:
        Connection-specific DNS Suffix  . :
        IP Address. . . . . . . . . . . . : 0.0.0.0
        Subnet Mask . . . . . . . . . . . : 0.0.0.0
        Default Gateway . . . . . . . . . :
```

4. 手动更新 DHCP 客户端 IP 地址租约

在 DHCP 客户端上打开命令提示符窗口，使用 ipconfig /renew 命令手动更新 DHCP 客户端 IP 地址租约。

```
C:\>ipconfig /renew
Windows IP Configuration
Ethernet adapter 本地连接:
        Connection-specific DNS Suffix  . :
        IP Address. . . . . . . . . . . . : 192.168.2.200
        Subnet Mask . . . . . . . . . . . : 255.255.255.0
        Default Gateway . . . . . . . . . : 192.168.2.254
```

5. 在 DHCP 服务器上验证租约

使用具有管理员权限的用户账户登录 DHCP 服务器，打开 DHCP 管理控制台。在左侧控制台树中双击 DHCP 服务器，在展开的树中双击作用域，然后选择“地址租约”选项，将能够看到从

当前 DHCP 服务器的当前作用域中租用 IP 地址的租约，如图 3-20 所示。

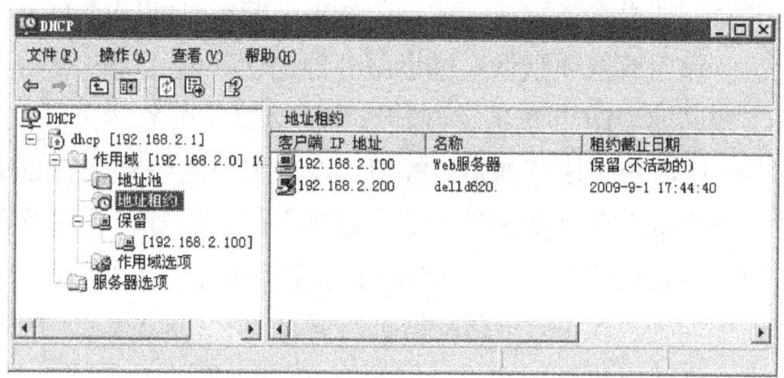

图 3-20　IP 地址租约

3.5 配置 DHCP 选项

1. DHCP 选项

DHCP 服务器除了可以为 DHCP 客户机提供 IP 地址外，还可用于设置 DHCP 客户机启动时的工作环境，如客户机登录的域名称、DNS 服务器、WINS 服务器、路由器、默认网关等参数信息，这些信息称为 DHCP 选项。有了 DHCP 选项，在客户机启动或更新租约时，DHCP 服务器可自动设置客户机启动后的 TCP/IP 环境。由于目前大多数 DHCP 客户端均不能支持全部的 DHCP 选项，因此在实际应用中，通常只需对一些常用的 DHCP 选项进行配置，常用的 DHCP 选项如表 3-1 所示。

表 3-1　常用的 DHCP 选项

选项代码	选项名称	说明
003	路由器	DHCP 客户端所在 IP 子网的默认网关的 IP 地址
006	DNS 服务器	DHCP 客户端解析 FQDN 时需要使用的首选和备用 DNS 服务器的 IP 地址
015	DNS 域名	指定 DHCP 客户端在解析只包含主机但不包含域名的不完整 FQDN 时应使用的默认域名
044	WINS 服务器	DHCP 客户端解析 NetBIOS 名称时需要使用的首选和备用 WINS 服务器的 IP 地址
046	WINS/NBT 节点类型	DHCP 客户端使用的 NetBIOS 名称解析方法

在 Windows Server 2003 的 DHCP 服务器中，可以根据不同的应用范围配置不同级别的 DHCP 选项，包括服务器选项、作用域选项、类别选项和保留选项。

（1）服务器选项：服务器选项的应用范围是从当前 DHCP 服务器获得 IP 地址租约的所有 DHCP 客户端。此选项默认会被当前 DHCP 服务器中配置的所有作用域继承，但如果在作用域选项、类别选项或保留选项中配置了相同的 DHCP 选项，则服务器选项所指定的值将被覆盖。例如，若在服务器选项中配置选项 003（路由器）的值为 192.168.2.104，在作用域选项中配置 003 的值为 192.168.2.254，则从当前作用域获得 IP 地址租约的 DHCP 客户端将会应用作用域选项的指定值，即获得默认网关的 IP 地址为 192.168.2.254，而不是 192.168.2.104。

（2）作用域选项：作用域选项的应用范围是从当前 DHCP 服务器的特定作用域获得 IP 地址租约的所有 DHCP 客户端。如果在类别选项或保留选项中配置了相同的 DHCP 选项，则作用域选项所指定的值将被覆盖。作用域选项默认会继承服务器选项，但其优先级高于服务器选项，如果在作用域选项中配置了相同的 DHCP 选项，则其选项值会覆盖服务器选项中相同的选项值。

（3）类别选项：类别选项的应用范围是被标识为指定类别成员身份的 DHCP 客户端。类型选项可以在服务器选项、作用域选项和保留选项 3 个级别上进行设置，可以覆盖同级别指定的相同的选项值。例如，在作用域选项中配置选项 003（路由器）的值为 192.168.2.254，在作用域选项级别上设置的类别选项中配置选项 003（路由器）的值为 192.168.2.253，则从当前作用域获得 IP 地址租约的DHCP客户端将会应用类别选项指定的值，即获得默认网关的IP地址为192.168.2.253，而不是 192.168.2.254。

只有被标识为指定类别成员身份的 DHCP 客户端才能获得为该类别指定的类别选项。例如，如果在某个作用域级别上配置类别选项，则在从该作用域获得 IP 地址租约的 DHCP 客户端中，只有那些被标识为类别成员身份的 DHCP 客户端才会应用类别选项；对于其他未标识为类别成员身份的 DHCP 客户端，仍将应用作用域选项，而不会应用作用域级别上的类别选项。

（4）保留选项：保留选项仅应用于单个保留的 DHCP 客户端。保留选项会默认继承服务器选项和作用域选项，但其优先高于服务器选项和作用域选项。如果配置了相同的 DHCP 选项，则会覆盖服务器选项和作用域选项指定的值。如果在同级的类别选项中配置了相同的 DHCP 选项，则保留选项指定的值会被覆盖。

使用保留选项需要首先在作用域中配置 DHCP 客户端保留（参考 3.3.4 节“保留特定的 IP 地址”）。

2. 配置 DHCP 服务器选项和作用域选项

配置 DHCP 选项任务描述：在服务器选项添加“006 DNS 服务器”，DNS 服务器的 IP 地址为 192.168.2.104；在作用域选项中添加“003 路由器”，路由器的 IP 地址为 192.168.2.254。其具体设置过程如下。

（1）使用具有管理员权限的用户账户登录 DHCP 服务器。

（2）打开 DHCP 管理控制台，在左侧控制台树中双击 DHCP 服务器，并将控制台树完全展开（见图 3-20），可以查看“服务器选项”、“作用域选项”以及保留中的保留给客户端的 IP 地址。

（3）在展开的树中右键单击“服务器选项”，在弹出的快捷菜单中选择“配置选项”选项，将出现“服务器选项”对话框。选择“006 DNS 服务器”，在“数据输入”选项区域的“IP 地址”文本框中输入默认网关的 IP 地址，然后单击“添加”按钮，如图 3-21 所示。

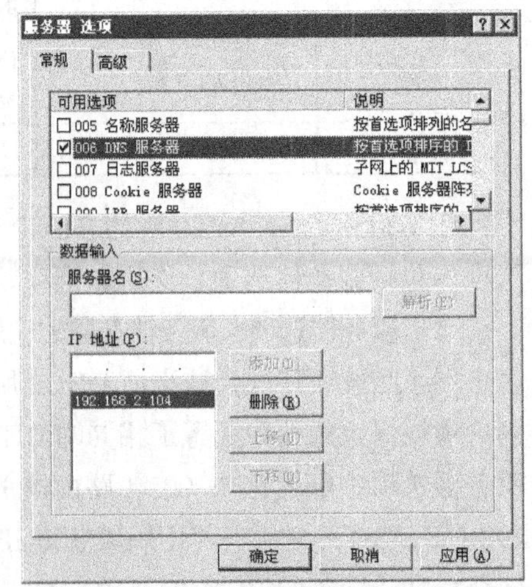

图 3-21 “服务器选项”对话框

（4）在展开的树中右键单击“作用域选项”，在弹出的快捷菜单中选择“配置选项”选项，将出现“作用域选项”对话框。选择“003 路由器”，在“数据输入”选项区域的“IP 地址”文本框中输入 DNS 服务器的 IP 地

址，然后单击“添加”按钮，如图 3-22 所示。使用同样的方式也可以配置“保留选项”。

（5）登录 DHCP 客户端，打开命令提示符窗口，使用 ipconfig /renew 命令手动更新 DHCP 租约，将会自动获得上述配置的 DHCP 选项（参考 3.4 节“配置和测试 DHCP 客户端”）。

3. 配置 DHCP 类别选项

DHCP 的类别选项包括用户类别和供应商类别两种。现以用户类别为例介绍作用域选项中的类别选项的设置。

（1）服务器端的设置。定义用户类别。右键单击 DHCP 主窗口中的 DHCP 服务器，选择“定义用户类别”→“添加”选项，弹出如图 3-23 所示的对话框，输入用户类别识别码的显示名称、描述和识别码。请直接在 ASCII 处输入类别的识别码。

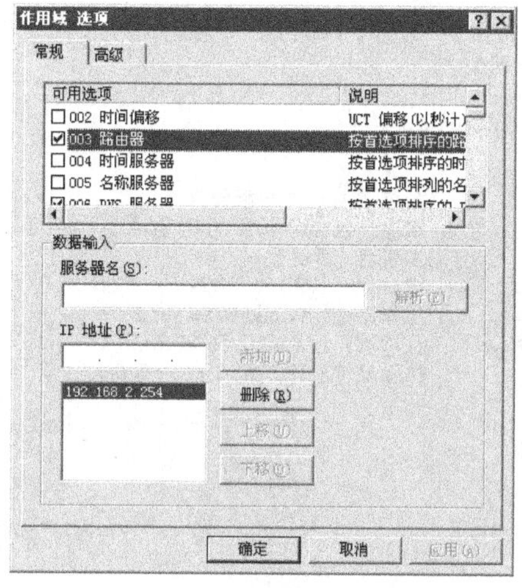

图 3-22　“作用域选项”对话框

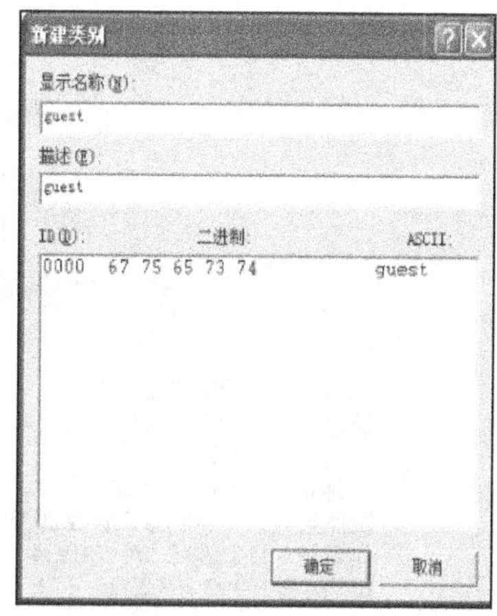

图 3-23　新建类别

针对识别码 guest 配置类别选项。右击“作用域选项”，在弹出的快捷菜单中选择“配置选项”选项，打开“作用域选项”对话框，选择“高级”选项卡。在用户类别中选择“guest”，然后在可用选项里设置“003 路由器”和“006 DNS 服务器”。

（2）将客户端的用户类别识别码配置为 guest。在客户端进入命令提示符模式，如图 3-24 所示，利用 ipconfig /setclassid 命令进行配置。图中“本地连接”是需要动态获得 IP 地址的网络连接的名称，“guest”是在服务器端定义的识别码。配置完成后使用 ipconfig /renew 手动更新获得 IP 参数，然后通过 ipconfig /all 查看。

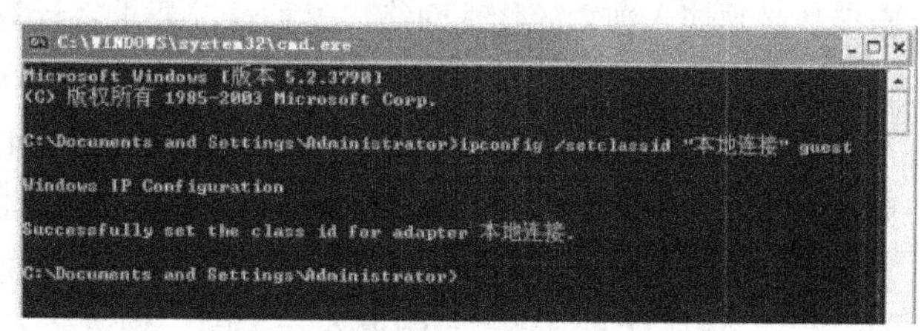

图 3-24 客户端用户类别识别码配置

3.6 复杂网络的 DHCP 服务器的部署

根据网络的规模，可在网络中安装一台或多台 DHCP 服务器。对于较复杂的网络，主要涉及以下几种情况：在单物理子网中配置多个 DHCP 服务器、多宿主 DHCP 服务器和跨网段的 DHCP

中继代理。

1．在单物理子网中配置多个 DHCP 服务器

在一些比较重要的网络中，通常单个物理子网中需要配置多个 DHCP 服务器。这样做有两大好处：一是提供容错，如果一个 DHCP 服务器出现故障或不可用，则另一个服务器就可以取代它，并继续提供租用新的地址或续租现有地址的服务；二是负载均衡，起到在网络中平衡 DHCP 服务器的作用。

为了平衡 DHCP 服务器的使用，较好的方法是使用 80/20 规则划分两个 DHCP 服务器之间的作用域地址。如将服务器 1 配置成可使用大多数地址（约 80%），则服务器 2 可以配置成让客户机使用其他地址（约 20%）。图 3-25 所示为 80/20 规则的典型应用示例。

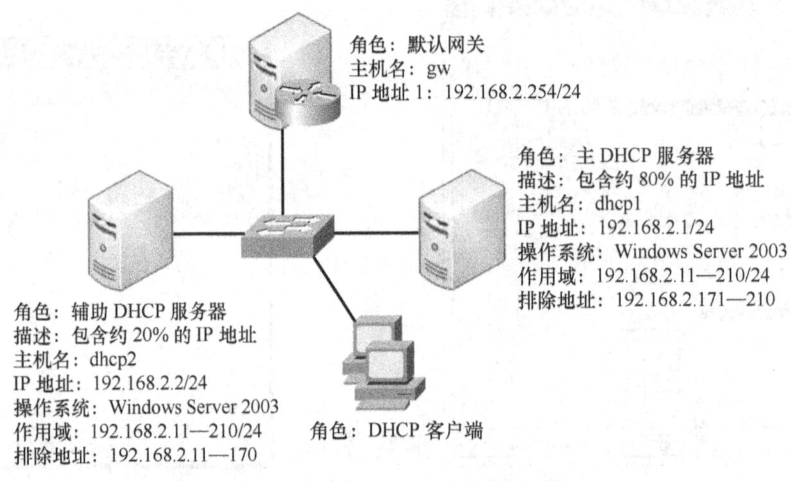

图 3-25　80/20 规则的典型应用示例

2．多宿主 DHCP 服务器

所谓多宿主 DHCP 服务器，是一台 DHCP 服务器为多个独立的网段提供服务，其中每个网络连接都必须连入独立的物理网络。这种情况要求在计算机上使用额外的硬件，典型的情况是安装多个网卡。

例如，某个 DHCP 服务器连接了两个网络，网卡 1 的 IP 地址为 10.0.1.1，网卡 2 的 IP 地址为 10.0.2.1，在服务器上创建两个作用域，一个面向的网络为 10.0.1.0，另一个面向的网络为 10.0.2.0。这样，当与网卡 1 位于同一网段的 DHCP 客户机访问 DHCP 服务器时，将从与网卡 1 对应的作用域中获取 IP 地址。同样，与网卡 2 位于同一网段的 DHCP 客户机将从与网卡 2 对应的作用域中获得相应的 IP 地址。

3．跨网段的 DHCP 中继代理

由于 DHCP 依赖于广播信息，而路由器会隔离广播域，因此为了使多物理子网环境中的所有客户机都可以获得 IP 地址，有两种解决方案：一种是在每个物理子网中都配置 DHCP 服务器；另一种是使用 DHCP 中继代理。两种方案都可以应用 80/20 规则，在实际应用中，DHCP 中继代理更为常用。

DHCP 中继代理用于在 DHCP 客户端和 DHCP 服务器之间中继 DHCP 消息，其工作过程如下。

（1）收到本子网 DHCP 客户端广播发出的 DHCP 消息后，如果在预定的时间内没有 DHCP 服务器广播发出的 DHCP 回应消息，则会将客户端的 DHCP 消息以单播方式转发给预先指定的 DHCP 服务器。

（2）DHCP 服务器收到 DHCP 中继代理转发来的 DHCP 消息后，会提供一个与 DHCP 中继代理的 IP 地址在同一子网的 IP 地址，然后以单播方式将回应的 DHCP 消息发送给 DHCP 中继代理。

（3）DHCP 中继代理收到 DHCP 服务器回应的 DHCP 消息后，再通过广播方式发送给 DHCP 客户端。

由于 DHCP 中继代理与 DHCP 服务器之间发送 DHCP 消息时均通过单播，不会受到不同物理子网的限制，因此，通过中继代理使得一个物理子网中的 DHCP 服务器可以将 IP 地址分配给其他物理子网中的 DHCP 客户端。使用 DHCP 中继代理时，也可以同时使用 80/20 规则来提供容错能力。图 3-26 所示为使用 DHCP 中继代理和 80/20 规则的典型应用示例。

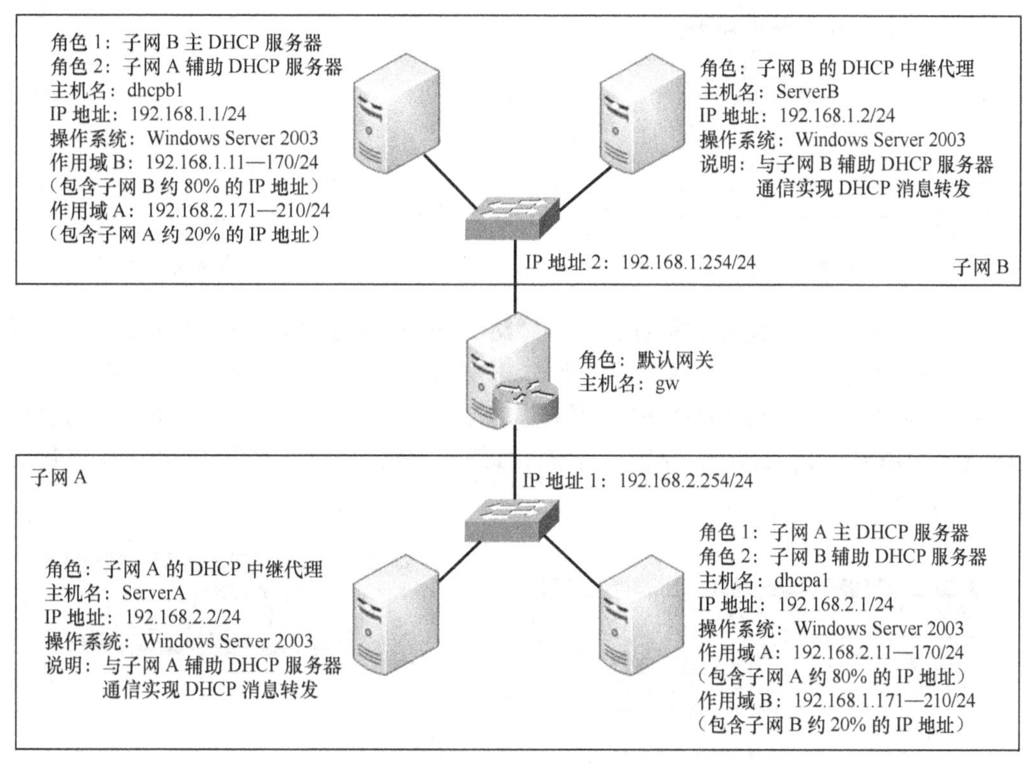

图 3-26　使用 DHCP 中继代理和 80/20 规则的典型应用示例

在图 3-26 所示的环境中，如果子网 A 主 DHCP 服务器（即服务器 dhcpa1）出现故障，子网 A 的 DHCP 中继代理将会帮助子网 A 中的 DHCP 客户端临时从子网 A 辅助 DHCP 服务器（即服务器 dhcpb1）获得 IP 地址租约，从而既实现了多物理子网 IP 地址分配，又提供了 DHCP 服务器的容错能力。

在配置 DHCP 中继代理时，可以在普通主机上配置，也可以在连接 IP 子网的路由器上配置。例如，在图 3-26 所示的环境中，既可以将 ServerB 配置为子网 B 的中继代理，也可以将路由器（默认网关）gw 配置为子网 B 的中继代理，二者的配置方法是完全相同的，具体如下。

（1）使用具有管理员权限的用户账户登录 ServerB。

（2）启用"路由和远程访问"服务。执行"开始"→"管理工具"→"路由和远程访问"命令，打开"路由和远程访问"窗口，并启用"路由和远程访问"。

（3）添加"DHCP 中继代理程序"。在左侧目录树中展开"IP 路由选择"，用鼠标右键单击"常规"选项，在弹出的快捷菜单中选择"新路由协议"选项（见图 3-27），打开如图 3-28 所示的"新路由协议"对话框。在"新路由协议"对话框中选择"DHCP 中继代理程序"选项，单击"确定"按钮，就会在"IP 路由选择"目录树下添加一个"DHCP 中继代理程序"选项。

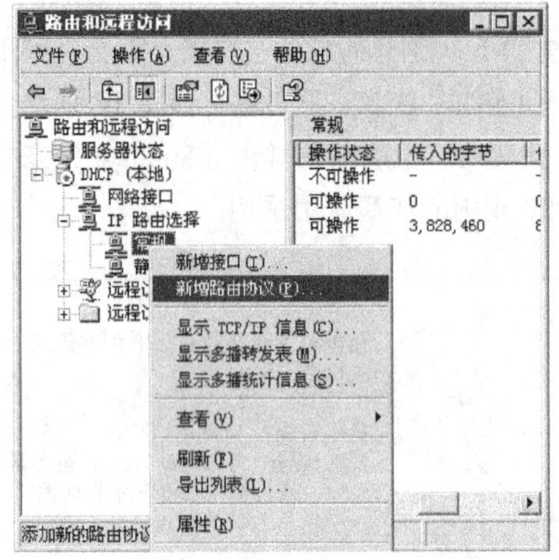

图 3-27 选择"新路由协议"选项

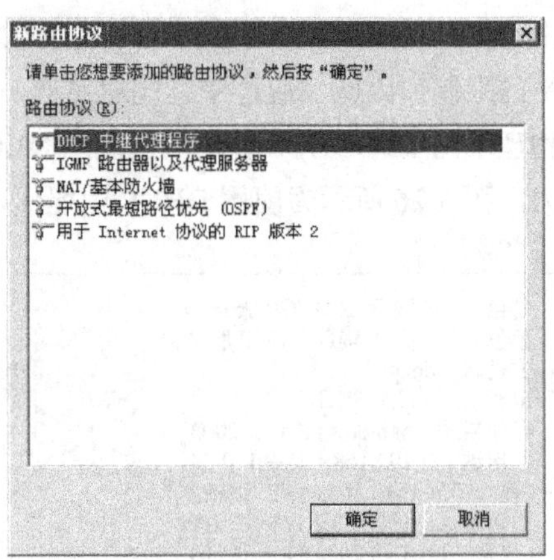

图 3-28 "新路由协议"对话框

（4）启用 DHCP 中继代理的网络接口。在"路由和远程访问"窗口中的左侧目录树中，右键单击"DHCP 中继代理程序"，在弹出的快捷菜单中选择"新增接口"选项（见图 3-29），打开如图 3-30 所示的"DHCP 中继代理程序的新接口"对话框。在"DHCP 中继代理程序的新接口"对话框中选择要添加的接口，单击"确定"按钮，如图 3-31 所示。首先选中"中继 DHCP 数据包"复选框，再按需修改阈值。

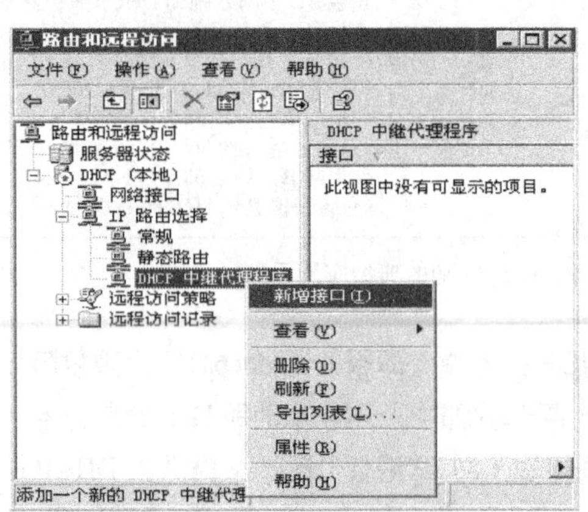

图 3-29 "DHCP 中继代理程序"快捷菜单

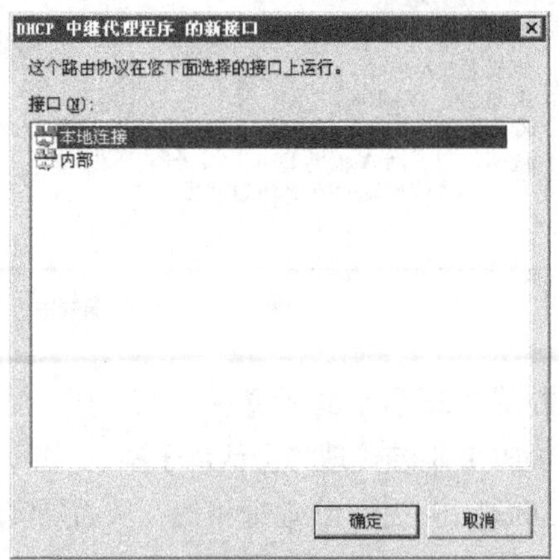

图 3-30 "DHCP 中继代理程序的新接口"对话框

- 跃点计数阈值：用于设置当 DHCP 中继代理程序允许 DHCP 信息中转的最大次数，若超过则忽略此 DHCP 信息。

- 启动阈值：用于设置当 DHCP 中继代理程序收到 DHCP 信息后，需要等待多少秒后才将此信息传送出去，其目的是希望在这段时间内，能够让本地的 DHCP 服务器先响应此 DHCP 信息。

（5）指定 DHCP 服务器。在“路由和远程访问”窗口中的左侧目录树中，右键单击“DHCP 中继代理程序”，在弹出的快捷菜单中选择“属性”选项，显示“DHCP 中继代理程序属性”对话框，在“服务器地址”文本框中输入 DHCP 服务器的 IP 地址，并单击“添加”按钮，则该地址被添加到下面的列表中，如图 3-32 所示。

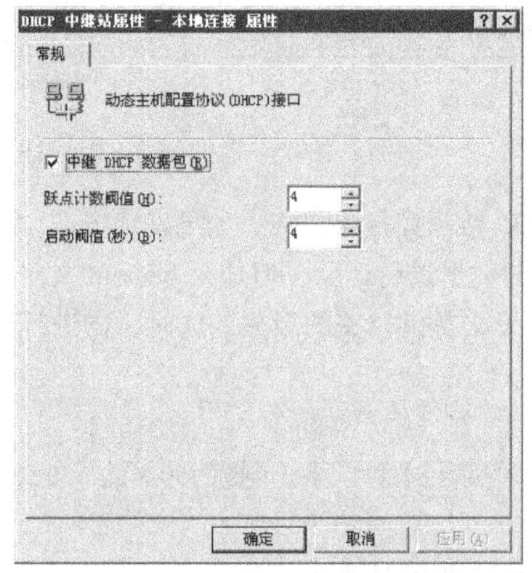

图 3-31 设置 DHCP 中继站属性

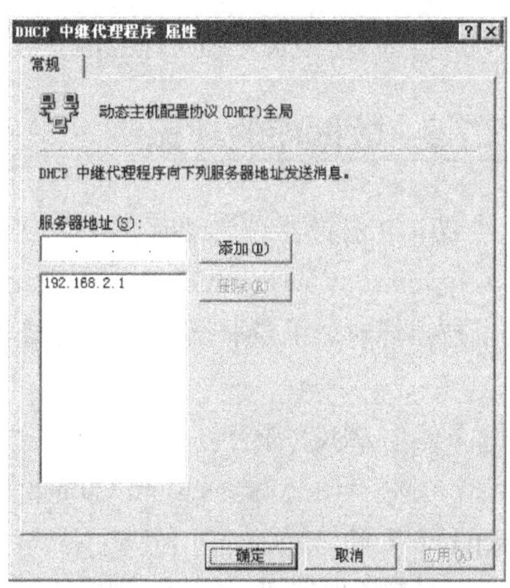

图 3-32　添加 DHCP 服务器的 IP 地址

这样，一个实用的 DHCP 中继代理服务器就建立了。

3.7 DHCP 服务器的维护

服务器往往会由于各种原因而导致系统瘫痪和服务失败，从而不得不重新安装或恢复服务器。借助定时备份的 DHCP 数据库，就可以在系统恢复后迅速提供网络服务，并减少重新配置 DHCP 服务的难度。

3.7.1　数据库的备份

DHCP 服务器中的设置数据全部存放在名为 dhcp.mdb 的数据库文件中，在 Windows Server 2003 系统中，该文件位于%Systemroot%\system32\dhcp 文件夹内，如图 3-33 所示。该文件夹内，dhcp.mdb 是主要的数据库文件，其他文件是 dhcp.mdb 数据库文件的辅助文件。这些文件对 DHCP

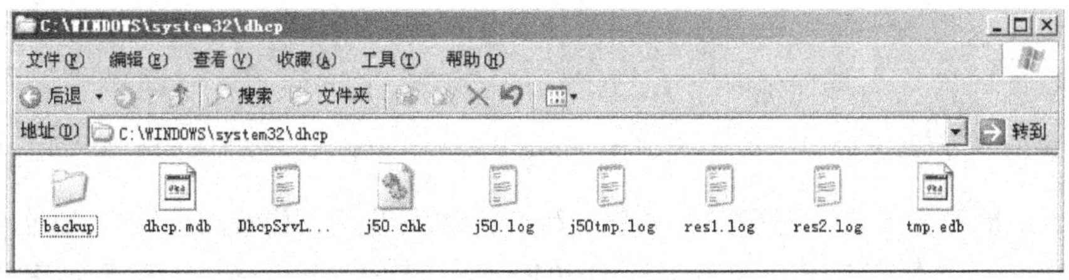

图 3-33　DHCP 的数据库文件

服务器的正常运行起着关键作用，建议用户不要随意修改或删除。同时数据库的默认备份在%Systemroot%\system32\dhcp\backup\new 目录下。

出于安全的考虑，建议用户将%Systemroot%\system32\dhcp\backup\new 文件夹内的所有内容进行备份，可以备份到其他磁盘、磁带机上，以备系统出现故障时还原。或者直接将%Systemroot%\system32\dhcp 文件中的 dhcp.mdb 数据库文件备份出来。

为了保证所备份/还原数据的完整性和备份/还原过程的安全性，在对 DHCP 服务器进行备份/还原时，必须先停止 DHCP 服务器。

3.7.2　数据库的还原

当 DHCP 服务器在启动时，它会自动检查 DHCP 数据库是否损坏，如果发现损坏，将自动用%Systemroot%\system32\dhcp\backup 文件夹内的数据进行还原。但如果 backup 文件夹的数据也被损坏时，系统将无法自动完成还原工作，无法提供相关的服务。此时，需进行以下操作。

（1）停止 DHCP 服务。

（2）在%Systemroot%\system32\dhcp（数据库文件的路径）目录下，删除 j50.log、j50xxx.log 和 dhcp.tmp 文件。

（3）复制备份的 dhcp.mdb 到%Systemroot%\system32\dhcp 目录下。

（4）重新启动 DHCP 服务。

3.7.3　数据库的重整

在 DHCP 数据库的使用过程中，相关的数据因为不断被更改（如重新设置 DHCP 服务器的选项、新增 DHCP 客户端或者 DHCP 客户端离开网络等），所以其分布变得非常凌乱，会影响系统的运行效率。为此，当 DHCP 服务器使用一段时间后，一般建议用户利用系统提供的 jetpack.exe 程序对数据库中的数据进行重新调整，从而实现数据库优化。

jetpack. exe 程序是一个字符型的命令程序，必须手工进行操作。

```
    cd  \winnt\system32\dhcp              //进入 dhcp 目录
    net stop dhcpserver                   //让 DHCP 服务器停止运行
    Jetpack  dhcp.mdb  temp.mdb           //对 DHCP 数据库进行重新调整,其中 dhcp.mdb 是 DHCP 数据库文件,
而 temp.mdb 是用于调整的临时文件
    net start dhcpserver                  //让 DHCP 服务器开始运行
```

小结

动态 IP 地址的优点主要是可减少 IP 地址和 IP 参数管理的工作量、提高 IP 地址的利用率。DHCP 的工作过程主要有 DHCP Discover、DHCP Offer、DHCP Request、DHCP ACK 4 个步骤。

本章着重介绍了 DHCP 服务器软件的安装、DHCP 服务器的设置等。最后介绍了 DHCP 客户端设置以及 DHCP 服务器的维护。

习题

一、填空题

1. DHCP 工作过程包括________、________、________、________4 种报文。

2. 如果 Windows 2000/XP/2003 的 DHCP 客户端无法获得 IP 地址，将自动从 Microsoft 保留地址段________________中选择一个作为自己的地址。

3. 在 Windows Server 2003 的 DHCP 服务器中，根据不同的应用范围划分的不同级别的 DHCP 选项，包括________、________、________、________。

4. 在 Windows Server 2003 环境下，使用________命令可以查看 IP 地址配置，释放 IP 地址使用________命令，续订 IP 地址使用________命令。

二、选择题

1. 在一个局域网中利用 DHCP 服务器为网络中的所有主机提供动态 IP 地址分配，DHCP 服务器的 IP 地址为 192.168.2.1/24,在服务器上创建一个作用域为 192.168.2.11 ~ 200/24 并激活。在 DHCP 服务器选项中设置 003 为 192.168.2.254，在作用域选项中设置 003 为 192.168.2.253，则网络中租用到 IP 地址 192.168.2.20 的 DHCP 客户端所获得的默认网关地址应为多少？（ ）

A. 192.168.2.1　　B. 192.168.2.254

C. 192.168.2.253　　D. 192.168.2.20

2. 管理员在 Windows Server 2003 上安装完 DHCP 服务之后，打开 DHCP 控制台，发现服务器前面有红色向下的箭头，为了让红色向下的箭头变成绿色向上的箭头，应该进行（ ）操作。

A. 创建新作用域　　B. 激活新作用域

C. 配置服务器选项　　D. 授权 DHCP 服务器

3. DHCP 选项的设置中不可以设置的是（ ）。

A. DNS 服务器　　B. DNS 域名

C. WINS 服务器　　D. 计算机名

4. 我们在使用 Windows Server 2003 的 DHCP 服务时，当客户机租约使用时间超过租约的 50%时，客户机会向服务器发送（ ）数据包，以更新现有的地址租约。

A. DHCP Discover　　B. DHCP Offer

C. DHCP Request　　D. DHCP、ACK

5. 下列哪个命令是用来显示网络适配器的 DHCP 类别信息的？（ ）

A. ipconfig /all　　B. ipconfig /release

C. ipconfig /renew　　D. ipconfig /showclassid

6. 某公司网络中的 DHCP 服务器上只有一个作用域，管理员在服务器选项上配置了两个选项：路由器选项值为 192.168.0.1、DNS 服务器选项值为 202.100.43.2，随后他又在作用域选项上配置了一个路由器选项值为 192.168.0.254。当一台客户机从该 DHCP 服务器上获取到 IP 地址后，该客户机默认网关和 DNS 服务器的相关配置为（　　）。

A. 默认网关为 192.168.0.1，DNS 服务器 IP 地址为 202.100.43.2

B. 默认网关为 192.168.0.1，DNS 服务器 IP 地址为空

C. 默认网关为 192.168.0.254，DNS 服务器 IP 地址为 202.100.43.2

D. 默认网关为 192.168.0.254，DNS 服务器 IP 地址为空

三、简答题

1. 动态 IP 地址方案有什么优点和缺点？

2. 简述 DHCP 服务器的工作过程。

四、案例分析

1. 某企业用户反映，他的一台计算机从人事部搬到财务部后，就不能连接到 Internet 了，问是什么原因？应该怎么处理？

2. 学校因为计算机数量的增加，需要在 DHCP 服务器上添加一个新的作用域。可用户反映客户端计算机并不能从服务器获得新的作用域中的 IP 地址。可能是什么原因？应该如何处理？

实训　DHCP 服务器配置与管理实训

一、实训目的

（1）掌握 DHCP 服务器的配置方法。

（2）掌握 DHCP 客户端的配置方法。

（3）掌握测试 DHCP 服务器的方法。

二、实训环境及要求

1. 硬件环境

（1）服务器 1 台，测试用 PC 至少 1 台。

（2）交换机或集线器 1 台，直连双绞线（视连接计算机而定）。

2. 设置参数

（1）IP 地址池：192.168..111.10 ~ 192.168.111.200，子网掩码：255.255.255.0。

（2）默认网关：192.168.111.1，DNS 服务器：192.168.111.254。

（3）保留地址：192.168.111.101，排除地址：192.168.111.20 ~ 192.168.111.26。

3. 设置用户类别

三、实训指导

1. 完成 DHCP 服务器和客户机端的设置

（1）DHCP 服务器端的设置。

① 安装和配置 DHCP 服务器，含静态 IP 地址、子网掩码等信息。

② 设置 IP 地址池，添加“作用域”和“排除地址”。添加保留地址。

③ 配置“作用域选项”，子网掩码、路由器（默认网关）、DNS 服务器和 WINS 服务器。

④ 设置租约为“1 天”。

（2）分别在 DHCP 客户机上完成客户端的设置。

① 使用“ipconfig /all”命令，并对其响应进行分析和记录。

② 使用“ipconfig /release”和“ipconfig /renew”命令释放并再次获得 IP 地址。

（3）在 DHCP 服务器端的管理。记录和管理有效租用的客户机的计算机名称。

2. 创建 DHCP 的用户类别

假如有一台 DHCP 服务器（Windows Server 2003 企业版），两台 DHCP 客户端计算机（A 客户端和 B 客户端），要使 A 客户端与 B 客户端自动获取的路由器和 DNS 服务器地址不同，设置步骤如下。

（1）服务器端的设置。

① 执行“新建”→“作用域”命令。将路由器地址配置为 192.168.111.1，DNS 服务器配置为 192.168.111.254。

② 执行“新建”→“用户类别”命令。右键单击 DHCP 对话框中的 DHCP 服务器，在弹出的快捷菜单中选择“定义用户类别”→“添加”选项，如图 3-23 所示。输入用户类别识别码的显示名称、描述和识别码。直接在 ASCII 处输入类别的识别码。需要说明的是，用户类别识别码中的字符是区分大小写的。

③ 在 DHCP 的服务器端，针对识别码 guest 配置类别选项。右击“作用域选项”，在弹出的快捷菜单中选择“配置选项”选项，打开“作用域选项”对话框。在打开的对话框中选择“高级”选项卡。在用户类别中选择“guest”，然后在可用选项里设置“003 路由器”和“006 DNS 服务器”均为 192.168.111.254。

（2）客户端的设置。

① 将 A 客户端的用户类别识别码配置为 guest。执行“开始”→“运行”命令，打开“运行”对话框，输入“cmd”，打开如图 3-34 所示的对话框，利用 ipconfig /setclassid 命令进行配置。特别要注意的是，用户类别识别码是区分大小写的，并且识别码为“新建类别”对话框“显示名称”中填写的名字。

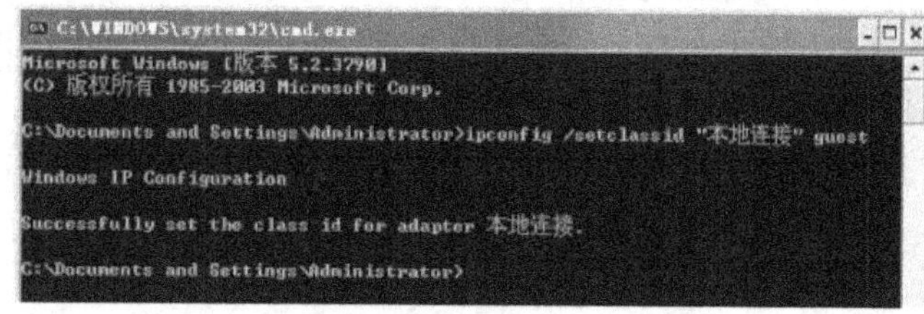

图 3-34　客户端应用用户类别

② B 客户端不设置用户类别识别码。

（3）实验结果。

A 客户端自动获取的路由器和 DNS 服务器为 192.168.111.254。

B 客户端自动获取的路由器地址为 192.168.111.1，DNS 服务器地址为 192.168.111.254。

注意　只有那些标识自己属于此类别的 DHCP 客户端才能分配到为此类别明确配置的选项，否则为其使用“常规”选项卡中的定义。

四、实训思考题

（1）分析 DHCP 服务的工作原理。

（2）如何安装 DHCP 服务器？

（3）要实现 DHCP 服务，服务器和客户端各自应如何设置？

（4）如何查看 DHCP 客户端从 DHCP 服务器中获取的 IP 地址配置参数？

（5）如何创建 DHCP 的用户类别？

（6）如何设置 DHCP 中继代理？

五、实训报告要求

参见第 1 章实训要求。

第4章 活动目录与用户管理

本章学习要点

Active Directory 又称活动目录，是 Windows 2000 Server 和 Windows Server 2003 系统中非常重要的目录服务。Active Directory 用于存储网络上各种对象的有关信息，包括用户账户、组、打印机、共享文件夹等，并把这些数据存储在目录服务数据库中，便于管理员和用户查询及使用。活动目录具有安全性、可扩展性、可伸缩性的特点，与 DNS 集成在一起，可基于策略进行管理。

- 理解域与活动目录的概念
- 掌握活动目录的创建与配置
- 掌握域用户和组的管理
- 掌握组织单元的管理
- 了解信任关系的管理

4.1 域与活动目录

4.1.1 活动目录

活动目录（Active Directory，AD）是 Windows 网络中的目录服务。目录服务有两方面内容：目录和与目录相关的服务。

这里所说的目录其实是一个目录数据库，是存储整个 Windows 网络的用户账户、组、打印机、共享文件夹等各种对象的一个物理上的容器。从静态的角度来理解活动目录，与我们以前所认识的“目录”和“文件夹”没有本质区别，均是指一个对象、一个实体。目录数据库使整个 Windows 网络的配置信息集中存储，使管理员在管理网络时可以集中管理而不是分散管理。

目录服务是使目录中所有信息和资源发挥作用的服务。目录数据库存储的信息都是经过事先整理的信息。这使得用户可以非常方便、快速地找到他所需要的数据，也可以方便地对活动目录中的数据执行添加、删除、修改、查询等操作。所以，活动目录更是一种服务。

总之，活动目录是一个分布式的目录服务，信息可以分散在多台不同的计算机上，保证用户能够快速访问。因为多台计算机上有相同的信息，所以在信息容错方面具有很强的控制能力。它既提高了管理效率，又使网络应用更加方便。

4.1.2　域和域控制器

域是在 Windows NT/2000/2003 网络环境中组建客户机/服务器网络的实现方式。所谓域，是由网络管理员定义的一组计算机集合，实际上就是一个网络。在这个网络中，至少有一台被称为域控制器的计算机，充当服务器角色。在域控制器中保存着整个网络的用户账号及目录数据库，即活动目录。管理员可以通过修改活动目录的配置来实现对网络的管理和控制。例如，管理员可以在活动目录中为每个用户创建域用户账号，使他们可登录域并访问域的资源。同时，管理员也可以控制所有网络用户的行为，如控制用户能否登录、在什么时间登录、登录后能执行哪些操作等。而域中的客户计算机要访问域的资源，还必须先加入域，并通过管理员为其创建的域用户账号登录域，才能访问域资源。同时，还必须接受管理员的控制和管理。构建域后，管理员可以对整个网络实施集中控制和管理。

4.1.3　域目录树

当需要配置一个包含多个域的网络时，应该将网络配置成域目录树结构。域目录树是一种树形结构，如图 4-1 所示。

在图 4-2 所示的域目录树中，最上层的域名为 China.com，是这个域目录树的根域，也称为父域。下面两个域 Jinan.China.com 和 Beijing.China.com 是 China.com 域的子域，3 个域共同构成了这个域目录树。

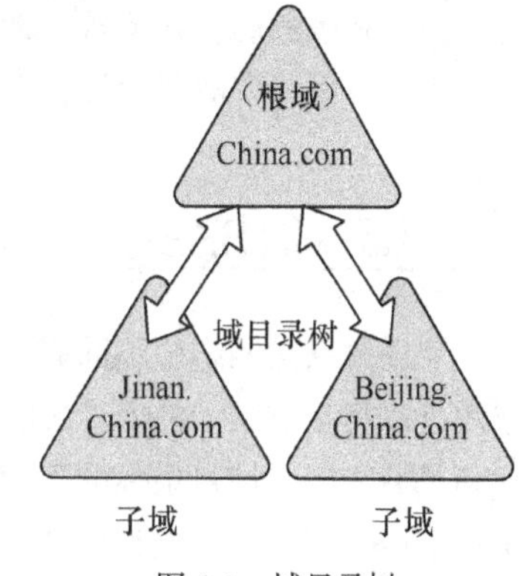

图 4-1　域目录树

活动目录的域名仍然采用 DNS 域名的命名规则进行命名。在图 4-1 所示的域目录树中，两个子域的域名 Jinan.China.com 和 Beijing.China.com 中仍包含父域的域名 China.com，因此，它们的名称空间是连续的。这也是判断两个域是否属于同一个域目录树的重要条件。

在整个域目录树中，所有域共享同一个活动目录，即整个域目录树中只有一个活动目录。只不过这个活动目录分散地存储在不同的域中（每个域只负责存储和本域有关的数据），整体上形成一个大的分布式的活动目录数据库。在配置一个较大规模的企业网络时，可以配置为域目录树结构，如将企业总部的网络配置为根域，各分支机构的网络配置为子域，整体上形成一个域目录树，以实现集中管理。

4.1.4 域目录林

如果网络的规模比前面提到的域目录树还要大，甚至包含了多个域目录树，这时可以将网络配置为域目录林（也称森林）结构。域目录林由一个或多个域目录树组成，如图 4-2 所示。域目录林中的每个域目录树都有唯一的命名空间，它们之间并不是连续的，这一点从图中的两个目录树中可以看到。

在整个域目录林中也存在着一个根域，这个根域是域目录林中最先安装的域。在图 4-2 所示的域目录林中，China.com 是最先安装的，则这个域是域目录林的根域。

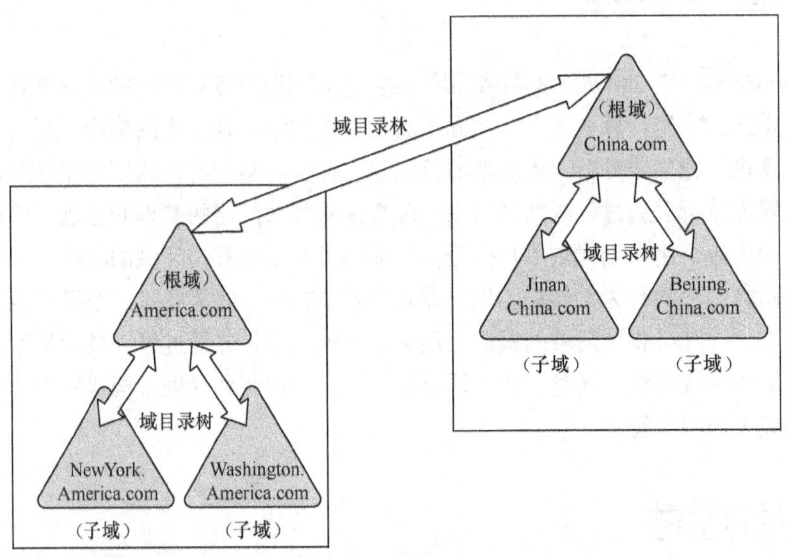

图 4-2 域目录林

在创建域目录林时，组成域目录林的两个域目录树的树根之间会自动创建相互的、可传递的信任关系。由于有了双向的信任关系，域目录林中的每个域中的用户都可以访问其他域的资源，也可以从其他域登录到本域中。

4.1.5 信任关系

信任关系是网络中不同域之间的一种内在联系。只有在两个域之间创建了信任关系，这两个域才可以相互访问。在通过 Windows Server 2003 系统创建域目录树和域目录林时，域目录树的根域和子域之间，域目录林的不同树根之间都会自动创建双向的、传递的信任关系。信任关系使根域与子域之间、域目录林中的不同树之间可以互相访问，并可以从其他域登录到本域。

如果希望两个无关域之间可以相互访问或从对方域登录到自己所在的域，也可以手工创建域之间的信任关系。如在一个 Windows NT 域和一个 Windows 2000/2003 域之间手工创建信任关系后，就可以使两个域相互访问。

4.1.6 组织单元

组织单元是包含在活动目录中的容器对象。创建组织单元的目的是对活动目录对象进行分类。

例如，由于一个域中的计算机和用户较多，活动中的对象会非常多。这时，管理员如果想查找某一个用户账号并进行修改是非常困难的。另外，如果管理员只想对某一部门的用户账号进行操作，实现起来不太方便。但如果管理员在活动目录中创建了组织单元，所有操作就会变得非常简单。例如，管理员可以按照公司的部门创建不同的组织单元，如财务部组织单元、市场部组织单元、策划部组织单元等，并将不同部门的用户账号建立在相应的组织单元中，这样管理时就非常容易、方便了。除此之外，管理员还可以针对某个组织单元设置组策略，实现对该组织单元内所有对象的管理和控制。

总之，创建组织单元有如下好处。

（1）可以分类组织对象，使所有对象结构更清晰。

（2）可以对某些对象配置组策略，实现对这些对象的管理和控制。

（3）可以委派管理控制权，如管理员可以给不同部门的网络主管授权，让他们管理本部门的账号。

因此，组织单元是可将用户、组、计算机和其他单元放入活动目录的容器，组织单元不能包括来自其他域的对象。组织单元是可以指派组策略设置或委派管理权限的最小作用单位。使用组织单元时，可在组织单元中代表逻辑层次结构的域中创建容器，这样就可以根据组织模型管理网络资源的配置和使用。可授予用户对域中某个组织单元的管理权限，组织单元的管理员不需要具有域中任何其他组织单元的管理权。

4.2 活动目录项目设计及准备

1. 项目设计

以图 4-3 中的拓扑为样本，该拓扑的域林有两个域树：long.com 和 smile.com，其中 long.com 域树下有 china.long.com 子域，在 long.com 域中有两个域控制器 win2003-1 与 win2003-2；在 china.long.com 域中除了有一个域控制器 win2003-3 外，还有一个成员服务器 win2003-5。下面先创建 long.com 域树，然后再创建 smile.com 域树加入到林中，smile.com 域中有一个域控制器 win2003-4。

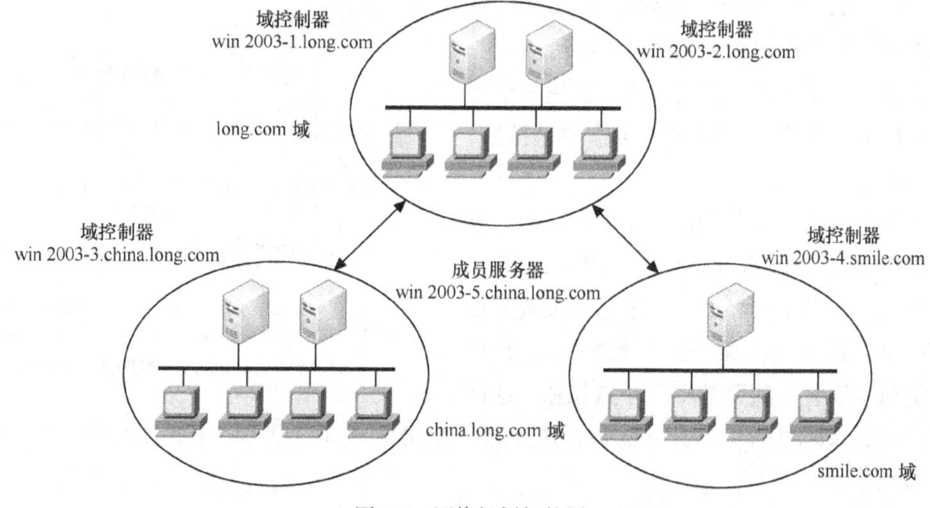

图 4-3　网络规划拓扑图

2. 项目准备

为了搭建图 4-3 所示的网络环境，需要如下设备。

- 安装 Windows Server 2003 的 PC 计算机 5 台。
- Windows XP 计算机 1 台。
- Windows Server 2003 安装光盘。

提示　在虚拟机中很容易实现上面的网络拓扑。

4.3 活动目录的创建与配置

完成图 4-3 所示的网络规划。

1. 创建第一个域

创建域的一个方法是把一台已经安装 Windows Server 2003 的独立服务器升级为域控制器。由于域控制器所使用的活动目录和 DNS 有着非常密切的关系，因此网络中要求有 DNS 服务器存在，并且 DNS 服务器要支持动态更新。如果没有 DNS 服务器存在，可以在创建域时把 DNS 一起安装上。这里假设图 4-3 中的 win2003-1 服务器未安装 DNS，并且是该域林中的第一台域控制器。把 win2003-1 提升为域林中的第一台域控制器的步骤如下。

（1）首先确认“本地连接”属性 TCP/IP 中首选 DNS 指向了自己（本例定为 192.168.22.98）。

（2）把服务器提升为域控制器就是在服务器上安装活动目录。想要安装 Active Directory，可以从“开始”→“程序”→“管理工具”菜单中打开“管理您的服务器”，然后单击“添加或删除角色”，打开“配置您的服务器向导”。在“服务器角色”窗口中，选择“域控制器(Active Directory)”，打开 Active Directory 安装向导。也可以直接在“运行”中输入命令 dcpromo 打开 Active Directory 安装向导。

（3）在“域控制器类型”对话框中，选择“新域的域控制器”单选按钮，如图 4-4 所示。

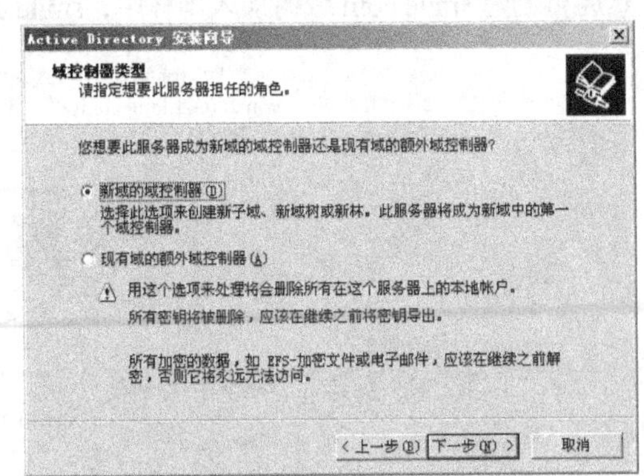

图 4-4　“域控制器类型”对话框

（4）单击“下一步”按钮，在“创建一个新域”对话框中，选择“在新林中的域”单选按钮，如图 4-5 所示。

（5）单击“下一步”按钮，如果在“本地连接”属性中 TCP/IP 没有配置首选 DNS 服务器，将弹出如图 4-6 所示的界面；如果已经设置了首选 DNS，可以跳过此步骤。这里选择“否，只在这台计算机上安装并配置 DNS”单选按钮。这样在安装活动目录时可以一同安装 DNS，并且把首选 DNS 指向自己（即 192.168.22.98）。单击“下一步”按钮。

（6）在新的域名页面中，输入新域的完整域名（FQDN）。本例输入 long.com，单击“下一步”

按钮。

（7）在"NetBIOS 域名"对话框中确认 NetBIOS 名（而不是 FQDN）。

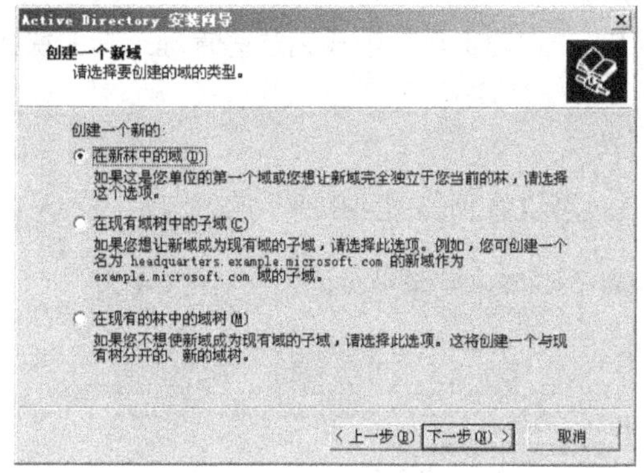

图 4-5　"创建一个新域"对话框

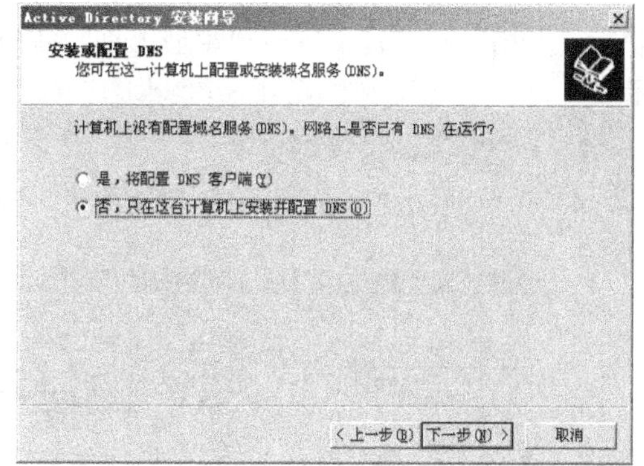

图 4-6　"安装或配置 DNS"对话框

（8）单击"下一步"按钮，可以改变活动目录数据库以及日志存放的路径。如果有多个硬盘，建议数据库和日志分别存放在不同的硬盘上，以提高安全性和性能。单击"下一步"按钮，指定 SYSVOL 文件夹的位置，采用默认值即可，单击"下一步"按钮，如图 4-7 所示，在"DNS 注册诊断"对话框中，选择第二个单选按钮即可。

（9）单击"下一步"按钮，如图 4-8 所示，在"权限"对话框中，选择一个权限选项（取决于将要访问该域控制器的客户端的 Windows 版本）。若网络中有 NT 系统的域控制器，选择第一项；若网络中全部是 Windows 2000/2003 系统的域控制器，选择第二项。

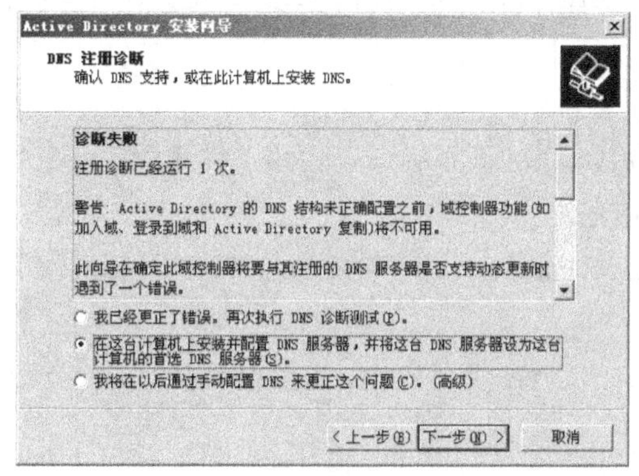

图 4-7　"DNS 注册诊断"对话框

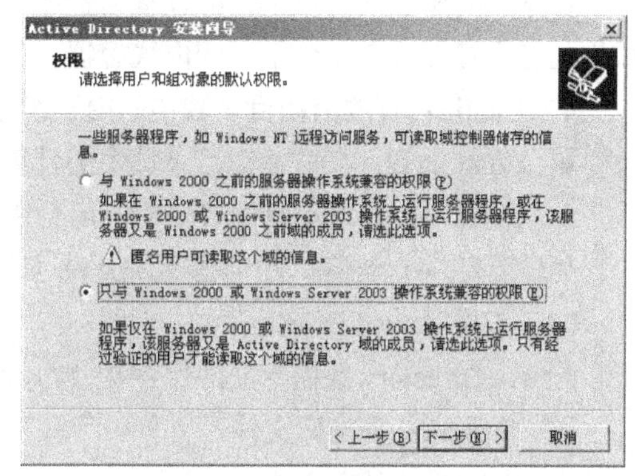

图 4-8　"权限"对话框

（10）在"目录服务还原模式的管理员密码"对话框中，设置一个密码。这个密码用于活动目录损坏后，进行恢复时使用。单击"下一步"按钮。

（11）最后，系统显示安装摘要。如果需要修改某些地方，单击"上一步"按钮重新配置。如果一切正常，单击"下一步"按钮开始安装。所有文件复制到硬盘驱动器之后，重新启动计算机。

2. 安装后检查

活动目录安装完成后，可以从各个方面进行验证。

（1）查看计算机名。在桌面上右键单击"我的电脑"，在弹出的快捷菜单中选择"属性"选项，

再单击“计算机名”选项卡，可以看到计算机已经由工作组成员变成了域成员，而且是域控制器。

（2）查看管理工具。活动目录安装完成后，会添加一系列的活动目录管理工具，包括“Active Directory 用户和计算机”、“Active Directory 站点和服务”、“Active Directory 域和信任关系”等。执行“开始”→“程序”→“管理工具”命令，可以在“管理工具”中找到这些管理工具的快捷方式。

（3）查看活动目录对象

打开“Active Directory 用户和计算机”管理工具，可以看到如图 4-9 所示的窗口。

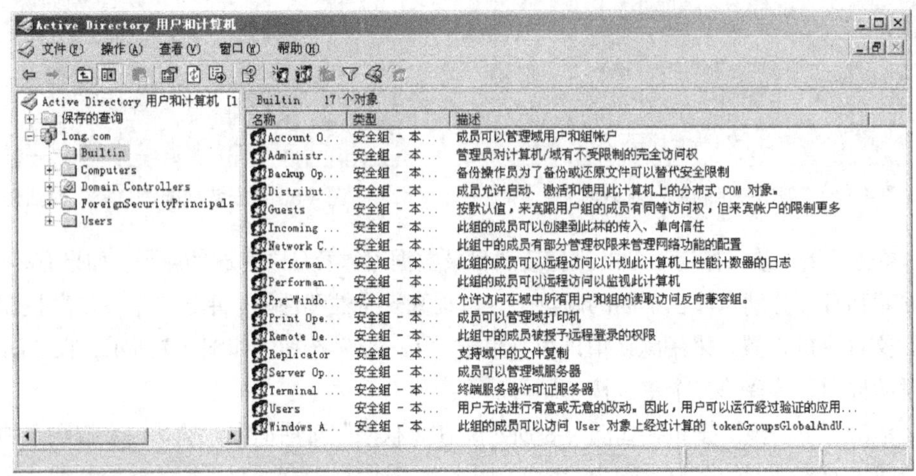

图 4-9　Active Directory 用户和计算机

在图 4-9 所示的窗口中，可以看到企业的域名。单击该域，窗口右侧详细信息窗格中会显示域中的各个容器。其中包括一些内置容器，主要有以下几种。

- Builtin：存放活动目录域中的内置组账户。
- Computers：存放活动目录域中的计算机账户。
- Users：存放活动目录域中的一部分用户和组账户。

另外还有一些容器称为组织单元（OU），如 Domain Controllers，用于存放域控制器的计算机账户。

（4）查看 Active Directory 数据库

Active Directory 数据库文件保存在 %SystemRoot%\Ntds 文件夹中，主要包括以下文件类型。

- Ntds.dit：数据库文件。
- Edb.log：日志文件。
- Edb.chk：检查点文件。
- Res1.log、Res2.log：保留的日志文件。
- Temp.edb：临时文件。

（5）查看 DNS 记录

为了让活动目录正常工作，需要 DNS 服务器的支持。活动目录安装完成后，重新启动时会向指定的 DNS 服务器上注册 SRV 记录。一个注册了 SRV 记录的 DNS 服务器如图 4-10 所示。

有时由于网络连接或者 DNS 配置的问题，造成未能正常注册 SRV 记录的情况。对于这种情况，可以先维护 DNS 服务器，并将域控制器的 DNS 设置指向正确的 DNS 服务器，然后重新启动 Netlogon 服务。

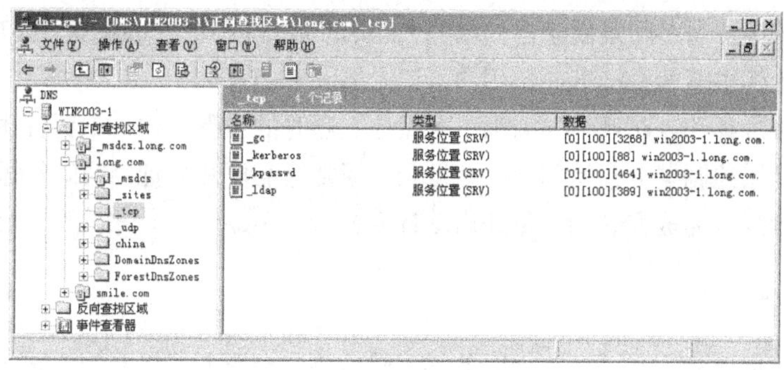

图 4-10　注册 SRV 记录

具体操作可以使用命令：

```
net stop netlogon
net start netlogon
```

3. 安装额外的域控制器

在一个域中可以有多台域控制器，和 Windows NT 4.0 不一样，Windows Server 2003 域中不同的域控制器的地位是平等的，它们都有所属域的活动目录的副本，多个域控制器可以分担用户登录时的验证任务，提高用户登录效率，同时还能防止单一域控制器的失败而导致网络的瘫痪。在域中的某一域控制器上添加用户时，域控制器会把活动目录的变化复制到域中别的域控制器上。在域中安装额外的域控制器，需要把活动目录从原有的域控制器复制到新的服务器上。

下面以图 4-3 中的 win2003-2 服务器为例说明添加的过程。

（1）首先要在 win2003-2 服务器上检查“本地连接”属性，确认 win2003-2 服务器和现在的域控制器 win2003-1 可以正常通信；更为关键的是要确认“本地连接”属性中 TCP/IP 的首选 DNS 指向了原有域中支持活动目录的 DNS 服务器，本例中是 win2003-1，其 IP 地址为 192.168.22.98（win2003-1 既是域控制器，又是 DNS 服务器）。

（2）直接在“开始-运行”中输入“dcpromo”命令打开“Active Directory”安装向导对话框。

提示

若要从备份中复制活动目录数据库，可以直接使用“dcpromo/adv”命令。

（3）在图 4-11 所示的“域控制器类型”对话框中选中“现有域的额外域控制器”单选按钮，将该计算机设置为现有域的额外域控制器。

（4）在图 4-12 所示的“网络凭据”对话框中，输入拥有将该计算机升级为域控制器权力的

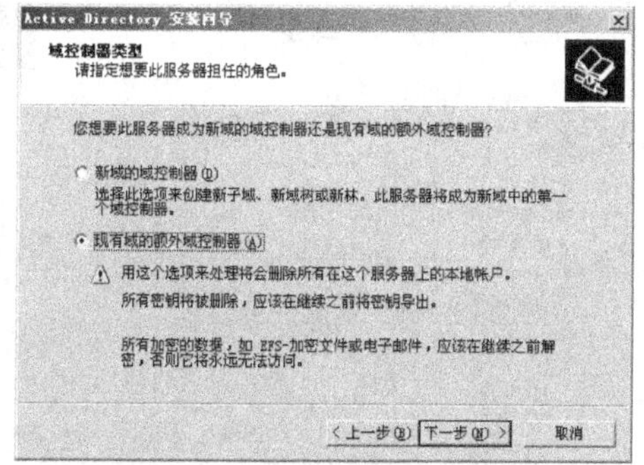

图 4-11　“域控制器类型”对话框

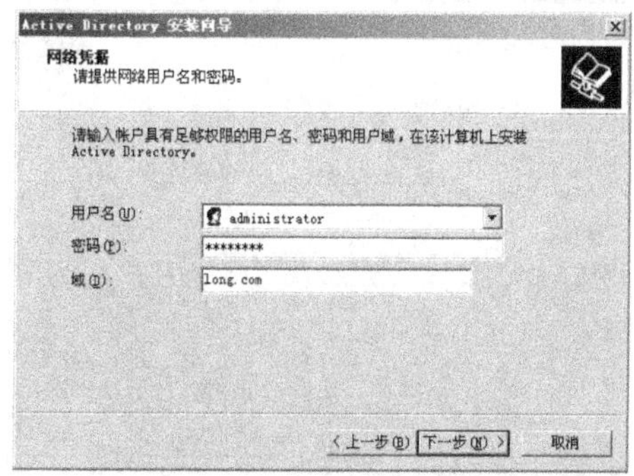

图 4-12　“网络凭据”对话框

用户名和密码。该用户名必须隶属于目的域的 Domain Admins 组、Enterprise Admins 组，或者是其他授权用户。本例中域为 long.com，用户可以是 administrator。

（5）其他安装过程和创建域林中的第一个域控制器时的步骤一样，不再赘述。一一确定后，安装向导从原有的域控制器上开始复制活动目录，通常这需要几分钟，时间长短取决于网络的快慢、域的大小等因素。完成安装后，重新启动计算机。

4. 创建子域

同样，创建子域要先安装一台独立服务器，然后将这台服务器提升为子域的域控制器。下面以图 4-3 中建立 china.long.com 子域为例说明创建步骤。

（1）在要升级为域控制器的独立服务器上，设置“本地连接”属性中的 TCP/IP，把首选 DNS 指向用来支持父域 long.com 的 DNS 服务器，在这里为 192.168.22.98，即 long.com 域控制器的 IP 地址。该步骤很重要，这样才能保证服务器找到父域域控制器，同时在建立新的子域后，把自己登记到 DNS 服务器上，以便其他计算机能够通过 DNS 服务器找到新的子域域控制器。

（2）执行“开始”→“运行”命令，打开“运行”对话框，输入 dcpromo 命令，弹出活动目录安装向导。在安装向导欢迎对话框和操作系统兼容性提示对话框中，直接单击“下一步”按钮。

（3）在图 4-13 所示的界面中，选择“新域的域控制器”单选按钮，单击“下一步”按钮；在图 4-14 所示的界面中，选择“在现有域树中的子域”单选按钮，单击“下一步”按钮。

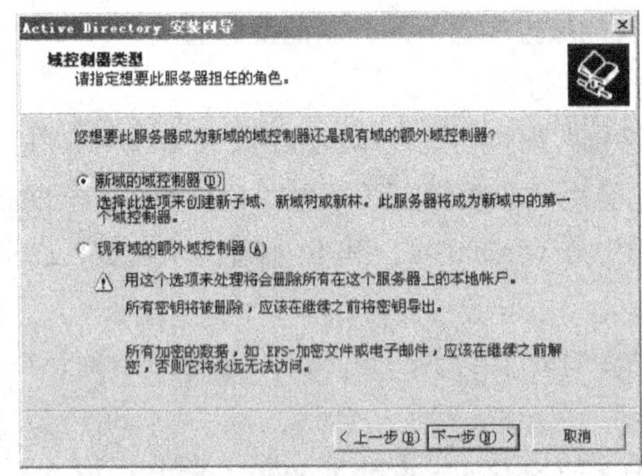

图 4-13　创建新域的域控制器

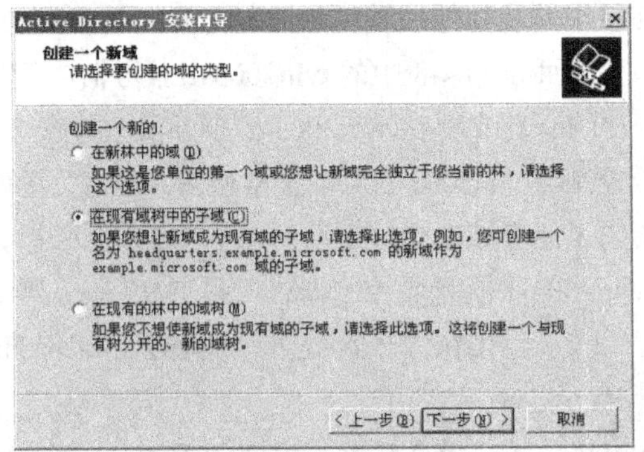

图 4-14　在现有域树中的子域创建新域

（4）在图 4-15 所示的界面中，输入父域的域名以及管理员的账户、密码等，单击“下一步”按钮；如图 4-16 所示，输入父域的域名和新的子域的域名，注意子域的域名不需要包括父域域名，

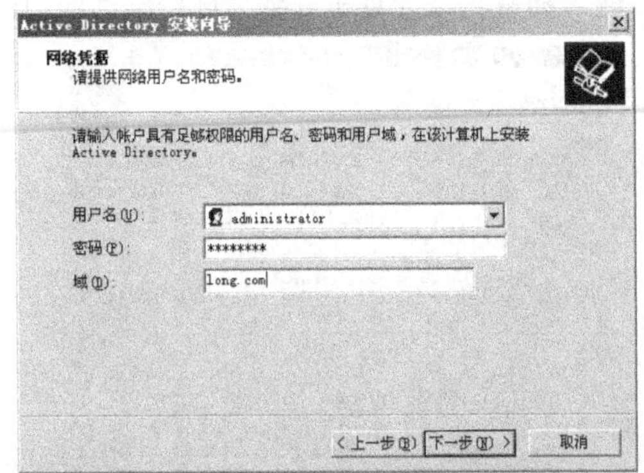

图 4-15　输入用户名、密码和域名

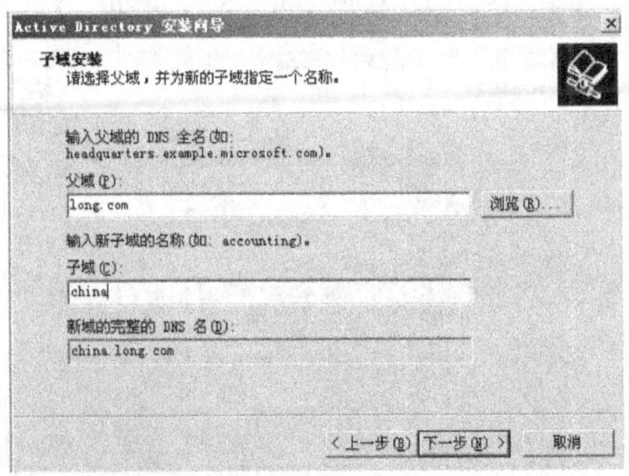

图 4-16　输入父域和子域的名称

单击“下一步”按钮。

（5）接着输入子域的 NetBIOS 名，单击“下一步”按钮。随后的步骤和创建域林中的第一个域控制器的步骤相同，不再赘述。

（6）重新启动计算机，用管理员登录到域中。依次执行“开始”→“管理工具”→“Active Directory 用户和计算机”命令打开窗口，可以看到 long.com 下有了 china.long.com 子域。

5. 创建域林中的第二棵域树

（1）创建 DNS 域 smile.com。之前，多次介绍了域控制器的安装和 DNS 服务器有密切的关系，在域林中安装第二棵域树时，DNS 服务器要做一定的设置。有关 DNS 设置的详细过程已在第 2 章讲过。这里仅简单介绍，仍以图 4-3 为例，在 long.com 域树中的 DNS 服务器为 win2003-1.long.corn，IP 为 192.168.22.98，仍然使用该 DNS 服务器作为 smile.com 域的 DNS 服务器，所以在 win2003-1.long.com 服务器上要创建新的 DNS 域 smile.com，其步骤如下。

① 执行“开始”→“管理工具”→“DNS 选项”命令，弹出 DNS 管理窗口，如图 4-17 所示。如图 4-17 所示展开左部的列表，右键单击“正向查找区域”，在弹出的快捷菜单中选择“新建区域”选项。

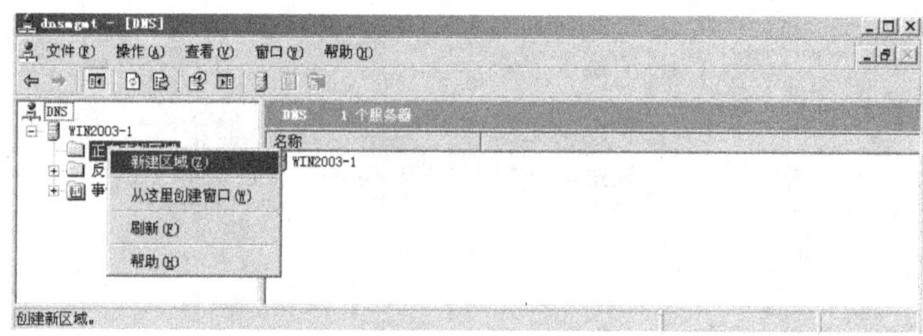

图 4-17　新建 DNS 区域

② 在“欢迎使用新建区域向导”界面中单击“下一步”按钮；在图 4-18 所示的“区域类型”对话框中，选择“主要区域”单选按钮，单击“下一步”按钮。

③ 如图 4-19 所示，根据需要选择如何复制 DNS 区域数据，这里选择第二项，单击“下一步”按钮。

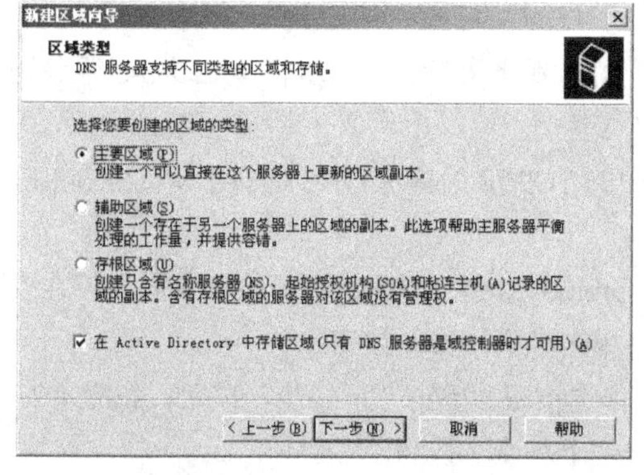

图 4-18　“区域类型”对话框

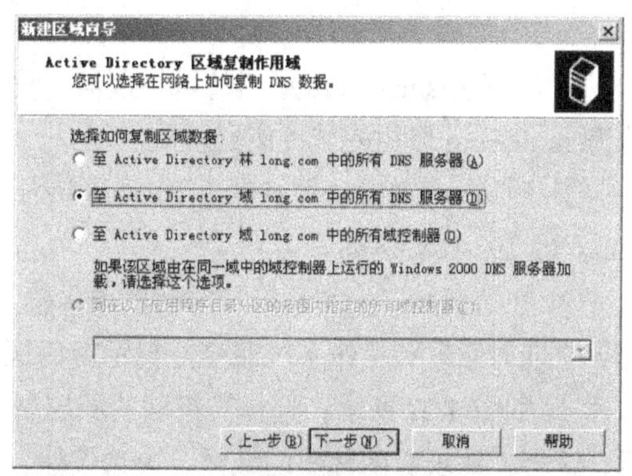

图 4-19　选择如何复制区域数据

④ 如图 4-20 所示，输入 DNS 区域名称“smile.com”，单击“下一步”按钮。选择“只允许

安全的动态更新”或者“允许非安全和安全动态更新”单选按钮中的任一个，不要选择“不允许动态更新”单选按钮，单击“下一步”按钮。

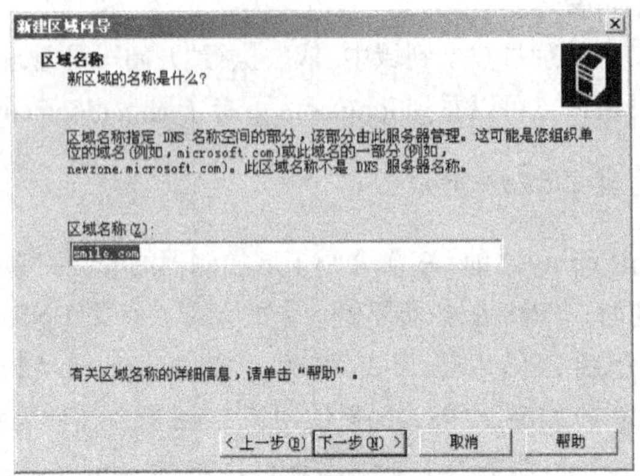

图 4-20　“区域名称”对话框

⑤ 单击“完成”按钮。在图 4-21 所示的 DNS 管理窗口中，可以看到已经创建的 DNS 域 smile.com。

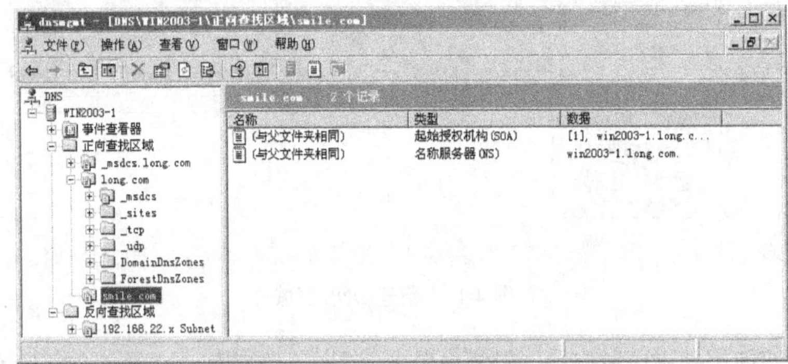

图 4-21　smile.com DNS 域已经创建

本例中还可以继续建立 smile.com 的反向查找区域。

（2）安装 smile.com 域树的域控制器。设置好 DNS 服务器后，下一步将 win2003-3 服务器提升为 smile.com 域树的域控制器。

① 确认 win2003-4 服务器上“本地连接”属性中的 TCP/IP 的首选 DNS 指向了 win2003-1.long.com，即 192.168.22.98。

② 在“开始”→“运行”对话框中，输入 dcpromo 命令，弹出活动目录安装向导；在安装向导欢迎对话框和操作系统兼容性提示对话框中，单击“下一步”按钮。

③ 如图 4-22 所示，选择“新域的域控制器”单选按钮，单击“下一步”按钮；如图 4-23 所示，选择“在现有的林中的域树”单选按钮，单击“下一步”按钮。

④ 如图 4-24 所示，输入已有域树的根域的域名和管理员的账户、密码，这里已有域树的根域的域名为 long.com，单击“下一步”按钮。如图 4-25 所示，输入新域树根域的 DNS 名，这里

应为 smile.com，单击“下一步”按钮。

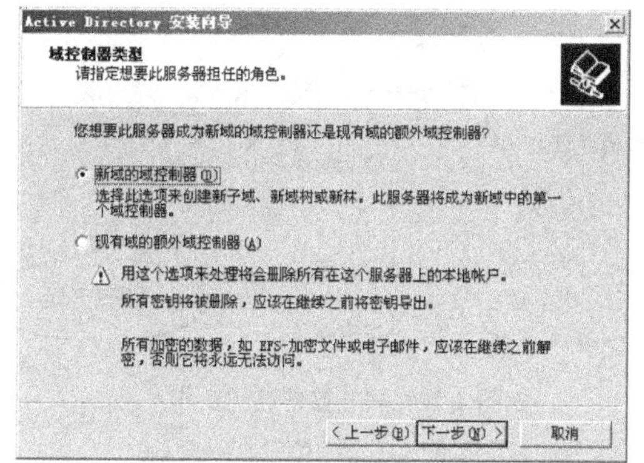

图 4-22　新域的域控制器

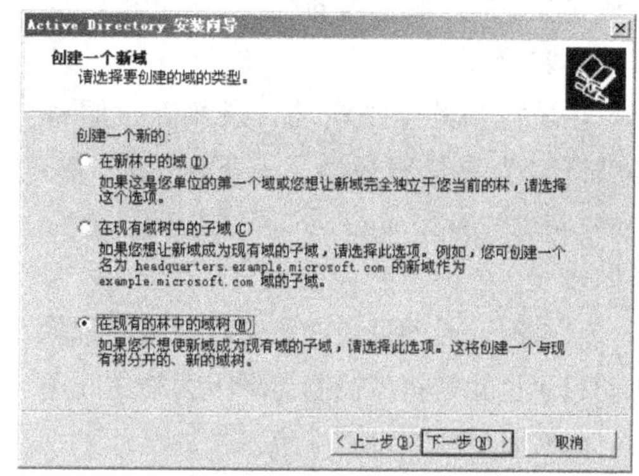

图 4-23　在现有的林中的域树

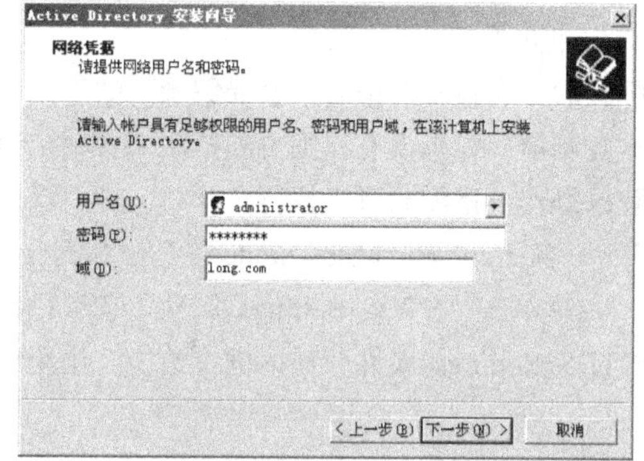

图 4-24　原有域树的根域域名、用户名和密码

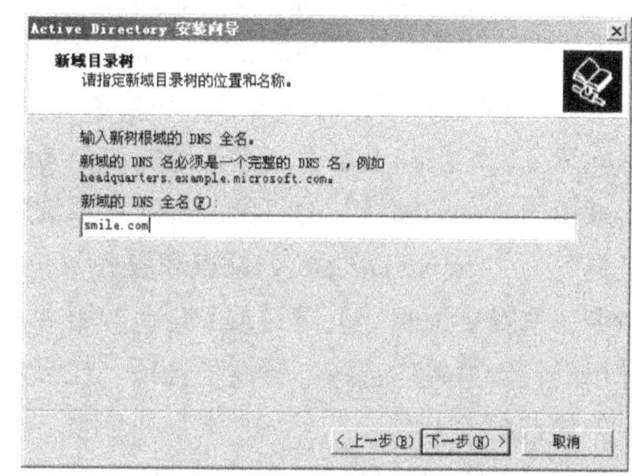

图 4-25　新域的 DNS 全名

⑤ 接着输入新域的 NetBIOS 名，单击“下一步”按钮。后继步骤和创建域林中的第一个域控制器的步骤类似，不再赘述。一一确定后，完成安装过程。

⑥ 重新启动计算机，用管理员账户登录，执行“开始”→“管理工具”→“Active Directory 域和信任关系”命令，可以看到 smile.com 域已经存在了，如图 4-26 所示。

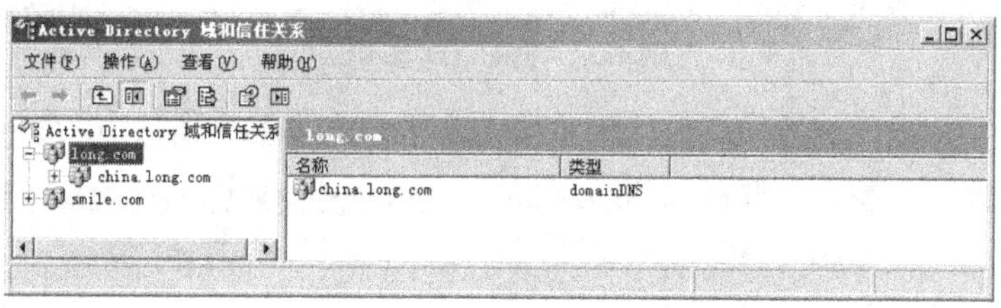

图 4-26　smile.com 域已经创建

6. 域控制器降级为成员服务器

Windows Server 2003 服务器在域中可以有 3 种角色：域控制器、成员服务器和独立服务器。当一台 Windows Server 2003 成员服务器安装了活动目录后，服务器就成为域控制器，域控制器可以对用户的登录等进行验证。然而，Windows Server 2003 成员服务器可以仅加入到域中，而不安装活动目录，这时服务器的主要目的是为了提供网络资源，这样的服务器称为成员服务器。严格

来说，独立服务器和域没有什么关系，如果服务器不加入到域中也不安装活动目录，服务器就称为独立服务器。服务器的这 3 个角色的改变如图 4-27 所示。

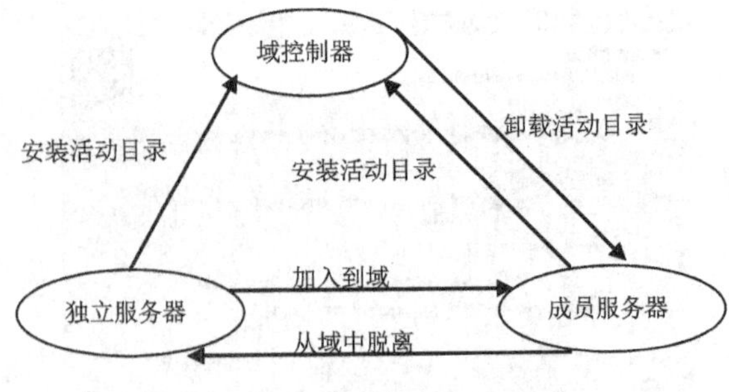

图 4-27 服务器角色的变化

在域控制器上把活动目录删除，服务器就降级为成员服务器了。下面以图 4-3 中的 win2003-2.long.com 降级为例，介绍具体步骤。

（1）删除活动目录注意要点。用户删除活动目录也就是将域控制器降级为独立服务器。降级时要注意以下 3 点。

① 如果该域内还有其他域控制器，则该域控制器会被降级为该域的成员服务器。

② 如果这个域控制器是该域的最后一个域控制器，则被降级后，该域内将不存在任何域控制器了。因此，该域控制器被删除，而该计算机被降级为独立服务器。

③ 如果这台域控制器是“全局编录”，则将其降级后，它将不再担当“全局编录”的角色，因此请先确定网络上是否还有其他的“全局编录”域控制器。如果没有，则要先指派一台域控制器来担当“全局编录”的角色，否则将影响用户的登录操作。指派时可以执行“开始”→“管理工具”→“Active Directory 站点和服务”→“Sites”→“Default-First-Site-Name ”→“Servers”命令，选择要担当“全局编录”角色的服务器名称，右键单击“NTDS Settings 属性”选项，在弹出的快捷菜单中选择“属性”选项，在显示的“NTDS Settings 属性”对话框中选中“全局编录”复选框。

（2）删除活动目录。

① 直接运行命令 dcpromo 打开 Active Directory 删除向导。但如果该域控制器是“全局编录”服务器，就会显示图 4-28 所示的提示框。

图 4-28 删除 AD 提示框

② 如图 4-29 所示，若该计算机是域中的最后一台域控制器，请选中“这个服务器是域中的最后一个域控制器”复选框，则降级后变为独立服务器，此处由于 long.com 还有一个域控制器 win2003-1.long.com，所以不选中复选框。单击“下一步”按钮。

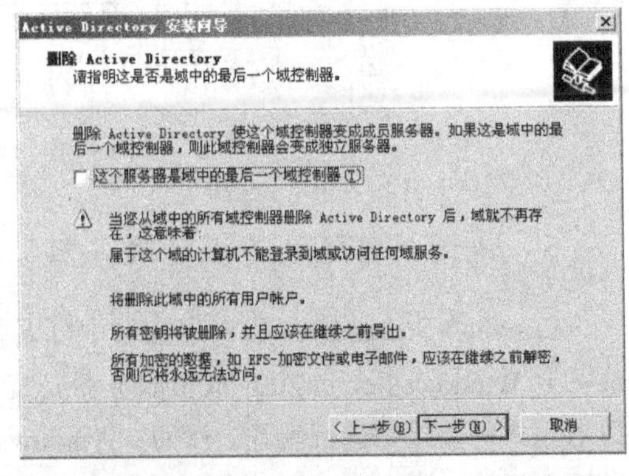

图 4-29 指明是否是域中的最后一个域控制器

③ 接下来输入新的管理员密码，单击“下一步”按钮；确认从服务器上删除活动目录后，服务器将成为 long.com 域上的一台成员服务器。确定后，安装向导从该计算机删除活动目录。删除完毕后重新启动计算机，这样就把域控制器降级为成员服务器了。

7. 独立服务器提升为成员服务器

下面以图4-3中的win2003-5服务器加入到china.long.com域为例说明独立服务器提升为成员服务器的步骤。

（1）首先在win2003-5服务器上，确认“本地连接”属性中的TCP/IP首选DNS指向了china.long.com域的DNS服务器，即192.168.22.98。

（2）执行“开始”→“控制面板”→“系统”命令，弹出“系统属性”对话框，选择“计算机名”选项卡，单击“更改”按钮；弹出“计算机名称更改”对话框，如图4-30所示。

（3）在“隶属于”选项区域中，选择“域”单选按钮，并输入要加入的域的名字china.long.com，单击“确认”按钮。接着输入要加入的域的管理员账户和密码，确定后重新启动计算机即可。

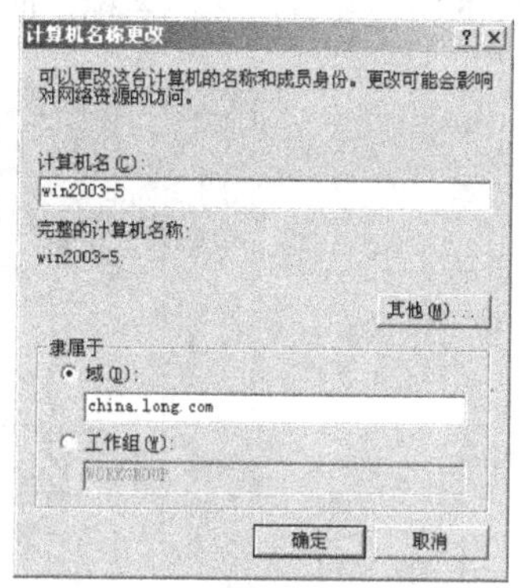

图4-30 “计算机名称更改”对话框

提示

Windows 2000的计算机要加入到域中的步骤和Windows Server 2003加入到域中的步骤是一样的。

8. 成员服务器降级为独立服务器

成员服务器降级为独立服务器也很容易。执行“开始”→“控制面板”→“系统”命令，弹出“系统属性”对话框，选择“计算机名”选项卡，单击“更改”按钮，弹出“计算机名称更改”对话框。在“隶属于”选项区域中，选择“工作组”单选按钮，并输入从域中脱离后要加入的工作组的名字，单击“确定”按钮。输入要脱离的域的管理员账户和密码，确定后重新启动计算机即可。

4.4 活动目录的备份与恢复

在Windows Server 2003中，所有的安全信息都存储在Active Directory中，因此，如果网络中只有一台域控制器，或者想安装一台新的域控制器，那么备份与恢复活动目录就成为一项非常重要的工作。需要注意的是，不能单独备份活动目录，而只能将活动目录作为系统状态数据的一部分进行备份。系统状态数据包括注册表、系统启动文件、类注册数据库、证书服务数据、文件复制服务、群集服务、域名服务和活动目录等8个部分。

1. 活动目录的备份

（1）Windows备份。依次执行“开始”→“程序”→“附件”→“系统工具”→“备份”命令，显示如图4-31所示的对话框，单击“下一步”按钮。

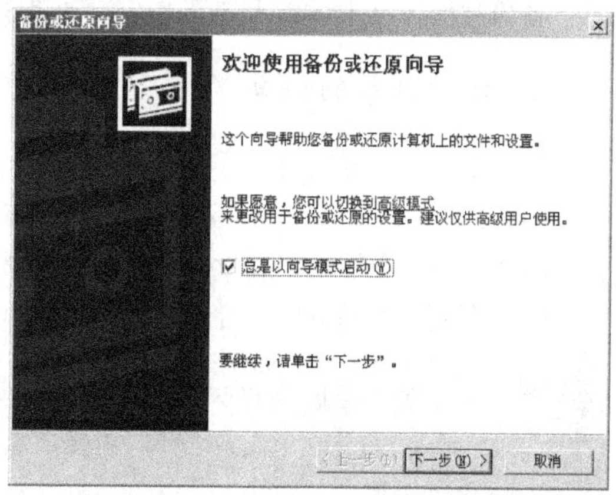

图4-31 “备份或还原向导”对话框

在“备份或还原向导”对话框中单击“高级

模式”按钮，显示“备份工具”窗口。选择“备份”选项卡，如图 4-32 所示。在左侧选中“System State”列表项，在右侧建议选择所有的选项。在“备份媒体或文件名”文本框中输入存放备份文件的路径及备份文件名称，或单击“浏览”按钮选择用于保存该备份文件的文件夹。

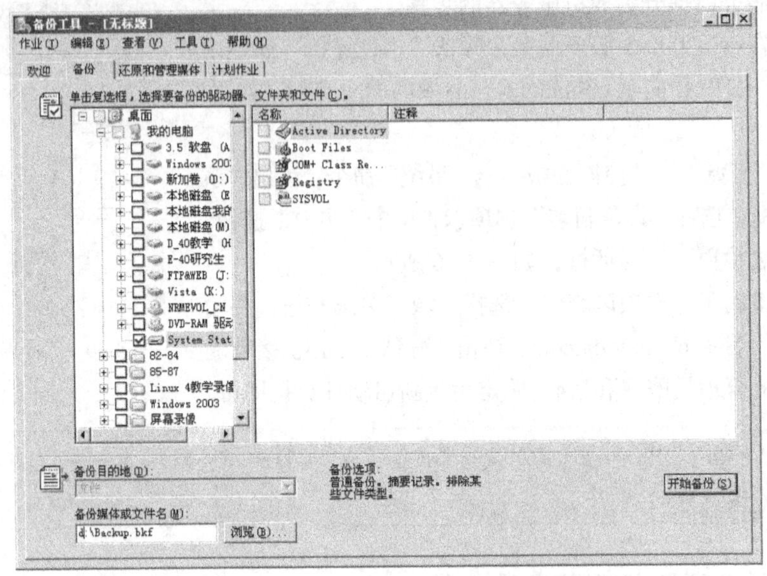

图 4-32 “备份工具”窗口“备份”选项卡

单击“开始备份”按钮，显示如图 4-33 所示的“备份作业信息”对话框，用来对本次备份进行一些描述。若要将本次备份附加到原来的备份中，可以选中“将备份附加到媒体”单选按钮。若是第一次备份，则选中“用备份替换媒体上的数据”单选按钮。若数据库不是很大，建议采用“用备份替换媒体上的数据”方式。

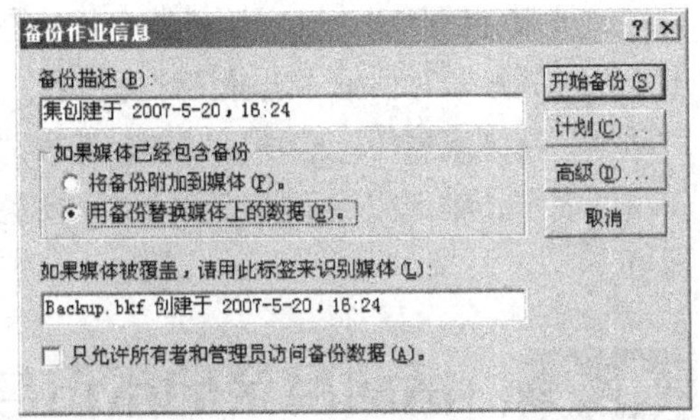

图 4-33 “备份作业信息”对话框

（2）命令行备份。若要将活动目录以“backup.bkf”为文件名备份到“D:\backup.bkf”文件夹下，可以在命令提示符下输入：

```
ntbackup backup systemstate /J " Backup Job 1"  /F  " D:\backup.bkf "
```

备份过程与 Windows 状态下备份活动目录一样。

2. 活动目录的恢复

活动目录的恢复应用在下面的 3 种情况。

（1）如果网络中只有一台域控制器，那么在重新安装系统后，就必须利用备份文件恢复活动目录。

（2）如果服务器发生故障，导致活动目录设置丢失，也可以借助于备份文件恢复。

（3）利用备份的数据，可以快速安装新的域控制器。

注意

在还原时要保证备份后重新启动过计算机，否则系统将提示当前系统状态在 Active Directory 服务运行时不能还原，需要重新启动并进入“目录还原模式”状态下才能还原。

重新启动计算机，在启动过程中按“F8”键，显示“Windows 高级选项菜单”。选择“目录服务还原模式”，按“Enter”键，进入安全模式。在登录系统时，需要输入安装时设置的“目录服务还原模式”密码才能进入。当 Windows 完全启动后，依次执行“开始”→“程序”→“附件”→“系统工具”→“备份”命令，显示“备份或还原向导”对话框，单击“高级模式”按钮，打开高级模式。选择“还原和管理媒体”选项卡，如图 4-34 所示。

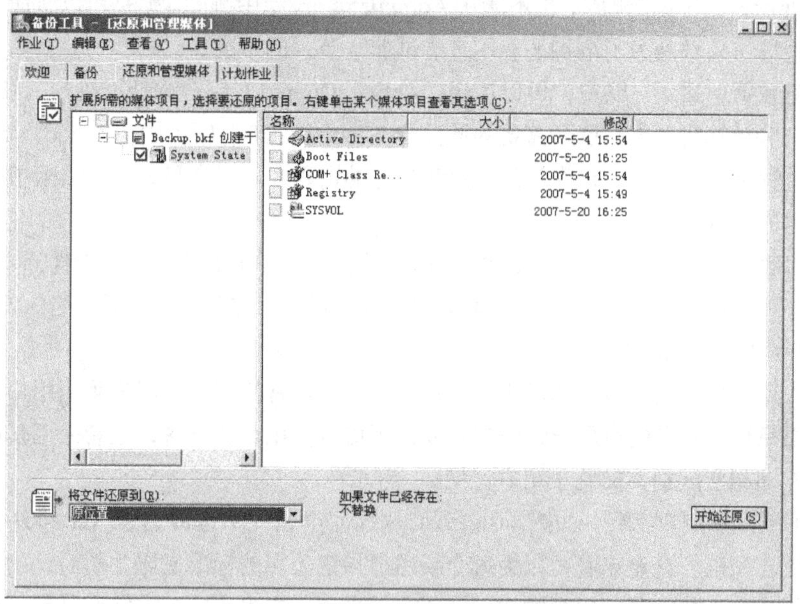

图 4-34　“还原和管理媒体”选项卡

在左侧列表框中，通过单击“+”号依次展开列表项，选中“System state”复选框，在右侧列表框中显示出所要还原的项目。若要还原到原来的系统状态，可在“将文件还原到”下拉列表框中选择“原位置”选项，也可以选择“备用位置”或“单个文件夹”选项。如果选择还原到原位置，系统将提示还原系统状态会覆盖目录的系统状态。

还原完成后，重新启动服务器到 Windows 正常状态，即可恢复活动目录数据库。

4.5 管理域用户和组

4.5.1 管理域用户和计算机账户

域用户账户使用户能够登录到域或其他计算机中，从而获得对网络资源的访问权。经常访问网络的用户都应拥有网络唯一的用户账户。如果网络中有多个域控制器，可以在任何域控制器上创建新的用户账户，因为这些域控制器都是对等的。当在一个域控制器上创建新的用户账户时，这个域控制器会把信息复制到其他域控制器，从而确保该用户可以登录并访问任何一个域控制器。

1. 域用户账户

安装完活动目录，就已经添加了一些内置域账户，它们位于 Users 容器中，如 Administrator、

Guest、HelPAssistant。

这些内置账户是在创建域的时候自动创建的。每个内置账户都有各自的权限。

Administrator 账户具有对域的完全控制权，并可以为其他域用户指派权限。默认情况下，Administrator 账户是以下组的成员：Administrators、Domain Admins、Enterprise Admins、Group Policy Creator Owners 和 Schema Admins。

Administrator 账户不能删除，也不能从 Administrators 组中删除。但是可以重命名或禁用此账户，有些管理员这么做是为了增加恶意用户尝试非法登录的难度。

为了创建和管理域用户账户，可以使用"Active Directory 用户和计算机"工具。在"Active Directory 用户和计算机"中，展开需要的域。与 Windows NT 有所不同，Windows Server 2003 把创建用户的过程进行了分解。首先创建用户和相应的密码，然后在另外一个步骤中配置用户详细信息，包括组成员身份。

（1）要创建一个新的域用户，右键单击 Users 容器，在弹出的快捷菜单中选择"新建"→"用户"选项，打开"新建对象-用户"对话框，如图 4-35 所示，在其中输入姓、名。Windows Server 2003 可以自动填充完整的姓名。

（2）输入用户登录名。域中的用户账户是唯一的。通常情况下，账户采用用户姓和名的第一个声母。如果只使用姓名的声母导致账户重复，则可以使用名的全拼，或者采用其他方式。这样既使用户间能够相互区别，又便于用户记忆。

（3）接下来配置用户密码，如图 4-36 所示。默认情况下，Windows Server 2003 强制用户下次登录时必须更改密码。这意味着可以为每个新用户指定公司的标准密码，然后，当用户第一次登录时让他们创建自己的密码。用户的初始密码应当采用英文大小写、数字和其他符号的组合。同时，密码与用户名既不要相同也不要相关，以保证账户的访问安全。

图 4-35　新建用户

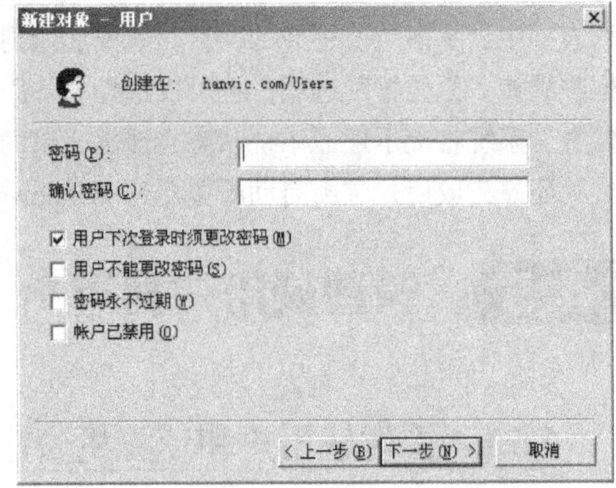

图 4-36　设置用户密码

① 用户下次登录时须更改密码。强制用户下次登录网络时更改密码，当希望该用户成为唯一知道其密码的人时，应当使用该选项。

② 用户不能更改密码。阻止用户更改其密码，当希望保留对用户账户（如来宾或临时账户）的控制权时，或者该账户是由多个用户使用时，应当使用该选项。此时，"用户下次登录时须更改密码"复选框必须清空。

③ 密码永不过期。防止用户密码过期。建议"服务"账户启用该选项，并且应使用强密码。

弱密码会使得攻击者易于访问计算机和网络，而强密码则难以破解，即使使用密码破解软件也难以办到。密码破解软件使用下面 3 种方法之一：巧妙猜测、词典攻击和自动尝试字符的各种可能的组合。只要有足够时间，这种自动方法可以破解任何密码。即便如此，破解强密码也远比破解弱密码困难得多。因此安全的计算机需要对所有用户账户都使用强密码。强密码具有以下特征。

- 长度至少有 7 个字符。
- 不包含用户名、真实姓名或公司名称。
- 不包含完整的字典词汇。
- 包含全部下列 4 组字符类型：大写字母（A、B、C…）、小写字母（a、b、c…）、数字（0、1、2、3、4、5、6、7、8、9）和键盘上的符号（键盘上所有未定义为字母和数字的字符，如` ~ !@#$%^& ( ) *_+ - {}[]|\/?:”;’<>,. ）。

④ 账户已禁用。防止用户使用选定的账户登录，当用户暂时离开企业时，可以使用该选项，以便日后迅速启用。也可以禁用一个可能有威胁的账户，当排除问题之后，再重新启用该账户。许多管理员将禁用的账户用做公用用户账户的模板。以后拟再使用该账户时，在该账户上右键单击，并在弹出的快捷菜单中选择“启用账户”选项即可。

（4）选择想要实行的密码选项，单击“下一步”按钮查看总结，然后单击“完成”按钮，在 Active Directory 中创建新用户。配置域用户的更多选项，需要在用户账户属性中进行设置。要为域用户配置或修改属性，请选择左窗格中的 Users 容器，这样，右窗格将显示用户列表。然后双击想要配置的用户，打开如图 4-37 所示对话框，就可以进行多类属性的配置了。

（5）当添加多个用户账号时，可以以一个设置好的用户账号作为模板。右键单击要作为模板的账号，并在弹出的快捷菜单中选择“复制”选项，即可复制该模板账号的所有属性，而不必再一一设置，从而提高账号添加效率。

域用户账户提供了比本地用户账户更多的属性，如登录时间和登录到哪台计算机的限制等。其设置方法很简单，在“用户属性”对话框中单击相应的选项卡进行修改即可。此处不再赘述。

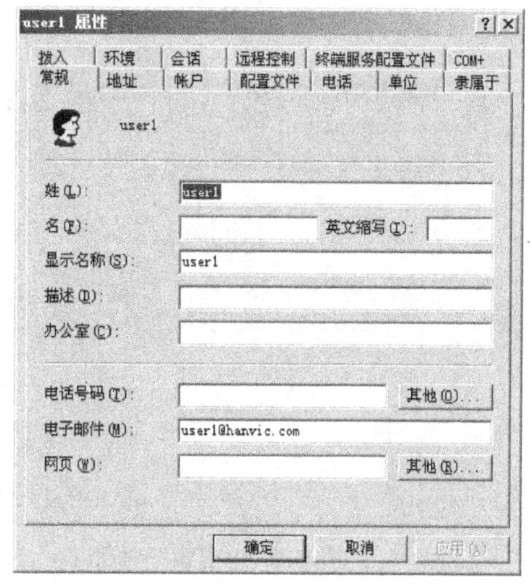

图 4-37 用户属性

2. 计算机账户

在域中，每台运行 Windows 2000/XP 的计算机都拥有一个计算机账户。在向域中添加新的计算机时，必须在“Active Directory 用户和计算机”中创建一个新的计算机账户。计算机账户创建后，每个使用该计算机的用户都可以使用该账户登录。用户可以根据系统管理员赋予该计算机账户的权限访问网络。需要注意的是，不能将计算机账户指派给运行 Windows 98/Me 的计算机，因此，当用户使用 Windows 98/Me 计算机时，只能使用用户账户登录到域。

（1）添加计算机账户。打开“Active Directory 用户和计算机”控制台窗口，展开左侧控制台目

录树，右键单击目录树中的“Users”选项，或者选择“Users”选项并在右侧窗口的空白处右键单击，在弹出的快捷菜单中选择“新建”→“计算机”选项，均可显示“新建对象-计算机”对话框，如图 4-38 所示。在“计算机名”文本框中输入该计算机账户的计算机名，“计算机名（Windows 2000 以前版本）”文本框中可采用默认值。单击“下一步”按钮，出现如图 4-39 所示的对话框。

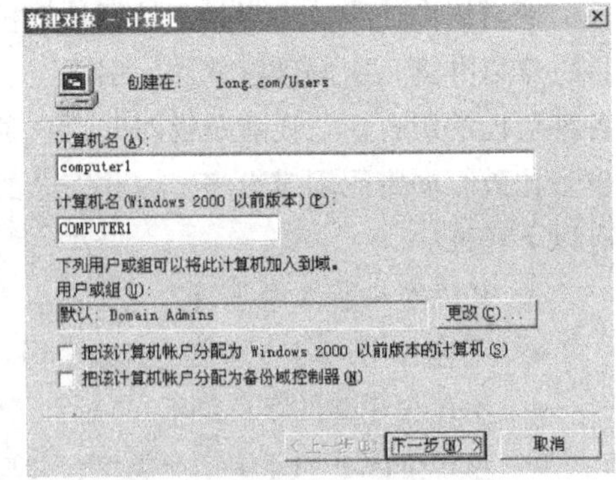

图 4-38 “新建对象- 计算机”对话框

若要管理该计算机，还应当在图 4-39 所示的对话框中选中“这是一台被管理的计算机”复选框，然后在“计算机唯一 ID”文本框内输入该计算机的全球唯一标识（Globally Unique Identifier，GUID）等。

提示

每台计算机都有一个与之相对应的 GUID。GUID 可以在系统 BIOS 或计算机外壳上找到。当然，只有品牌机才有 GUID，而兼容机是没有的。

（2）修改用户属性。在“Active Directory 用户和计算机”控制台窗口中，右键单击窗口的计算机名，在弹出的快捷菜单中选择“属性”选项，即可显示“计算机用户属性”对话框，如图 4-40 所示。在其中修改该计算机用户的相关属性，并将该计算机添加至用户组。

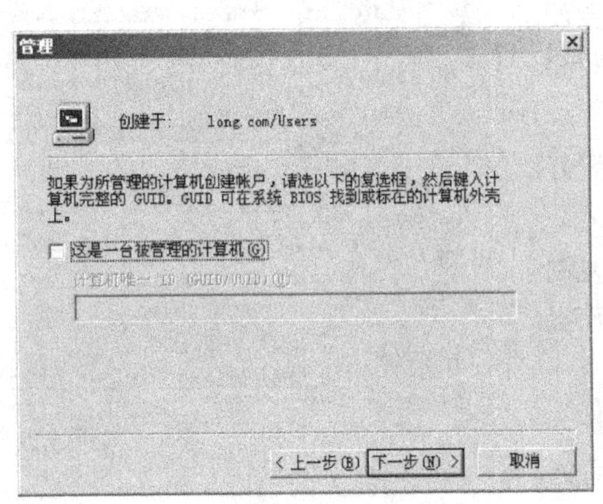

图 4-39 “管理”对话框

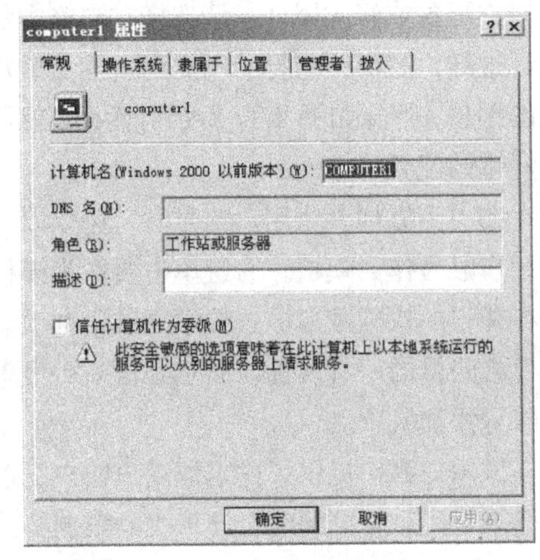

图 4-40 “计算机用户属性”对话框

4.5.2 域中的组账户

1. 创建组

用户和组都可以在 Active Directory 中添加，而且必须以 Active Directory 中 Account Operators 组、Domain Admins 组或 Enterprise Admins 组成员的方式登录 Windows，或者必须有管理该活动目录的权限。除了可以添加用户和组，还可以添加联系人、打印机及共享文件夹等。

（1）打开“Active Directory 用户和计算机”控制台窗口，展开左侧控制台目录树，右键单击

目录树中的“Users”选项，或者选择“Users”选项并在右侧窗口的空白处右键单击，在弹出的快捷菜单中选择“新建”→“组”选项，或者直接单击工具栏中的“添加组”图标，均可显示“新建对象-组”对话框，如图 4-41 所示。

（2）在“组名”文本框中输入该计算机账户的计算机名，“组名（Windows 2000 以前版本）”文本框可采用默认值。

（3）在“组作用域”选项区域中选择组的作用域，即该组可以在网络上的哪些地方使用。组作用域有 3 个选项。

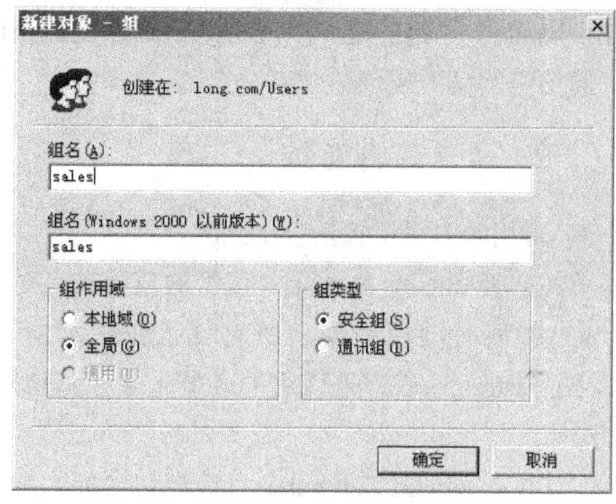

图 4-41　“新建对象-组”对话框

① 本地域组。本地域组的概念是在 Windows 2000 中引入的。本地域组主要用于指定其所属域内的访问权限，以便访问该域内的资源。对于只拥有一个域的企业而言，建议选择“本地域组”选项。它的特征如下。

- 本地域组内的成员可以是任何一个域内的用户、通用组与全局组，也可以是同一个域内的本地域组，但不能是其他域内的域本地组。
- 域本地组只能访问同一个域内的资源，无法访问其他不同域内的资源。也就是说，当在某台计算机上设置权限时，可以设置同一域内的本地域组的权限，但无法设置其他域内的本地域组的权限。

② 全局组。全局组主要用于组织用户，即可以将多个被赋予相同权限的用户账户加入到同一个全局组内。其特征如下。

- 全局组内的成员只能包含所属域内的用户与全局组，即只能将同一个域内的用户或其他全局组加入到全局组内。
- 全局组可以访问任何一个域内的资源，即可以在任何一个域内设置全局组的使用权限，无论该全局组是否在同一个域内。

③ 通用组。通用组可以设置在所有域内的访问权限，以便访问所有域资源。其特征如下。

- 通用组成员可以包括整个域林（多个域）中任何一个域内的用户，但无法包含任何一个域内的本地域组。
- 通用组可以访问任何一个域内的资源，也就是说，可以在任何一个域内设置通用组的权限，无论该通用组是否在同一个域内。

这意味着，一旦将适当的成员添加到通用组，并赋予通用组执行任务的权利和赋予成员适当的访问资源权限，成员就可以管理整个企业。管理企业最有效的方式就是使用通用组，而不必使用其他类型的组。

（4）在“组类型”选项区域中选择组的类型，包括两个选项。

① 安全组：可以列在随机访问控制列表（DACL）中的组。该列表用于定义资源和对象的权限。“安全组”也可用做电子邮件实体，给这种组发送电子邮件的同时也会将该邮件发给组中的所有成员。

② 通信组：仅用于分发电子邮件并且没有启用安全性的组。不能将“通信组”列在用于定义资源和对象权限的随机访问控制列表中。“通信组”只能与电子邮件应用程序（如 Microsoft

Exchange）一起使用，以便将电子邮件发送到用户集合。如果仅仅因为安全目的，可以选择创建“通信组”而不要创建“安全组”。

2. 常用的内置组

常用的内置组包括以下几种。

（1）Domain Admins：该组的成员具有对该域的完全控制权。默认情况下，该组是加入到该域中的所有域控制器、所有域工作站和所有域成员服务器上的 Administrators 组的成员。Administrator 账户是该组的成员，除非其他用户具备经验和专业知识，否则不要将他们添加到该组。

（2）Domain Computers：该组包含加入到此域的所有工作站和服务器。

（3）Domain Controllers：该组包含此域中的所有域控制器。

（4）Domain Guests 该组包含所有域来宾。

（5）Domain Users：该组包含所有域用户，即域中创建的所有用户账户都是该组的成员。

（6）Enterprise Admins：该组只出现在林根域中。该组的成员具有对林中所有域的完全控制作用，并且该组是林中所有域控制器上 Administrators 组的成员。默认情况下，Administrator 账户是该组的成员。除非用户是企业网络问题专家，否则不要将他们添加到该组。

（7）Group Policy Creator Owners：该组的成员可修改此域中的组策略。默认情况下，Administrator 账户是该组的成员。除非用户了解组策略的功能和应用之后的后果，否则不要将他们添加到该组。

（8）Schema Admins：该组只出现在林根域中。该组的成员可以修改 Active Directory 的架构。默认情况下，Administrator 账户是该组的成员。修改活动目录架构是对活动目录的重大修改，除非用户具备 Active Directory 方面的专业知识，否则不要将他们添加到该组。

3. 为组指定成员

用户组创建完成后，还需要向该组中添加组成员。组成员可以包括用户账户、联系人、其他组和计算机。例如，可以将一台计算机加入某组，使该计算机有权访问另一台计算机上的共享资源。

当新建一个用户组之后，可以为组指定成员，向该组中添加用户和计算机。

（1）打开“Active Directoy 用户和计算机”控制台窗口，展开左侧控制台目录树，选择“Users”选项，在右侧窗口中右键单击要添加组成员的组，在弹出的快捷菜单中选择“属性”选项，显示组属性对话框，打开“成员”选项卡，如图 4-42 所示。

（2）单击“添加”按钮，显示“选择用户、联系人或计算机”对话框，如图 4-43 所示。

（3）单击“对象类型”按钮，显示“对象类型”对话框，如图 4-44 所示，选中“计算机”和“用户”复选框，单击“确定”按钮返回图 4-43 所示的对话框。

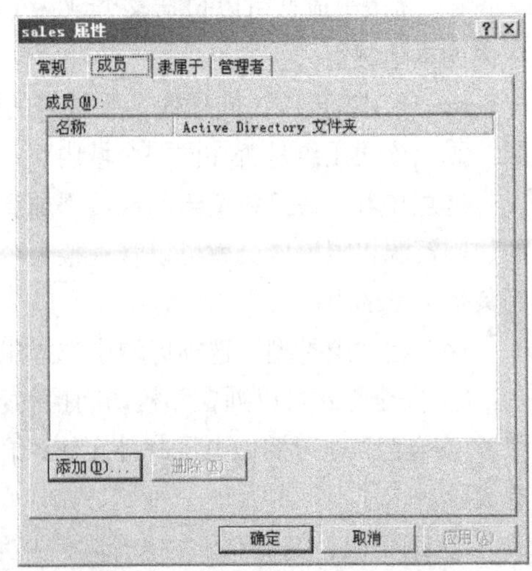

图 4-42 组属性对话框“成员”选项卡

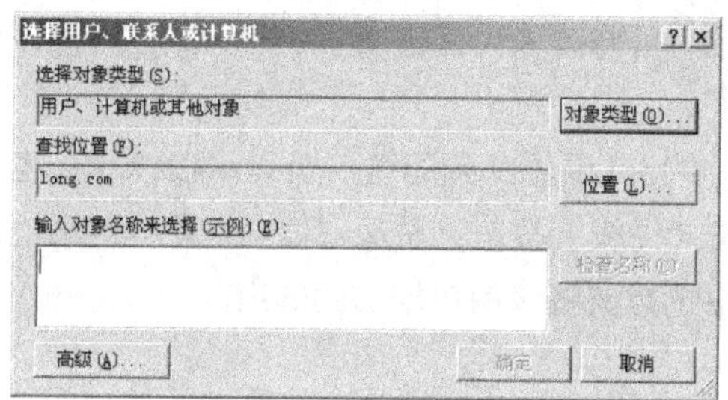

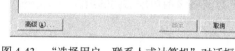

图 4-43 “选择用户、联系人或计算机”对话框

图 4-44 “对象类型”对话框

（4）单击“位置”按钮，显示“位置”对话框，在域名下选择“Users”文件夹，如图 4-45 所示，单击“确定”按钮返回图 4-43 所示的对话框。

（5）单击“高级”按钮，显示“选择用户、联系人或计算机”对话框，如图 4-46 所示，单击“立即查找”按钮，列出所有用户和计算机账户。

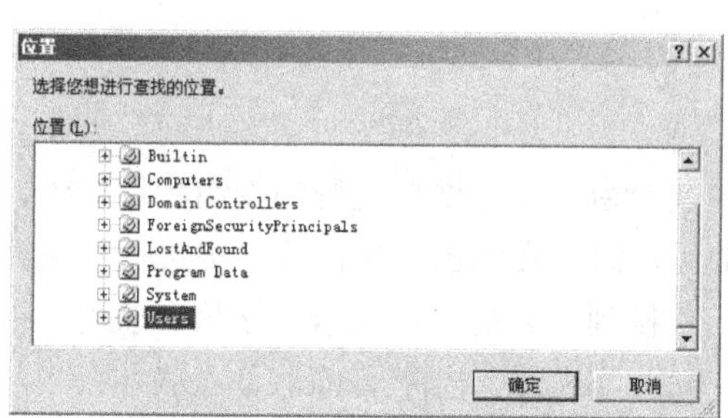

图 4-45 “位置”对话框

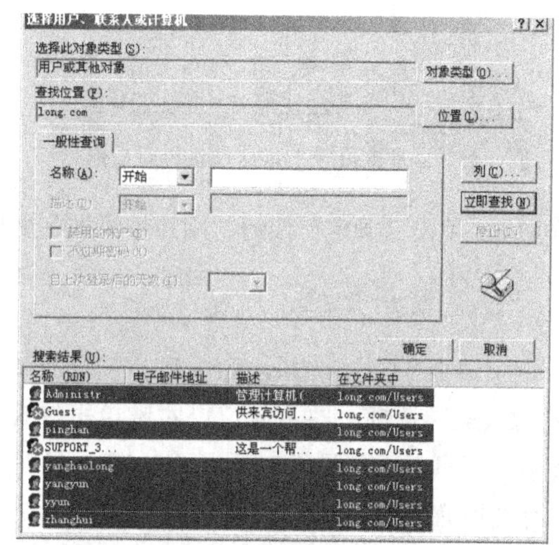

图 4-46 选择所有欲添加到组的用户

（6）单击“确定”按钮，所选择的计算机和用户账户将被添加至该组，并显示在列表框中，如图 4-47 所示。当然，也可以直接在“输入对象名称来选择”列表框中直接输入要添加至该组的用户，用户之间用“;”分隔。

（7）单击“确定”按钮，返回“组属性”对话框，如图 4-48 所示，则所有被选择的计算机和用户账户被添加至该组中。

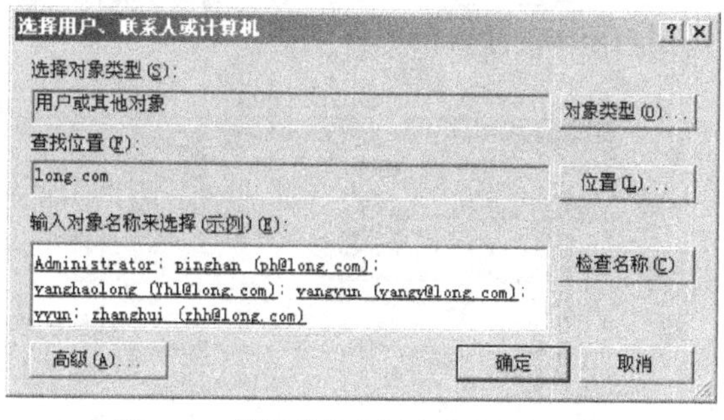

图 4-47 将计算机和用户账户添加到组

4. 将用户添加至组

新建一个用户之后，可以将该用户添加至某个或某几个组。

（1）在“Active Directory 用户和计算机”控制台窗口中，展开左侧的控制台目录树，选择“Users”选项，在右侧窗口中右键单击要添加至用户组的用户名，在弹出的快捷菜单中选择“添加到组”

选项，即可显示“选择组”对话框，如图 4-49 所示，可修改该计算机用户的相关属性，将该计算机添加至用户组。

（2）直接在“输入要选择的对象名称”列表框中输入要添加到的组，如图 4-49 所示；也可以采用浏览的方式，查找并选择要添加到的组。单击“高级”按钮，显示“搜索结果”对话框，单击“立即查找”按钮，列出所有用户组。在列表中选择要将该用户添加到的组。

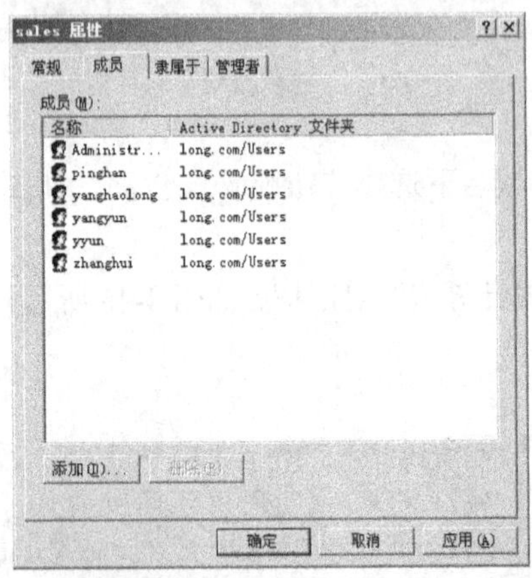

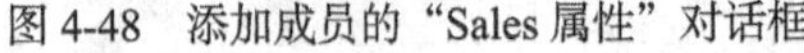
图 4-48　添加成员的“Sales 属性”对话框

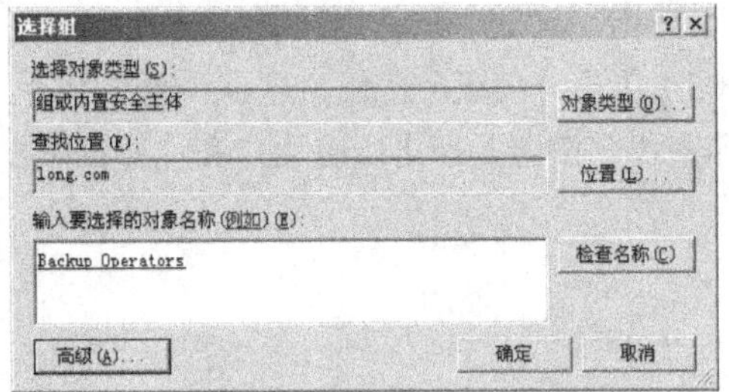

图 4-49　“选择组”对话框

（3）单击“确定”按钮，用户被添加到所选择的组中。

5. 查看用户组

（1）在“Active Directory 用户和计算机”控制台窗口中，展开左侧的控制台目录树，选择“Users”选项，在右侧窗口右键单击欲查看的用户组，在弹出的快捷菜单中选择“属性”选项，即可显示组属性对话框，如图 4-50 所示，切换到“成员”选项卡，显示出该用户组所拥有的所有计算机和用户账户。

（2）在“Active Directory 用户和计算机”控制台窗口中右键单击用户，并在弹出的快捷菜单中选择“属性”选项，显示用户属性对话框，如图 4-51 所示，切换到“隶属于”选项卡，显示出该用户属于的所有用户组。

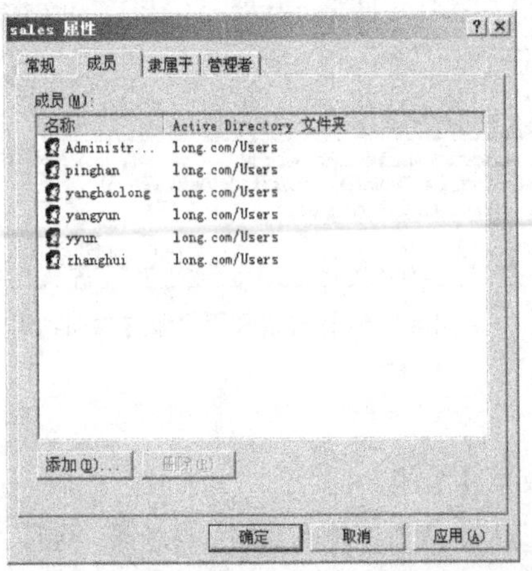

图 4-50　组属性对话框

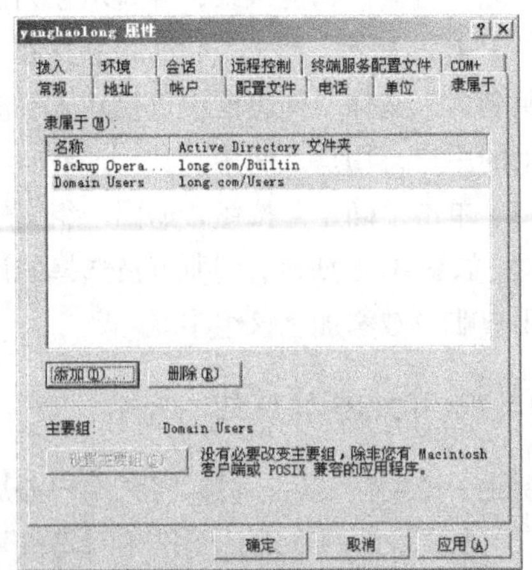

图 4-51　用户属性对话框

如果企业没有创建活动目录，也可以在服务器上创建本地用户和本地组，客户端同样可以登录至服务器，实现共享资源的访问。不过，当网络内拥有多台服务器，用户访问不同的服务器时需要分别登录，不能实现“一次登录，多处访问”。

创建本地用户或组账户的操作过程如下。

右键单击“我的电脑”图标，在弹出的快捷菜单中选择“管理”选项，或依次执行“开始”→“管理工具”→“计算机管理”命令，均可弹出“计算机管理”窗口，依次选择“计算机管理”→“系统工具”→“本地用户和组”→“用户”或“组”选项，就可以对本地用户和组进行创建和管理了。

4.6 管理组织单元

4.6.1 在活动目录中使用 OU

OU（组织单元）在活动目录中扮演特殊的角色，它是一个当普通边界不能满足要求时创建的边界。OU 把域中的对象组织成逻辑管理组，而不是安全组或代表地理实体的组。OU 是可以应用组策略和委派责任的最小单位。

对于 OU，要注意以下几点。

① 谨慎添加 OU：只在必要的时候才添加 OU，不要创建太多的 OU，建议不要为个别用户创建 OU。

② 保持层次简单：不要一开始就创建多层 OU，也不要使 OU 的层次太深。

③ OU 与组的区别：其真正的差别在于安全模型-组策略与权限。如果一组用户或计算机需要对任务应用限制，并且使用组策略可以满足该需求，那么可以创建一个 OU。如果一组用户或计算机需要文件夹的特定权限，以便运行应用程序或操纵数据，那么应该创建一个组。

要创建 OU，首先打开“Active Directory 用户和计算机”，并按以下步骤进行操作。

（1）在左窗格中右键单击该 OU 的父对象。如果是第一个 OU，域将是父对象。

（2）从弹出的快捷菜单中选择“新建”→“组织单位”选项，打开“新建对象-组织单位”对话框。

（3）为新 OU 输入名称。

（4）单击“确定”按钮完成 OU 创建。

可以向 OU 中添加用户、计算机、组或者其他 OU。好的规划需要经过认真思考，应该结合自己公司的组织情况计划这个问题。管理员可以采用以下方式建立 OU 结构：按照企业的组织结构、按照企业的地理位置布局、按照企业各部分的职能或综合上述各个因素。

例如，如果公司倾向于以部门的形式处理组织关系，采用的对象应该主要与部门相关。通常，如果部门是物理分布的（一层楼或一栋楼），并且每个部门运行在同一个局域网或子网上，把计算机组织到代表部门的 OU 中可能是最好的方案。

想要移动一个现有的对象，如将名为“LongOne”的计算机移到 OU 中，右键单击该对象（或按下 Ctrl 键选择多个对象），从弹出的快捷菜单中选择“移动”选项。在“移动”对话框中，选择目标 OU，如图 4-52 所示。

4.6.2 委派 OU 的管理

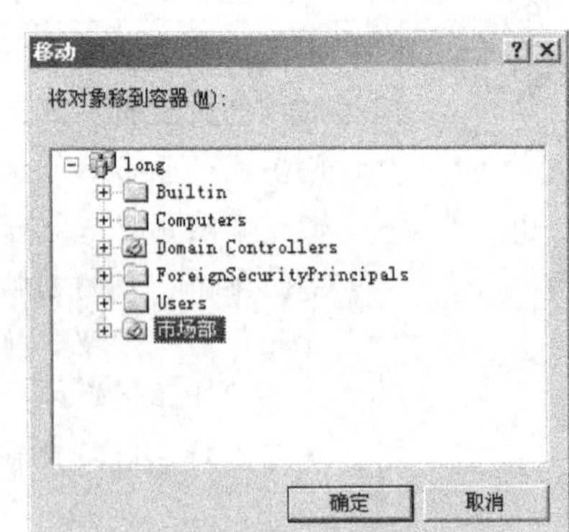

图 4-52 移动活动目录对象到目标 OU

很多管理员创建 OU 就是为了委派管理企业的工作。他们组织自己的 OU 是为了匹配公司的组织方式，并在逻辑上把管理任务委派给 IT 部门的成员。例如，如果公司按照楼层组织，受委派的管理员将分布在适当的楼层。

1. 操作步骤

（1）要委派 OU 的控制，可以在左窗格中右键单击 OU 对象，并从弹出的快捷菜单中选择“委派控制”选项。打开“控制委派向导”窗口，单击“下一步”按钮继续。

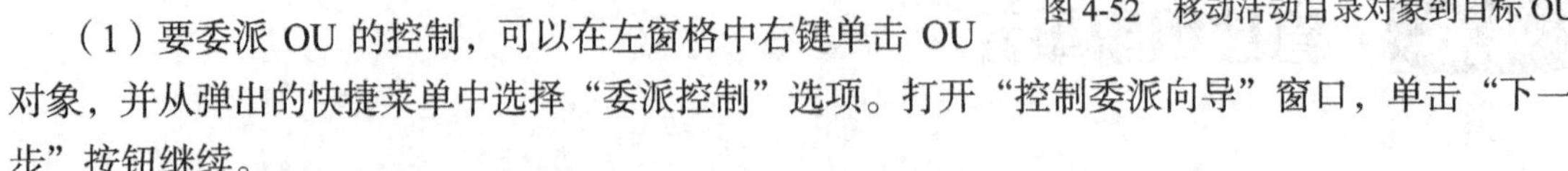

（2）在接下来的窗口中，单击“添加”按钮打开“选择用户、计算机或组”对话框。使用对话框中的选项选择委派对象的对象类型（通常是一个用户，如果已经创建了一组具备管理权限的用户，可以选择组）和位置（通常是域）。如果想借助筛选条件查询目标名称，可以单击“高级”按钮。如果已经知道了想要委派该 OU 权限的用户或组的名称，可以不查询，直接输入名称，如图 4-53 所示。当委派对象全部选完之后，单击“下一步”按钮。

（3）在接下来的窗口中，选择想要委派的任务，如图 4-54 所示。如果受委派的用户接受过专门训练，可以正确完成任务，可以委派更多的任务，这样委派管理的效率就越高。选择完毕之后，单击“下一步”按钮。

不一定只指定一个受委派管理员，可以为一个 OU 指定多个管理员。

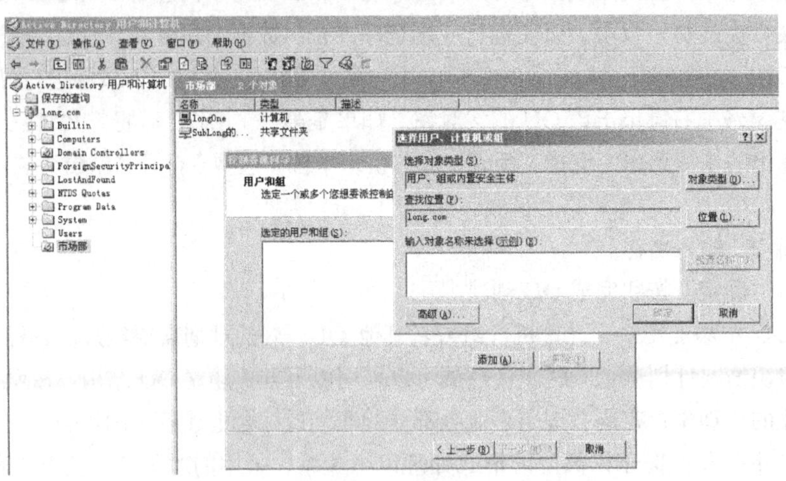

图 4-53 “选择用户、计算机或组”对话框

2. 查看 OU 的安全属性

（1）想要在“Active Directory 用户和计算机”管理单元中看到“安全”选项卡，应该在“Active Directory 用户和计算机”的菜单栏中选择“查看”→“高级功能”选项。

（2）启用了“高级功能”之后，右键单击某个 OU，在弹出的快捷菜单中选择“属性”选项，就可以看见“安全”选项卡了。图 4-55 所示为“市场部”的 OU 的“安全”选项卡。可以看到，出现在“组或用户名称”列表中的用户对该 OU 拥有权限。如果管理员创建过的组也出现在权限列表中，说明可能曾经把管理委派给该用户。因为默认情况下，系统只为默认的组分配权限。

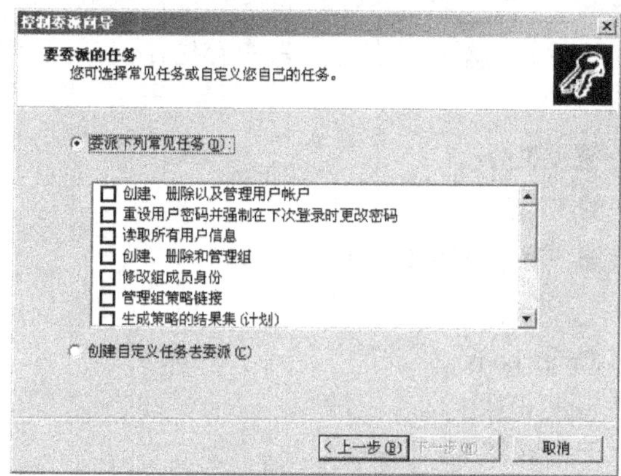

图 4-54　“控制委派向导”对话框

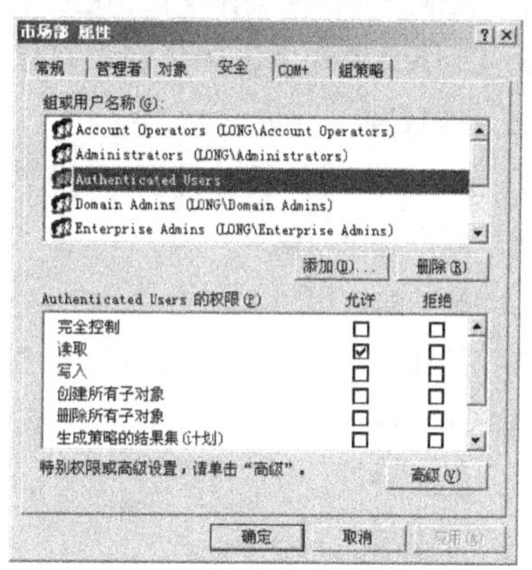

图 4-55　OU 的“安全”选项卡

小结

本章主要介绍活动目录与用户管理，重点介绍创建 Windows Server 2003 域、管理域用户和组、管理组织单元及信任关系。活动目录实际上是一个以目录的形式来组织信息的特殊数据库。Windows Server 2003 服务器可以有 3 种角色：独立服务器、成员服务器和域控制器。服务器可以从一种角色转变到另一角色。所谓域控制器就是安装了活动目录的服务器。为了让不同域的用户可以互相访问资源，必须在域之间引入信任关系。Windows Server 2003 中，域可以组成一个域林，域林由域树组成，而域树是由一些在名字上有继承关系的域组成的。在域林中子域和父域自动建立双向可传递的信任关系，不同域树的根域也自动建立双向可传递的信任关系，结果是域林中的任何两个域都互相信任。

习题

一、填空题

1. 通过 Windows Server 2003 系统组建客户机/服务器模式的网络时，应该将网络配置为________。活动目录存放在________中。

2. 在 Windows Server 2003 系统中安装活动目录的命令是________。

3. 在 Windows Server 2003 系统中安装了________后，计算机即成为一台域控制器。

4. 同一个域中的域控制器的地位是________。域树中子域和父域的信任关系是________。独立服务器上安装了________就升级为域控制器。

5. Windows Server 2003 服务器的 3 种角色是________、________、________。

6. 账户的类型分为________、________、________。

7. 根据服务器的工作模式，组分为________和________。

8. 工作组模式下，用户账户存储在________中；域模式下，用户账户存储在________中。

二、选择题

1. 在设置域账户属性时（　　）项目是不能被设置的。

A. 账户登录时间　　B. 账户的个人信息

C. 账户的权限　　D. 指定账户登录域的计算机

2. 下列（　　）账户名不是合法的账户名。

A. abc_234　　B. Linux book

C. doctor*　　D. addeofHEIP

三、判断题

1. 在一台 Windows Server 2003 计算机上安装 AD 后，计算机就成了域控制器。（　　）

2. 客户机在加入域时，需要正确设置首选 DNS 服务器地址，否则无法加入。（　　）

3. 在一个域中，至少有一个域控制器（服务器），也可以有多个域控制器。（　　）

4. 管理员只能在服务器上对整个网络实施管理。（　　）

5. 域中所有账户信息都存储于域控制器中。（　　）

6. OU 是可以应用组策略和委派责任的最小单位。（　　）

7. 一个 OU 只指定一个受委派管理员，不能为一个 OU 指定多个管理员。（　　）

8. 同一域林中的所有域都显式或者隐式地相互信任。（　　）

四、简答题

1. 什么时候需要安装多个域树？

2. 什么是活动目录、域、活动目录树和活动目录林？

3. 什么是信任关系？

4. 为什么在域中常常需要 DNS 服务器？

5. 活动目录中存放了什么信息？

6. 简述工作组和域的区别。

7. 简述通用组、全局组和本地域组的区别。

8. 如果源域控制器有多个复制伙伴，在默认情况下将以 3 秒为间隔向每个伙伴相继发出通知。为什么？

9. 什么是紧急复制？紧急复制主要用在什么场合？

实训　配置活动目录与用户管理实训

一、实训目的

（1）掌握活动目录的安装与删除。

（2）掌握活动目录中的组和用户账户。

（3）掌握创建组织单元、组和用户账户的方法。

（4）掌握管理组和用户账户的方法。

（5）掌握工作站加入域的方法。

二、实训要求

（1）这个项目需要多人完成。如图 4-3 所示，安装 5 台独立服务器 win2003-1、win2003-2、win2003-3、win2003-4 和 win2003-5；把 win2003-1 提升为域树 long.com 的第一台域控制器，把 win2003-2 提升为 long.com 的额外域控制器；把 win2003-4 提升为域树 smile.com 的第一台域控制器，long.com 和 smile.com 在同一域林中；把 win2003-3 提升为 china.long.com 的域控制器，把 win2003-5 加入到 china.long.com 中，成为成员服务器。各服务器的 IP 地址自行分配。实训前一定要分配好 IP 地址，组与组间不要冲突。

（2）在上面项目完成的基础上建立 china.long.com 和 smile.com 域的双向快捷信任关系。

（3）在任一域控制器中建立组织单元 outest，建立本地域组 Group_test，域账户 User1 和 User2，把 User1 和 User2 加入到 Group_test；控制用户 User1 下次登录时要修改密码，用户 User2 可以登录的时间设置为周六、周日的 8:00 ~ 12:00，其他日期为全天。

三、实训指导

1. 创建第一个域 long.com

（1）在 win2003-1 上首先确认 DNS 指向了自己。

（2）直接在“运行”对话框中输入“dcpromo”，按实训要求完成 Active Directory 的安装。

2. 安装后检查

（1）查看计算机名。

（2）查看管理工具。

（3）查看活动目录对象。

（4）查看 Active Directory 数据库。

（5）查看 DNS 记录。

3. 安装额外的域控制器 win2003-2

（1）首先要在 win2003-2 服务器上检查“本地连接”属性，确认 win2003-2 服务器和现在的域控制器 win2003-1 能否正常通信。更为关键的是要确认“本地连接”属性中 TCP/IP 的首选 DNS 指向了原有域中支持活动目录的 DNS 服务器，这里是 win2003-1。

（2）运行“Active Directory 安装向导”。完成安装后，重新启动计算机。

4. 创建子域 china.long.com

（1）在 win2003-3 上，设置“本地连接”属性中的 TCP/IP，把首选 DNS 地址指向用来支持父域 long.com 的 DNS 服务器，即 long.com 域控制器的 IP 地址。该步骤很重要，这样才能保证服务器找到父域域控制器，同时在建立新的子域后，把自己登记到 DNS 服务器上，以便其他计算机能够通过 DNS 服务器找到新的子域域控制器。

（2）运行“Active Directory”安装向导。完成安装后，重新启动计算机。

5. 创建域林中的第 2 棵域树 smile.com

（1）在 win2003-1.long.com 服务器上要创建新的 DNS 域 smile.com。

（2）安装 smile.com 域树的域控制器。

（3）设置好 DNS 服务器后，将 win2003-3 服务器提升为 smile.com 域树的域控制器。

（4）确认 win2003-4 服务器上“本地连接”属性中的 TCP/IP 的首选 DNS 地址指向了

win2003-1.long. com。

（5）运行“Active Directory 安装向导”。完成安装后，重新启动计算机。

6. 将域控制器 win2003-2.long.com 降级为成员服务器

7. 将独立服务器提升为成员服务器

将 win2003-5 服务器加入到 china.long.com 域。

8. 将成员服务器 win2003-2.long.com 降级为独立服务器

9. 建立 china.long.com 和 smile.com 域的双向快捷信任关系

10. 按实训要求建立域本地组、组织单元、域用户并设置属性

四、实训思考题

（1）组与组织单元有何不同？

（2）组可以设置策略吗？

（3）作为工作站的计算机要连接到域控制器，IP 与 DNS 应如何设置？

（4）分析用户、组和组织单元的关系。

（5）简述用户账户的管理方法与注意事项。

（6）简述组的管理方法。

（7）简述用户、组和组织单元关系更改的方法。

五、实训报告要求

参见第 1 章后的实训要求。

工程案例

1. 假如你是某公司的网络管理员，并且刚刚为会计部安装和配置了一台运行 Windows Server 2003 的计算机。会计部经理需要登录到这台计算机。这是一台独立存在的运行 Windows Server 2003 的计算机，它要由两名会计人员共享。会计部经理要管理这台计算机。他要能够重置密码，以及进行其他的日常管理任务。该经理希望成为服务器的唯一管理员。经理要求为他和另一位名称为 LocalUser 的会计各创建一个用户账号。

2. 公司的 Windows Server 2003 服务器上需要添加两个新的临时雇员。必须对这些账号的时段作如下限制：Temp1 的工作时间为星期一到星期六，上午 6 点到下午 6 点；Temp2 的工作时间为星期一到星期六，下午 1 点到下午 6 点。

3. 经理想实现一种备份策略，要求创建用户和组。需要进行备份的计算机在 long.com 域上，其中一个是域控制器，另一个是成员服务器。需要将经理指定的用户账号放置在某个组中，该组具有执行备份操作所要求的用户权力。

请提供执行以上任务的详细步骤。

在这一案例中，将创建一个全局组，向这一全局组添加用户账号，然后将这一全局组添加到内置的域本地组中。该域本地组具有执行备份操作所要求的用户权力。

第5章 文件服务器和打印服务器的配置与管理

本章学习要点

文件服务是局域网中的重要服务之一，用来提供网络文件共享、网络文件的权限保护及大容量的磁盘存储空间等服务。借助于文件服务器，不仅可以最大限度地保障重要数据的存储安全，保证数据不会由于计算机的硬件故障而丢失，而且还可以通过严格的权限设置，有效地保证数据的访问安全。同时，用户之间进行文件共享时，也不必再考虑其他用户是否处于开机状态。打印服务器对直接连入打印服务器的打印机和网络打印机都能进行统一的管理，并为所有用户或指定的用户完成打印任务。

- 掌握文件服务与资源共享的配置与管理
- 掌握 NTFS 权限的管理
- 掌握 EFS 的加密与压缩
- 掌握数据的备份与还原
- 理解分布式文件系统的概念及应用
- 掌握打印服务器的安装
- 掌握网络打印机共享的设置和使用

5.1 文件服务与资源共享

只有将计算机中文件夹设置为共享，其他的用户才可能通过网络来访问它们。另外管理员还需要对共享的文件夹进行管理，如了解与该计算机远程连接的用户数量、显示已连接用户打开的文件数、显示打开的命名管道等。在 Windows Server 2003 中，设置和管理共享文件夹的任务可以全部在“文件服务器管理”工具中分别启动相关工具来完成。

5.1.1　安装文件服务器

文件服务不是 Windows Server 2003 默认的安装组件，需要手动安装该服务。在文件服务器的安装过程中，将设置磁盘配额，添加一个共享文件夹，并简单设置该共享文件夹的权限。

（1）运行配置向导。执行“开始”→“程序”命令，双击“管理工具”，再双击“管理您的服务器”。单击“添加或删除角色”按钮会进入“配置您的服务器向导”界面。在“服务器角色”对话框中，单击“文件服务器”按钮，如图 5-1 所示。

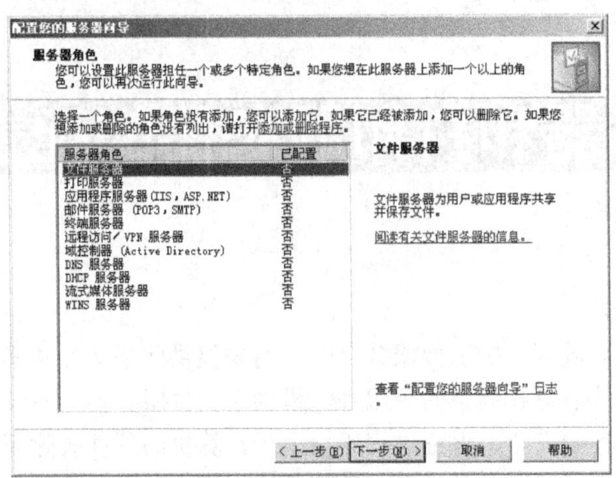

图 5-1　“服务器角色”对话框

（2）然后单击“下一步”按钮，出现“文件服务器磁盘配额”对话框。在此对话框中可以设置新用户的磁盘配额的限制和配置，如图 5-2 所示。

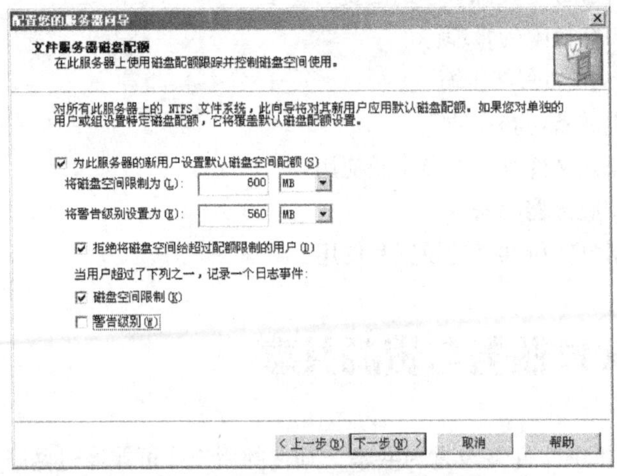

图 5-2　“文件服务器磁盘配额”对话框

关于磁盘配额的详细介绍请参考第 7 章有关章节内容。

（3）启用索引服务。进入“文件服务器索引服务”对话框，在该对话框中选中“是，启用索引服务”单选按钮，启用对共享文件夹的索引服务。需要注意的是，启用索引服务将占用大量的服务器资源，导致服务器性能下降，因此只有用户经常在该服务器上搜索文件时才应该启用。

（4）指定共享文件夹。在“文件夹路径”对话框的“文件夹路径”文本框中直接输入要设置为共享文件夹的文件夹，或者单击“浏览”按钮，查找并定位要设置为共享文件夹的文件夹，如图 5-3 所示。

（5）指定共享名。在“名称、描述和设置”对话框中的“共享名”文本框中输入该共享文件夹的名称，如图 5-4 所示。需要注意的是，该名称就是显示给用户的文件夹名称。在“描述”文本框中输入关于该共享文件夹的描述，当用户将鼠标指向该共享文件夹时，会显示该描述，便于用户查找到自己所需要的文件和资料。

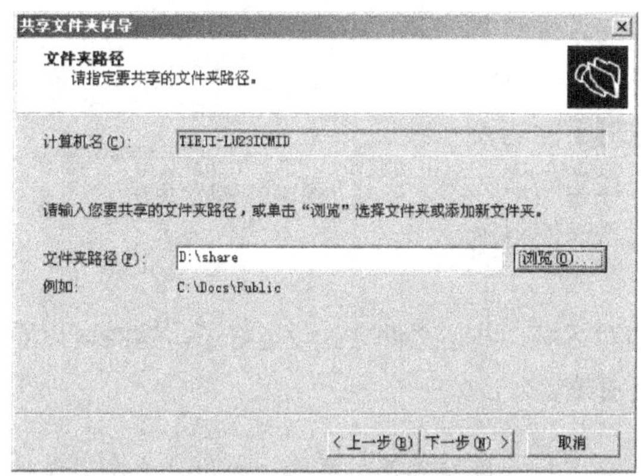

图 5-3　“文件夹路径”对话框

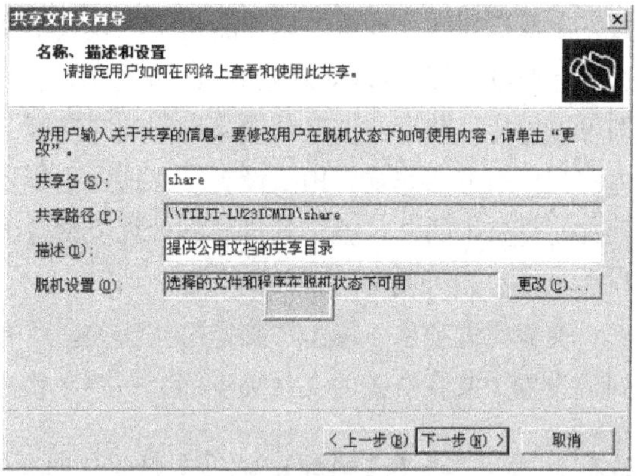

图 5-4　“名称、描述和设置”对话框

（6）设置访问权限。在“权限”对话框中设置共享文件夹的访问权限。如果是放置公用应用程序的文件夹，可以选中“管理员有完全访问权限；其他用户有只读访问权限”单选按钮，使管理员拥有维护该文件夹的权限，而其他用户只能读取该共享文件夹中的文件。

以上操作会安装一个“文件服务器管理”工具，并设置磁盘配额和共享文件夹。但是计算机是否能够提供文件服务，还取决于是否安装了“Microsoft 网络的文件和打印机共享”组件。

要安装“Microsoft 网络的文件和打印机共享”组件，右键单击“网上邻居”，在弹出的快捷菜单中选择“属性”选项，再右键单击“本地连接”，在弹出的快捷菜单中选择“属性”选项，选择“Internet 协议（TCP/IP）”，单击“安装”按钮，根据“安装向导”可完成“Microsoft 网络的文件和打印机共享”组件的安装。

5.1.2　设置资源共享

为安全起见，默认状态下，服务器中所有的文件夹都不被共享。而创建文件服务器时，又只创建一个共享文件夹。因此，若要授予用户某种资源的访问权限时，必须先将该文件夹设置为共享，然后再赋予授权用户以相应的访问权限。创建不同的用户组，并将拥有相同访问权限的用户加入到同一用户组中，会使用户权限的分配变得简单而快捷。

1. 手工设置共享文件夹

创建共享文件夹向导是 Windows Server 2003 中的新增功能。同以前的 Windows 操作系统一样，在 Windows Server 2003 中还可以手工设置共享文件夹。

（1）打开资源管理器，选中需要设置为共享资源的文件夹，然后在该文件夹上单击鼠标右键，在弹出的快捷菜单中选择“共享和安全”选项，这时会出现如图 5-5 所示的对话框。

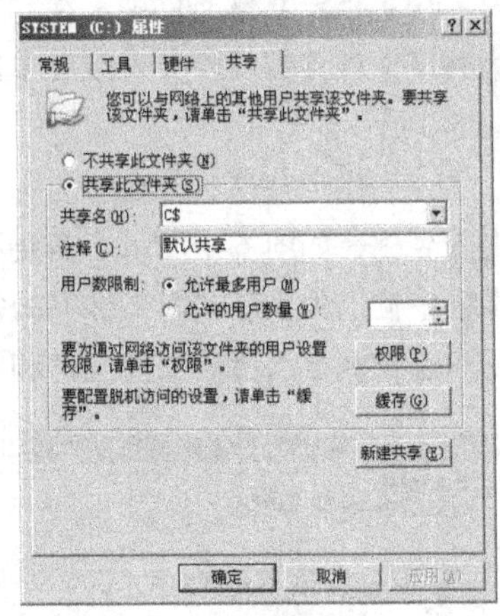

图 5-5 建立共享

（2）在对话框中选中“共享该文件夹”后，就可以为共享文件夹设置共享名称和简单的描述内容。若单击“权限”按钮，还可以设置共享权限。

如果需要的话，还可以设置允许同时使用该文件夹的用户数，以及选择缓存设置，以便脱机访问该共享文件夹。这两个选项上节没有提到过。如果限制可同时使用该文件夹的用户数，则可以保持该共享文件夹的网络访问响应速度，这对于性能较差的文件服务器非常有用。设置缓存选项是指用户在访问该文件夹时将其中的文件缓存到自己的计算机硬盘上，从而使得用户在离线时还可使用这些共享资源。

设置完选项后，单击“确定”按钮关闭所有的对话框，共享文件夹就设置好了。这时可以看到，设置为共享资源的文件夹下面有一个小手图标托着。

共享名称后带有“$”符号的是隐藏共享，对于隐藏共享，网络上的用户无法通过网上邻居直接浏览到。

2. 在文件服务器中设置共享资源

（1）打开“配置您的服务器”窗口，在“文件服务器”栏中单击“管理此文件服务器”超级链接，显示如图 5-6 所示的“文件服务器管理”控制台窗口。

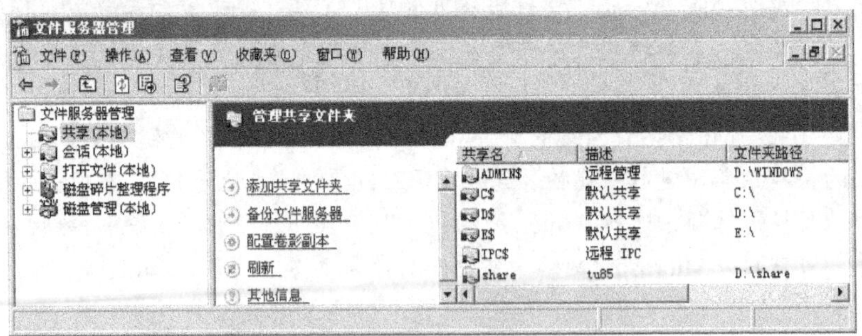

图 5-6 “文件服务器管理”控制台窗口

（2）在左侧控制台树中选择“共享”选项，然后在右侧列表框中单击“添加共享文件夹”超级链接，显示“共享文件夹向导”。详细操作请参见“5.1.1 安装文件服务器”小节相关内容。

3. 在“计算机管理”中设置共享资源

（1）也可以在“开始”→“程序”→“管理工具”→“计算机管理”中找到“共享文件夹”

管理项目，展开左侧“共享文件夹”，如图 5-7 所示。该“共享文件夹”提供有关本地计算机上的所有共享、会话和打开文件的相关信息，可以查看本地和远程计算机的连接和资源使用概况。

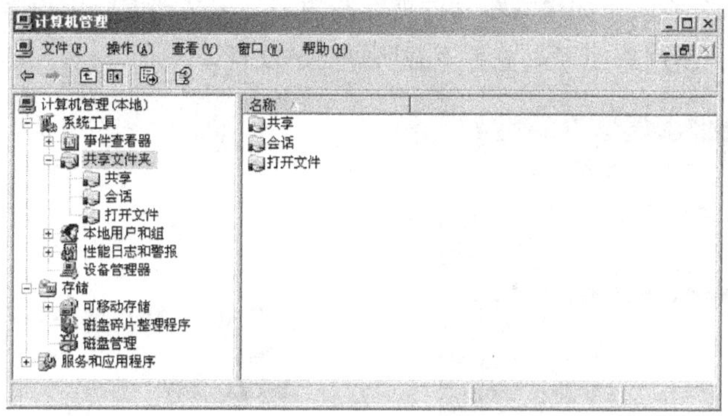

图 5-7　计算机管理—共享文件夹

（2）右键单击“共享”选项，从弹出的快捷菜单中选择“新建共享”选项，即可运行“共享文件夹向导”。操作过程与前面类似，不再详述。

4. 特殊共享

前面提到的共享资源中有一些是系统自动创建的，如 C$、IPC$等。这些系统自动创建的共享资源就是这里所指的“特殊共享”，它们是 Windows Server 2003 用于本地管理和系统使用的。一般情况下，用户不应该删除或修改这些特殊共享。

根据被管理计算机的配置情况不同，共享资源中所列出的这些特殊共享也会有所不同。

下面列出了一些常见的特殊共享。

driveletter$：为存储设备的根目录创建的一种共享资源，显示形式为 C$、D$等。例如，D$是一个共享名，管理员通过它可以从网络上访问驱动器。值得注意的是，只有 Administrators 组、Power Users 组和 Server Operators 组的成员才能连接这些共享资源。

ADMIN$：在远程管理计算机的过程中系统使用的资源。该资源的路径通常指向 Windows 2003 系统目录的路径。同样，只有 Administrators 组、PowerUsers 组和 Server Operators 组的成员才能连接这些共享资源。

IPC$：共享命名管道的资源，它对程序之间的通信非常重要。它在远程管理计算机的过程及查看计算机的共享资源时使用。

PRINT$：在远程管理打印机的过程中使用的资源。

5. 设置 Web 共享

Windows Server 2003 支持文件夹的 Web 共享，可以借助于浏览器访问共享文件夹。在设置 Web 共享前，必须先安装 IIS 中的 Web 服务，否则“Web 共享”选项卡将不会显示在文件夹属性对话框中。

安装 Web 服务器后，可以在 Windows 资源管理器中设置 Web 共享的文件夹。

（1）右键单击要设置 Web 共享的对象，在弹出的快捷菜单中选择“属性”选项，打开“Web 共享”选项卡，如图 5-8 所示。在“共享位置”下拉列表中选择用于发布该共享文件夹的 Web 网站，默认发布在“默认网站”上。若在该服务器上有多个虚拟 Web 网站，可以从“共享位置”下拉列表中选择发布其他 Web 网站。

（2）选中“共享文件夹”单选按钮，出现“编辑别名”对话框，如图 5-9 所示。默认只赋予共享文件夹以“读取”权限。如果共享文件夹存储的是公用文档或应用程序软件，最好同时选中“目录浏览”复选框，使用户便于浏览并下载所需要的文件。

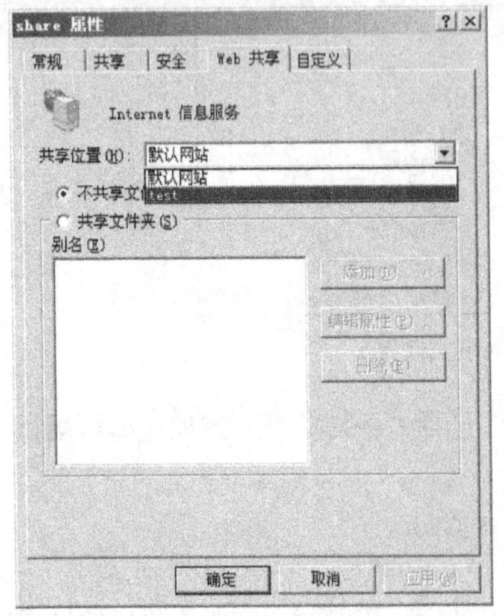

图 5-8 “文件夹属性”对话框

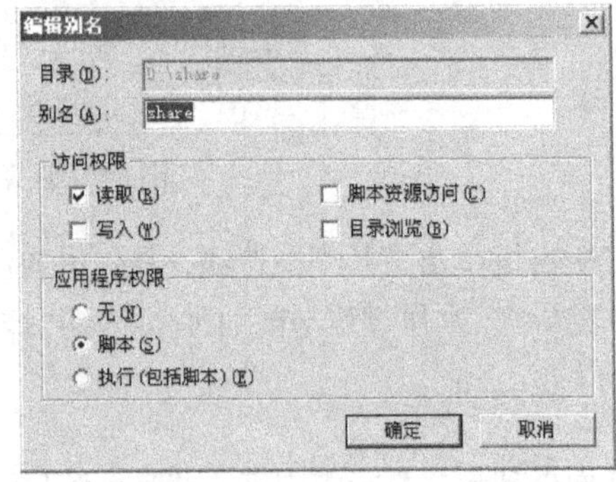

图 5-9 “编辑别名”对话框

（3）单击“确定”按钮返回文件夹对话框，Web 共享设置完成。再单击“确定”按钮，共享完成。

Web 共享与普通共享是不能互相代替的，对文件夹设置了 Web 共享并不意味着该文件夹可以在“网上邻居”中显示；而设置了普通共享，也并不能同时自动设置为“Web 共享”。因此两种共享应该分别设置。

5.1.3 访问网络共享资源

企业网络中的客户端计算机，可以根据需要采用不同方式访问网络共享资源。

1. 使用网上邻居

通过网上邻居访问网络上的共享资源是最简便的方法。打开网上邻居后，可以看到几个项目：“添加网上邻居”、“整个网络”和“邻近的计算机”。

“添加网上邻居”用于创建一个指向指定网络位置的快捷方式。

打开“整个网络”，可以看到网络中的各个工作组和域，进一步打开某个工作组可以看到工作组中的所有计算机。

“邻近的计算机”只显示同一个工作组或域内的计算机。

双击某个计算机图标后，会列出该计算机上的所有共享资源（隐藏共享除外），直接双击某个共享就可以进行访问了。网上邻居的缺陷是计算机列表中经常缺少某个计算机，而这个计算机实际上并没有从网络上脱机，这与网上邻居的工作原理有关。正因如此，有时需要使用其他方法访问共享资源。

2. 使用 UNC 路径

UNC（Universal Namimg Conversion，通用命名标准）是用于命名文件和其他资源的一种约定，以两个反斜杠“\”开头，指明该资源位于网络计算机上。UNC 路径的格式为

```
\\Servername\sharename
```

其中，Servername 是服务器的名称，也可以用 IP 地址代替，而 sharename 是共享资源的名称。目录或文件的 UNC 名称也可以把目录路径包括在共享名称之后，其语法格式如下：

```
\\Servername\sharename\directory\filename
```

可以在“开始”菜单的“运行”对话框或者资源管理器地址栏中输入 UNC 路径，访问相关的网络共享资源。对于隐藏共享，只能通过 UNC 路径访问。

3. 映射网络驱动器

对于经常访问的网络资源，可以通过映射网络驱动器的方式进行访问。对于映射的网络驱动器，系统可以在每次用户登录时重新连接网络资源，这样就避免了每次手工连接网络资源。

下面介绍映射网络驱动器的方法。

（1）打开“资源管理器”窗口。

（2）单击“工具”菜单，选择“映射网络驱动器”选项，打开如图 5-10 所示的对话框。

（3）选择驱动器号，并指定要访问的网络资源。可以单击“浏览”按钮查找网络资源，也可以直接输入网络资源的 UNC 路径。

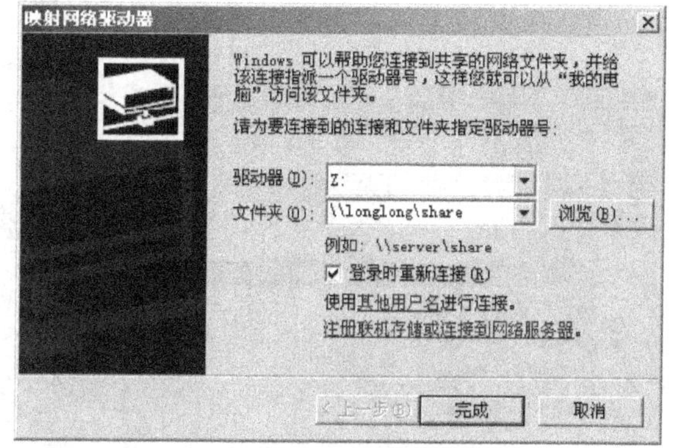

图 5-10　“映射网络驱动器”对话框

除了使用上述方法以外，还可以使用命令行工具：

```
net use drive \\Servername\sharename
```

例如，要将网络上的共享文件夹\\longlong\share 映射为本地的驱动器 Z，可以使用以下命令：

```
net use z: \\longlong\share
```

当不再使用某个映射的网络驱动器时，可以在资源管理器的“工具”菜单中选择“断开网络驱动器”，或者使用命令：

```
net use z: /delete
```

4. Web 浏览器

打开 IE 浏览器，在“地址栏”中输入 http://IP 地址/别名即可打开共享文件夹。别名就是在设置 Web 共享时，为共享文件夹设置的 Web 共享名称。例如，文件服务器的 IP 地址是“192.168.22.100”，Web 共享文件夹的别名为“share”，那么在地址栏就应该输入 http://192.168.22.100/share。

5.1.4　卷影副本

用户可以通过“共享文件夹的卷影副本”功能，让系统自动在指定的时间将所有共享文件夹内的文件复制到另外一个存储区内备用。当用户通过网络访问共享文件夹内的文件时，若用户将文件删除或者修改文件的内容后，却反悔想要救回该文件或者想要还原文件的原来内容时，可以通过“卷影副本”存储区内的旧文件来达到目的，因为系统之前已经将共享文件夹内的所有文件，都复制到“卷影副本”存储区内了。

1. 启用“共享文件夹的卷影副本”功能

在共享文件夹所在的计算机启用“共享文件夹的卷影副本”功能的步骤如下。

（1）依次执行“开始”→“管理工具”→“计算机管理”命令，打开“计算机管理”对话框。

（2）右键单击“共享文件夹”，在弹出的快捷菜单中选择“所有任务”→“配置卷影副本”选项，如图 5-11 所示。

（3）在“卷影副本”对话框中，选择要启用“卷影复制”的驱动器（例如 F:），单击“启用”按钮，如图 5-12 所示。

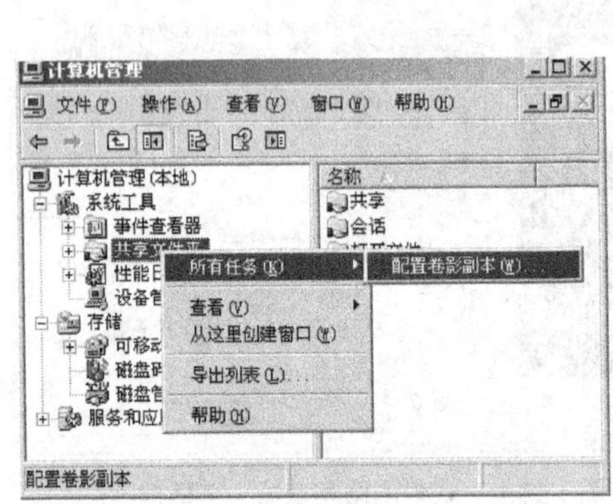

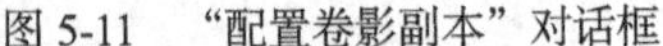
图 5-11 “配置卷影副本”对话框

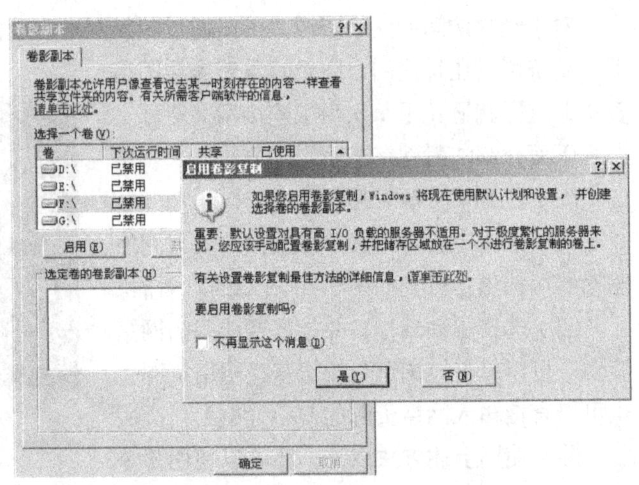

图 5-12 “启用卷影复制”对话框

注意

用户还可以双击“我的电脑”，然后右键单击任意一个磁盘分区，在弹出的快捷菜单中选择“属性”选项，打开“属性”对话框，选择“卷影副本”选项卡，同样能启用“共享文件夹的卷影复制”。

（4）单击“是”按钮。此时，系统会自动为该磁盘创建第一个“卷影副本”，也就是将该磁盘内所有共享文件夹内的文件都复制到“卷影副本”存储区内，而且系统默认以后会在星期一～星期五的上午 7:00 与下午 12:00 两个时间点，分别自动添加一个“卷影副本”，也就是在这两个时间到达时，会将所有共享文件夹内的文件复制到“卷影副本”存储区内备用。

（5）如图 5-13 所示，F:磁盘已经有两个“卷影副本”，用户还可以随时单击图中的“立即创建”按钮，自行创建新的“卷影副本”。用户在还原文件时，可以选择在不同时间点所创建的“卷影副本”内的旧文件来还原文件。

注意

“卷影副本”内的文件只可以读取，不可以修改，而且每个磁盘最多只可以有 64 个“卷影副本”，如果达到此限制时，则最旧版本的“卷影副本”会被删除。

（6）系统会以共享文件夹所在磁盘的磁盘空间决定“卷影副本”存储区的容量大小，默认配

置该磁盘空间的 10%作为“卷影副本”的存储区，而且该存储区最小需要 100MB。如果要更改其容量，请单击图 5-13 中的“设置”按钮，显示如图 5-14 所示的对话框。然后通过其中的“最大值”来更改设置，在图 5-14 中还可以单击“计划”按钮来更改自动创建“卷影副本”的时间点。用户还可以通过图 5-14 中的“存储区域”来更改存储“卷影副本”的磁盘，不过必须在启用“卷影副本”功能前更改，启用后就无法更改了。

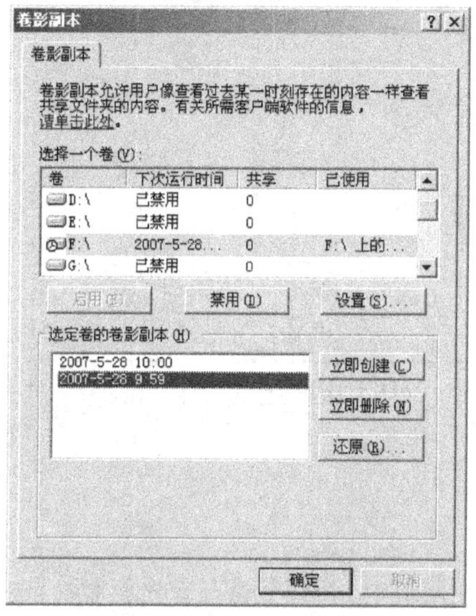

图 5-13 “卷影副本”列表对话框

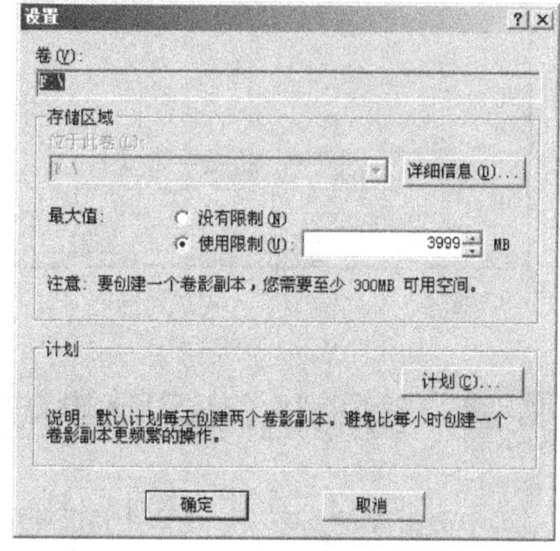

图 5-14 “设置”对话框

2. 客户端访问“卷影副本”内的文件

客户端计算机必须先安装用来访问“卷影副本”文件的软件，以基于 x86 的客户端计算机来说，此软件位于 Windows Sever 2003 服务器的“%WinDir%\System32\Clients\twclient\x86”目录中，安装文件是 twcli32.msi。也可以从 http://www.microsoft.com/WindowsServer 2003/downloads/shadowcopyclient.mspx 处下载。客户端的安装过程比较简单，下面以 Windows XP 为例介绍如何在客户端使用“卷影副本”服务。

在任意一台安装有“卷影副本”客户端的电脑上通过 UNC 路径进入希望还原的共享文件或文件夹，在空白处单击右键，在弹出的快捷菜单中选择“属性”选项。在打开的文件夹属性对话框中切换至“以前的版本”选项卡，接着在“文件夹版本”列表框中单击选中某个时间点创建的副本文件，并单击“还原”按钮进行还原。图 5-15 所示为正在恢复文件夹，图 5-16 所示为正在恢复文件。

对于 Windows 9x/NT 和未安装 SP3 的 Windows 2000 系统，在安装“卷影副本”客户端以前必须先安装 Windows Installer 2.0。

如果要还原被删除的文件，请在连接到共享文件夹后，右键单击文件列表画面中空白的区域，在弹出的快捷菜单中选择“属性”选项，选择“以前的版本”选项卡，选择旧版本的文件夹，单击“查看”按钮，然后复制需要还原的文件。

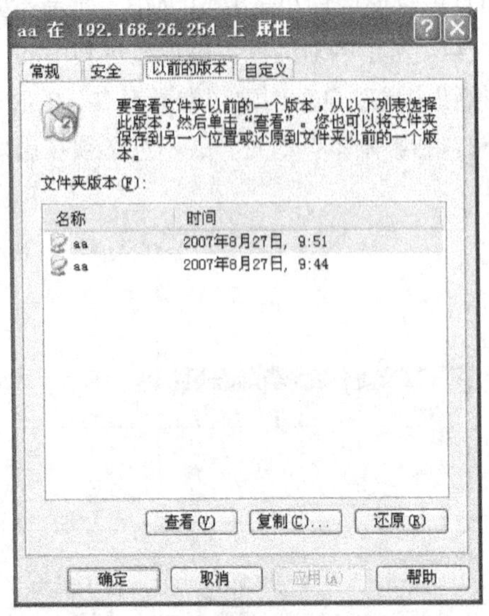

图 5-15 “恢复文件夹”对话框

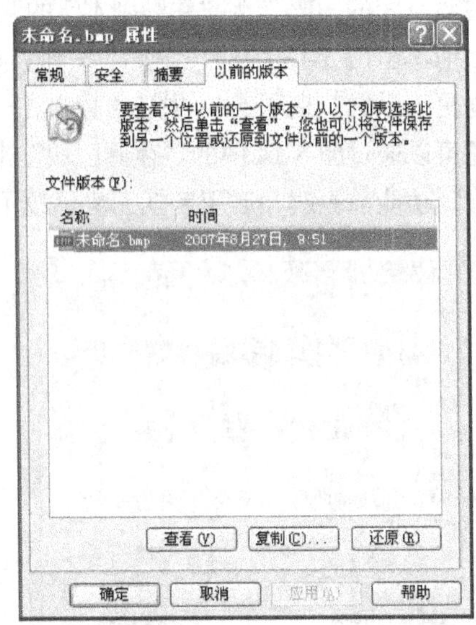

图 5-16 “恢复文件”对话框

5.2 资源访问权限的控制

网络中最重要的是安全，安全中最重要的是权限。在网络中，网络管理员首先面对的是权限，日常解决的问题是权限问题，最终出现漏洞还是由于权限设置问题。权限决定着用户可以访问的数据、资源，也决定着用户享受的服务，更甚者，权限还决定着用户拥有什么样的桌面。理解了 NTFS 和它的能力，对于高效地在 Windows Server 2003 中实现这种功能来说是非常重要的。

5.2.1 NTFS 权限的概述

利用 NTFS 权限，可以控制用户账号和组对文件夹和个别的文件的访问。

NTFS 权限只适用于 NTFS 磁盘分区。NTFS 权限不能用于由 FAT 或者 FAT32 文件系统格式化的磁盘分区。

Windows 2000/2003 只为用 NTFS 进行格式化的磁盘分区提供 NTFS 权限。为了保护 NTFS 磁盘分区上的文件和文件夹，要为需要访问该资源的每一个用户账号授予 NTFS 权限。用户必须获得明确的授权才能访问资源。用户账号如果没有被组授予权限，它就不能访问相应的文件或者文件夹。不管用户是访问文件夹还是访问文件，也不管这些文件夹或文件是在计算机上，还是在网络上，NTFS 的安全性功能都有效。

对于 NTFS 磁盘分区上的每一个文件和文件夹，NTFS 都存储一个远程访问控制列表（ACL）。ACL 中包含有那些被授权访问该文件或者文件夹的所有用户的账号、组和计算机，还包含被授予的访问类型。针对相应的用户账号、组或者该用户所属的计算机，ACL 中必须包含一个对应的元素，这样的元素叫做访问控制元素（ACE）。为了让用户能够访问文件或者文件夹，访问控制元素必须具有用户所请求的访问类型。如果 ACL 中没有相应的 ACE 存在，Windows Server 2003 就拒绝该用户访问相应的资源。

1. NTFS 权限的类型

利用 NTFS 权限可以指定哪些用户、组和计算机能够访问文件和文件夹。NTFS 权限也指明了哪些用户、组和计算机能够操作文件或者文件夹中的内容。

（1）NTFS 文件夹权限

可以通过授予文件夹权限,来控制对文件夹和包含在这些文件夹中的文件和子文件夹的访问。表 5-1 所示为可以授予的标准 NTFS 文件夹权限和各个权限提供的访问类型。

表 5-1　标准 NTFS 文件夹权限列表

NTFS 文件夹权限	允许访问类型
读取（Read）	查看文件夹中的文件和子文件夹，查看文件夹属性、拥有人和权限
写入（Write）	在文件夹内创建新的文件和子文件夹，修改文件夹属性，查看文件夹的拥有人和权限
列出文件夹内容（List Folder Contents）	查看文件夹中的文件和子文件夹的名
读取和运行（Read & Execute）	遍历文件夹和执行允许“读取”权限和“列出文件夹内容”权限的动作
修改（Modify）	删除文件夹，执行 “写入”权限和“读取和运行”权限的动作
完全控制（Full Control）	改变权限，成为拥有人，删除子文件夹和文件，以及执行允许所有其他 NTFS 文件夹权限进行的动作

注意　如“只读”、“隐藏”、“归档”和“系统文件”等都是文件夹属性，不是 NTFS 权限。

（2）NTFS 文件权限

可以通过授予文件权限，控制对文件的访问。表 5-2 所示为可以授予的标准 NTFS 文件权限和各个权限提供给用户的访问类型。

表 5-2　标准 NTFS 文件权限列表

NTFS 文件权限	允许访问类型
读取（Read）	读文件，查看文件属性、拥有人和权限
写入（Write）	覆盖写入文件，修改文件属性，查看文件拥有人和权限
读取和运行（Read & Execute）	运行应用程序，执行由“读取”权限进行的动作
修改（Modify）	修改和删除文件，执行由“写入”权限和“读取和运行”权限进行的动作
完全控制（Full Control）	改变权限，成为拥有人，执行允许所有其他 NTFS 文件权限进行的动作

注意　无论有什么权限保护文件，被准许对文件夹进行“完全控制”的组或用户都可以删除该文件夹内的任何文件。尽管“列出文件夹内容”和“读取和运行”看起来有相同的特殊权限，但这些权限在继承时却有所不同。“列出文件夹内容”可以被文件夹继承而不能被文件继承，并且它只在查看文件夹权限时才会显示。“读取和运行”可以被文件和文件夹继承，并且在查看文件和文件夹权限时始终出现。

2. 多重 NTFS 权限

如果将针对某个文件或者文件夹的权限授予了个别用户账号，或者授予了某个组，而某个用户是该组的一个成员，那么该用户就对同样的资源有了多个权限。关于 NTFS 如何组合多个权限，存在一些规则和优先权。除此之外，复制或者移动文件和文件夹，对权限也会产生影响。

（1）权限是累积的。一个用户对某个资源的有效权限是授予这一用户账号的 NTFS 权限与授予该用户所属组的 NTFS 权限的组合。例如，如果某个用户 Long 对某个文件夹 Folder 有“读取”权限，该用户 Long 是某个组 Sales 的成员，而该组 Sales 对同文件夹 Folder 有“写入”权限，那么该用户 Long 对该文件夹 Folder 就有“读取”和“写入”两种权限。

（2）文件权限超越文件夹权限。NTFS 的文件权限超越 NTFS 的文件夹权限。例如，某个用户对某个文件有“修改”权限。那么即使他对于包含该文件的文件夹只有“读取”权限，他仍然能够修改该文件。

（3）拒绝权限超越其他权限。可以拒绝某用户账号或者组对特定文件或者文件夹的访问，为此，将“拒绝”权限授予该用户账号或者组即可。这样，即使某个用户作为某个组的成员具有访问该文件或文件夹的权限，但是因为将“拒绝”权限授予该用户，所以该用户具有的任何其他权限也被阻止了。因此，对于权限的累积规则来说，“拒绝”权限是一个例外。应该避免使用“拒绝”权限，因为允许用户和组进行某种访问比明确拒绝他们进行某种访问更容易做到。应该巧妙地构造组和组织文件夹中的资源，使各种各样的“允许”权限就足以满足需要，从而可避免使用“拒绝”权限。

例如，用户 Long 同时属于 Sales 组和 Manager 组，文件 File1 和 File2 是文件夹 Folder 下面的两个文件。其中，Long 拥有对 Folder 的读取权限，Sales 拥有对 Folder 的读取和写入权限，Manager 则被禁止对 File2 的写操作。那么 Long 的最终权限是什么？

由于使用了“拒绝”权限，用户 Long 拥有对 Folder 和 File1 的读取和写入权限，但对 File2 只有读取权限。

在 Windows 2003 中，用户不具有某种访问权限，和明确地拒绝用户的访问权限，这二者之间是有区别的。“拒绝”权限是通过在 ACL 中添加一个针对特定文件或者文件夹的拒绝元素而实现的。这就意味着管理员还有另一种拒绝访问的手段，而不仅仅是不允许某个用户访问文件或文件夹。

5.2.2 共享文件夹权限与 NTFS 文件系统权限的组合

如何快速有效地控制对 NTFS 磁盘分区上网络资源的访问呢？答案就是利用默认的共享文件夹权限共享文件夹，然后，通过授予 NTFS 权限控制对这些文件夹的访问。当共享的文件夹位于 NTFS 格式的磁盘分区上时，该共享文件夹的权限与 NTFS 权限进行组合，用以保护文件资源。

要为共享文件夹设置 NTFS 权限，可在共享文件夹的属性窗口中选择“共享”选项卡，单击“权限”按钮，即可显示“共享文件夹的权限”对话框。在此，可以设置该共享文件夹的权限，如图 5-17 所示。

共享文件夹权限具有以下特点。

（1）共享文件夹权限只适用于文件夹，而不适用于单独的文件，并且只能为整个共享文件夹设置共享权限，而不能对共享文件夹中的文件或子文件夹进行设置。所以，共享文件夹不如 NTFS 文件系统权限详细。

（2）共享文件夹权限并不对直接登录到计算机上的用户起作用，它们只适用于通过网络连接该文件夹的用户。也就是说，共享权限对直接登录到服务器上的用户是无效的。

（3）在 FAT/FAT32 系统卷上，共享文件夹权限是保证网络资源被安全访问的唯一方法。原因很简单，NTFS 权限不适用于 FAT/FAT32 卷。

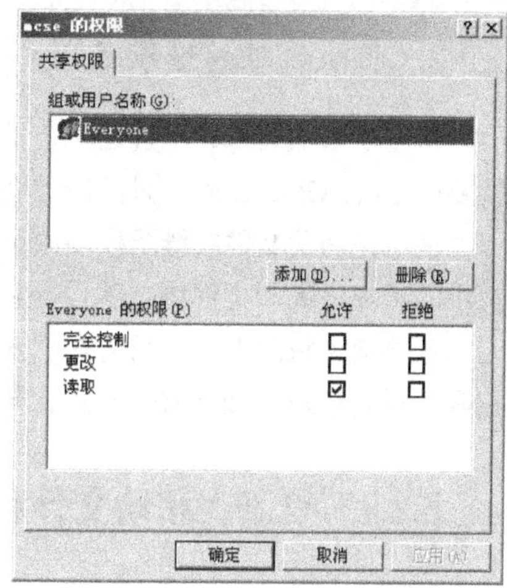

图 5-17　共享文件夹的权限

（4）默认的共享文件夹权限是读取，并被指定给 Everyone 组。

共享权限分为读取、修改和完全控制。不同权限以及对用户访问能力的控制如表 5-3 所示。

表 5-3　共享文件夹权限列表

权　　限	允许用户完成的操作
读取	显示文件夹名称、文件名称、文件数据和属性，运行应用程序文件，以及改变共享文件夹内的文件夹
修改	创建文件夹，向文件夹中添加文件，修改文件中的数据，向文件中追加数据，修改文件属性，删除文件夹和文件，以及执行“读取”权限所允许的操作
完全控制	修改文件权限，获得文件的所有权 执行“修改”和“读取”权限所允许的所有任务。默认情况下，Everyone 组具有该权限

当管理员对 NTFS 权限和共享文件夹的权限进行组合时，结果是组合的 NTFS 权限，或者是组合的共享文件夹权限，哪个范围更窄取哪一个。

当在 NTFS 卷上为共享文件夹授予权限时，应遵循如下规则。

（1）可以对共享文件夹中的文件和子文件夹应用 NTFS 权限。可以对共享文件夹中包含的每个文件和子文件夹应用不同的 NTFS 权限。

（2）除共享文件夹权限外，用户必须要有该共享文件夹包含的文件和子文件夹的 NTFS 权限，才能访问那些文件和子文件夹。

（3）在 NTFS 卷上必须要求 NTFS 权限。默认 Everyone 组具有“完全控制”权限。

5.2.3　NTFS 权限的继承性

1．权限的继承性

默认情况下，授予父文件夹的任何权限也将应用于包含在该文件夹中的子文件夹和文件。当授予访问某个文件夹的 NTFS 权限时，就将该 NTFS 权限授予了该文件夹中任何现有的文件和子文件夹，以及在该文件夹中创建的任何新文件和新的子文件夹。

如果想让文件夹或者文件具有不同于它们父文件夹的权限，必须阻止权限的继承性。

2. 阻止权限的继承性

阻止权限的继承，也就是阻止子文件夹和文件从父文件夹继承权限。为了阻止权限的继承，就要删除继承来的权限，只保留被明确授予的权限。

被阻止从父文件夹继承权限的子文件夹现在就成为了新的父文件夹。包含在这一新的父文件夹中的子文件夹和文件将继承授予它们的父文件夹的权限。

若要禁止权限继承，只需在"安全"选项卡中单击"高级"按钮，清除对"允许父项的继承权限传播到该对象和所有子对象，包括在此明确定义的项目（A）"复选框的选中即可。

5.2.4 复制、移动文件和文件夹

1. 复制文件和文件夹

当从一个文件夹向另一个文件夹，或者从一个磁盘分区向另一个磁盘分区复制文件或者文件夹时，这些文件或者文件夹具有的权限可能发生变化。复制文件或者文件夹将对 NTFS 权限产生下述效果。

（1）当在单个 NTFS 磁盘分区内或在不同的 NTFS 磁盘分区之间复制文件夹或者文件时，文件夹或者文件的复件将继承目的地文件夹的权限。

（2）当将文件或者文件夹复制到非 NTFS 磁盘分区（例如文件分配表 FAT 格式的磁盘分区）时，因为非 NTFS 磁盘分区不支持 NTFS 权限，所以这些文件夹或文件就丢失了它们的 NTFS 权限。

为了在单个 NTFS 磁盘分区之内，或者在 NTFS 磁盘分区之间复制文件和文件夹，就必须对源文件夹具有"读取"权限，并且对目的地文件夹具有"写入"权限。

2. 移动文件和文件夹

当移动某个文件或者文件夹的位置时，依赖于目的地文件夹的权限情况，针对这些文件或者文件夹的权限可能发生变化。移动文件或者文件夹将对 NTFS 权限产生下述效果。

（1）当在单个 NTFS 磁盘分区内移动文件夹或者文件时，该文件夹或者文件保留它原来的权限。

（2）当在 NTFS 磁盘分区之间移动文件夹或者文件时，该文件夹或者文件将继承目的地文件夹的权限。当在 NTFS 磁盘分区之间移动文件夹或者文件时，实际是将文件夹或者文件复制到新的位置，然后从原来的位置删除它。

（3）当将文件或者文件夹移动到非 NTFS 磁盘分区时，因为非 NTFS 磁盘分区不支持 NTFS 权限，所以这些文件夹和文件就丢失了它们的 NTFS 权限。

为了在单个 NTFS 磁盘分区之内，或者多个 NTFS 磁盘分区之间移动文件和文件夹，就必须对目的地文件夹具有"写入"权限，并且对于源文件夹具有"修改"权限。之所以要求"修改"权限，是因为移动文件夹或者文件时，在将文件夹或者文件复制到目的地文件夹之后，Windows 2003 将从源文件夹中删除该文件。

5.2.5　利用 NTFS 权限管理数据

在 NTFS 磁盘中，系统会自动设置默认的权限值，并且这些权限会被其子文件夹和文件所继承。为了控制用户对某个文件夹以及该文件夹中的文件和子文件夹的访问，就需指定文件夹权限。不过，要设置文件或文件夹的权限，必须是 Administrators 组的成员、文件或文件夹的拥有者、具有完全控制权限的用户。

1. 授予标准 NTFS 权限

授予标准 NTFS 权限包括授予 NTFS 文件夹权限和 NTFS 文件权限。

（1）NTFS 文件夹权限。打开 Windows 资源管理器，右键单击要设置权限的文件夹，如 Network，在弹出的快捷菜单中选择“属性”选项，打开“Network 属性”对话框，切换到“安全”选项卡，如图 5-18 所示。

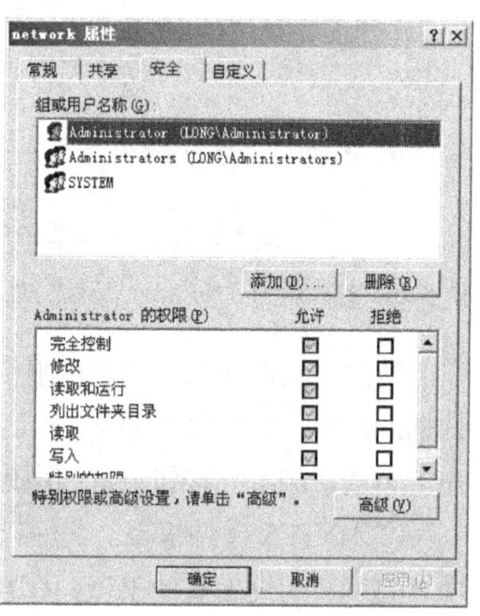

图 5-18　“Network 属性”对话框

默认已经有一些权限设置，这些设置是从父文件夹（或磁盘）所继承的，如在图 5-18“Administrator”用户的权限中，灰色阴影对钩的权限就是继承的权限。

要更改权限时，只需选中权限右方的“允许”或“拒绝”复选框即可。虽然能更改从父对象所继承的权限，如添加其权限，或者通过选中“拒绝”复选框删除权限，但不能直接将灰色对钩删除。

如果要给其他用户指派权限，可单击“添加”→“高级”→“立即查找”按钮，从本地计算机上添加拥有对该文件夹访问和控制权限的用户或用户组，如图 5-19 所示。

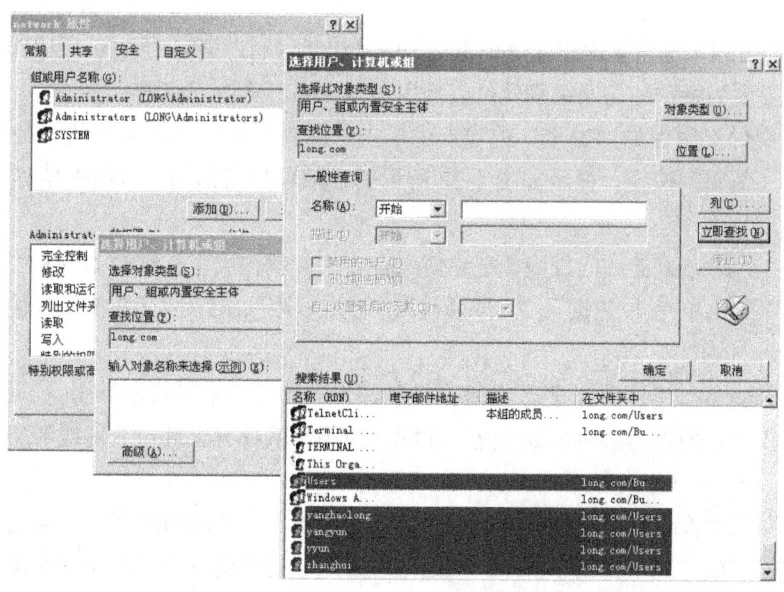

图 5-19　“选择用户、计算机或组”对话框

选择后单击“确定”按钮，添加到“组或用户名称”列表框中，如图 5-20 所示。由于新添加用户的权限不是从父项继承的，因此他们所有的权限都可以被修改。

如果不想继承上一层的权限，可在“安全”选项卡中单击“高级”按钮，显示如图 5-21 所示的“Network 的高级安全设置”对话框。

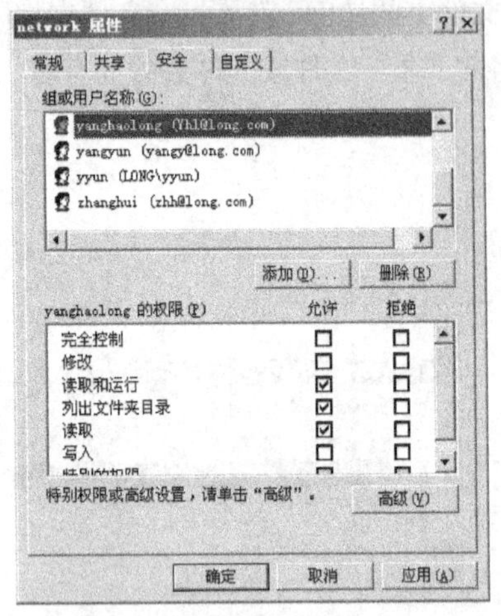

图 5-20 修改后的“Network 属性”对话框

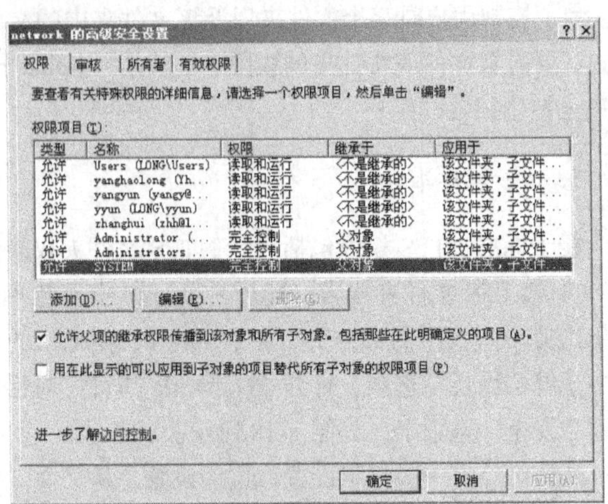

图 5-21 “Network 的高级安全设置”对话框

清除“允许父项的继承权限传播到该对象和所有子对象。包括那些在此明确定义的项目”复选框的选中，会显示“安全”对话框，可单击“复制”按钮以便保留原来从父项对象继承的权限，也可单击“删除”按钮将此权限删除。

（2）NTFS 文件权限。文件权限的设置与文件夹权限的设置类似。要想对 NTFS 文件指派权限，直接在文件上右键单击，在弹出的快捷菜单上选择“属性”选项，切换到“安全”选项卡，可为该文件设置相应权限。

2. 授予特殊访问权限

标准的 NTFS 权限通常能提供足够的能力，用以控制对用户资源的访问，以保护用户的资源。但是，如果需要更为特殊的访问级别就可以使用 NTFS 的特殊访问权限。

在文件或文件夹属性的“安全”选项卡中单击“高级”按钮，在弹出的“高级安全设置”对话框中单击“编辑”按钮，显示如图 5-22 所示的权限项目对话框，可以更精确地设置用户的权限。

其中，有 13 项 Special 访问权限，把它们组合在一起就构成了标准的 NTFS 权限。例如，标准的“读取”权限包含“读取数据”、“读取属性”、“读取权限”，以及“读取扩展属性”这些 Special 访问权限。

如下两个 Special 访问权限，对于管理文件和文件夹的访问来说特别有用。

（1）更改权限。如果为某用户授予这一权限，该用户就具有了针对文件或者文件夹修改权限的能力。

可以将针对某个文件或者文件夹修改权限的能力授予其他管理员和用户，但是不授予他们对该文件或者文件夹的“完全控制”权限。通过这种方式，这些管理员或者用户不能删除或者写入该文件或者文件夹，但是可以为该文件或者文件夹授权。

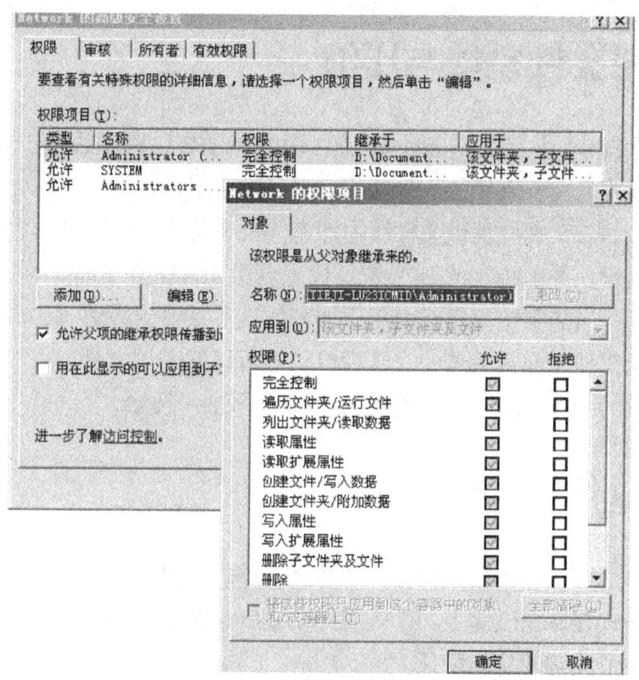

图 5-22　权限项目对话框

为了将修改权限的能力授予管理员，将针对该文件或者文件夹的“更改权限”的权限授予 Administrators 组即可。

（2）获得所有权。如果为某用户授予这一权限，该用户就具有了获得文件和文件夹的所有权的能力。

可以将文件和文件夹的拥有权从一个用户账号或者组转移到另一个用户账号或者组。也可以将“获得所有权”这种能力给予某个人。而作为管理员，也可以获得某个文件或者文件夹的所有权。

对于获得某个文件或者文件夹的所有权来说，需要应用下述规则。

① 当前的拥有者或者具有“完全控制”权限的任何用户，可以将“完全控制”这一标准权限或者“获得所有权”这一 Special 访问权限授予另一个用户账号或者组。这样，该用户账号或者该组的成员就能获得所有权。

② Administrators 组的成员可以获得某个文件或者文件夹的所有权，而不管为该文件夹或者文件授予了怎样的权限。如果某个管理员获得了所有权，则 Administrators 组也获得了所有权。因而该管理员组的任何成员都可以修改针对该文件或者文件夹的权限，并且可以将“获得所有权”这一权限授予另一个用户账号或者组。例如，如果某个雇员离开了原来的公司，某个管理员即可以获得该雇员的文件的所有权，将“获得所有权”这一权限授予另一个雇员，然后这一雇员就获得了前一雇员的文件的所有权。

为了成为某个文件或者文件夹的拥有者，具有“获得所有权”这一权限的某个用户或者组的成员必须明确地获得该文件或者文件夹的所有权。不能自动将某个文件或者文件夹的所有权授予任何一个人。文件的拥有者、管理员组的成员，或者任何一个具有“完全控制”权限的人都可以将“获得所有权”权限授予某个用户账号或者组，这样就使他们获得了所有权。

5.3 加密文件系统与压缩

加密文件系统（EFS）内置于 Windows 2003 中的 NTFS 文件系统中。利用 EFS 可以启用基于公共密钥的文件级或者文件夹级的保护功能。

加密文件系统为 NTFS 文件提供文件级的加密。EFS 技术是基于公共密钥的系统，它作为一种集成式系统服务运行，并由指定的 EFS 恢复代理启用文件恢复功能。

EFS 很容易管理，当需要访问已经由用户加密的至关重要的数据时，如果该用户或者他的密钥不可用，EFS 恢复代理（通常就是一个管理员）即可以解密该文件。

理解了 EFS 的优点将有助于在网络中高效率地利用这一技术。

5.3.1 加密文件系统概述

利用 EFS，用户可以按加密格式将他们的数据存储在硬盘上。用户加密某个文件后，该文件即一直以这种加密格式存储在磁盘上。用户可以利用 EFS 加密他们的文件，以保证文件的机密性。

EFS 具有下面几个关键的功能特征。

（1）它在后台运行，对用户和应用程序来说是透明的。

（2）只有被授权的用户才能访问加密的文件。EFS 自动解密该文件，以供使用，然后在保存该文件时再次对它进行加密。管理员可以恢复被另一个用户加密的数据。这样，如果一时找不到对数据进行加密的用户，或者忘记了该用户的私有密钥，可以确保仍然能够访问这些数据。

（3）它提供内置的数据恢复支持功能。Windows Server 2003 的安全性基础结构强化了数据恢复密钥的配置。只有在本地计算机利用一个或者多个恢复密钥进行配置的情况下，才能够使用文件加密功能。当不能访问该域时，EFS 即自动生成恢复密钥，并将它们保存在注册表中。

（4）它要求至少有一个恢复代理，用以恢复加密的文件。可以指定多个恢复代理，各个恢复代理都需要有 EFS 恢复代理证书。

加密操作和压缩操作是互斥的。因此，建议或者采用加密技术，或者对文件进行压缩，二者不能同时采用。

5.3.2 加密文件或文件夹

加密文件或文件夹的基本操作步骤如下。

（1）右键单击要加密的文件或文件夹，在弹出的快捷菜单中选择“属性”选项，打开“属性”对话框。

（2）在“常规”选项卡上，单击“高级”按钮。选中“加密内容以便保护数据”复选框，然后单击“确定”按钮，如图 5-23 所示。

（3）单击“确定”按钮。如果是加密文件夹，且有未加密的子文件夹存在，此时会出现如图 5-24 所示的提示信息；如果是加密文件，且父文件夹未经加密，则出现如图 5-25 所示的警告信息。

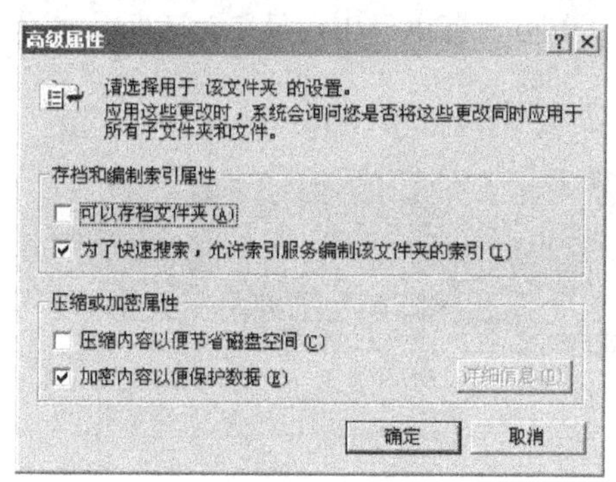

图 5-23　加密文件

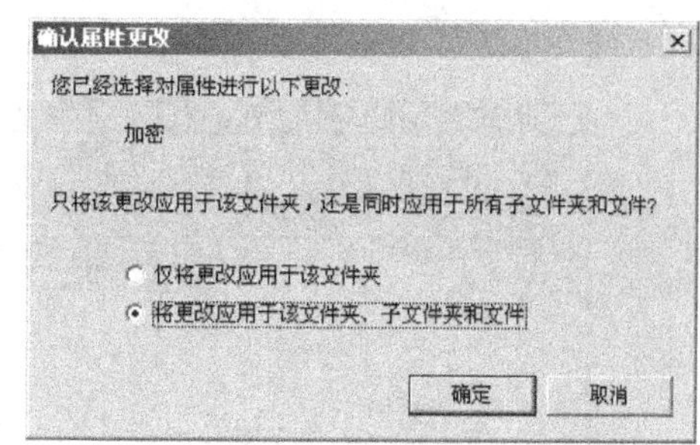

图 5-24　“确认属性更改”对话框

在“确认属性更改”对话框中，执行下列操作之一。

① 如果只加密文件夹，在“确认属性更改”对话框中，单击“仅将更改应用于该文件夹”单选按钮。

② 如果要加密文件夹及其子文件夹和文件，请在“确认属性更改”对话框中，单击“将更改应用于该文件夹、子文件夹和文件”单选按钮。

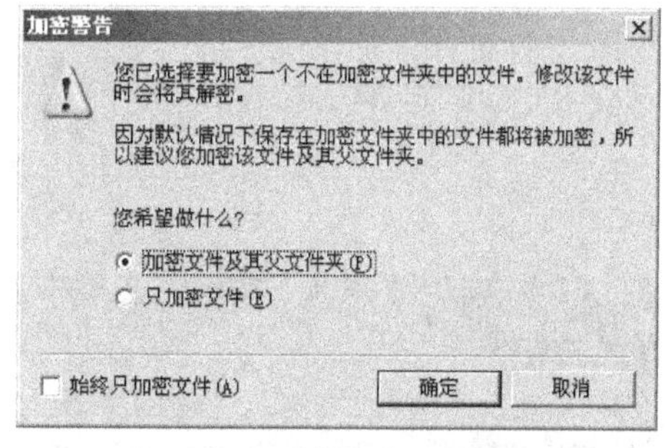

图 5-25　“加密警告”对话框

在“加密警告”对话框中，执行下列操作之一。

① 如果要加密文件及其父文件夹，在“加密警告”对话框中，单击“加密文件及其父文件夹”单选按钮。

② 如果只加密文件，在“加密警告”对话框中，单击“只加密文件”单选按钮。

当需要解密文件时，只需要在图 5-23 所示对话框中清除加密选项即可。

使用加密文件系统需要注意以下事项。

（1）为确保最高安全性，在创建敏感文件以前将其所在的文件夹加密。因为这样所创建的文件将是加密文件，文件的数据就不会以纯文本的格式写到磁盘上。

（2）加密文件夹而不是加密单独的文件，以便如果程序在编辑期间创建了临时文件，这些临时文件也会被加密。

（3）指定的故障恢复代理应该将数据恢复证书和私钥导出到磁盘中，并确保它们处于安全的位置，同时将数据恢复私钥从系统中删除。这样，唯一可以为系统恢复数据的人就是可以物理访问数据恢复私钥的人。

5.3.3　备份密钥

为了防止密钥的丢失，可以备份用户的密钥。这样，当需要打开加密文件时，只要把备份的密钥导入系统即可。步骤如下。

（1）执行“开始”→“运行”命令，打开“运行”对话框，输入 certmgr.MSC，然后按“Enter”键确定，打开如图 5-26 所示界面。

（2）依次打开“当前用户”→“个人”→“证书”目录树，可以在右边窗格中看到一个以当前用户名命名的证书（注意：需要运用 EFS 加密过文件才会出现该证书）。右键单击该证书，在

弹出的快捷菜单中选择“所有任务”→“导出”选项，打开“证书导出向导”对话框，如图 5-27 所示。

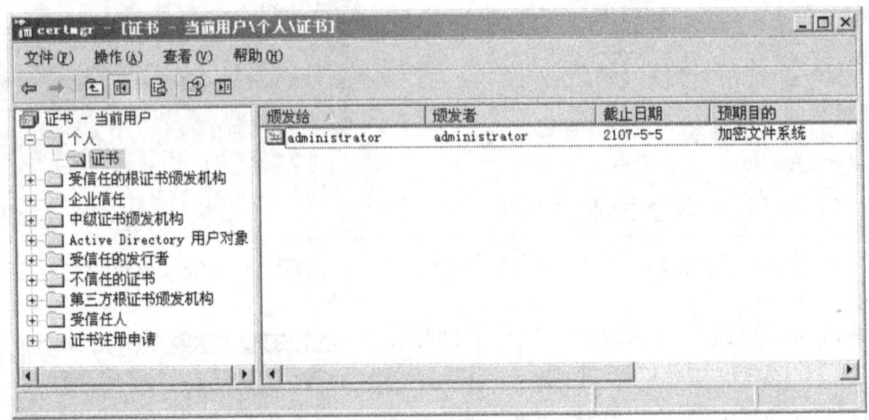

图 5-26　证书控制台

（3）单击“下一步”按钮，进入“导出私钥”对话框，如图 5-28 所示。单击“是，导出私钥”单选按钮。

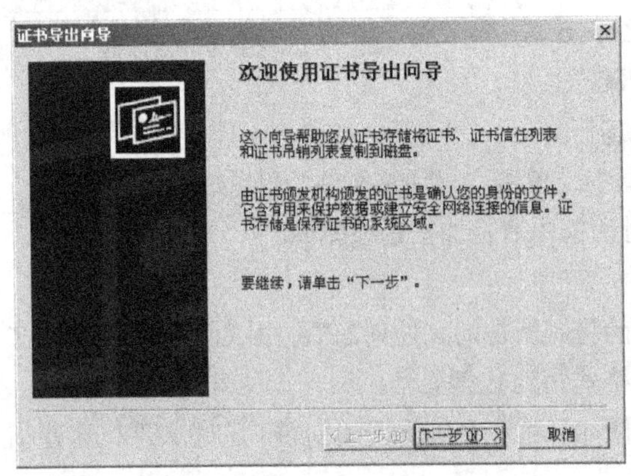

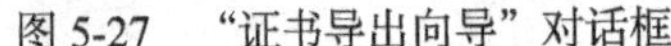

图 5-27　“证书导出向导”对话框

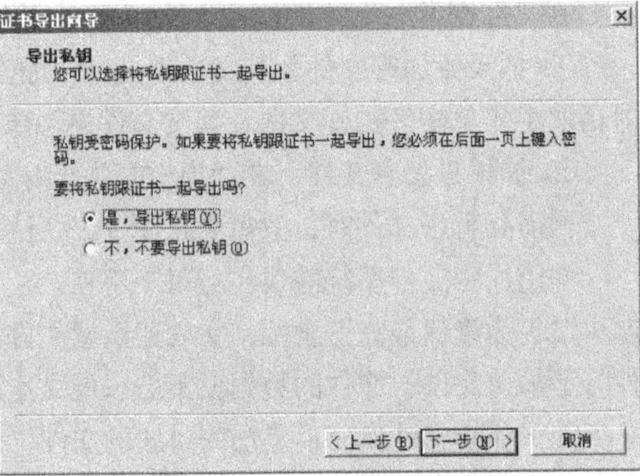

图 5-28　“导出私钥”对话框

（4）单击“下一步”按钮，进入“导出文件格式”对话框。单击“个人信息交换 - PKCS #12（.PFX）”，单选按钮，如图 5-29 所示。

极力建议选中“启用强保护（要求 IE 5.0、NT 4.0 SP4 或更高版本）”复选框，从而防止他人对您的私钥进行未经授权的访问。

如果选中“如果导出成功，删除密钥”复选框，则私钥将从计算机删除，并且无法解密所有加密文件。除非将密钥导入。

（5）单击“下一步”按钮。指定在导入证书时要用到的密码，如果丢失，将无法打开加密的文件。

（6）单击“下一步”按钮，指定要导出证书和私钥的文件名和位置，如图 5-30 所示。

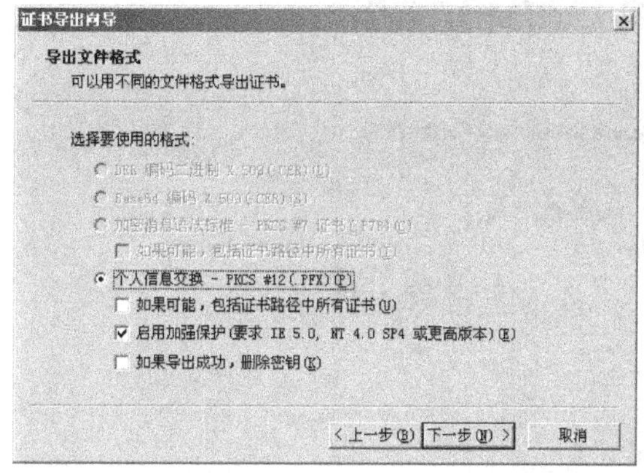

图 5-29　“导出文件格式”对话框

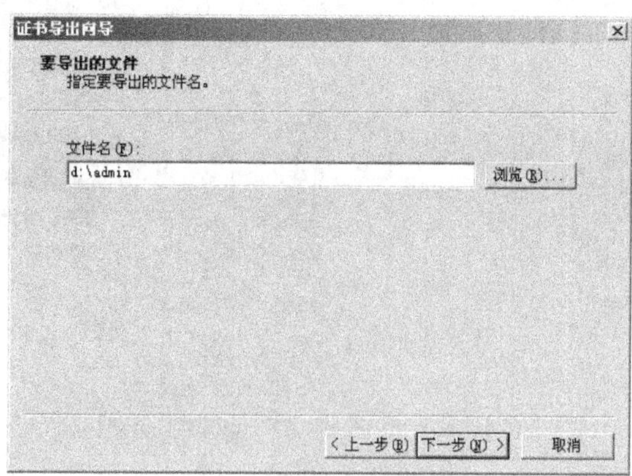

图 5-30　指定导出的文件名

注意：建议将文件备份到磁盘或可移动媒体设备，并确保将磁盘或可移动媒体设备放置在安全的地方。

（7）单击“下一步”按钮继续安装。最后单击“完成”按钮，将完成证书导出向导。

（8）回到“证书控制台”窗口，此时便可以看到在指定位置有后缀名为“pfx”的证书文件。

如果当其他用户操作或重装系统后，需要使用以上加密文件，只需记住导出的证书文件及上述输入的保护密钥的密码，双击该文件便会出现导入向导，即可进入“证书导入向导”对话框。只要按提示完成操作就可以导入证书，顺利打开加密文件。

5.3.4　文件压缩

Windows Server 2003 有两种文件压缩方式：NTFS 压缩和压缩文件夹压缩。

1. NTFS 压缩

NTFS 压缩是 NTFS 文件系统内置的功能。NTFS 文件系统的压缩和解压缩对于用户而言是透明的。用户对文件或文件夹应用压缩时，系统会在后台自动对文件或文件夹进行压缩和解压，用户无须干涉。这项功能大大节约了磁盘空间。下面介绍使用 NTFS 压缩功能对 D:\test 文件夹压缩的步骤。

（1）在“资源管理器”中右键单击 D:\test 文件夹，在弹出的快捷菜单中选择“属性”选项，切换到“常规”选项卡，再单击“高级”按钮，选中“压缩内容以便节省磁盘空间”复选框，如图 5-31 所示，单击“确定”按钮。

（2）选择“将更改应用于该文件夹、子文件夹和文件”单选按钮。有两个选项供选择。

①“仅将更改应用于该文件夹”表示该文件夹下现有的文件和子文件夹不被压缩，以后添加到该文件夹下的文件、子文件夹及其内容将被压缩。

②“将更改应用于该文件夹、子文件夹和文件”表示该文件夹下现有的文件、子文件夹和将来要添加到该文件夹下的文件、子文件夹及其内容都将被压缩。

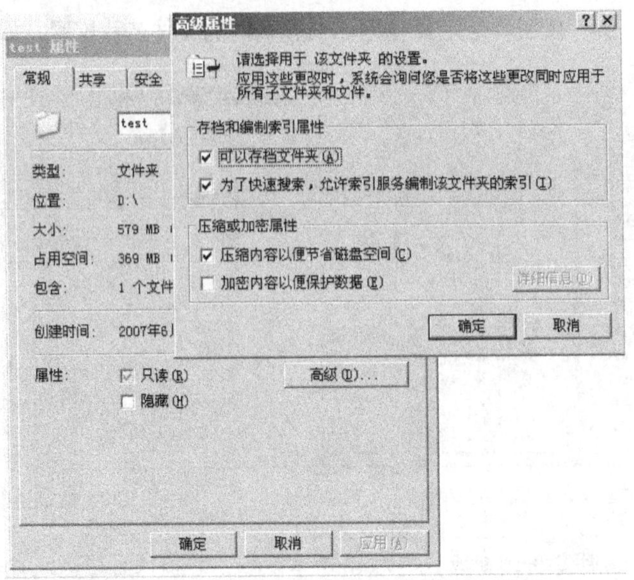

图 5-31 “高级属性”对话框

从文件夹属性窗口中可以看到，现在的文件总容量仍为 579MB，但实际占用空间已变小，只有 369MB，如图 5-32 所示。

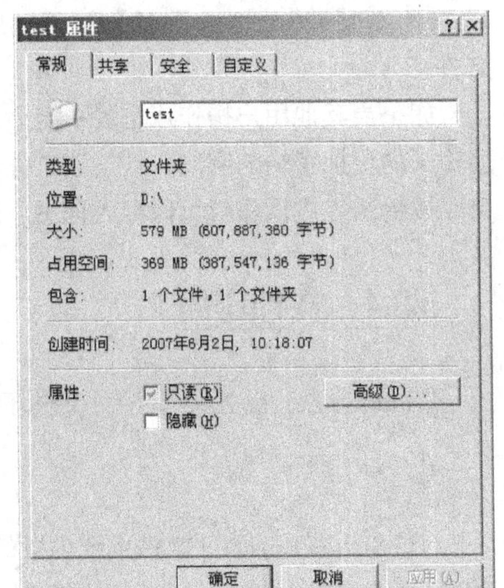

图 5-32 “test 属性”对话框

压缩文件或文件夹时，要注意以下几点。

（1）当复制压缩文件时，在目标盘上是按文件没有压缩时的大小申请磁盘空间的。压缩文件复制时，系统先将文件解压缩，然后进行文件复制，复制到目标地址后再将文件压缩。

（2）加密文件与压缩文件互斥，不能同时使用。

（3）可以直接使用压缩文件，系统自动完成解压操作。

（4）同分区内移动文件，文件压缩属性不变，其他情况的移动和复制文件将继承目标文件夹的压缩属性。

（5）压缩文件在系统中显示不同颜色。

2. 压缩（zipped）文件夹压缩

NTFS 压缩只能应用在 NTFS 卷上，用压缩文件夹进行文件压缩可以应用在 FAT16、FAT32 和 NTFS 卷上。利用资源管理器创建压缩文件夹，复制到该文件夹下的文件被自动压缩。下面仍以 D:\test 为例，讲解建立压缩文件的步骤。

（1）在资源管理器中选择“文件”→“新建”→“压缩（zipped）文件夹”选项，创建一个压缩文件夹。

（2）复制 D:\test 文件夹到新创建的压缩文件夹中，即可实现对 D:\test 文件夹的压缩。

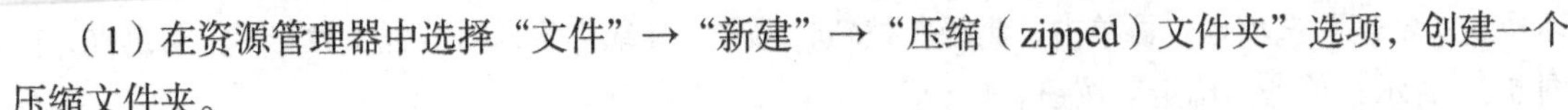

5.4 数据的备份和还原

由于磁盘驱动器损坏、病毒感染、供电中断、网络故障以及其他一些原因，可能引起磁盘中

数据的丢失和损坏。因此，对于系统管理员来说，定期备份服务器硬盘上的数据是非常必要的。数据被备份之后，在需要时就可以将它们还原。即使数据出现错误或丢失的情况，也不会造成很大的损失。

5.4.1　数据的备份

1. 备份的类型

“备份”工具支持 5 种方法来备份计算机或网络上的数据。

（1）副本备份。副本备份可以复制所有选定的文件，但不将这些文件标记为已经备份（换句换说，没有清除存档属性）。如果要在正常和增量备份之间备份文件，复制是很有用的，因为它不影响其他备份操作。

（2）每日备份。每日备份用于备份当天更改过的所有选定文件。备份的文件将不会标记为已经备份（换句话说，没有清除存档属性）。

（3）差异备份。差异备份用于复制自上次正常或增量备份以来所创建或更改的文件。它不将文件标记为已经备份（换句话说，没有清除存档属性）。如果要执行正常备份和差异备份的组合，则必须保证还原文件和文件夹上次已执行过正常备份和差异备份。

（4）增量备份。增量备份仅备份自上次正常或增量备份以来创建或更改的文件。它将文件标记为已经备份（换句话说，存档属性被清除）。如果将正常和增量备份结合使用，至少需要具有上次的正常备份集和所有增量备份集，以便还原数据。

（5）标准备份。标准备份用于复制所有选定的文件，并且在备份后标记每个文件（换话说，存档属性被清除）。使用正常备份，只需备份文件或磁带的最新副本就可以还原所有文件。通常，在首次创建备份集时执行一次正常备份。

组合使用标准备份和增量备份来备份数据，可以使用最少的存储空间，并且是最快的备份方法。然而，恢复文件是耗时和困难的，因为备份集可能存储在几个磁盘或磁带上。

组合使用标准备份和差异备份来备份数据更加耗时，尤其当数据经常更改时。但是它更容易还原数据，因为备份集通常只包括一个标准备份和一个差异备份。

2. 手工备份数据

使用 Windows 2003 “备份工具”，管理员可以将数据备份到各种各样的存储媒体上，如磁带机、外接硬盘驱动器以及可擦写 CD-ROM。下面就介绍如何在 Windows 2003 中备份文件。其操作步骤如下。

（1）执行“开始”→“程序”→“附件”→“系统工具”→“备份”命令，单击“高级模式”按钮，打开“备份工具”窗口，如图 5-33 所示。

（2）单击“备份向导”按钮，打开“备份向导”对话框，单击“下一步”按钮，打开“要备份的内容”对话框。

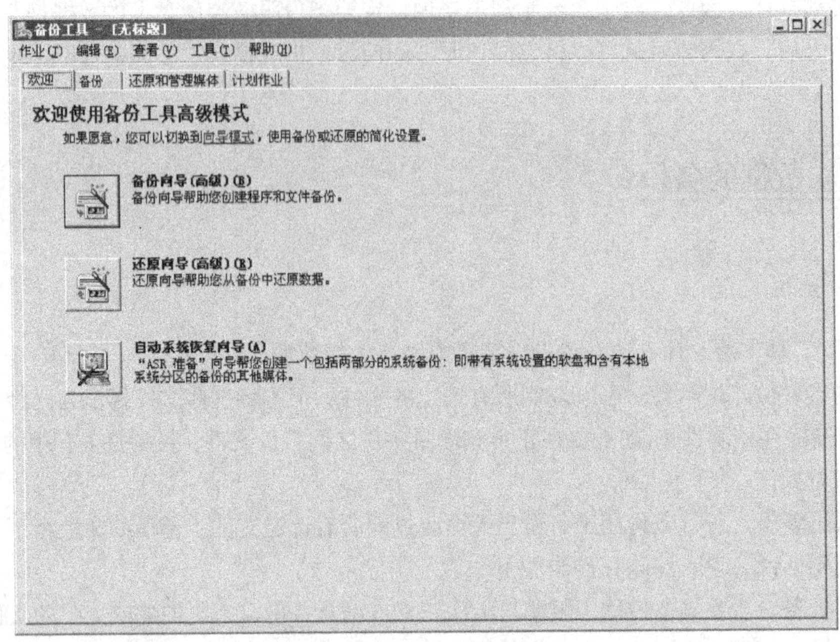

图 5-33 “备份工具”窗口

（3）根据需要进行选择，这里选择“备份选定的文件、驱动器或网络数据”单选按钮，备份用户选定的文件、驱动器或网络数据，如图 5-34 所示。

（4）单击“下一步”按钮，打开“要备份的项目”对话框，如图 5-35 所示。通过单击相应的复选框，选择要备份的驱动器、文件或文件夹。要展开“备份内容”文本框中的项目，需要双击该项目节点。

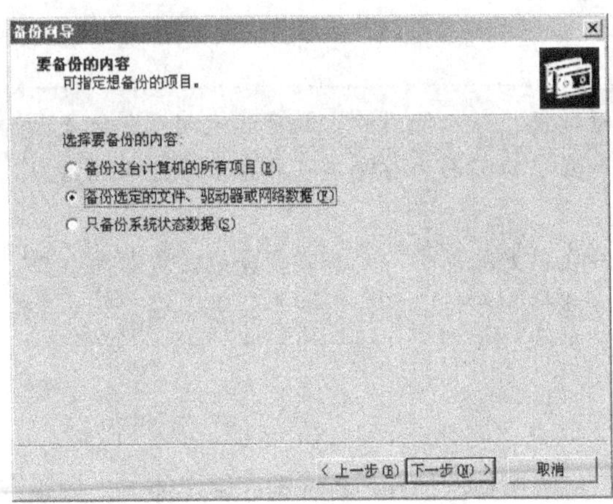

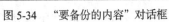

图 5-34 “要备份的内容”对话框

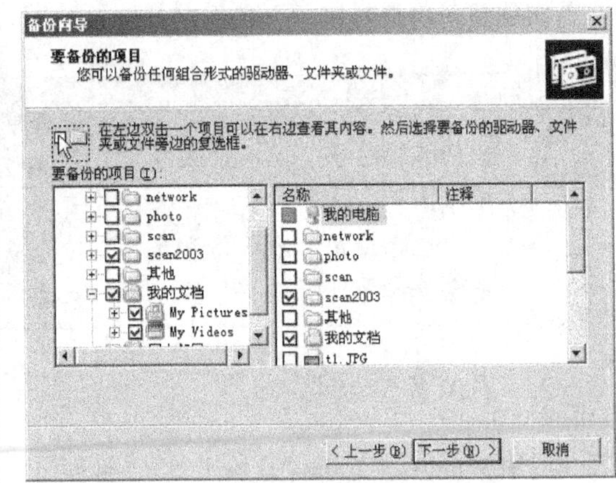

图 5-35 “要备份的项目”对话框

（5）选定需要备份的内容后，单击“下一步”按钮，打开“备份类型、目标和名称”对话框，如图 5-36 所示。

（6）单击“下一步”按钮，打开“完成备份向导”对话框，如图 5-37 所示。

（7）单击“高级”按钮，弹出“备份类型”界面，选择备份类型，如图 5-38 所示。

（8）单击“下一步”按钮，弹出“如何备份”界面，选中“备份后验证数据”复选框，如

图 5-39 所示。

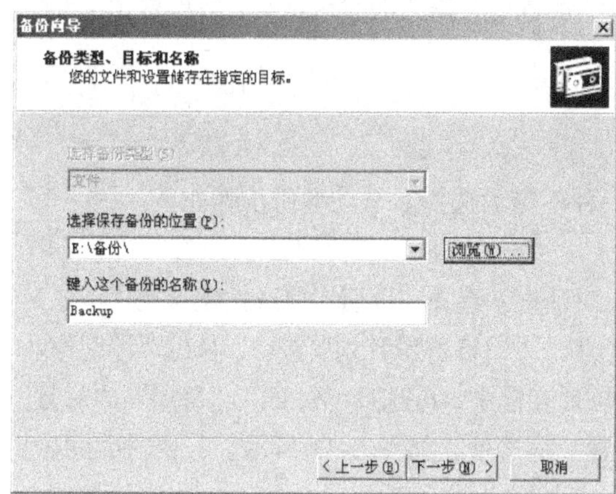

图 5-36　“备份类型、目标和名称”对话框

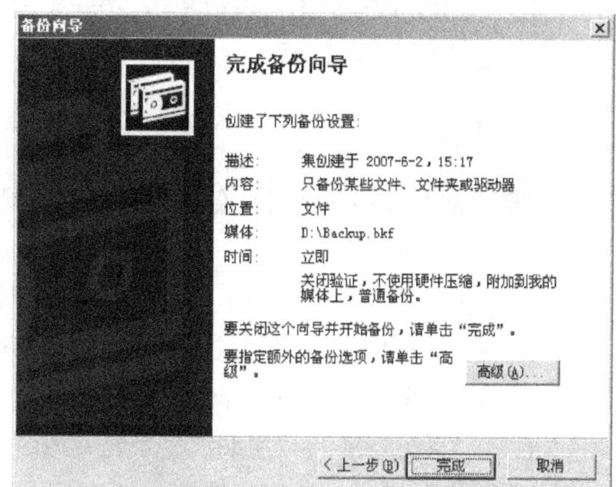

图 5-37　“完成备份向导”对话框

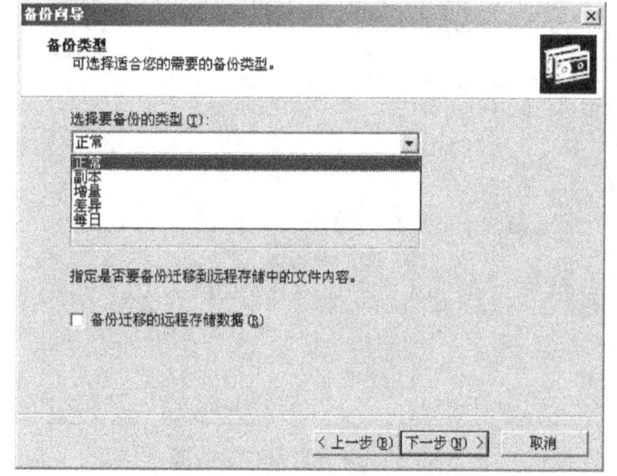

图 5-38　“备份类型”对话框

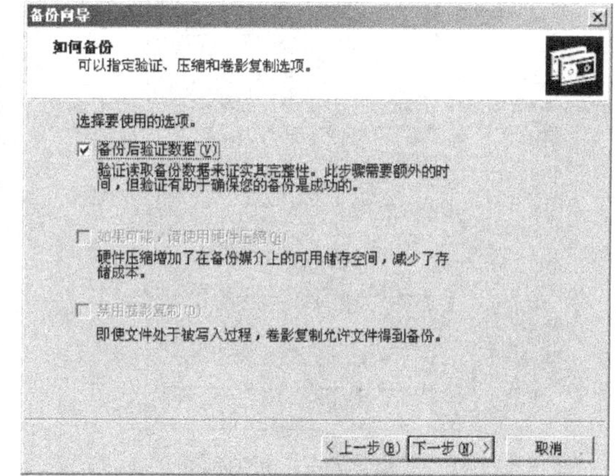

图 5-39　“如何备份”对话框

（9）单击“下一步”按钮，弹出“备份选项”界面，选择“替换现有备份”单选按钮，如图 5-40 所示。其中 3 个选项含义如下。

- 将这个备份附加到现有备份：备份程序将本次备份附加到上次备份之后。
- 替换现有备份：本次备份覆盖原有备份。
- 只允许所有者和管理员访问备份数据，以及附加到这个媒体上的备份：只允许管理员和所有者访问该备份。

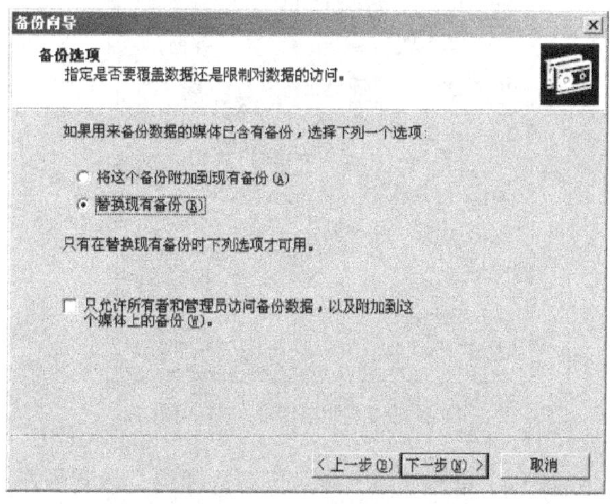

图 5-40　“备份选项”对话框

（10）单击“下一步”按钮，弹出“备份时间”界面。选择“现在”单选按钮。

（11）单击“下一步”按钮，弹出“正在完成备份或还原向导”窗口，单击“完成”按钮后，系统将自动对所选定的项

目进行备份，最后屏幕上将显示如图 5-41 所示的“备份进度”对话框。

（12）备份完成后，用户可以单击“报告”按钮来查看备份操作的有关信息，最后单击“关闭”按钮即可完成所有备份操作。

3. 自动备份

若需经常对某些项目进行备份，自动备份是一种不错的选择。自动备份步骤如下。

（1）~（9）同手工备份。

（10）单击“下一步”按钮，弹出“备份时间”对话框。选择“以后”单选按钮。在“作业名”文本框输入用户自定义的作业名，如图 5-42 所示。单击“设备备份计划”按钮，弹出“计划作业”对话框。在“日程安排”选项卡的“计划任务”下拉列表框中，可选择“每日”、“每周”、“每月”、“一次性”、“系统启动”、“在系统登录时”或“闲置”等选项，如图 5-43 所示。若要对时间做更详细的设置，请单击“高级”按钮。

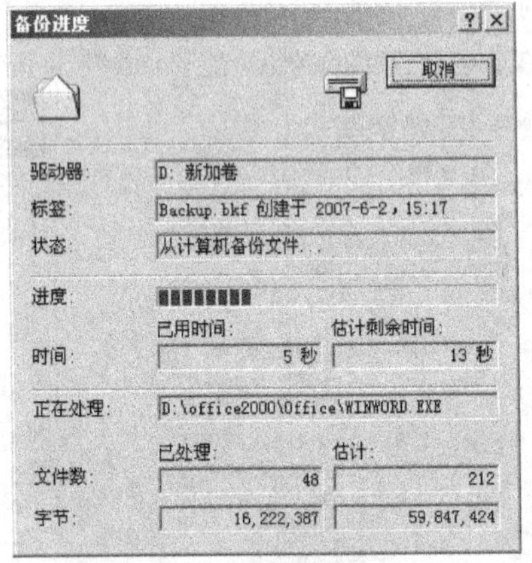

图 5-41 “备份进度”对话框

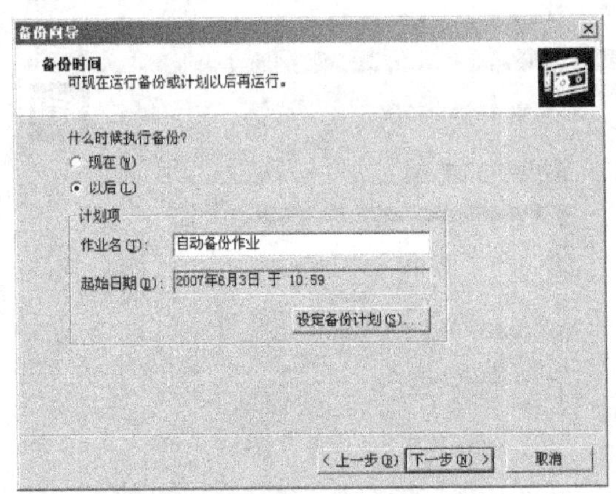

图 5-42 “备份时间”对话框

（11）如果对备份做其他设置，可切换到“设置”选项卡，如图 5-44 所示。

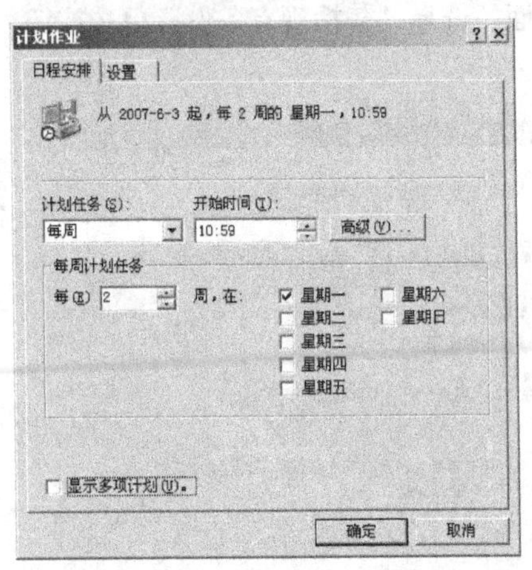

图 5-43 “计划作业”对话框

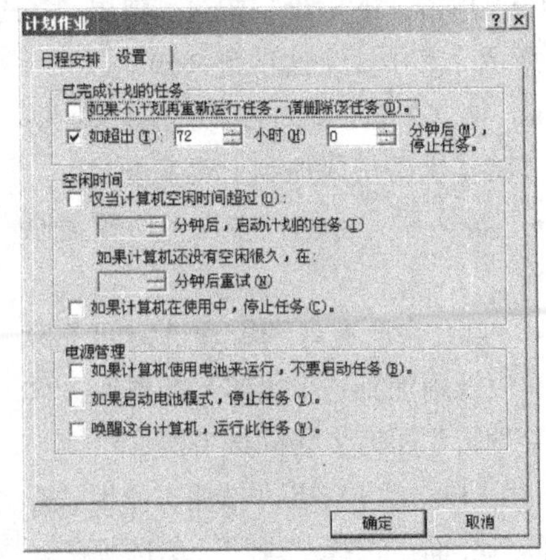

图 5-44 “设置”选项卡

（12）单击“下一步”按钮，弹出“设置账户信息”对话框，如图 5-45 所示。单击“确定”按钮。

（13）至此，自动备份设置完毕。当计划时间一到，系统就启动自动备份功能。

（14）若要查看备份计划，可以在图 5-33 中的“计划作业”选项卡中查看，如图 5-46 所示。

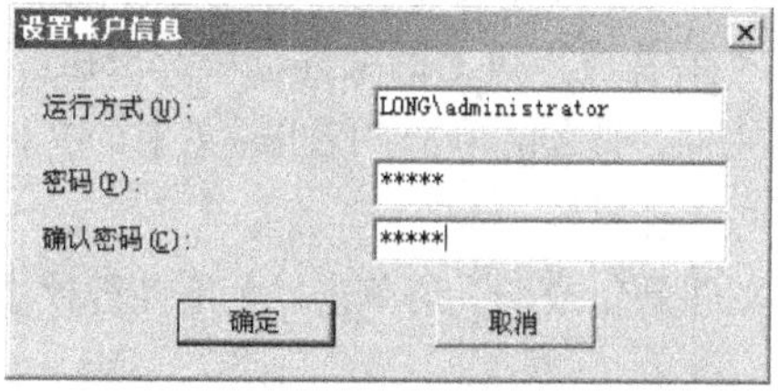

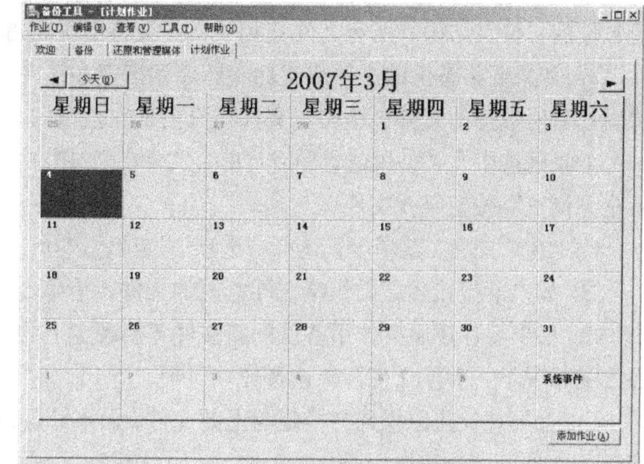

图 5-45 “设置账户信息”对话框

图 5-46 查看计划作业

5.4.2 数据的还原

当用户的计算机出现硬件故障、意外删除或者其他的数据丢失或损害时，可以使用 Windows 2003 的故障恢复工具还原以前备份的数据。操作步骤如下。

（1）打开“备份工具”对话框，默认情况下，系统将启动备份或还原向导，除非它被禁用。

（2）单击备份或还原向导上的“高级模式”按钮。

（3）单击“还原和管理媒体”选项卡，然后单击文件或文件夹左侧的复选框，选择所要还原的文件或文件夹，如图 5-47 所示。

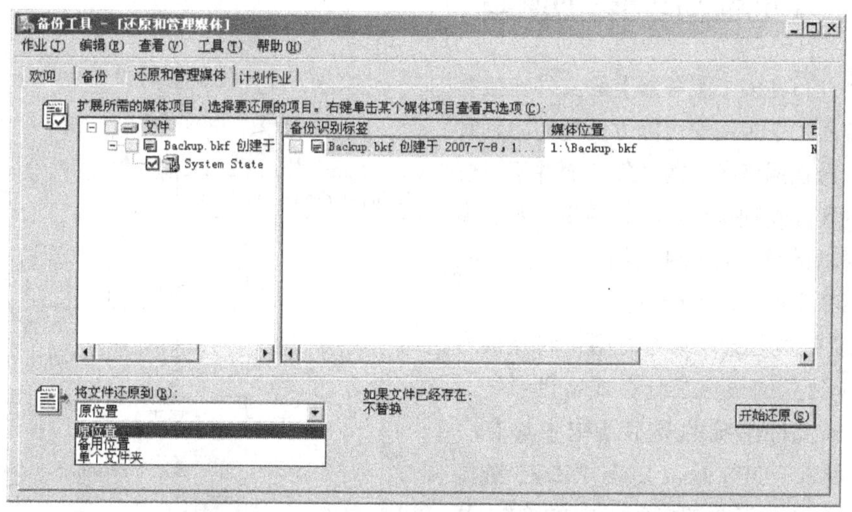

图 5-47 “还原和管理媒体”选项卡

（4）在“将文件还原到”中，执行以下操作之一。

① 如果要将备份的文件或文件夹还原到备份时它们所在的文件夹，选择“原位置”选项，并跳到第（5）步。

② 如果要将备份的文件或文件夹还原到指派位置，选择“备用位置”选项。此选项将保留备份数据的文件夹结构。所有文件夹和子文件夹将出现在指派的备用文件夹中。

③ 如果要将备份的文件或文件夹还原到指定文件夹，选择“单个文件夹”选项。此选项将不保留已备份数据的文件夹结构。文件将只出现在指派的文件夹中。

如果已选中了“备用位置”或“单个文件夹”，则在“备用位置”下输入文件夹的路径，或者单击“浏览”按钮寻找文件夹。

（5）在“工具”菜单上，选择“选项”选项，选择“还原”选项卡，然后执行如下操作之一。

① 如果不想让还原操作覆盖硬盘上的文件，请单击“不要替换本机上的文件”单选按钮。

② 如果想让还原操作用备份的新文件替换硬盘上的旧文件，那么请单击“仅当磁盘上的文件是旧的情况下，替换文件”单选按钮。

③ 如果想让还原操作替换磁盘上的文件，而不管备份文件是新或旧，请单击“无条件替换本机上的文件”单选按钮。

（6）单击“确定”按钮接受已设置的还原选项。单击“开始还原”按钮开始还原数据。

5.5 分布式文件系统

如果局域网中有多台服务器，并且共享文件夹也分布在不同的服务器上，这就不利于管理员的管理和用户的访问。而使用分布式文件系统（Distributed File System，DFS），系统管理员就可以把不同服务器上的共享文件夹组织在一起，构建成一个目录树。在用户看来，这样所有共享文件仅存储在一个地点，只需访问一个共享的 DFS 根目录，就能够访问分布在网络上的文件或文件夹，而不必知道这些文件的实际物理位置。

5.5.1 分布式文件系统的概述

DFS 将分布在多个服务器上的文件挂接在统一命名空间之下，用户可以方便地访问和管理物理上分布在网络各处的文件，而并不需要知道它们的实际物理位置。DFS 提供了对分布式多台服务器的统一管理和访问。不过，DFS 必须在 NTFS 文件系统上配置。

分布式文件系统有两种类型：域分布式文件系统和独立的根目录分布式文件系统。DFS 分布式文件系统的基本结构中具有一个 DFS 根目录（DFS Root）、多个 DFS 链接（DFS Link）以及每个链接所指向的 DFS 共享文件或副本。图 5-48 所示为分布式文件系统的应用。

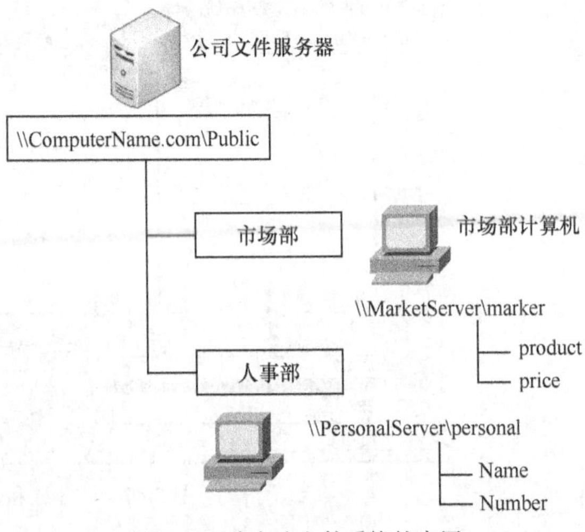

图 5-48 分布式文件系统的应用

1. DFS 名称空间

DFS 名称空间为分布在不同服务器上的所有网络共享提供单个统一的名称空间。用户只需记住 DFS 根目录即可访问环境中的网络共享，而不管共享的位置在何处。对于用户来说，所有的共享似乎都在单台文件服务器上。

2. DFS 根目录

DFS 根目录是 DFS 名称空间的起点，与磁盘卷的根目录类似，并且位于 DFS 结构的顶部。根目录也分为两种类型：独立的根目录和基于域的根目录。在创建 DFS 根时，会指定一个共享目录作为根目录。由于在创建 DFS 根目录之后再对其进行重命名非常困难，因此在实际配置和实施 DFS 根目录之前选择一个简短、易于记忆和有意义的名称非常重要。建议在逻辑命名空间的开头使用公司的内部域名，如 CompanyName.com。如图 5-48 所示，DFS 根目录的名称为\\Company Name.com\Public。

3. 目录目标

一个 DFS 根目录映射一个或多个根目录目标，其中每个都对应于服务器上的一个共享目录。

4. DFS 链接

DFS 链接是 DFS 名称空间内的一个逻辑文件夹，每个 DFS 链接都指向一个网络共享，并且可在其下包含另外的 DFS 链接。通过 DFS 链接，可以扩展 DFS 结构。如图 5-48 所示，DFS 链接名称为市场部或人事部。

5. 映射目标

DFS 根目录或 DFS 链接的映射目标，对应于在网络上共享的物理目录。如图 5-48 所示，目标名称为 \\ MarketServer \ market 或 \\ PersonalServer \ personal。

DFS 根目录分为域根目录和独立的根目录，设计 DFS 结构，第一步就是要决定使用域根目录还是独立的根目录。

（1）域根目录。拓扑信息被存储在 Active Directory 中的 DFS 名称空间，访问根目录或链接的路径以主机域名开头，使用 Active Directory 公布这种类型的 DFS 根目录，能够使域中的用户快速地定位和访问所需的共享。域根目录可以具有多个根目录目标，这能够提供根目录级的容错和负载共享。

（2）独立的根目录。拓扑信息被存储在本地主服务器注册表上的 DFS 名称空间，访问根目录或链接的路径以主机服务器名开头。独立的根目录只有一个根目录目标，没有根目录级的容错。当此根目录目标不可用时，整个 DFS 名称空间将不可访问。

5.5.2　实现分布式文件系统

1. 建立 DFS 根目录

（1）依次执行“开始”→“程序”→“管理工具”→“分布式文件系统”命令，打开“分布

式文件系统”控制台，如图 5-49 所示。

（2）右键单击窗口左侧的“分布式文件系统”图标，在弹出的快捷菜单中选择“新建根目录向导”选项，如图 5-50 所示。

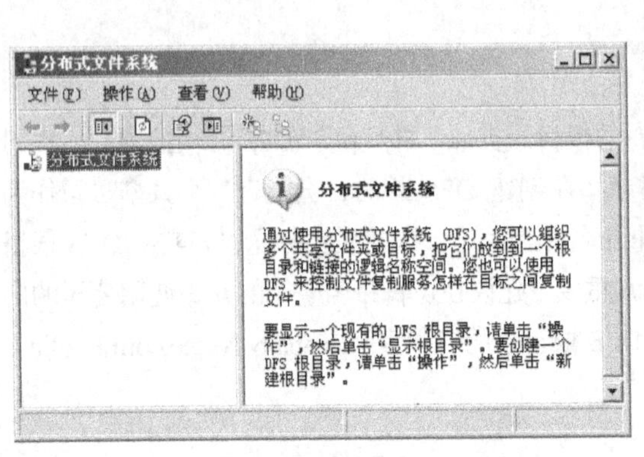

图 5-49 “分布式文件系统”控制台

图 5-50 “新建根目录向导”对话框

（3）单击“下一步”按钮，进入“根目录类型”对话框，如图 5-51 所示。这里有两种创建分布式文件根目录的方式，分别为基于域的域根目录方式和基于主机的独立根目录方式。

（4）选择“独立的根目录”单选按钮，再单击“下一步”按钮进入“主服务器”设置对话框。在这里输入要建立的 DFS 根目录所在服务器的计算机名，如图 5-52 所示。

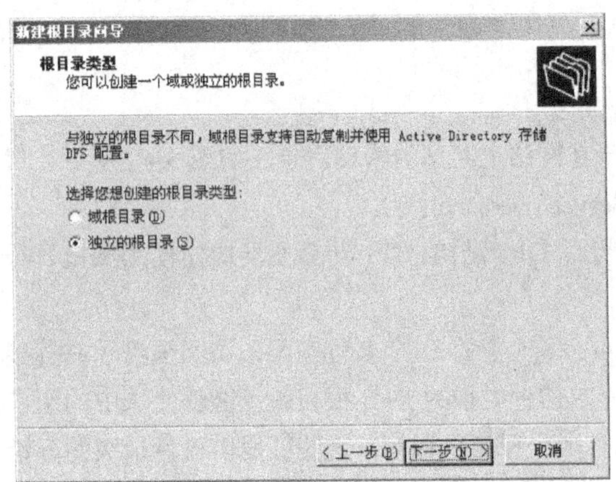

图 5-51 “根目录类型”对话框

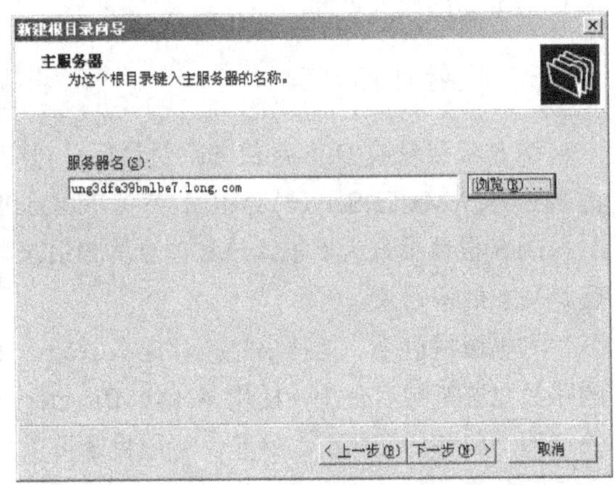

图 5-52 “主服务器”对话框

（5）单击 “下一步”按钮，进入“根目录名称”设置对话框。在这里指定根目录的名称，该名称用于识别根目录，是用户要访问的逻辑文件名，还可以在注释里对该根目录的用途进行说明，如图 5-53 所示。

（6）单击“下一步”按钮，进入“根目录共享”设置对话框，如图 5-54 所示。在这里输入要作为根目录的文件夹的完整路径，如果该文件夹不存在，系统将自动创建该命名文件夹。该文件夹的格式必须为 NTFS 类型的。

（7）单击“下一步”按钮，进入“正在完成‘新建根目录’向导”对话框，如图 5-55 所示。

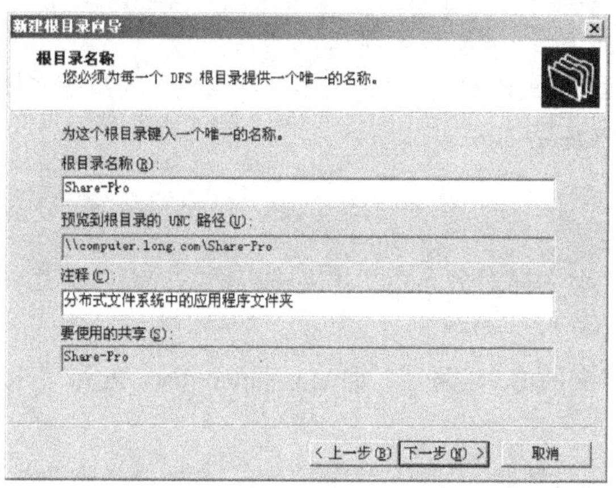

图 5-53　“根目录名称”对话框

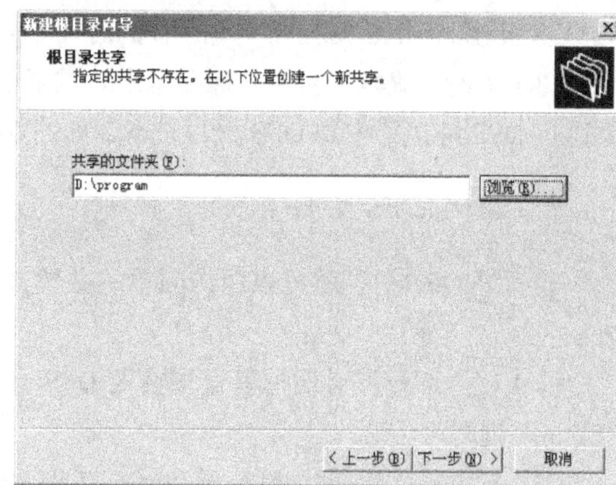

图 5-54　“根目录共享”设置对话框

（8）单击“完成”按钮，结束新建 DFS 根目录操作。这时可以看到在“分布式文件系统”控制台左边的窗口中显示了该新建的 DFS 根。右边的窗口则显示了该 DFS 根的实际 UNC 路径，如图 5-56 所示。

如上所述建立了一个根 DFS。此外还需要将本机或其他服务器上的共享文件夹添加到根目录下，使它可以被集中地访问。

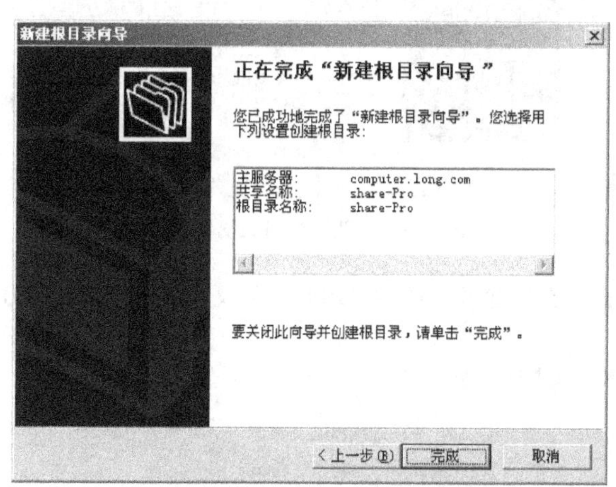

图 5-55　完成“新建根目录向导”

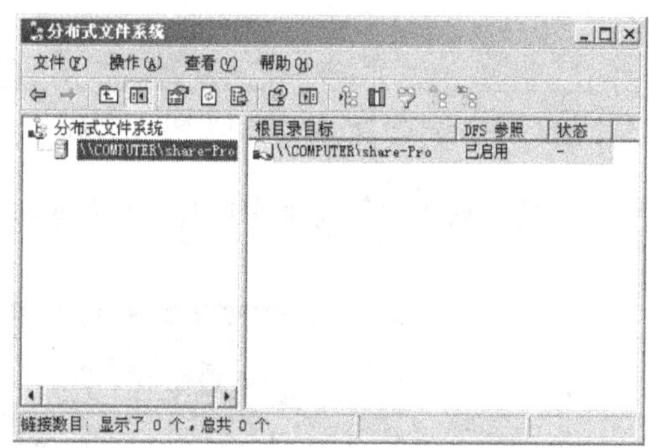

图 5-56　“分布式文件系统”控制台

2. 添加 DFS 链接

（1）右键单击“分布式文件系统”控制台左边窗口的 DFS 根，在弹出的快捷菜单中选择“新建链接”命令，打开“新建链接”对话框，如图 5-57 所示。

（2）在“链接名称”文本框中输入一个名称，该名称将被用于标识一个文件夹，当用户从网上邻居上浏览 DFS 目录时，显示的是这个链接名称，而不是实际文件夹的名称。另外，在“以秒计算的客户端缓存这个引用所需的时间”文本框中可以指定时间，表示用户计算机将 DFS 解析

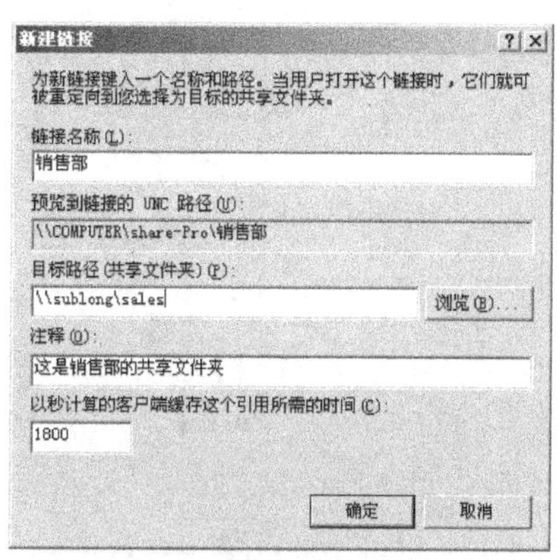

图 5-57　“新建链接”对话框

的 DFS 链接的 UNC 路径在本地保存的时间。默认值是 1 800 秒，即 0.5 小时。

（3）单击“确定”按钮，保存退出。重复上面的操作可以把分布在多台计算机上的共享文件夹通过 DFS 链接集中到 DFS 根目录下，如图 5-58 所示。

3. 访问 DFS 文件夹

设置好 DFS 后，就可以像访问单一共享文件夹一样对分布式文件夹进行访问。有以下几种方法。

（1）在“运行”对话框里直接输入 DFS 文件夹的 UNC 路径，如\\computer\share-Pro，再按“Enter”键即可。

（2）把 DFS 根映射为网络驱动器。打开“资源管理器”，选择“工具”→“映射网络驱动器”选项，打开如图 5-59 所示的对话框。在“驱动器”下拉列表中选择一个盘符，在“文件夹”下拉列表中输入 DFS 根目录的路径，单击“完成”按钮即可映射成功。

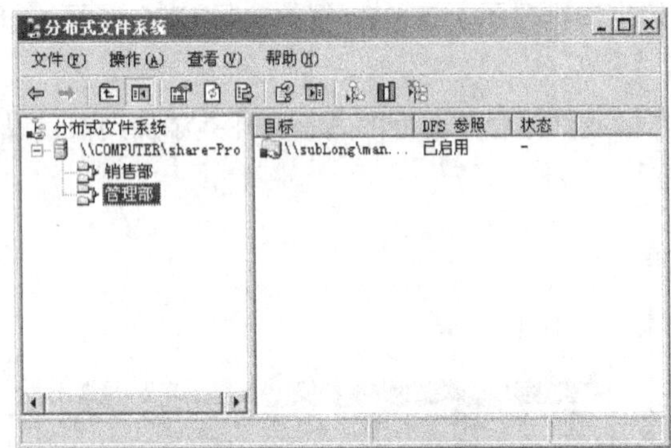

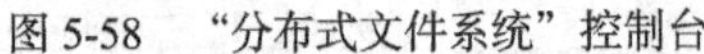

图 5-58 “分布式文件系统”控制台

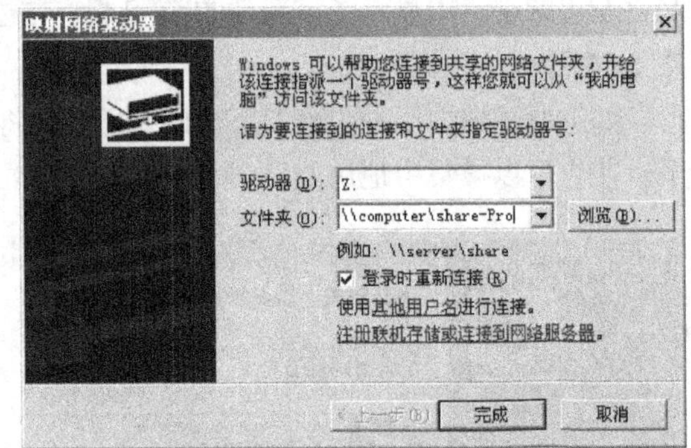

图 5-59 “映射网络驱动器”对话框

以后，从资源管理器中通过该网络驱动器“Z:”就可以访问 DFS 内的文件了，如图 5-60 所示。

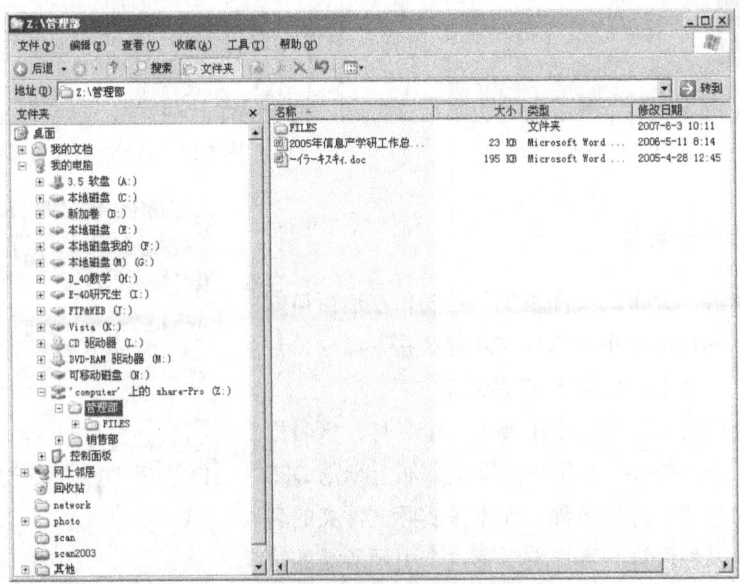

图 5-60 映射网络驱动器示例

5.6 打印概述

使用 Windows Server 2003 家族中的产品，可以在整个网络范围内共享打印资源。各种计算机和操作系统上的客户端，可以通过 Internet 将打印作业发送到运行 Windows Server 2003 操作系统的打印服务器所连接的本地打印机，或者发送到使用内置或外置网卡连接到网络或其他服务器的打印机。

Windows Server 2003 家族中的产品支持多种高级打印功能。无论运行 Windows Server 2003 家族操作系统的打印服务器计算机位于网络中的哪个位置，都可以对它进行管理。另一项高级功能是，不必在 Microsoft Windows XP 客户端计算机上安装打印机驱动程序就可以使用网络打印机。当客户端连接运行 Windows Server 2003 家族操作系统的打印服务器计算机时，驱动程序将自动下载。

5.6.1 基本概念

为了建立网络打印服务环境，首先需要理解清楚几个概念。

（1）打印设备：实际执行打印的物理设备，可以分为本地打印设备和带有网络接口的打印设备。根据使用的打印技术，可以分为针式打印设备、喷墨打印设备和激光打印设备。

（2）打印机：即逻辑打印机，打印服务器上的软件接口。当发出打印作业时，作业在发送到实际的打印设备之前先在逻辑打印机上进行后台打印。

（3）打印服务器：连接本地打印机，并将打印机共享出来的计算机系统。网络中的打印客户机会将作业发送到打印服务器处理，因此打印服务器需要有较高的内存以处理作业，对于较频繁的或大尺寸文件的打印环境，还需要打印服务器上有足够的磁盘空间以保存打印假脱机文件。

5.6.2 共享打印机的连接

在网络中共享打印机时，主要有两种不同的连接模式，即“打印服务器+普通打印机”模式和“打印服务器+网络打印机”模式。

（1）“打印服务器+普通打印机”模式就是将一台普通打印机安装在打印服务器上，然后通过网络共享该打印机，供局域网中的授权用户使用。打印服务器既可以由通用计算机担任，也可以由专门的打印服务器担任。

如果网络规模较小，则可采用普通计算机担任服务器，操作系统可以采用 Windows 98/Me 或 Windows 2000/XP。如果网络规模较大，则应当采用专门的服务器，操作系统也应当采用 Windows 2000 Server 或 Windows Sever 2003，从而便于对打印权限和打印队列的管理，并适应繁重的打印任务。

（2）“打印服务器+网络打印机”模式是将一台带有网卡的网络打印机通过网线联入局域网，给定网络打印机的 IP 地址，使网络打印机成为网络上的一个不依赖于其他 PC 的独立节点，然后在打印服务器上对该网络打印机进行管理，用户就可以使用网络打印机进行打印了。网络打印机

通过 EIO 插槽直接连接网络适配卡，能够以网络的速度实现高速打印输出。打印机不再是 PC 的外设，而成为一个独立的网络接点。

由于计算机的端口有限，因此，采用普通打印机时，打印服务器所能管理的打印机数量也就较少。而由于网络打印机采用以太网端口接入网络，因此一台打印服务器可以管理数量非常多的网络打印机，更适用于大型网络的打印服务。

5.7 安装打印服务器

若要提供网络打印服务，必须先将计算机安装为打印服务器，安装并设置共享打印机，然后再为不同操作系统安装驱动程序，使得网络客户端在安装共享打印机时，不再需要单独安装驱动程序。

5.7.1 安装非网络接口打印服务器

（1）安装打印机。运行“配置服务器向导”，在“服务器角色”窗口的“服务器角色”列表框中，选择“打印服务器”选项，如图 5-61 所示。

（2）本地或网络打印机。系统运行“添加打印机向导”，选择打印机的连接方式。选中“连接到这台计算机的本地打印机”单选按钮，如果当前要连接的打印机属于即插即用设置，应选中“自动检测并安装我的即插即用打印机”复选框。

（3）选择打印机端口。安装本地打印机，一般都选择 IPT 端口。选中“使用以下端口”单选按钮，并在下拉列表中选择“IPT1:（推荐的打印机端口）”选项，如图 5-62 所示。

当安装第二台打印机时，应当选择“IPT2”端口。需要注意的是，该选项仅适用于并口打印机，以太网和 USB 接口的打印机不采用该安装方式。

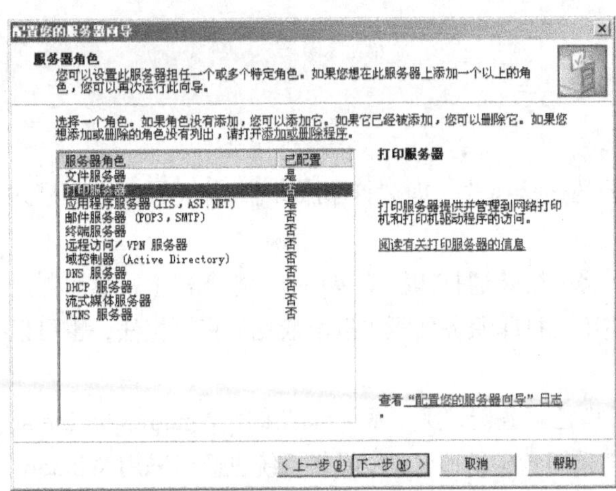

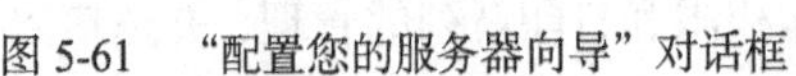
图 5-61 “配置您的服务器向导”对话框

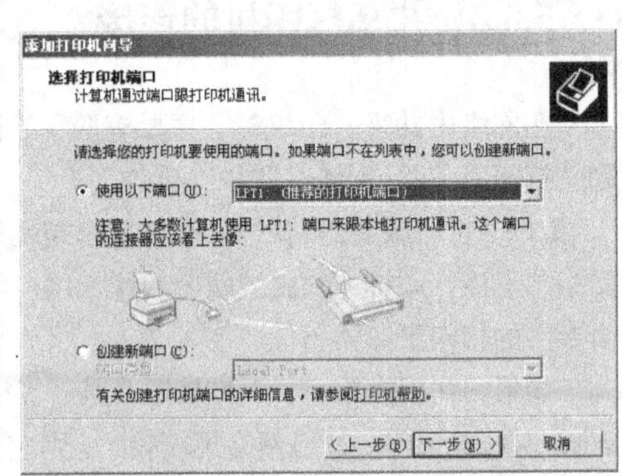

图 5-62 “选择打印机端口”对话框

（4）安装打印机软件。在左侧的“厂商”列表框中确定打印机的品牌，在右侧“打印机”列表框中选择打印机的型号。若要安装的打印机没有显示在列表框中，可单击“从磁盘安装”按钮，并插入随打印机提供的安装磁盘或光盘，直接安装打印机驱动程序。

（5）命名打印机。在“打印机名”文本框中输入要使用的打印机名称。

当安装多台打印机时，将在该对话框中显示是否设置为默认打印机选项。选中“是”单选按钮，可将当前打印机设置为默认打印机，当在应用程序中调用打印机功能时，如果不选择打印机，将使用该打印机完成打印任务。

（6）打印机共享。选中“共享名”单选按钮，将该打印机设置为共享打印机，并为该打印机添加一个共享名。

（7）位置和注释。打印机在网络中共享后，必须为其输入一个完整的路径名称，方便用户在使用时用来寻找打印机。另外，在该对话框中还可以输入对当前打印机的注释信息，这样将有助于管理员对打印机设备的管理，以及用户对打印设备的选择。在“位置”和“注释”文本框中输入这台打印机的位置和功能特点，如图 5-63 所示。

（8）添加其他打印机。打印机配置完成，此处将显示安装摘要，如图 5-64 所示。若要继续添加其他打印机，可选中“重新启动向导，以便添加另一台打印机”复选框，继续添加其他打印机。否则，清除该复选框。

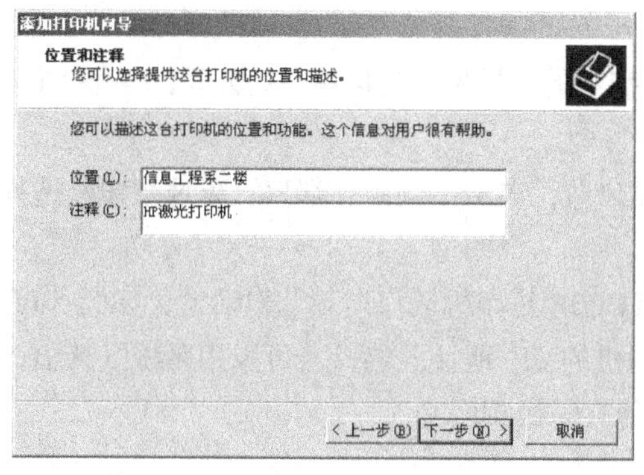

图 5-63　“位置和注释”对话框

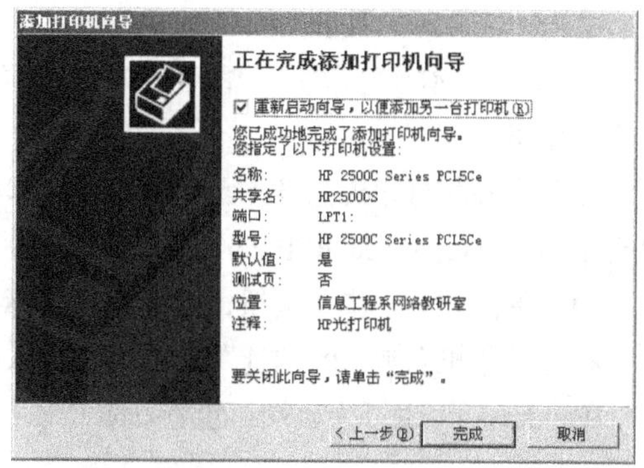

图 5-64　“正在完成添加打印机向导”对话框

（9）添加打印机驱动程序。系统运行“添加打印机驱动程序向导”，用来为打印机添加驱动程序。显示如图 5-65 所示的“打印机驱动程序选项”对话框。

（10）处理器和操作系统选择。单击“下一步”按钮，选择要安装驱动程序的操作系统，如图 5-66 所示。通常情况下，应当选中 CPU 为“x86”系列，Windows 95/98/Me 和 Windows 2000/XP/2003 操作系统前的复选框。

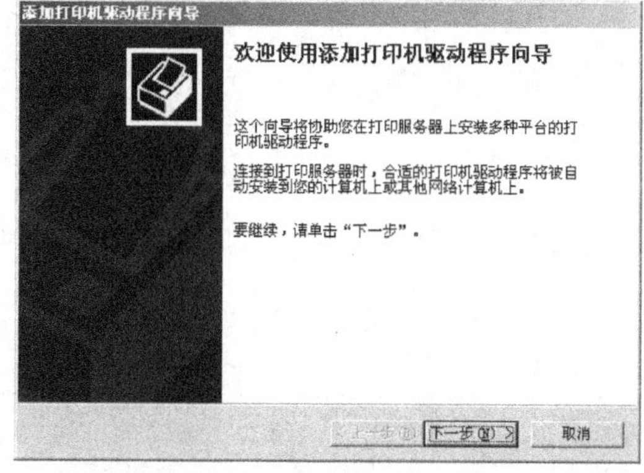

图 5-65　“添加打印机驱动程序向导”对话框

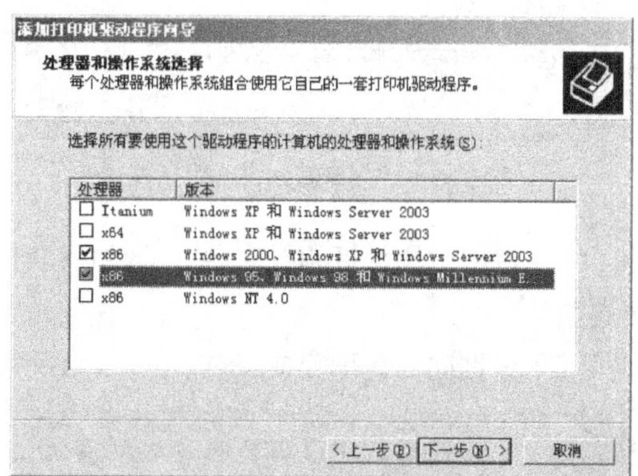

图 5-66　选择要安装驱动程序的操作系统

（11）插入驱动程序安装盘。根据系统提示，依次插入各种 Windows 版本的驱动安装程序，并指定驱动程序所在安装路径。打印机驱动程序向导完成以后，会显示“此服务器现在是一个打印服务器”对话框，表明该计算机已经被配置为打印服务器。单击“完成”按钮安装成功。

要添加和设置直接连接到计算机上的打印机，必须以 Administrators 组成员的身份登录。在 Windows Server 2003 中，默认情况下，添加打印机向导会共享该打印机并在 Active Directory 中发布，除非在向导的“打印机共享”屏幕中选择了“不共享此打印机”。

5.7.2 安装网络接口打印服务器

对于网络接口的打印设备，可以按照下列步骤进行安装。

（1）打开“控制面板”→“打印机和传真”界面，双击“添加打印机”，启动添加打印机向导，然后单击“下一步”按钮。

（2）单击“本地打印机”，清除“自动检测并安装我的即插即用打印机”复选框，然后单击“下一步”按钮。

（3）当添加打印机向导提示用户选择打印机端口时，单击“创建新端口”单选按钮。选择端口类型为“Standard TCP/IP Port”，如图 5-67 所示。

（4）单击“下一步”按钮，打开“添加标准 TCP/IP 打印机端口向导”对话框，如图 5-68 所示。在“打印机名或 IP 地址”文本框中输入打印机的 IP 地址。端口名可采用系统默认值，即“IP_IPaddress”，也可为该端口重新命名，以与其他打印机相区别。

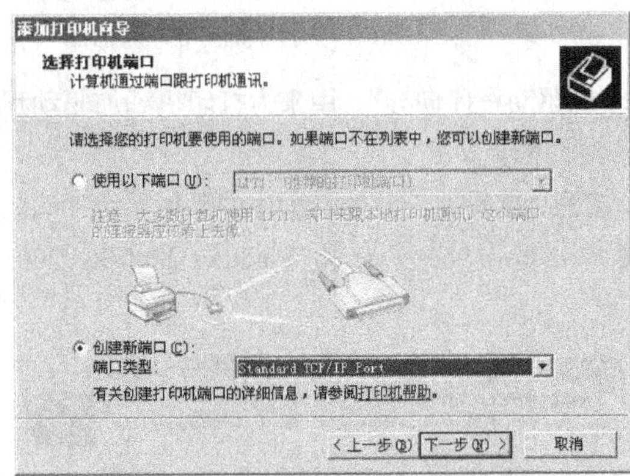

图 5-67 “创建新端口”对话框

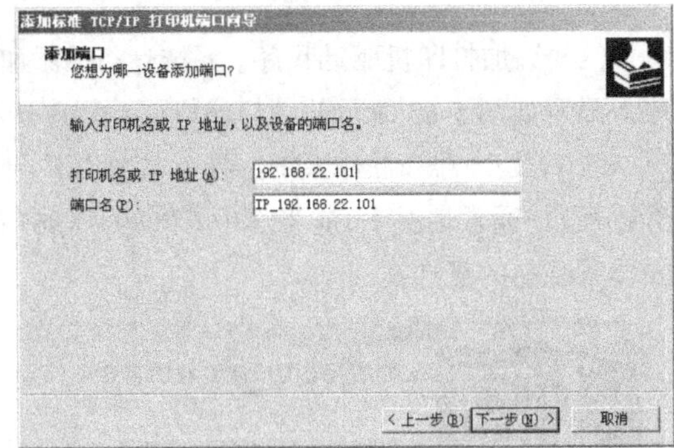

图 5-68 “添加标准 TCP/IP 打印机端口向导”对话框

（5）返回“添加打印机向导”，开始安装打印机驱动程序。以下操作与并口打印机完全相同，不再赘述。

（6）根据向导提示完成安装。

因为打印设备直接连接到网络上，而不是连接到计算机上，所以必须清除“自动检测打印机”复选框。

5.8 共享网络打印机

打印服务器设置成功后，即可在客户端安装共享打印机。共享打印机的安装与本地打印机的安装过程非常相似，都需要借助“添加打印机向导”来完成。在安装网络打印机时，在客户端不需要为要安装的打印机提供驱动程序。

5.8.1 安装打印机客户端

客户端打印机的安装过程与服务器的设置有很多相似之处，但也不尽相同。其安装过程在“添加打印机向导”的引导下即可完成。

（1）运行“添加打印机向导”，在“本地或网络打印机”对话框（见图 5-69）中选中“网络打印机或连接到另一台计算机的打印机”单选按钮，添加网络打印机。

（2）在“指定打印机”对话框（见图 5-70）中选中“连接到这台打印机”单选按钮，然后在“名称”文本框中输入打印机的位置，其格式为“\\打印服务器名称\打印机共享名”。

（3）如果要连接到的打印机和本地计算机在同一局域网内，也可以直接单击“下一步”按钮，在“浏览打印机”对话框中直接选择。

由于打印服务器中已经为客户端准备了打印机的驱动程序，因此，客户端安装网络打印机时，无须再提供打印机驱动程序。

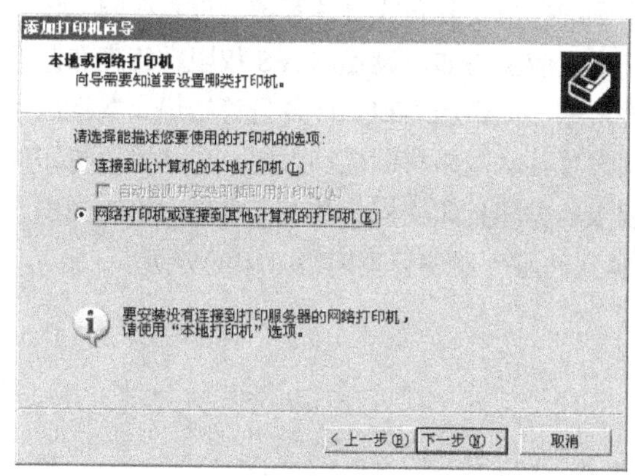

图 5-69　“本地或网络打印机”对话框

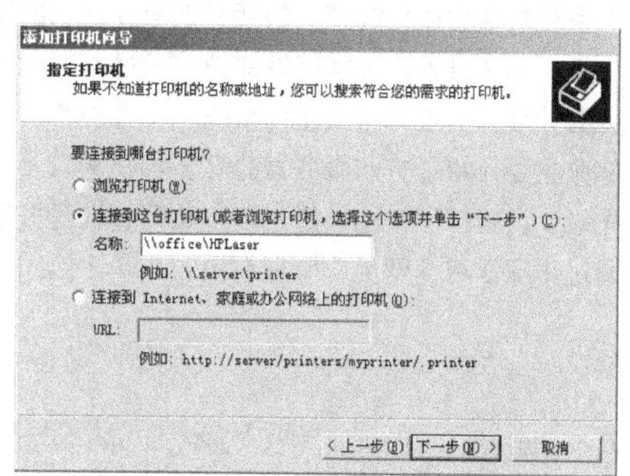

图 5-70　“指定打印机”对话框

5.8.2 使用“网上邻居”或“查找”安装打印机

除了可以采用“打印机安装向导”安装网络打印机外，还可以使用“网上邻居”或“查找”的方式安装打印机。

在“网上邻居”中找到打印服务器，或者使用“查找”方式以 IP 地址或计算机名称找到打印服务器。双击打开该计算机，根据系统提示输入有访问权限的用户名和密码，然后显示其中所有的共享文档和“共享打印机”，如图 5-71 所示。

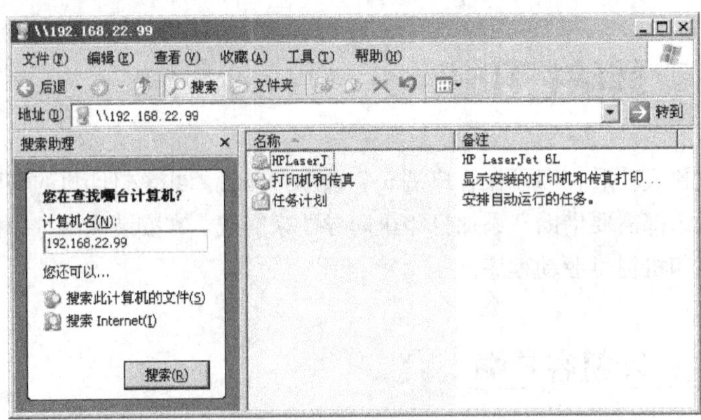

图 5-71　共享文档和打印机

双击要安装的网络打印机，该打印机的驱动程序将自动被安装到本地，并显示该打印机中当前的打印任务。或者右键单击共享打印机，在弹出的快捷菜单中选择“连接”选项，完成网络打印机的安装。

小结

本章前半部分主要介绍在 Windows Server 2003 系统中如何配置资源共享和如何通过 NTFS 文件系统对数据进行管理，包括文件服务器的配置、资源共享、分布式文件系统、设置权限、设置文件压缩和设置文件加密等知识。通过本章学习，学生应掌握如何设置 NTFS 权限、管理和监控资源共享、实现分布式文件系统、文件加密、文件解密、文件压缩和文件备份等知识。本章后半部分主要介绍了打印服务器的安装与配置以及如何设置共享网络打印机等内容，包括设置打印优先级、设置打印机池、管理打印队列、设置打印权限、分隔打印文档、共享网络打印机等知识。通过本章学习，学生应掌握在 Windows 网络中配置文件服务器和管理网络打印的方法。

习题

一、填空题

1. 可供设置的标准 NTFS 文件权限有________、________、________、________、________、________。

2. Windows Server 2003 系统通过在 NTFS 文件系统下设置________来限制不同用户对文件的访问级别。

3. 相对于以前的 FAT、FAT32 文件系统来说，NTFS 文件系统的优点包括可以对文件设置________、________、________、________。

4. DFS 分布式文件系统的基本结构中具有一个________、多个________以及每个链接所指向的________。

5. 分布式文件系统有两种类型：________和________。

6. 在网络中可共享的资源有________和________。

7. 要设置隐藏共享，需要在共享名的后面加________符号。

8. 共享权限分为________、________和________3 种。

9. 在网络中共享打印机时，主要有两种不同的连接模式，即________和________。

10. Windows Server 2003 系统支持两种类型的打印机：________和________。

11. 要利用打印优先级系统，需为同一打印设备创建________个逻辑打印机。

12. 在 Windows Server 2003 中，可以利用________分隔每份文档。

13. ________就是用一台打印服务器管理多个物理特性相同的打印设备，以便同时打印大量文档。

二、判断题

1. 在 NTFS 文件系统下，可以对文件设置权限，而 FAT 和 FAT32 文件系统只能对文件夹设置共享权限，不能对文件设置权限。（　　）

2. 通常在管理系统中的文件时，要由管理员给不同用户设置访问权限，普通用户不能设置或更改权限。（　　）

3. NTFS 文件压缩必须在 NTFS 文件系统下进行，离开 NTFS 文件系统时，文件将不再压缩。（　　）

4. 磁盘配额的设置不能限制管理员账号。（　　）

5. 将已加密的文件复制到其他计算机后，以管理员账号登录，就可以打开加密文件了。（　　）

6. 文件加密后，除加密者本人和管理员账号外，其他用户无法打开此文件。（　　）

三、简答题

1. 简述 FAT、FAT32 和 NTFS 文件系统的区别。

2. 重装 Windows Server 2003 后，原来加密的文件为什么无法打开？

3. 简述打印机、打印设备和打印服务器的区别。

4. 简述共享打印机的好处，并举例。

实训

实训 1　文件系统和共享资源管理

一、实训目的

（1）掌握利用 NTFS 权限保护文件的方法。

（2）掌握共享文件夹的建立与管理。

二、实训条件

实训方式为分组进行实训，每组需要计算机 Windows Server 2003 两台：一台命名为 WServer××（××为组号），作为域控制器，其域名为 TestDomain××.com。另一台命名为 MServer××（××为

组号），作为成员服务器，加入到 TestDomain××.com 域中。

三、实训任务

（1）为用户账户和组指派 NTFS 文件系统文件夹和文件权限。

（2）测试 NTFS 文件夹和文件权限。

（3）创建、测试和管理文件夹共享。

请根据实训目的、实训条件及实训任务写出详细的实训方案并进行实施。

实训 2　设置文件压缩与文件加密

（1）分别用压缩文件夹和 NTFS 压缩的方法对 E:\data 文件夹进行压缩。

（2）将该文件夹解压后进行加密操作。

（3）为了防止密钥的丢失和加密文件被非法打开，备份用户的密钥。

（4）利用把备份的密钥导入系统的方法打开加密文件。

请完成以上各项任务。

实训 3　实现分布式文件系统

配置独立根目录的分布式文件系统，把不同服务器上的共享文件集中起来统一管理。

实训 4　配置打印服务器实训

一、实训目的

（1）掌握本地打印机的安装。

（2）掌握网络打印机的安装与配置。

（3）掌握共享网络打印机的方法。

二、实训要求

（1）建立打印服务子系统。

（2）实现打印机池的应用。

三、实训指导

1. 建立打印服务子系统

（1）在 Windows Server 2003 操作系统中建立网络打印服务器，安装打印设备和设置共享打印机。

（2）配置打印工作站（即打印客户机）。在客户机上设置、连接和使用网络共享打印机。

2. 打印机池的应用与实现

（1）打印服务器：建立起连接 3 台打印设备的打印服务器，分别使用 IPT1、IPT2 和 IPT3 物理打印端口，其打印机名为“HP4L”。

（2）分别在两台客户机上添加网络打印机，并在每台客户机中同时输出一个名为 test.doc 的文档到该打印机。

（3）打开打印机管理器，观察作业分配到打印端口的先后顺序。

四、实训思考题

（1）如何使不同用户享有不同的打印机使用权限？

（2）为一台打印设备创建多个打印机的目的是什么？其适用于什么场合？

（3）在什么情况下选择“打印机池”的连接方式？使用此方式的优点有哪些？

（4）如何建立基于 Web 方式的 Internet 打印系统？请到网上查找资料。

五、实训报告要求

参见第 1 章后的实训要求。

第6章 远程管理和远程协助

本章学习要点

Windows Server 2003 操作系统提供了可用于从远程位置管理服务器的工具。这些工具包括“远程桌面”管理单元、终端服务器、远程协助、Telnet 服务等。了解每种工具的优点和安全性需要后，就可以为远程管理和管理任务选择最合适的工具了。

- 掌握远程桌面的配置
- 掌握终端服务器的配置
- 掌握使用 Telnet 服务的方法

6.1 配置和使用“远程桌面”

从 Windows Server 2003 开始，Windows 的终端服务分为两部分：远程桌面和终端服务。其中远程桌面相当于 Windows 2000 Server 中远程管理模式的终端服务器，最多允许两个远程连接；而现在的终端服务则相当于 Windows 2000 Server 中应用程序服务器模式的终端服务器，允许更多的客户机连接到服务器上。远程桌面不需要特别的许可证，而终端服务需要安装“终端服务授权”组件，并为远程连接购买许可证，否则只能在 120 天的试用期内使用。除此之外，二者并无更多区别，而且二者都使用远程桌面协议（RDP）提供服务。

远程桌面和终端服务功能有如下优点。

- 提供了基于图形环境的管理模式。
- 为低端硬件设备提供了访问 Windows Server 2003 桌面的能力。
- 提供了集中的应用程序和用户管理方式。

远程桌面功能允许管理员远程登录到一台计算机，并像在本地一样管理该计算机。此功能已包含在 Windows Server 2003 系统中，不需要另外安装，只要启用该功能即可。启用远程桌面的步骤如下。

（1）在桌面上右键单击“我的电脑”图标，在弹出的快捷菜单中选择“属性”选项，然后在“系统属性”对话框中单击“远程”选项卡，勾选“启用这台计算机上的远程桌面”复选框，如图 6-1 所示。

注意　为了允许某个用户能够连接到本计算机，还需要将用户添加到“Remote Desktop Users”组中。

（2）配置好服务器之后，就可以从客户机上进行连接了。对于 Windows XP 和 Windows Server 2003 操作系统来说，系统已经内置了“远程桌面连接”工具。用户可以从“开始”→“程序”→“附件”→“通信”中找到。启动该程序后，可以看到一个简单的连接界面。输入远程服务器的名称或者 IP 地址就可以进行连接，也可以单击“选项”按钮，以设置更多选项，如图 6-2 所示。输入被连接的计算机中已存在的用户名和密码，单击“连接”按钮，登录到该计算机。

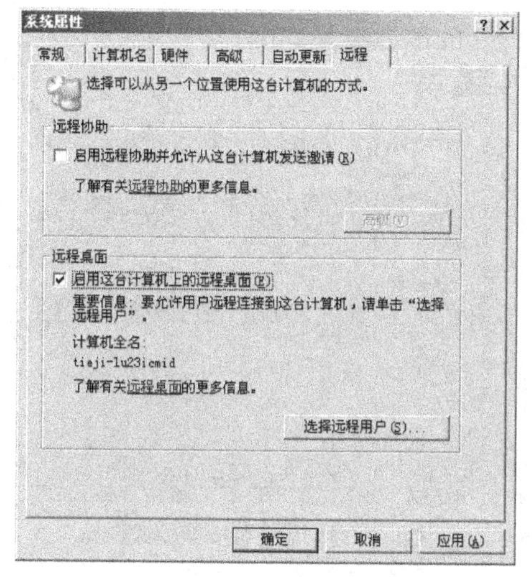

图 6-1　“系统属性”对话框的“远程”选项卡

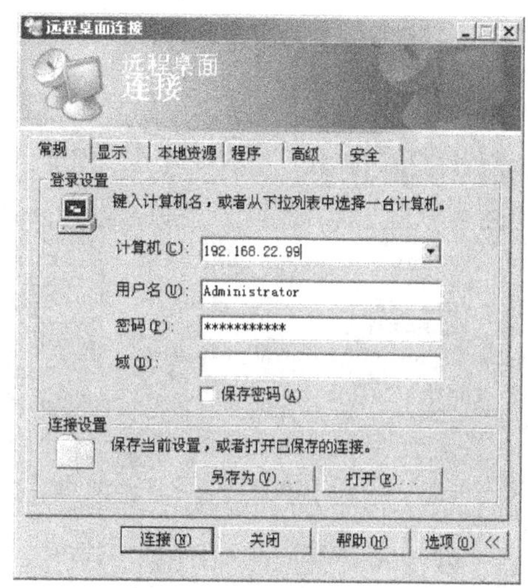

图 6-2　远程桌面连接

（3）登录后，管理员就可以对该计算机进行远程管理了。

（4）要退出远程桌面，可在终端窗口中选择“开始”→“关机”按钮。在“关闭 Windows”对话框中选择“断开”选项，单击“确定”按钮。

对于旧版本 Windows 操作系统，需要专门安装终端服务器客户程序。Windows Server 2003 系统中已经有一个终端服务客户机程序的安装文件，位置通常是%SystemRoot%\Windows\system32\clients\tsclient。

管理员可以共享该目录，以允许客户计算机连接到这个共享目录，进行终端服务客户程序的安装。

6.2　配置终端服务

终端服务一方面允许管理员远程管理计算机，另一方面也允许多个用户同时运行终端服务器中的程序。

6.2.1 安装终端服务器

如果仅仅出于远程管理的目的，则不必安装终端服务，默认的远程桌面就可以提供足够的支持了。为了允许更多用户连接到本计算机，可以安装终端服务，安装了终端服务的计算机被称为终端服务器。

要实现终端服务，需要先安装“终端服务器”，安装步骤如下。

（1）依次执行“开始”→“设置”→“控制面板”→“添加或删除程序”→“添加/删除 Windows 组件”命令，选择“终端服务器”组件，如图 6-3 所示，单击“下一步”按钮继续。

（2）在“Windows 组件向导”中，可以看到终端服务的各个安装选项。首先会看到安全模式的选择，如图 6-4 所示。

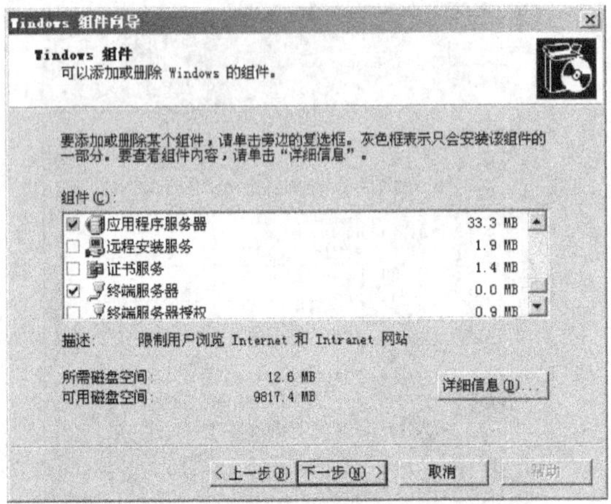

图 6-3 “Windows 组件向导”对话框

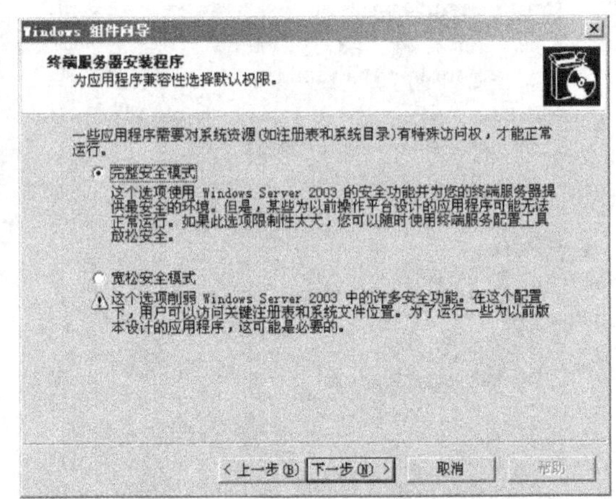

图 6-4 终端服务器安全模式选择

（3）接下来，还需要设置许可证服务器，如图 6-5 所示。

（4）然后设置授权模式，如图 6-6 所示。授权模式有两种：每设备授权模式和每用户授权模式。

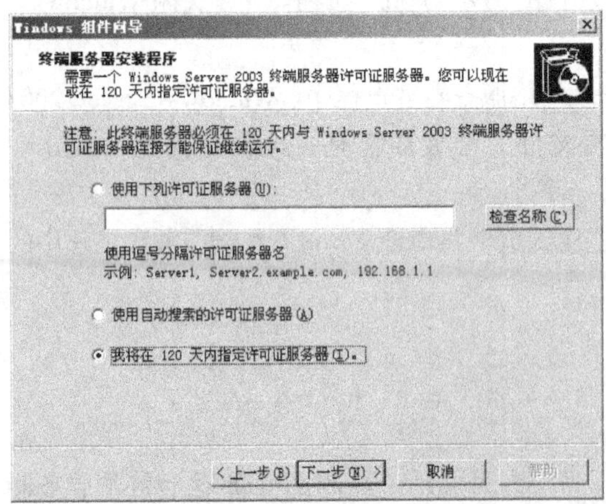

图 6-5 终端服务器许可

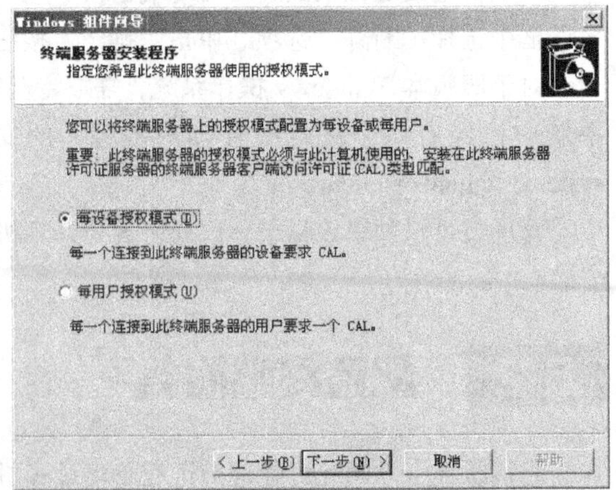

图 6-6 终端服务器授权模式

（5）终端服务器安装完成后，需要重新启动计算机。

6.2.2　连接到终端服务器

通过“远程桌面连接”和“远程桌面”两个程序可以连接到终端服务器计算机。通过“远程桌面连接”连接到终端服务器的过程和连接远程桌面相同，不再重复。下面介绍通过“远程桌面”连接到终端服务器的过程。

（1）依次执行“开始”→“程序”→“管理工具→“远程桌面”命令。

（2）右键单击“远程桌面”，从弹出的菜单中选择“添加新连接”选项。在弹出的对话框中输入终端服务器名或 IP 地址，同时在“登录信息”下面的文本框中分别输入用户名、密码和域名，如图 6-7 所示。

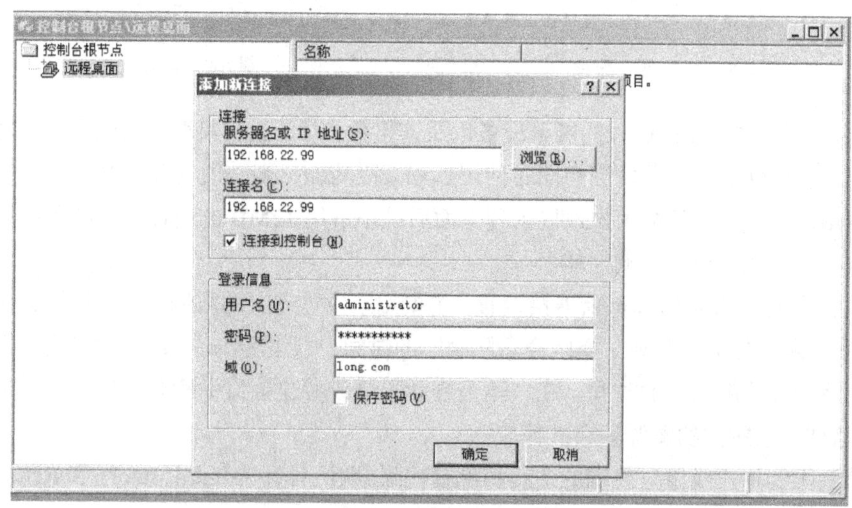

图 6-7　“添加新连接”对话框

（3）单击“确定”按钮，登录到终端服务器。

6.2.3　配置和管理终端服务

不管使用远程桌面模式还是使用终端服务器模式，都可以在管理工具中找到“终端服务配置”和“终端服务管理器”两个工具。

（1）使用终端服务配置可以更改本地计算机上 RDP 连接的属性。执行“开始”→“程序”→“管理工具”命令，单击“终端服务器配置”启动终端服务配置窗口，如图 6-8 所示。

（2）单击左侧控制台树的“连接”选项，右侧详细信息窗格中即出现可选的 RDP-Tcp 连接，右键单击“RDP-Tcp”，在弹出的快捷菜单中选择“属性”选项，出现 RDP-Tcp 属性对话框，如图 6-9 所示。

主要配置项有以下几个。

① 远程控制：设置是否允许用户远程控制本计算机。

② 客户端设置：客户端连接设置以及客户端颜色设置等。限制颜色深度可以增强连接性能，尤其是对于慢速连接，并且还可以减轻服务器负载。“远程桌面”连接的当前默认最大颜色深度设置为 16 位。

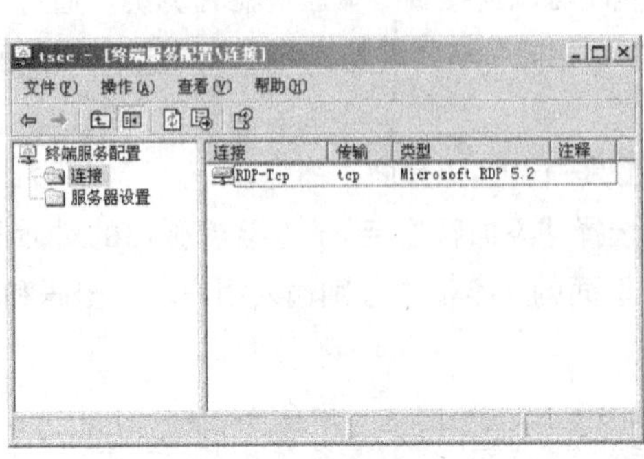

图 6-8　终端服务配置

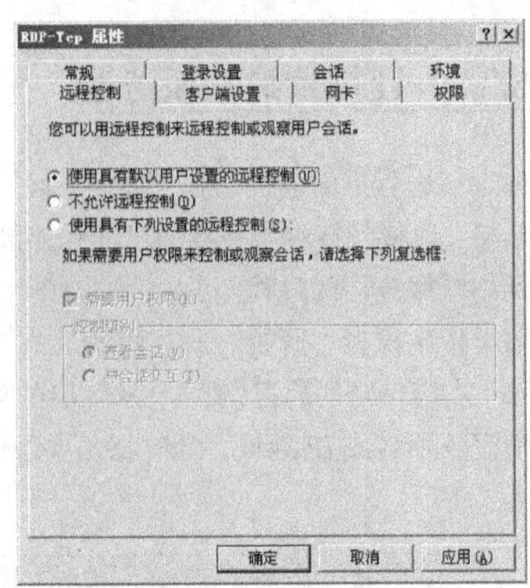

图 6-9　RDP-Tcp 属性

③ 网卡：设置许可连接进入的网卡设备以及连接数。对于远程桌面，默认最多同时有两个用户连接；如果想要使 3 个以上的用户同时使用远程桌面功能，则必须安装终端服务，安装后就可以任意设定用户数。由于每个用户连接远程桌面后最小占用 12MB 的内存，因此可根据服务器内存大小来设定用户数，以免影响性能。

④ 会话：终端服务超时和重新连接设置。主要用来设定超时的限制，以便释放会话所占用的资源，“结束已断开的会话”和“空闲会话限制”的时间一般设为 5min 较好。对安全性要求高的也可设定“活动会话限制”的时间。在“达到会话限制或者连接被中断时”选项下，建议选“结束会话”，这样连接所占的资源就会被释放。

⑤ 权限：限制用户或组对终端的访问和配置权限。默认只有 Administrators 和 Remote Desktop Users 组的成员可以使用终端服务连接与远程计算机连接。

（3）使用“终端服务管理器”可以监视和管理远程用户对服务器的连接。执行“开始”→“程序”→“管理工具”命令，单击“终端服务管理器”可以打开终端服务管理器窗口，如图 6-10 所示。

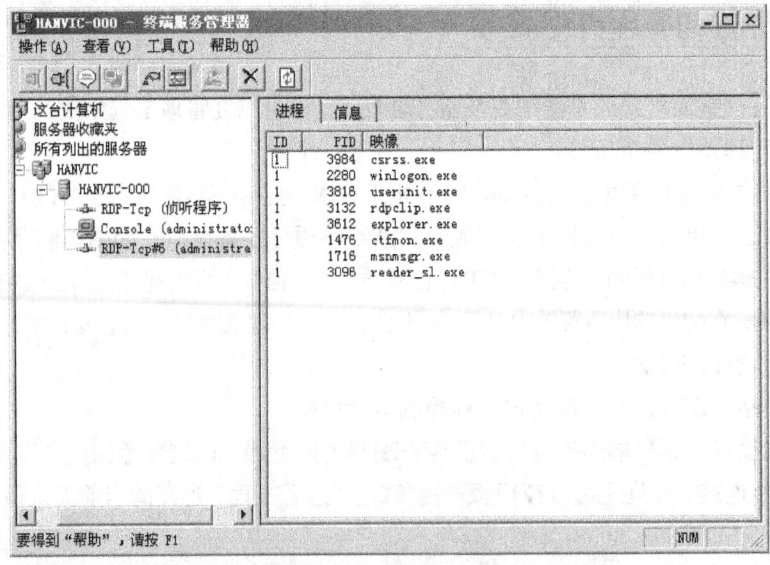

图 6-10　终端服务管理器

在左侧控制台树中选择服务器名称，可以在右侧详细信息窗格中看到各个用户对服务器的连接情况。在左侧选择某个具体的 RDP，可以看到连接的用户运行的进程。此时，管理员可以断开某个连接，也可以向连接的用户发送消息。

6.3 配置远程协助

要为别人提供远程协助，首先需要在本机启用远程协助功能。

1. 启用远程协助

右键单击“我的电脑”，在弹出的快捷菜单中选择“属性”选项。在弹出的窗口中选择“远程”选项卡，选中“启用远程协助并允许从这台计算机发送邀请”复选框。

单击“确定”按钮后，启用远程协助。启用远程协助后，网络中的其他用户可以向本机发送邀请，获得本机的帮助。

2. 请求远程协助

要想获得网络帮助，首先要发送邀请。

（1）依次执行“开始”→“帮助和支持”命令，然后单击“远程协助”按钮，出现“邀请您信任的某人帮助您”窗口，如图 6-11 所示。

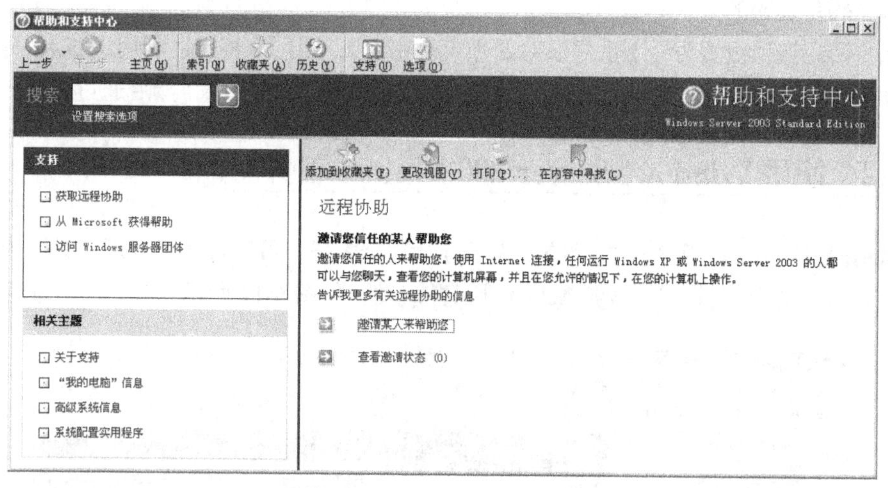

图 6-11　“帮助和支持中心”窗口

（2）单击“邀请某人来帮助您”按钮，出现“选择邀请方式”对话框。可以通过 Windows Messenger、电子邮件、保存为文件等方式发送邀请。单击“将邀请保存为文件（高级）”按钮。

（3）接下来，输入您的用户名，单击“继续”按钮。

（4）接下来设置密码并单击“保存邀请”按钮。设置密码的目的是防止无关人员打开邀请文件。

（5）指定邀请文件的保存位置。该位置是网络中专门用于保存邀请文件的共享文件夹，单击“保存”按钮。

3. 为发送邀请的用户提供帮助

要为发送邀请的用户提供帮助，只要打开邀请文件即可。

（1）双击邀请文件，并输入密码，单击“是”按钮。

（2）此时，在发送邀请的计算机上显示是否接受帮助，若接受，单击“是”按钮。

（3）接下来，从发送邀请的计算机中会看到提供帮助的计算机的屏幕及演示操作，从而获得别人的帮助。

6.4 Telnet 服务

6.4.1 Telnet 服务器概述

Telnet 是一个比较老的远程管理工具，在命令行方式下提供远程的计算机管理控制能力。各个版本的 Windows Server 操作系统上都提供了 Telnet 服务器程序，同时 Telnet 客户程序也存在于各个版本的 Windows 操作系统中。当计算机上运行 Telnet 服务器时，远程用户可以使用 Telnet 命令连接到 Telnet 服务器。登录之后，用户将接收到命令提示符，然后用户就可以像在本地一样，在命令提示符窗口中使用命令了。由于 Telnet 明文传送用户名和密码，所以 Telnet 管理方式安全性不高。

可以使用本地 Windows 用户名和密码或域账户信息来访问 Telnet 服务器。如果不使用 NTLM 身份验证选项，则用户名和密码将以明文方式发送到 Telnet 服务器上。如果使用 NTLM 身份验证，Telnet 客户会使用 Windows 安全环境进行身份验证，不提示用户提供用户名和密码。这种情况下，用户名和密码是加密的。

如果将密码选项设置为“下次登录时必须更改密码”，则用户将无法利用 NTLM 身份验证登录 Telnet 服务器。要登录成功，用户必须直接登录服务器，更改密码，然后通过 Telnet 登录。

6.4.2 使用 Windows Server 2003 Telnet 服务

默认情况下，Telnet 服务是关闭的，为了打开这个服务，可以打开“管理工具”中的“计算机管理”窗口，选择“服务”，找到 Telnet 项目并启动，如图 6-12 所示。

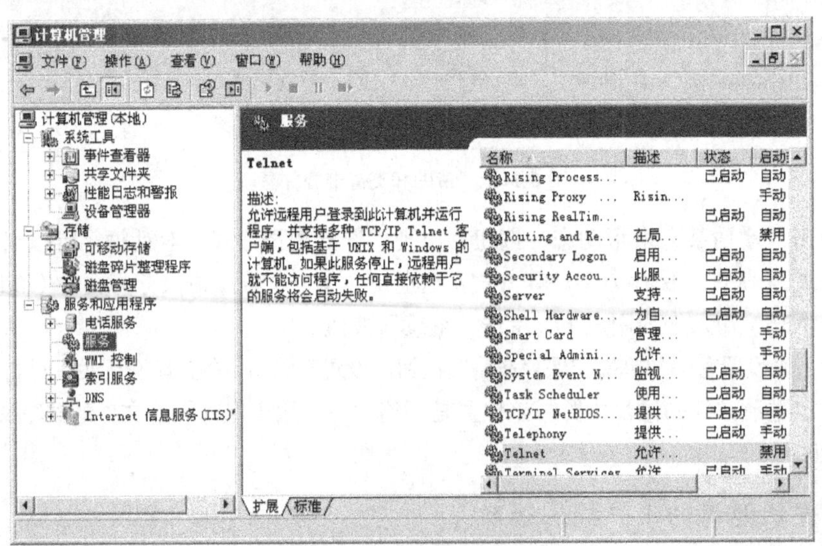

图 6-12　开启 Telnet 服务

也可以使用命令行工具：

```
tlntadmn start
```

还可以在服务器端管理和配置 Telnet 服务器，命令语法为

```
tlntadmn [\\RemoteServer] [Start] [Stop] [Pause] [Continue] [-u UserName -p Password]
[-s -k-m] Config Config-option
```

各参数含义如下。

\\RemoteServer：指定要管理的远程服务器名称。如果没有指定服务器，则假定使用本地服务器。

Start：启动 Telnet Server。

Stop：停止 Telnet Server。

Pause：中断 Telnet Server。

Continue：恢复 Telnet Server。

-u UserName -p Password：指定要管理的远程服务器的管理凭据。如果要管理远程服务器，但未使用管理凭据登录，则必须提供该参数。

-s：显示所有会话。

-k：中止会话。

-m：向会话发送消息。

/? ：在命令提示符下显示帮助。

Config：设置 Telnet 服务器参数。

例如，要设置 Telnet 服务使用 NTLM 验证方式，可以输入命令：

```
tlntadmn config sec = +ntlm
```

要启动 Telnet 服务，可以输入命令：

```
tlntadmn start
```

Telnet 客户程序允许用户连接到远程计算机上，并通过终端窗口与该计算机交互。为了连接到一个远程计算机，可以使用命令：

```
telnet IP Port
```

其中，IP 为要连接的远程计算机的 IP 地址，PORT 为 Telnet 服务器端口，默认为 23 时可以省略不写。

小结

本章主要介绍了在 Windows Server 2003 系统中配置远程桌面、终端服务、远程协助的步骤，同时介绍了远程管理工具 Telnet。通过远程桌面和终端服务，管理员可以远程管理网络中的服务器；通过远程协助网络中的用户可以互相协助，共同完成某项工作。Telnet 由于采用字符界面，因此可以高效地进行远程管理。通过本章学习，学生应具备在 Windows Server 2003 系统中进行远程管理和远程协助的能力。

习题

一、填空题

1. 可以通过________和________两个程序连接到终端服务器计算机。
2. 用户要进行远程桌面连接，要加入到________组中。
3. 管理 Telnet 服务器的命令是________。
4. 用户要 Telnet 到 Telnet 服务器，要加入到________组中。

二、简答题

1. 终端服务的优点是什么？
2. 远程桌面连接时，断开和注销有什么差别？
3. 如何设置使得用户在远程桌面中可以看到本地的磁盘？

实训　配置 Windows Server 2003 终端服务器

在已安装 Windows Server 2003 的计算机上安装终端服务并进行设置：通信加密等级为客户端兼容、用户要输入用户名和密码、每会话设单独临时文件夹、每用户一个会话。在另一台计算机（Windows 95/98/XP/2000 均可）上安装远程桌面程序，测试和终端服务器的连接。

第7章 存储管理

本章学习要点

从 Windows 2000 开始，Windows 系统将磁盘分为基本磁盘和动态磁盘两种类型。本章分别介绍 Windows Server 2003 对两种磁盘类型的配置和管理。

- 掌握基本磁盘的管理
- 掌握动态磁盘的管理
- 掌握磁盘配额的管理
- 了解常用磁盘管理命令

7.1 基本磁盘管理

7.1.1 基本磁盘与动态磁盘

1. 基本磁盘

基本磁盘是平常使用的默认磁盘类型，通过分区来管理和应用磁盘空间。一个基本磁盘可以划分为主分区（Primary Partition）和扩展分区（Extended Partition），但是最多只能建立一个扩展分区。一个基本磁盘最多可以分为 4 个区，即 4 个主分区或 3 个主分区和一个扩展分区。主分区通常用来启动操作系统，一般可以将分完主分区后的剩余空间全部分给扩展分区，扩展分区再分成若干逻辑分区。基本磁盘中的分区空间是连续的。从 Windows Server 2003 开始，用户可以扩展基本磁盘分区的尺寸，这样做的前提是磁盘上存在连续的未分配空间。

2. 动态磁盘

动态磁盘使用卷（Volume）来组织空间，使用方法与基本磁盘分区相似。动态磁盘

卷可建立在不连续的磁盘空间上，且空间大小可以动态地变更。动态卷的创建数量也不受限制。在动态磁盘中可以建立多种类型的卷，以提供高性能的磁盘存储能力。需要注意的是，动态卷只能被 Windows 2000 以上的 Windows 系统识别。

7.1.2 基本磁盘管理

在安装 Windows Server 2003 时，硬盘将自动初始化为基本磁盘。基本磁盘上的管理任务包括磁盘分区的建立、删除、查看以及分区的挂载和磁盘碎片整理等。

1. Windows Server 2003 磁盘管理工具

Windows Server 2003 提供了一个界面非常友好的磁盘管理工具，使用该工具可以很轻松地完成各种基本磁盘和动态磁盘的配置和管理维护工作。可以使用多种方法打开该工具。

（1）使用“计算机管理”工具。右键单击“我的电脑”图标，在弹出的快捷菜单中选择“管理”选项，打开“计算机管理”窗口。

在“计算机管理”窗口中，选择“存储”项目中的“磁盘管理”，如图 7-1 所示。

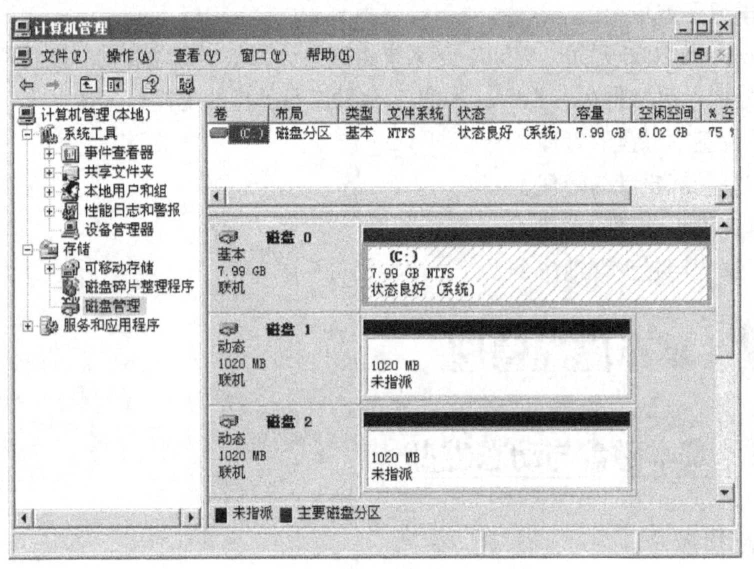

图 7-1 磁盘管理

（2）使用系统内置的 MSC 控制台文件。执行“开始”→“运行”命令，在“运行”对话框中输入“diskmgmt.msc”，并单击“确定”按钮。

磁盘管理工具分别以文本和图形的方式显示出所有磁盘和分区（卷）的基本信息，这些信息包括分区（卷）的驱动器号、磁盘类型、文件系统类型以及工作状态等。在磁盘管理工具的下部，以不同的颜色表示不同的分区（卷）类型，所以用户可以非常清晰地分辨出不同的分区（卷）。

2. 新建和删除分区

在基本磁盘上，用户可以建立、删除各种分区，并为分区分配驱动器号以及挂载路径。建立分区的步骤如下。

（1）打开磁盘管理工具，在选定磁盘的未分配空间上右键单击，在弹出的快捷菜单中选择“新建磁盘分区”选项，打开“新建磁盘分区向导”界面，单击“下一步”按钮进入“选择分区类型”对话框，如图 7-2 所示。

（2）根据向导提示，选择分区类型并单击“下一步”按钮，出现如图 7-3 所示的“指定分区大小”对话框。输入分区尺寸，并单击“下一步”按钮。

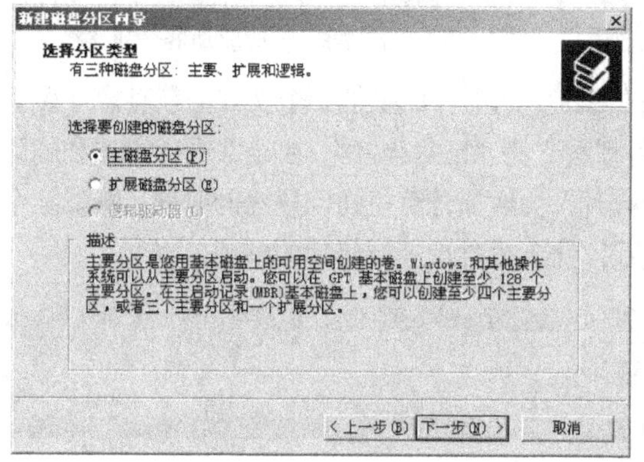

图 7-2　新建磁盘分区向导

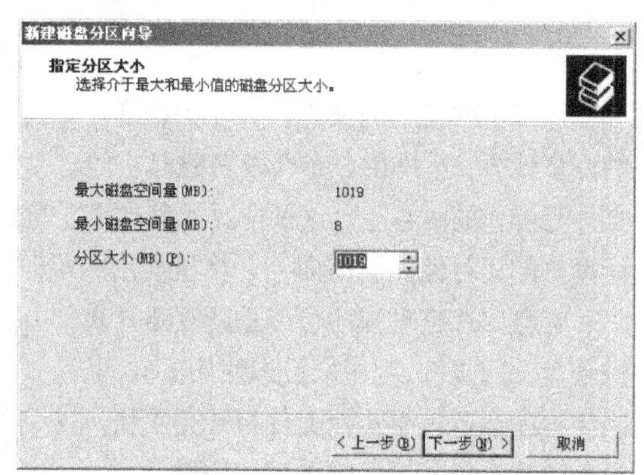

图 7-3　“指定分区大小”对话框

（3）为分区指派驱动器号和路径，如图 7-4 所示。

完成向导设置后，磁盘管理工具会对分区进行格式化，格式化完成后如果没有问题，分区状态数据会显示为“状态良好”。

删除分区只需要在想删除的分区上单击右键，并在弹出的快捷菜单中选择相应的删除选项即可。

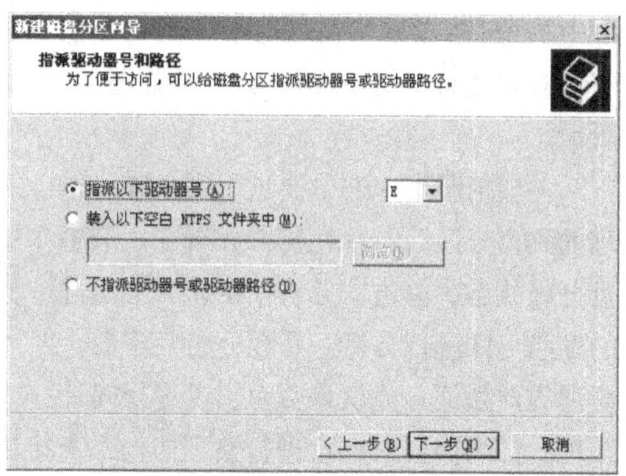

图 7-4　“指派驱动器号和路径”对话框

3. 更改驱动器号和路径

Windows Server 2003 默认为每个分区（卷）分配一个驱动器号字母，该分区就成为一个逻辑上的独立驱动器。有时出于管理的目的可能需要修改默认分配的驱动器号。

另外，还可以使用磁盘管理工具在本地 NTFS 分区（卷）的任何空文件夹中连接或装入一个本地驱动器。当在空的 NTFS 文件夹中装入本地驱动器时，Windows Server 2003 为驱动器分配一个路径而不是驱动器字母，可以装载的驱动器数量不受驱动器字母限制的影响，因此可以使用挂载的驱动器在计算机上访问 26 个以上的驱动器。Windows Server 2003 确保驱动器路径保持与驱动器的关联，因此可以添加或重新排列存储设备而不会使驱动器路径失效。

另外，当某个分区的空间不足并且难以扩展空间尺寸时，也可以通过挂载一个新分区到该分区某个文件夹的方法，达到扩展分区尺寸的目的。因此，挂载的驱动器使数据更容易访问，并增加了基于工作环境和系统使用情况管理数据存储的灵活性。例如，可以在 C:\Document and Settings 文件夹处装入带有 NTFS 磁盘配额以及启用容错功能的驱动器，这样就可以跟踪或限制磁盘的使用并保护装入驱动器的用户数据，而不用在 C:驱动器上做同样的工作。

可以将 C:\Temp 文件夹设为挂载驱动器，为临时文件提供额外的磁盘空间。

如果 C:盘上的空间较小，可将程序文件移动到其他大驱动器，并将它作为 C:\Program Files 挂载。

当要更改驱动器号和路径时，在目标驱动器上右键单击，在弹出的快捷菜单中选择“更改驱动器号和路径”选项，出现如图 7-5 所示的对话框。

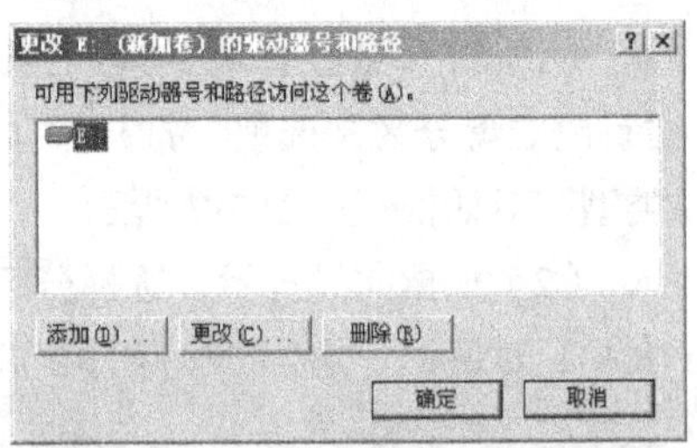

图 7-5　更改驱动器号和路径

4. 磁盘碎片整理

计算机磁盘上的文件，并非保存在一个连续的磁盘空间上，而是把一个文件分散存放在磁盘的许多地方，这样的分布会浪费磁盘空间。我们习惯称之为“磁盘碎片”，在经常进行添加和删除文件等操作的磁盘上，这种情况尤其严重。“磁盘碎片”会增加计算机访问磁盘的时间，降低整个计算机的运行性能。因而，计算机使用一段时间后，就要对磁盘进行碎片的整理。

磁盘碎片整理程序可以重新安排计算机硬盘上的文件、程序以及未使用的空间，以便程序运行得更快，文件打开得更快。磁盘碎片整理并不影响数据的完整性。

可以在“计算机管理”工具的“存储”项中找到“磁盘碎片整理程序”，也可以在驱动器属性对话框中找到，该工具如图 7-6 所示。

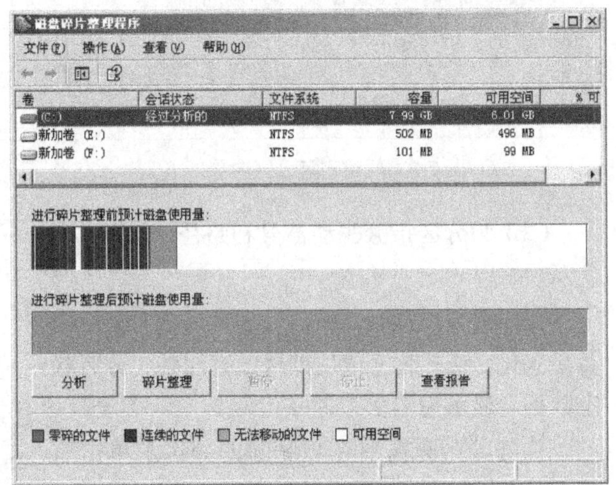

图 7-6　磁盘碎片整理程序

一般情况下，选中要进行磁盘碎片整理的磁盘分区后，首先要“分析”一下磁盘分区状态，单击“分析”按钮后对所选的磁盘分区进行分析。系统分析完毕后，会弹出对话框，建议是否对磁盘进行碎片整理。如果需要对磁盘进行整理操作，直接单击“碎片整理”按钮即可。

7.2 动态磁盘管理

7.2.1 RAID 技术简介

如何增加磁盘的存取速度，防止数据因磁盘故障而丢失，以及有效地利用磁盘空间，一直是电脑专业人员和用户的困扰。而大容量高速磁盘的价格非常昂贵，对用户而言是很大的负担。廉价磁盘冗余阵列（RAID）技术的产生一举解决了这些问题。

廉价磁盘冗余阵列是把多个磁盘组成一个阵列，当作单一磁盘使用。它将数据以分段（Striping）的方式储存在不同的磁盘中，存取数据时，阵列中的相关磁盘一起动作，大幅减少数据的存取时间，同时有更佳的空间利用率。磁盘阵列所利用的不同的技术，称为 RAID 级别，不同的级别针对不同的系统及应用，以解决数据访问性能和数据安全的问题。

RAID 技术的实现可以分为硬件实现和软件实现两种。硬件 RAID 实现需要独立的 RAID 卡

等设备，成本较高但性能优越。现在很多操作系统如 Windows NT 以及 UNIX 等都提供软件 RAID 技术，性能略低于硬件 RAID，但成本较低，配置管理也非常简单。目前 Windows Server 2003 支持的 RAID 级别包括 RAID0、RAID1、RAID4 和 RAID5。

常见 RAID 级别的基本特点如下。

RAID 0：通常被称作“条带”，它是面向性能的分条数据映射技术。这意味着被写入阵列的数据被分割成条带，然后被写入阵列中的磁盘成员，从而允许低费用的高效 I/O 性能，但是不提供冗余性。

RAID 1：称为“磁盘镜像”。通过在阵列中的每个成员磁盘上写入相同的数据来提供冗余性。由于镜像的简单性和高度的数据可用性，目前仍然很流行。RAID 1 提供了极佳的数据可靠性，并提高了读取任务繁重的程序的执行性能，但是它相对的费用也较高。

RAID 4：使用集中到单个磁盘驱动器上的奇偶校验来保护数据。更适合于事务性的 I/O 而不是大型文件传输。专用的奇偶校验磁盘同时带来了固有的性能瓶颈。

RAID 5：使用最普遍的 RAID 类型。通过在某些或全部阵列成员磁盘驱动器中分布奇偶校验，RAID 级别 5 避免了级别 4 中固有的写入瓶颈。唯一的性能瓶颈是奇偶计算进程。与级别 4 一样，其结果是非对称性能，读取大大地超过了写入性能。

7.2.2 动态磁盘卷类型

动态磁盘提供了更好的磁盘访问性能以及容错等功能，可以将基本磁盘转换为动态磁盘，而不损坏原有的数据。动态磁盘若要转换为基本磁盘，则必须删除原有的卷才可以转换。

在转换磁盘之前需要关闭这些磁盘上运行的程序。如果转换启动盘，或者要转化的磁盘中的卷或分区正在使用，则必须重新启动计算机才能够成功转换。

Windows Server 2003 中支持的动态卷类型包括以下几种。

（1）简单卷（Simple Volume）：与基本磁盘的分区类似，只是其空间可以扩展到非连续的空间上。

（2）跨区卷（Spanned Volume）：可以将多个磁盘（至少两个，最多 32 个）上的未分配空间合成一个逻辑卷。使用时先写满一部分空间再写入下一部分空间。

（3）带区卷（Striped Volume）：又称条带卷 RAID 0，将 2 ~ 32 个磁盘空间上容量相同的空间组合成一个卷，写入时将数据分成 64KB 大小相同的数据块同时写入卷的每个磁盘成员的空间上。带区卷提供最好的磁盘访问性能，但是带区卷不能被扩展或镜像，并且不提供容错功能。

（4）镜像卷（Mirrored Volume）：又称 RAID 1 技术，是将两个磁盘上相同尺寸的空间建立为镜像，有容错功能，但空间利用率只有 50%，实现成本相对较高。

（5）带奇偶校验的带区卷：采用 RAID 5 技术，每个独立磁盘进行条带化分割、条带区奇偶校验，校验数据平均分布在每块硬盘上。容错性能好，应用广泛，需要 3 个以上磁盘。其平均实现成本低于镜像卷。

7.2.3 建立动态磁盘卷

在 Windows Server 2003 动态磁盘上建立卷，与在基本磁盘上建立分区的操作类似。下面以创

建 RAID 5 卷为例介绍如何建立动态磁盘卷。

（1）在要创建 RAID 5 卷的未分配空间上右键单击，在弹出的快捷菜单中选择“新建卷”选项，打开“新建卷向导”对话框，如图 7-7 所示。

（2）选择卷的类型为 RAID-5，单击“下一步”按钮，出现选择磁盘对话框，如图 7-8 所示。选择要创建的 RAID 5 卷需要使用的磁盘，对于 RAID 5 卷来说，至少需要选择 3 个以上动态磁盘。

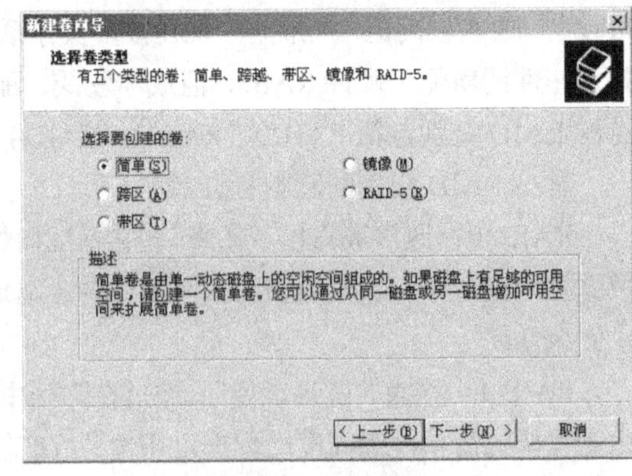

图 7-7　新建卷向导

（3）为 RAID 5 卷指定驱动器号和文件系统类型，完成向导设置。

（4）建立完成的 RAID 5 卷如图 7-9 所示。

建立其他类型动态卷的方法与此类似，不再一一叙述。

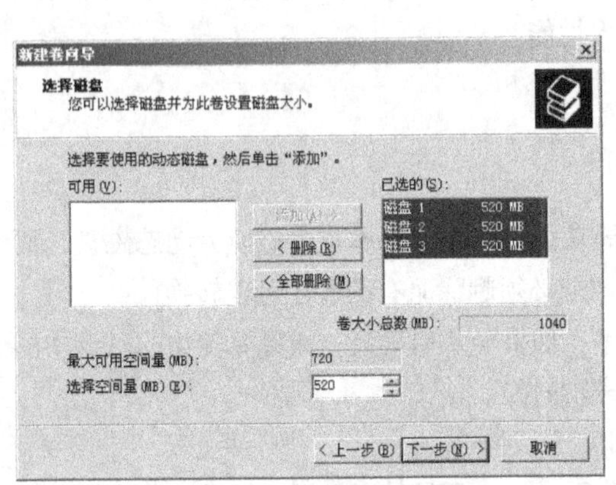

图 7-8　为 RAID 5 卷选择磁盘

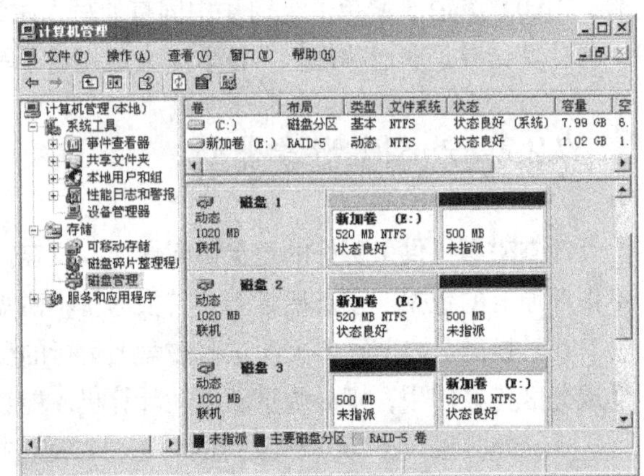

图 7-9　建立完成的 RAID 5 卷

7.2.4　动态卷的维护

下面以镜像卷为例介绍动态卷的维护操作。

不再需要镜像卷的容错能力时，可以选择将镜像卷中断。中断后的镜像卷成员，会成为两个独立的卷。如果选择“删除卷”，则镜像卷成员会被删除，数据将会丢失。

如果包含部分镜像卷的磁盘已经断开连接，磁盘状态会显示为“脱机”或“丢失”。要重新使用这些镜像卷，可以尝试重新连接并激活磁盘。方法是在要重新激活的磁盘上单击右键，并在弹出的快捷菜单中选择“重新激活磁盘”选项。

如果包含部分镜像卷的磁盘丢失并且该卷没有返回到“良好”状态，则应当用另一个磁盘上的新镜像替换出现故障的镜像。具体方法如下。

（1）在显示为“丢失”或“脱机”的磁盘上删除镜像，如图 7-10 所示。然后查看系统日志，以确定磁盘或磁盘控制器是否出现故障。如果出现故障的镜像卷成员位于有故障的控制器上，则在有故障的控制器上安装新的磁盘并不能解决问题。

（2）使用新磁盘替换损坏的磁盘。

（3）在要重新镜像的卷上（不是已删除的卷）单击右键，然后在弹出的快捷菜单上选择“添加镜像”选项，会出现如图 7-11 所示的对话框。选择合适的磁盘后单击“添加镜像”按钮，系统会使用新的磁盘重建镜像。

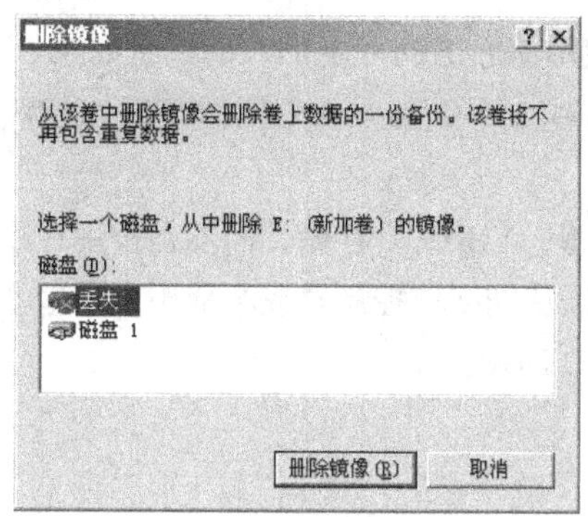

图 7-10　从损坏的磁盘上删除镜像

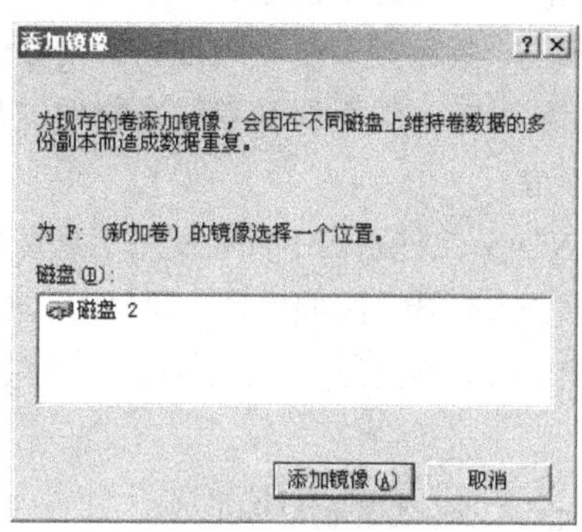

图 7-11　添加镜像

7.3 磁盘配额管理

在以 Windows Server 2003 为服务器操作系统的计算机网络中，系统管理员有一项很重要的任务，即为访问服务器资源的客户机设置磁盘配额，也就是限制它们一次性访问服务器资源的卷空间数量。这样做的目的在于防止某个客户机过量地占用服务器和网络资源，导致其他客户机无法访问服务器和使用网络。

7.3.1 磁盘配额基本概念

在 Windows Server 2003 中，磁盘配额跟踪以及控制磁盘空间的使用，使系统管理员可将 Windows 配置如下。

（1）用户超过所指定的磁盘空间限额时，阻止进一步使用磁盘空间和记录事件。

（2）当用户超过指定的磁盘空间警告级别时记录事件。

启用磁盘配额时，可以设置两个值：磁盘配额限度和磁盘配额警告级别。磁盘配额限度指定了允许用户使用的磁盘空间容量。磁盘配额警告级别指定了用户接近其配额限度的值。例如，可以把用户的磁盘配额限度设为 50MB，并把磁盘配额警告级别设为 45MB。这种情况下，用户可在卷上存储不超过 50MB 的文件。如果用户在卷上存储的文件超过 45MB，则把磁盘配额系统记录为系统事件。如果不想拒绝用户访问卷但想跟踪每个用户的磁盘空间使用情况，启用配额但不限制磁盘空间使用将非常有用。

默认的磁盘配额不应用到现有的卷用户上。可以通过在“配额项目”窗口中添加新的配额项目，将磁盘空间配额应用到现有的卷用户上。

磁盘配额是以文件所有权为基础的，并且不受卷中用户文件的文件夹位置的限制。例如，如果用户把文件从一个文件夹移到相同卷上的其他文件夹，则卷空间用量不变。

磁盘配额只适用于卷，且不受卷的文件夹结构及物理磁盘上的布局的限制。如果卷有多个文

件夹，则分配给该卷的配额将整个应用于所有文件夹。

如果单个物理磁盘包含多个卷，并把配额应用到每个卷，则每个卷配额只适于特定的卷。例如，如果用户共享两个不同的卷，分别是 F 卷和 G 卷，则即使这两个卷在相同的物理磁盘上，也分别对这两个卷的配额进行跟踪。

如果一个卷跨越多个物理磁盘，则整个跨区卷使用该卷的同一配额。例如，如果 F 卷有 50 MB 的配额限度，则不管 F 卷是在物理磁盘上还是跨越 3 个磁盘，都不能把超过 50MB 的文件保存到 F 卷。

在 NTFS 文件系统中，卷使用信息按用户安全标识（SID）存储，而不是按用户账户名称存储。第一次打开“配额项目”窗口时，磁盘配额必须从网络域控制器或本地用户管理器上获得用户账户名称，将这些用户账户名与当前卷用户的 SID 匹配。

7.3.2 设置磁盘配额

（1）右键单击要启用磁盘配额的磁盘卷，然后在弹出的快捷菜单中选择“属性”选项。

（2）在“属性”对话框中，单击“配额”选项卡，如图 7-12 所示。

（3）在“配额”选项卡上，选中“启用配额管理”复选框，然后为新用户设置磁盘空间限制数值。

（4）如果需要对原有的用户设置配额，单击“配额项”按钮，打开如图 7-13 所示的窗口。

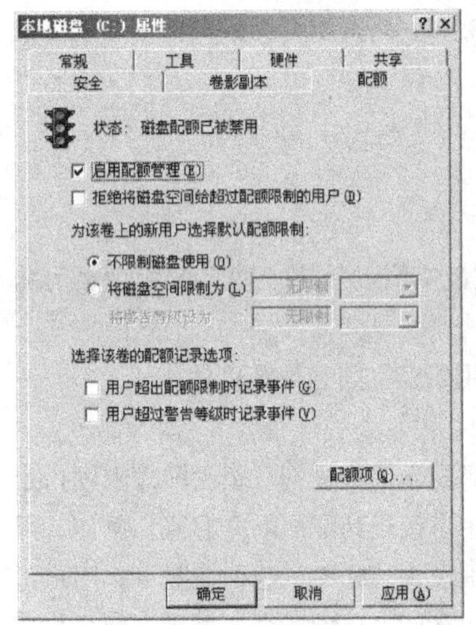

图 7-12　启用磁盘配额

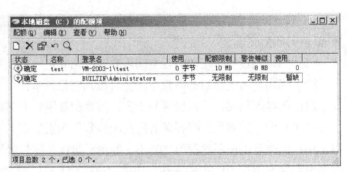

图 7-13　配额项

（5）在配额项窗口中，选择“配额”→“新建配额项”选项，或单击工具栏上的“新建配额项”按钮，显示“选择用户”对话框，单击“高级”按钮，再单击“立即查找”按钮，即可在“搜索结果”列表框中选择当前计算机用户，并设置磁盘配额。

（6）关闭配额项窗口，回到图 7-12 所示的“配额”对话框。如果需要限制受配额影响的用户使用超过配额的空间，则选中“拒绝将磁盘空间给超过配额限制的用户”选项，单击“确定”按钮。

7.4 常用磁盘管理命令

除了使用磁盘管理工具外，Windows Server 2003 也提供了一系列的命令行工具，对磁盘分区和卷进行管理。

1. convert 命令

该命令可以将 FAT 和 FAT32 文件系统转换为 NTFS 文件系统，而保持原有的文件和文件夹完好无损。被转换为 NTFS 文件系统的分区和卷无法再转换回 FAT 或 FAT32 文件系统。

Convert 命令的基本用法为

```
convert  [volume] /fs:ntfs
```

其中，volume 参数为要转换的分区或卷的驱动器号。例如，要将 E 盘转换为 NTFS 文件系统，可以运行命令：

```
convert e: /fs:ntfs
```

2. mountvol 命令

该命令可以创建、删除或列出分区和卷的挂载点。mountvol 是一种不需要驱动器号而连接卷的方式，可以完成与磁盘管理工具中“更改驱动器号和路径”相同的功能。该命令的基本格式如下：

```
mountvol [drive:] path VolumeName
mountvol [drive:] path /d
mountvol [drive:] path /l
```

各主要参数的含义如下。

（1）[drive:]path：指定装入点将驻留其中的现有 NTFS 目录文件夹。

（2）VolumeName：指定安装位置目标卷的卷名。如果不指定，mountvol 将列出所有分区的卷名。

（3）/d：从指定文件夹中删除卷装入点。

（4）/l：列出指定文件夹装入的卷名。

3. diskpart 命令

diskpart 是一个功能强大的磁盘管理工具，用户可以使用该工具通过脚本或命令的方式直接管理磁盘、分区或卷等对象。diskpart 的功能非常强大，相应的子命令也很多，本节只对其基本功能作简单介绍。

通过使用 list disk、list volume 和 list partition 命令，可以列出可用对象并确定对象编号或驱动器号。使用 select 命令可以选择对象，被选中的对象获得焦点，在被 list 命令列出时以“*”加以标识。list disk 和 list volume 命令显示计算机上的所有磁盘和卷，而 list partition 命令只显示具有焦点的磁盘上的分区。

以在系统的磁盘 1 上创建一个简单卷为例，操作步骤如下。

```
C:\>diskpart

Microsoft DiskPart Copyright (C) 1999-2001 Microsoft Corporation.
```

```
On computer: VM-2003

DISKPART> list disk
  磁盘 ###  状态        大小     可用      动态 Gpt
  --------  ----------  -------  -------  ---  ---
  磁盘 0    联机        8189 MB  8033 KB
  磁盘 1    联机        1020 MB   620 MB   *
  磁盘 2    联机        1020 MB  1020 MB   *

DISKPART> select disk 1
```

磁盘 1 现在是所选磁盘。

```
DISKPART> list volume

卷 ###      Ltr  卷标        Fs     类型       大小      状态       信息
 ----------  ---  -----------  -----  ----------  -------  ---------  --------
卷 0         E   新加卷      NTFS   简单      200 MB   状态良好
卷 1                         RAW    简单      200 MB   状态良好
卷 2         D               CD-ROM             0 B      状态良好
卷 3         C               NTFS   磁盘分区  8182 MB  状态良好   系统

DISKPART> create volume simple size=500

DiskPart 成功地创建了卷

DISKPART>
```

小结

磁盘是计算机内存储数据的媒体，是计算机内最重要的部件之一。有效管理磁盘是系统正常、安全运行的保证。本章主要介绍了 Windwos Server 2003 管理磁盘的方式，包括基本磁盘管理、动态磁盘管理、磁盘配额管理和常用磁盘命令等知识。通过本章学习，学生应具备在 Windows Server 2003 系统中管理磁盘的能力。

习题

一、填空题

1. 从 Windows 2000 开始，Windows 系统将磁盘分为________和________。

2. 一个基本磁盘最多可分为________个区，即________个主分区或________个主分区和 1 个扩展分区。

3. 动态卷的类型包括________、________、________、________、________。

4. 要将 E 盘转换为 NTFS 文件系统，可以运行命令：________。

5. 带区卷又称为________技术，RAID1 又称为________卷，RAID5 又称为________卷。

二、简答题

1. 简述 Windows Server 2003 的磁盘管理方式及特点。
2. 简述基本磁盘与动态磁盘的区别。
3. 磁盘碎片整理的作用是什么？
4. Windows Server 2003 中支持的动态卷类型有哪些？各有何特点？
5. 基本磁盘转换为动态磁盘应注意什么问题？如何转换？
6. 如何限制某个用户使用服务器上的磁盘空间？

实训　磁盘阵列实训（虚拟机中实现）

一、实训背景

大多数用户都听说过磁盘阵列、RAID 0、RAID 5 等名词，但很少有条件亲手实践一下。这些实验需要专业的服务器或者专用的硬盘，如 SCSI 卡、RAID 卡、多个 SCIS 硬盘，当然也有 IDE 的 RAID，但 IDE 的 RAID 大多只支持 RAID 0 和 RAID 1，很少有支持 RAID 5 的。

本节内容是使用 Windows Server 2003 实现软件的磁盘阵列，虽然软件磁盘阵列与硬件的阵列效果类似，但对实现专用服务器的“硬件”磁盘阵列来说，实现的操作步骤是不同的。硬件的磁盘阵列，需要在安装操作系统之前创建；而软件的磁盘阵列，则是在安装系统之后实现。

本次实训需要 Windows Server 2003 虚拟机一台。

二、实训目的

（1）学习磁盘阵列，以及 RAID 0、RAID 1、RAID 5 的知识。

（2）掌握做磁盘阵列的条件及方法。

三、实训要求

（1）创建一个 Windows Server 2003 虚拟机。

（2）向此虚拟机中添加 5 块虚拟硬盘。

（3）在 Windows Server 2003 中完成磁盘阵列的实验。

四、实训指导

本节实验需要创建一个 Windows Server 2003 虚拟机，然后向此虚拟机中添加 5 块虚拟硬盘即可组成实验环境，具体操作步骤如下。

1. 添加硬盘并初始化

（1）在已经安装好的 Windows Server 2003 虚拟机中，创建克隆链接的虚拟机。

（2）编辑虚拟机，向虚拟机中添加 5 块硬盘，每块硬盘大小 4 GB 即可。执行“虚拟机”→“设置”命令，打开“虚拟机设置”对话框，如图 7-14 所示。单击“添加”按钮，按向导提示完成 5 块硬盘的添加。

（3）初始化新添加的硬盘。首先运行 Windows Server 2003 虚拟机，执行“开始”→“管理工具”→“计算机管理”→“磁盘管理”命令。在做磁盘 RAID 的实训之前，操作系统要对添加的硬盘进行初始化工作，自动打开“欢迎使用磁盘初始化和转换向导”对话框。

（4）选择要转换的磁盘。根据向导提示，将基本磁盘转换成动态磁盘。

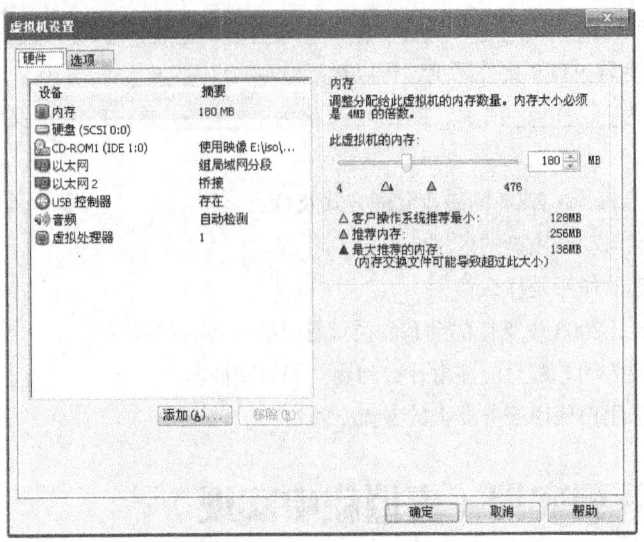

图 7-14　“虚拟机设置”对话框

2. 磁盘镜像实验

磁盘镜像卷（RAID 1）是指在两个物理磁盘上复制数据的容错卷。通过使用两个相同的卷（被称为“镜像”），镜像卷提供了数据冗余以便复制包含在卷上的信息。镜像总是位于另一个磁盘上。如果其中一个物理磁盘出现故障，则该故障磁盘上的数据将不可用，但是系统可以在位于其他磁盘上的镜像中继续进行操作。只能在运行 Windows 2000 Server 或 Windows Server 2003 操作系统的计算机的动态磁盘上创建镜像卷，镜像卷也叫 RAID 1。在本次实验中，创建一个 RAID 1 的磁盘组，大小为 1GB，操作步骤如下。

（1）在“磁盘管理”对话框中，右键单击第 2 个磁盘，在弹出的快捷菜单中选择“新建卷”选项，打开“新建卷向导”对话框，如图 7-15 所示。在“选择卷类型”对话框中，选择“镜像”单选按钮，单击“下一步”按钮，打开“添加磁盘”对话框。

（2）镜像只能添一个硬盘，在本例中添加硬盘 2，并设置空间量为 1GB。接下来为新卷指派驱动器号 G，对新加卷格式化并指定卷标，创建完成。

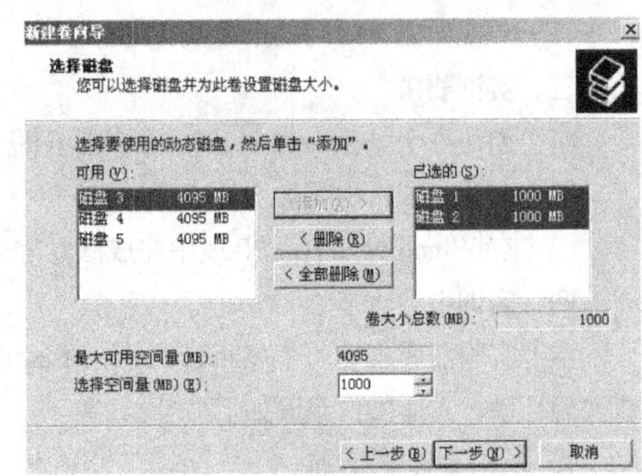

图 7-15　“新建卷向导”对话框

3. RAID 5 实验

在 Windows Server 2003 中，RAID 5 卷是带有数据和奇偶校验带区的容错卷，间歇分布于 3 个或更多物理磁盘。奇偶校验是用于在发生故障后重建数据的计算值。如果物理磁盘的某一部分发生故障，Windows 会根据其余的数据和奇偶校验重新创建发生故障的那部分磁盘上的数据。只能在运行 Windows 2000 Server 或 Windows Server 2003 操作系统的计算机的动态磁盘上创建 RAID 5 卷。用户无法镜像或扩展 RAID 5 卷。在 Windows NT 4.0 中，RAID 5 卷也被称为“带奇偶校验的带区集”。在本次实验中，将创建一个 RAID 5 的磁盘组，大小为 2GB，操作步骤如下。

（1）在“磁盘管理”对话框中，右键单击第 3 个磁盘，在弹出的快捷菜单中选择“新建卷”选项，打开“新建卷向导”对话框。在“选择卷类型”对话框中，选择“RAID-5”单选按钮，如图 7-16

所示。

（2）单击“下一步”按钮，打开“添加磁盘”对话框，添加第 2 块、第 4 块、第 5 块硬盘，设置卷大小为 2 000 MB。

（3）为新卷指派驱动器号 H，对新加卷格式化并指定卷标，创建完成。

4. 带区卷实验

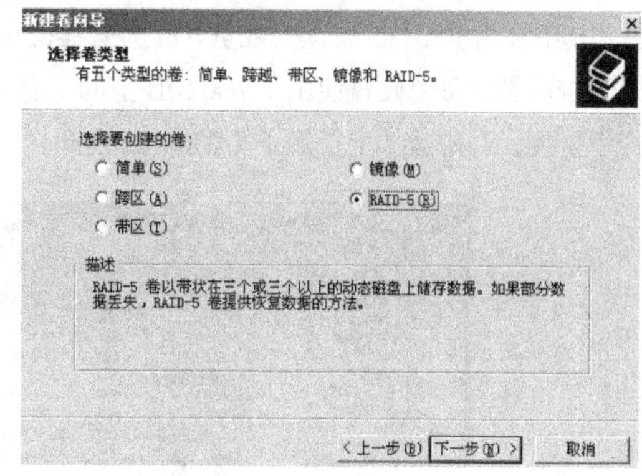

图 7-16　“选择卷类型”对话框

带区卷是以带区形式在两个或多个物理磁盘上存储数据的卷。带区卷上的数据被交替、均匀（以带区形式）地跨磁盘分配。带区卷是 Windows 的所有可用卷中性能最佳的卷，但它不提供容错。如果带区卷中的磁盘发生故障，则整个卷中的数据都将丢失。只能在动态磁盘上创建带区卷。带区卷不能被镜像或扩展。Windows Server 2003 中的“带区卷”相当于 RAID 0。本次实验将使用 5 块硬盘，每个磁盘使用 800 MB 空间创建“带区卷”，创建之后，该卷空间为 800 MB×5=4 GB，具体步骤如下。

（1）在“磁盘管理”对话框中，右键单击第 3 块磁盘，在弹出的快捷菜单中选择“新建卷”选项，打开“新建卷向导”对话框。在“选择卷类型”对话框中，选择“带区”单选按钮。

（2）单击“下一步”按钮，打开“添加磁盘”对话框，添加第 1 块、第 2 块、第 4 块、第 5 块硬盘，设置卷大小为 800 MB。

（3）按照向导提示，为新卷指派驱动器号 I，对新加卷格式化并指定卷标，直到创建完成。

5. 跨区卷实验——对现有磁盘扩容

跨区卷是由多个物理磁盘上的磁盘空间组成的卷，可以通过向其他动态磁盘扩展来增加跨区卷的容量。这一功能是非常有用的，例如，SQL Server 安装在 D 盘，随着数据库内容的增加，磁盘的可用空间减少。在实际应用中可以使用“跨区卷”对 D 盘进行扩容。跨区卷只能在动态磁盘上创建跨区卷，同时跨区卷不能容错也不能被镜像。

下面以对 D 盘进行扩容为例，创建跨区卷。

（1）将系统硬盘转换为动态磁盘。转换完成需重新启动计算机。

（2）右键单击 D 盘，在弹出的快捷菜单中选择“扩展卷”选项。

（3）在向导中，添加磁盘 1、磁盘 3，设置扩展卷的大小分别为 1 000 MB 和 450 MB。

（4）单击“下一步”按钮，完成扩展。

如果服务器有硬件的 RAID 卡，但在使用 RAID 卡创建逻辑磁盘时，分配磁盘空间比较小。或者，虽然使用 RAID 卡创建逻辑磁盘时分配的空间比较大，但在安装操作系统时，却创建了多个分区，每个分区容量比较小。这两种情况，都可以使用“跨区卷”功能，对这些小的分区或者逻辑磁盘进行“合并”。

6. 磁盘阵列数据的恢复实验

在前面所做的实验中，磁盘镜像和 RAID 5，在其中的一个硬盘损坏时，数据可以恢复；带区卷和跨区卷，在其中的一个硬盘损坏时，所有数据丢失并且不能恢复。本节将进行这方面的实验，主要步骤如下。

（1）磁盘 1、磁盘 2 创建了 RAID 1（磁盘镜像），大小为 1 GB，盘符为 G。磁盘 2、磁盘 3、磁盘 4、磁盘 5 创建了 RAID 5，每个硬盘使用了 2GB 空间，盘符为 H。创建 RAID 5 后，大小为 $m\times(n-$

1)，其中 n 为 RAID 5 磁盘的数量，m 为磁盘使用的容量。磁盘 1、磁盘 2、磁盘 3、磁盘 4、磁盘 5 创建了带区卷，每个硬盘使用了 800 MB 空间，总大小为 4 000 MB，盘符为 I。D 盘在磁盘 1、磁盘 3 进行了扩展，在磁盘 1 上扩展了 1 000 MB 空间，在磁盘 3 上扩展了 450 MB 空间，如图 7-17 所示。

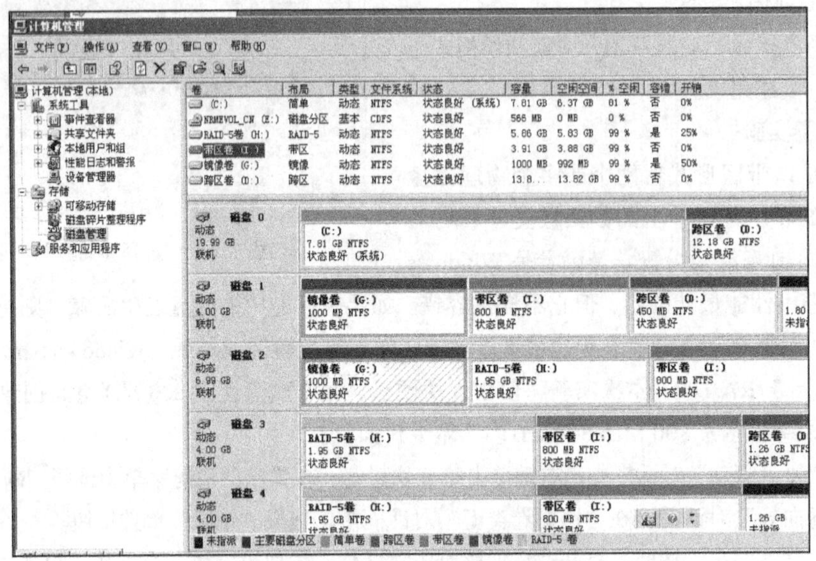

图 7-17　计算机管理

（2）在 G、H、I、D 盘上分别复制一些文件，然后关闭虚拟机。

（3）编辑虚拟机的配置文件，删除后面添加的第 3 块硬盘（即图 7-17 所示界面中的磁盘 2），然后再添加一块新硬盘（大小为 7 GB）。

（4）启动虚拟机，打开"资源管理器"对话框，可以看到 G、D 盘仍然可以访问，但 H、I 已经不存在，如图 7-18 所示。

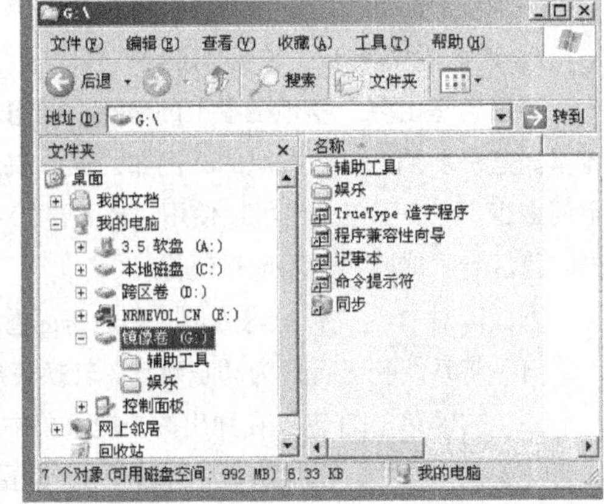

图 7-18　资源管理器

（5）带区卷无法修复，但 RAID 1、RAID 5 可以修复。在 Windows Server 2003 中修复 RAID 1 卷，需要删除失败的镜像，然后再修复 RAID。

（6）在"丢失"的磁盘上删除镜像。右键单击"丢失"磁盘的镜像卷，在弹出的快捷菜单中选择"删除镜像"选项，根据提示将"丢失"磁盘上的镜像卷删除，如图 7-19 所示。

（7）右键单击剩下的磁盘的镜像卷，在弹出的快捷菜单中选择"添加镜像"选项，接下来选择一个磁盘代替损坏的磁盘，接着开始同步数据。同步数据完成后，镜像卷成功修复。

（8）修复 RAID 5 时，首先在"丢失"的磁盘上修复卷。右键单击"丢失"磁盘的 RAID 5 卷，在弹出的快捷菜单中选择"修复卷"选项，接着选择一个磁盘替换损坏的 RAID 5 卷，如图 7-20 所示。同步数据完成后，RAID 5 成功修复。

（9）RAID 1、RAID 5 成功修复后，将"丢失"磁盘的带区卷删除，然后右键单击"丢失"磁盘，在弹出的快捷菜单中选择"删除磁盘"选项，将"丢失"磁盘删除。

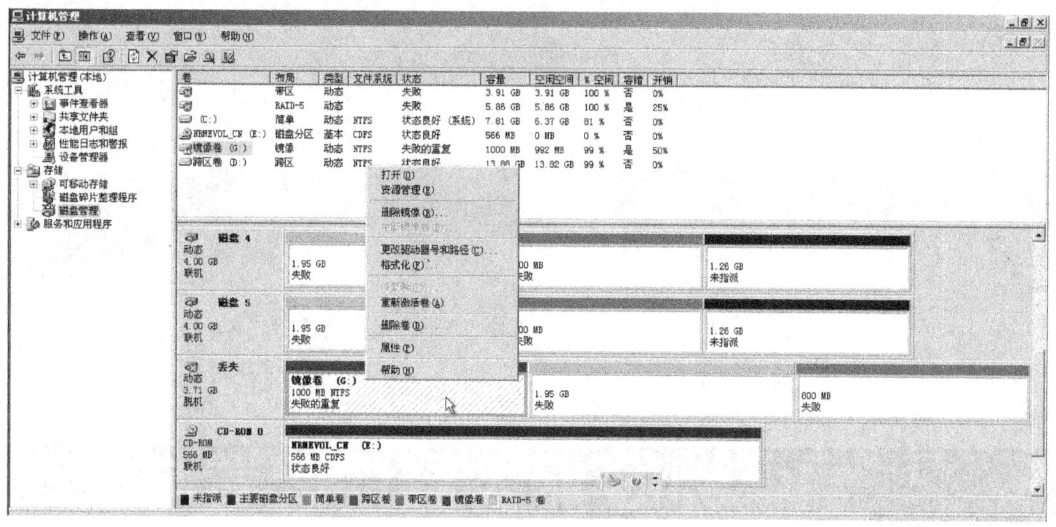

图 7-19 删除镜像卷

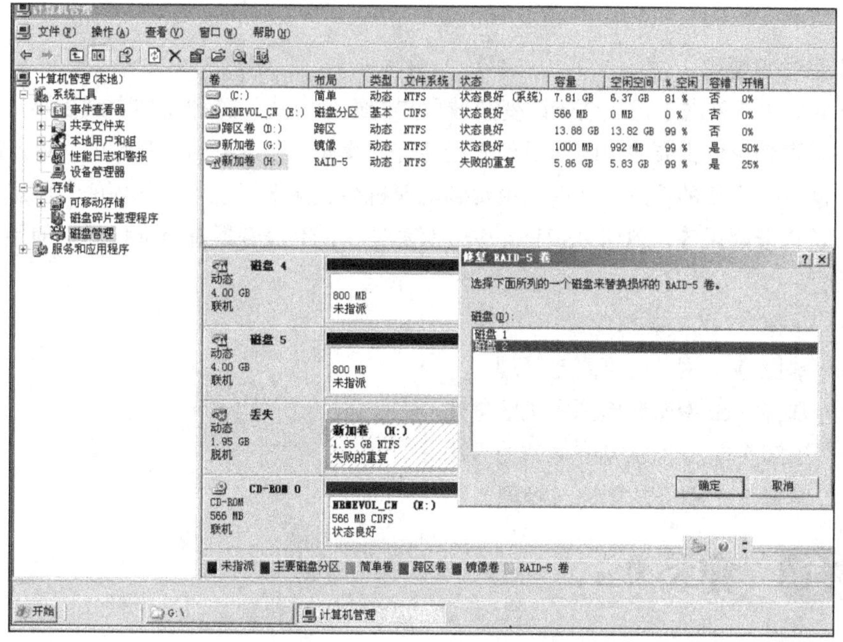

图 7-20 修复 RAID 5 卷

（10）再次打开资源管理器，可以看到 G、H、D 盘上的数据完整无损，而 I 盘则无法恢复。

五、实训思考题

（1）哪种类型的磁盘可以实现软 RAID？

（2）比较跨区卷与带区卷的相同点与不同点。

（3）动态磁盘中 5 种主要类型的卷是什么？

（4）简述 RAID 5 卷是如何实现容错性的。

六、实训报告要求

参见第 1 章后的实训要求。

第8章 IIS服务器的配置与管理

本章学习要点

WWW（万维网）正在逐步改变全球用户的通信方式，这种新的大众传媒比以往的任何一种通信媒体都要快，因而受到人们的普遍欢迎。在过去的十几年中，WWW飞速增长，融入了大量的信息，从商品报价到就业机会、从电子公告牌到新闻、电影预告、文学评论以及娱乐等。利用IIS建立Web服务器、FTP服务器是目前世界上使用最广泛的手段之一。

- 掌握IIS的安装与配置
- 掌握Web网站的配置与管理
- 掌握Web网站和虚拟主机的创建
- 了解实现安全的Web网站的方法
- 掌握FTP服务的创建与管理

8.1 安装IIS

8.1.1 IIS 6.0提供的服务

微软Windows Server 2003家族的Internet信息服务（IIS）在Intranet、Internet或Extranet上提供了集成、可靠、可伸缩、安全和可管理的Web服务器功能。IIS是用于为动态网络应用程序创建强大的通信平台的工具。各种规模的组织都使用IIS来主控和管理Internet或其Intranet上的网页，主控和管理FTP站点，使用网络新闻传输协议（NNTP）和简单邮件传输协议（SMTP）主控和管理新闻或邮件。IIS 6.0支持用于开发、实现和管理Web应用程序的最新Web标准（如Microsoft ASP.NET、XML和简单对象访问协议（SOAP））。IIS 6.0包括一些面向组织、IT专家和Web管理员的新功能，它们旨在为单台IIS服务器或多台服务器上可能拥有的数千个网站实现性能、可靠性和安全性目标。

IIS 提供了基本服务，包括发布信息、传输文件、支持用户通信和更新这些服务所依赖的数据存储。

1. 万维网发布服务

通过将客户端 HTTP 请求连接到在 IIS 中运行的网站上，万维网发布服务向 IIS 最终用户提供 Web 发布。WWW 服务管理 IIS 的核心组件，这些组件处理 HTTP 请求并配置和管理 Web 应用程序。

2. 文件传输协议服务

通过文件传输协议（FTP）服务，IIS 提供对管理和处理文件的完全支持。该服务使用传输控制协议（TCP），这就确保了文件传输的完成和数据传输的准确。该版本的 FTP 支持在站点级别上隔离用户以帮助管理员保护其 Internet 站点的安全并使之商业化。

3. 简单邮件传输协议服务

通过使用 SMTP 服务，IIS 能够发送和接收电子邮件。例如，为确认用户提交表格成功，可以对服务器进行编程以自动发送邮件来响应事件。也可以使用 SMTP 服务以接收来自网站客户反馈的消息。SMTP 不支持完整的电子邮件服务，要提供完整的电子邮件服务，可使用 Microsoft Exchange Server。

4. 网络新闻传输协议服务

可以使用 NNTP 服务主控单个计算机上的 NNTP 本地讨论组。因为该功能完全符合 NNTP 协议，所以用户可以使用任何新闻阅读客户端程序，加入新闻组进行讨论。通过 Inetsrv 文件夹中的 Rfeed 脚本，IIS NNTP 服务现在支持新闻流。NNTP 服务不支持复制，要利用新闻流或在多个计算机间复制新闻组，可使用 Microsoft Exchange Server。

5. 管理服务

该项功能管理 IIS 配置数据库，并为 WWW 服务、FTP 服务、SMTP 服务和 NNTP 服务更新 Microsoft Windows 操作系统注册表。配置数据库用来保存 IIS 的各种配置参数。IIS 管理服务对其他应用程序公开配置数据库，这些应用程序包括 IIS 核心组件、在 IIS 上建立的应用程序以及独立于 IIS 的第三方应用程序（如管理或监视工具）。

8.1.2 安装 IIS 6.0

为了更好地预防恶意用户和攻击者的攻击，在默认情况下，没有将 IIS 安装到 Windows Server 2003 家族的成员上。而且，当最初安装 IIS 时，该服务在高度安全和“锁定”模式下安装。在默认情况下，IIS 只为静态内容提供服务，即 ASP、ASP.NET、在服务器端的包含文件、WebDAV 发布和 FrontPage Server Extensions 等功能只有在启用时才工作。安装 IIS 可以使用两种方法安装，分别是从“控制面板”窗口中安装和通过“配置您的服务器向导”安装。

1. 从控制面板安装

（1）打开“控制面板”窗口，双击“添加或删除程序”图标，打开“添加或删除程序”窗口，单击“添加或删除 Windows 组件”按钮，显示“Windows 组件向导”对话框。在“组件”列表框中依次选择“应用程序服务器”→“详细信息”选项，显示“应用程序服务器”对话框，默认没有选中“ASP.NET”复选框，在此处需选中该复选框以启用 ASP.NET 功能，如图 8-1 所示。

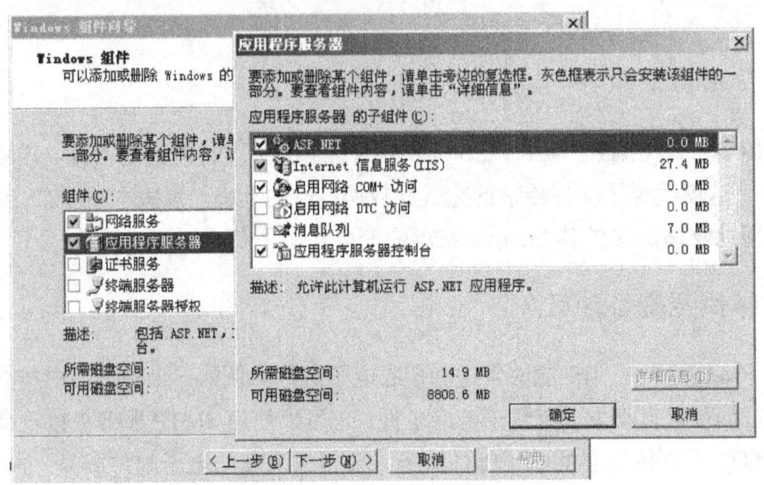

图 8-1　选择安装 IIS 组件

（2）选中“Internet 信息服务（IIS）”复选框，然后单击“详细信息”按钮，在弹出的对话框中选中“文件传输协议（FTP）”复选框，同时选中“万维网服务”复选框，并单击“详细信息”按钮，在打开的“万维网服务”对话框中选中“Active Server Pages”复选框，如图 8-2 所示。如果不选中该复选框，将导致在 IIS 中不能运行 ASP 程序。另外，如果服务器感染了冲击波病毒，同样也不能运行 ASP 程序。

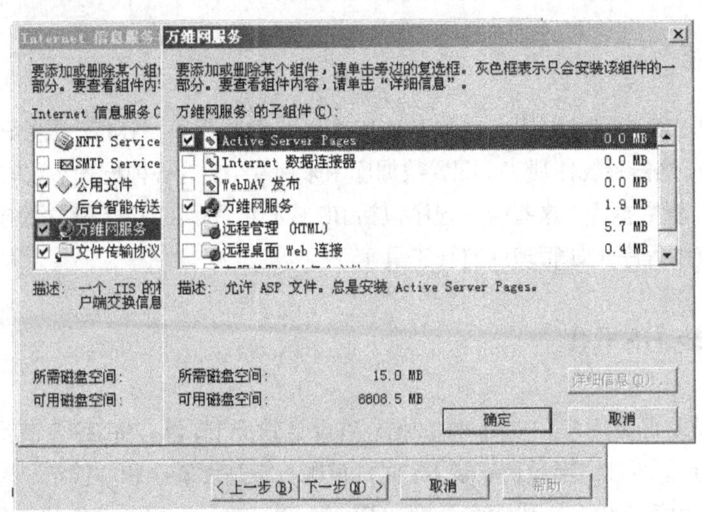

图 8-2　“万维网服务”对话框

（3）依次单击“确定”按钮，返回“Windows 组件”对话框，并单击“下一步”按钮，按照

系统提示插入 Windows Server 2003 安装光盘，即可安装成功。

2. 通过“配置您的服务器向导”安装

（1）运行“管理工具”中的“配置您的服务器向导”，双击“添加或删除角色”。在“服务器角色”对话框中，选择“应用程序服务器（IIS，ASP.NET）”选项。

（2）单击“下一步”按钮，显示“应用程序服务器选项”对话框。若要使Web服务器启用ASP.NET，必须选中“启用ASP.NET”复选框；而选中“FrontPage Server Extension”复选框，可以利用该工具向自己的网站发布网页，如图 8-3 所示。

（3）单击“下一步”按钮，并根据系统提示插入 Window Server 2003 安装光盘，IIS 即可安装成功。

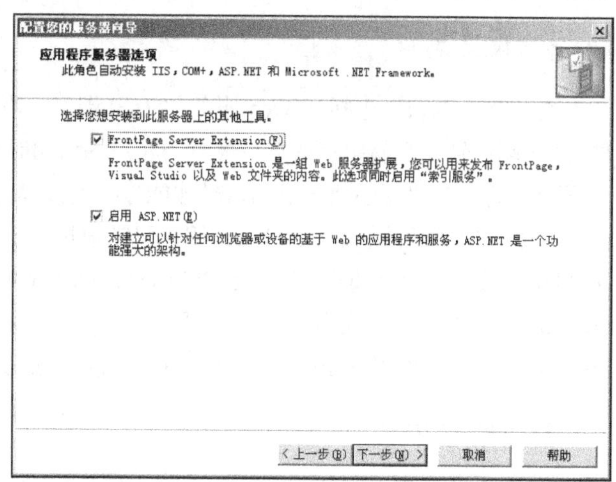

图 8-3　“应用程序服务器选项”对话框

8.2 Web 网站的管理和配置

IIS 安装完毕后，在 IIS 管理器窗口中就有了个默认网站，下面以默认网站为例对网站管理和配置进行讲解，如设置网站属性、IP 地址、指定主目录等。

8.2.1 设置网站基本属性

打开“管理工具”中的“Internet 信息服务管理器”，在 IIS 管理器窗口中，展开左侧的目录树，展开“网站”，右键单击“默认网站”选项，在弹出的快捷菜单中选择“属性”选项，显示如图 8-4 所示的“默认网站属性”对话框。关于网站标识、IP 地址和 TCP 端口等信息的设置，均可在“网站”选项卡中完成。

1. 网站标识

在“网站标识”选项组中的“描述”文本框中可以设置该网站站点的标识。该标识对于用户的访问没有任何意义，只是当服务器中安装有多个 Web 服务器时，用不同的名称进行标识可便于网络管理员区分。默认值名称为“默认 Web 站点”。

2. 指定 IP 地址

在“IP 地址”下拉列表中指定该 Web 站点的唯一 IP 地址。由于 Windows Server 2003 可安装多块

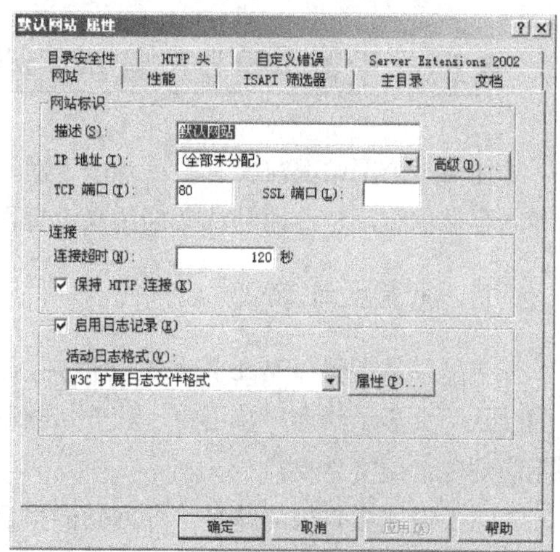

图 8-4　“默认网站属性”对话框

网卡，每块网卡又可绑定多个 IP 地址，因此服务器可能会拥有多个 IP 地址，而默认可使用该服务器绑定的任何一个地址访问 Web 网站。例如，当该服务器拥有 3 个 IP 地址 192.168.22.98、192.168.22.99 和 10.0.0.2 时，那么利用其中的任何一个 IP 地址都可以访问该 Web 服务器。默认值为"全部未分配"。

3．设置端口

在"TCP 端口"中指定 Web 服务的 TCP 端口。默认端口为 80，也可以更改为其他任意唯一的 TCP 端口号。当使用默认端口号时，客户端访问时直接使用 IP 地址或域名即可访问，而当端口号更改后，客户端必须知道端口号才能连接到该 Web 服务器。

例如，使用默认值 80 端口时，用户只需通过 Web 服务器的地址即可访问该网站，地址形式为"http://域名或 IP 地址"，如 http://192.168.22.99 或 http://Windows.long.com。而如果端口号不是 80，访问服务器时就必须提供端口号，使用"http://域名或 IP 地址：端口号"的方式，如 http://192.168.22.99:8080 或 http://Windows.long.com:8080，"TCP 端口"不能为空。

4．SSL 端口

如果 Web 网站中的信息非常敏感，为防止中途被人截获，就可采用 SSL 加密方式。Web 服务器安全套接字层（SSL）的安全功能利用一种称为"公用密钥"的加密技术，保证会话密钥在传输过程中不被截取。要使用 SSL，加密并且指定 SSL 加密使用的端口，必须在"SSL 端口"文本框中输入端口号。默认端口号为"443"，同样，如果改变该端口号，客户端访问该服务器就必须事先知道该端口。当使用 SSL 加密方式时，用户需要通过"https://域名或 IP 地址：端口号"方式访问 Web 服务器，如 https:// 192.168.22.99:1454。

5．连接超时

连接超时用来设置服务器断开未活动用户的时间（以秒为单位）。如果客户端在连续的一段时间内没有与服务器发生活动，就会被服务器强行断开，以确保 HTTP 在关闭连接失败时可以关闭所有连接。默认值为 120 秒。选中"保持 HTTP 连接"复选框则可使客户端与服务器保持打开连接，而不是根据每个新请求重新打开客户端连接。禁用该选项可能会降低服务器性能。

8.2.2 设置主目录与默认文档

任何一个网站都需要有主目录作为默认目录，当客户端请求链接时，就会将主目录中的网页等内容显示给用户，而默认文档用来设置网站或虚拟目录中默认的显示页。

1．设置主目录

主目录是指保存 Web 网站的文件夹，当用户访问该网站时，Web 服务器会自动将该文件夹中的默认网页显示给客户端用户。对于 Web 服务而言，必须修改主目录的默认值，将主目录定位到相应的磁盘或文件夹。

（1）设置主目录的路径，即网站的根目录。当用户访问网站时，服务器会先从根目录调取相应的文件。默认的 Web 主目录为"%System Root%\Inetpub\wwwroot"文件夹。不过，在实际应用

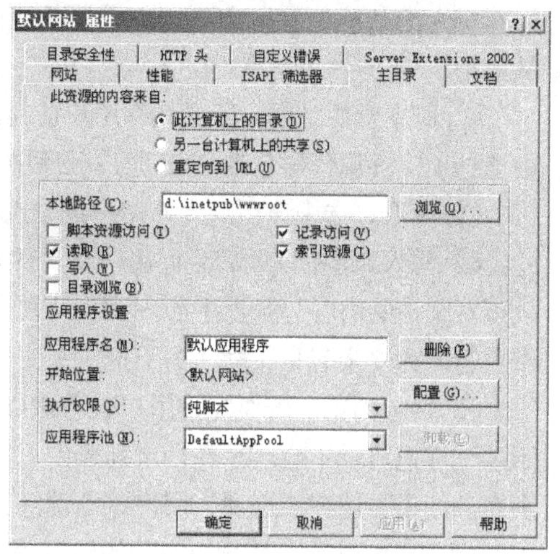

图 8-5　“主目录”选项卡

中通常不采用该默认文件夹。因为将数据文件和操作系统放在同一磁盘分区中，会出现失去安全保障、系统不能干净安装等问题，并且当保存大量的音视频文件时，可能造成磁盘或分区的空间不足。

在 IIS 管理器中，右键单击要配置主目录的网站，在弹出的快捷菜单中选择“属性”选项，显示该网站的属性对话框，打开“主目录”选项卡，如图 8-5 所示。各选项意义如下。

① 此计算机上的目录：表示主目录的内容位于本地服务器的磁盘中，默认为“%SystemRoot%\Inetpub\wwwroot”文件夹。可先在本地计算机上设置好主目录的文件夹和内容，然后在“本地路径”文本框中设置主目录为该文件夹的路径。

② 另一台计算机上的共享：表示将主目录指定到位于另一台计算机上的共享文件夹。在“本地路径”文本框中输入共享目录的网络路径，其格式为“\\服务器名或 IP 地址\共享名”，并单击“连接为”按钮设置访问该网络资源的 Windows 账户和密码，如图 8-6 所示。

③ 重定向到 URL：重定向用来将当前网站的地址指向其他地址。选中“重定向到 URL”单选按钮，在“重定向到”文本框中输入要转接的URL地址，如图8-7所示。例如，将网站Windows.long.com重定向到 www.163.com，当用户访问 Windows.long.com 时，显示的将是网易网站。

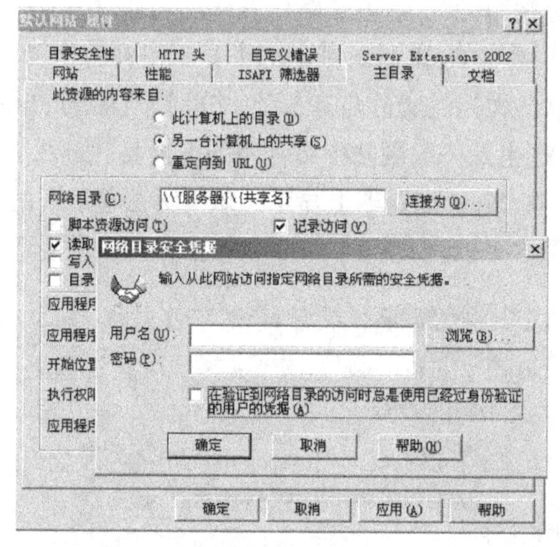

图 8-6　设置访问该网络资源的 Windows 账户和密码

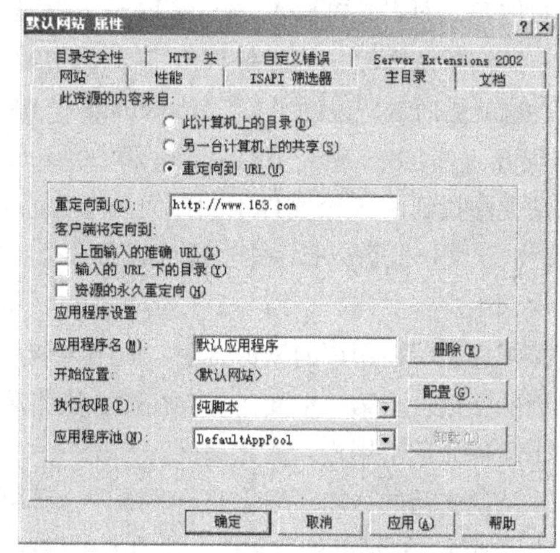

图 8-7　“重定向到 URL”对话框

- “上面输入的准确 URL”：表示将客户端需求重定向到某个网站或目录。使用该选项可以将整个虚拟目录重定向到某一个文件。
- “输入的 URL 下的目录”：表示将父目录重定向到子目录。
- “资源的永久重定向”：表示将消息“301 永久重定向”发送到客户。重定向被认为是临时的，而且客户浏览器收到消息“302 临时重定向”。某些浏览器会将“301 永久重定向”消息作为信号来永久地更改 URL，如书签。

（2）设置主目录访问权限。如果 Web 网站内容的位置选择“此计算机上的目录”或“另一

计算机上的共享位置”选项，可设置相应的访问权限和应用程序。这里提供了 6 个选项，其意义如下。

① 脚本资源访问。若要允许用户访问已经设置了“读取”或“写入”权限的资源代码，请选中该选项。资源代码包括 ASP 应用程序中的脚本。

② 读取。选中该项后允许用户读取或下载文件（目录）及其相关属性。

③ 写入。选中该项后允许用户将文件及其相关属性上载到服务器上已启用的目录中，或者更改可写文件的内容。但要注意，“写入”操作只能在支持 HTTP 1.1 协议标准的 PUT 功能的浏览器中进行。为安全起见，默认为不选中。

④ 目录浏览。若要允许用户查看该虚拟目录中文件和子目录的超文本列表，应选中该选项。不过，虚拟目录不会显示在目录列表中，因此，如果用户要访问虚拟目录，必须知道虚拟目录的别名。如果不选择该选项，用户试图访问文件或目录且又没有指定明确的文件名时，将在用户的 Web 浏览器中显示“禁止访问”的错误消息。

⑤ 记录访问。若要在日志文件中记录对该目录的访问，请选中该选项。只有启用该 Web 站点的日志记录才会记录访问。

⑥ 索引资源。选中该选项会允许 Microsoft Indexing Service 将该目录包含在 Web 站点的全文本索引中。

2. 设置默认文档

直接在浏览器中输入“http://www.jnrp.cn”即可打开“http://www.jnrp.cn/index.htm”，显示出主页内容，而不必再输入“index.htm”，这是为什么呢?其实，这就是默认文档的功能。

所谓默认文档，是指在 Web 浏览器中输入 Web 网站的 IP 地址或域名即显示出来的 Web 页面，也就是通常所说的主页（HomePage）。IIS 6.0 默认文档的文件名有 5 种，分别为 Default.htm、Default.asp、Index.htm、IISstar.htm 和 Default.aspx。这也是一般网站中最常用的主页名。如果 Web 网站无法找到这 5 个文件中的任何一个，那么，将在 Web 浏览器上显示“该页无法显示”的提示。默认文档既可以是一个，也可以是多个。当设置多个默认文档时，IIS 将按照排列的前后顺序依次调用这些文档。当第一个文档存在时，将直接把它显示在用户的浏览器上，而不再调用后面的文档；当第一个文档不存在时，则将第二个文件显示给用户，依此类推。

默认文档的添加、删除及更改顺序，都可以在“属性”对话框的“文档”选项卡中完成，如图 8-8 所示。

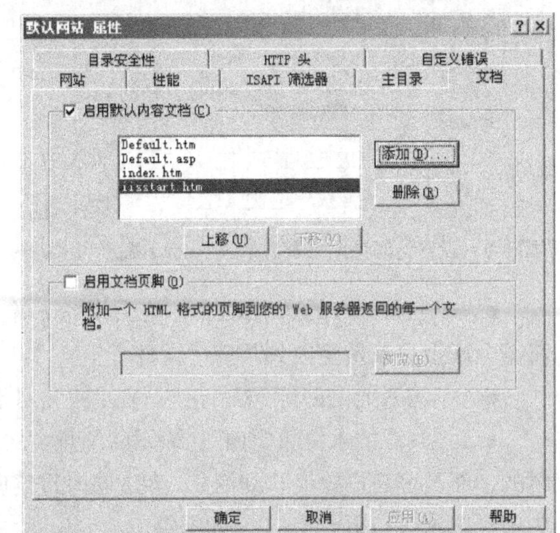

图 8-8　“默认网站属性”对话框“文档”选项卡

（1）添加默认文档文件名。

① 在“文档”选项卡中，单击“添加”按钮，打开“添加默认文档”对话框，输入自定义的默认文档文件名，如 index.asp，单击“确定”按钮。

② 在默认文档列表中选中刚刚添加的文件名，单击“上移”或“下移”按钮即调整其

显示的优先级。文档在列表中的位置越靠上意味着其优先级越高。通常客户机首先尝试加载优先级最高的主页，一旦不能成功，再降低优先级继续尝试。

③ 重复以上步骤可添加多个默认文档。

（2）删除默认文档名。在默认文档列表中选中欲删除的文件名，单击“删除”按钮，即可将之删除。

（3）调整文件名的位置。在默认文档列表中选中欲调整位置的文件名，单击“上移”或“下移”按钮即可调整其先后顺序。若欲将该文件名作为网站首选的默认文档，需将之调整至最顶端。

（4）文档页脚。“文档”选项卡中不仅能够指定默认主页，还能配置文档页脚。所谓文档页脚，又称 footer，是一种特殊的 HTML 文件，用于使网站中全部的网页上都出现相同的标记，大公司通常使用文档页脚将公司徽标添加到其网站全部网页的上部或下部，以增加网站的整体感。

使用文档页脚，首先要选择“文档”选项卡中的“启用文档页脚”复选框，然后单击“浏览”指定页脚文件，文档页脚文件通常是一个.htm 格式的文件。页脚文件不应是一个完整的 HTML 文档，而应该只包括需用于格式化页眉页脚外观和功能的 HTML 标签。

8.2.3　设置内容过期来更新要发布的信息

在网站属性对话框中打开“HTTP 头”选项卡，如图 8-9 所示。

选中“启用内容过期”复选框，可设置失效时间。在对时间敏感的资料中，可能包括日期，如报价或事件公告，容易失效。浏览器将当前日期与失效日期进行比较，确定是显示高速缓存页还是从服务器请求一个更新过的页面。在这里，“立即过期”表示网页一经下载就过期，浏览器每次请求都会重新下载网页；“在此时间段以后过期”表示设置相对于当前时刻的时间；“过期时间”则设置到期的具体时间。

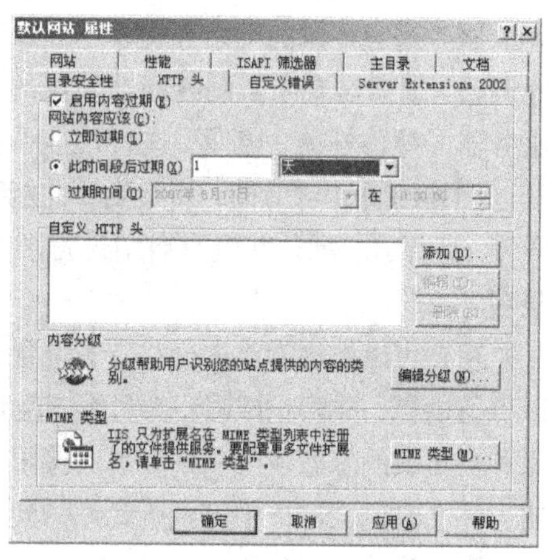

图 8-9　“HTTP 头”选项卡

8.2.4　使用内容分级过滤暴力、暴露和色情内容

如果网站涉及一些仅限于成人的暴力和暴露等内容，为保护少年儿童的身心健康，应当设法启用内容分级功能，便于用户进行分组审查。Web 的内容分级就是将说明性标签嵌入到 Web 页的 HTTP 头中。

在网站属性的“HTTP 头”选项卡中，单击“编辑分级”按钮，显示如图 8-10 所示的“内容分级”对话框，选中“对此内容启用分级”复选框启用分级服务。

在“类别”列表框中，选择一个分级类别，然后拖动“分级”滑块可调整级别。在“内容分级人员的电子邮件地址”文本框中可输入对内容进行分级的人的电子邮件地址，在“过期日期”文本框中可以定义分级过期日期。完成后单击“确定”按钮，完成内容分级的设置。

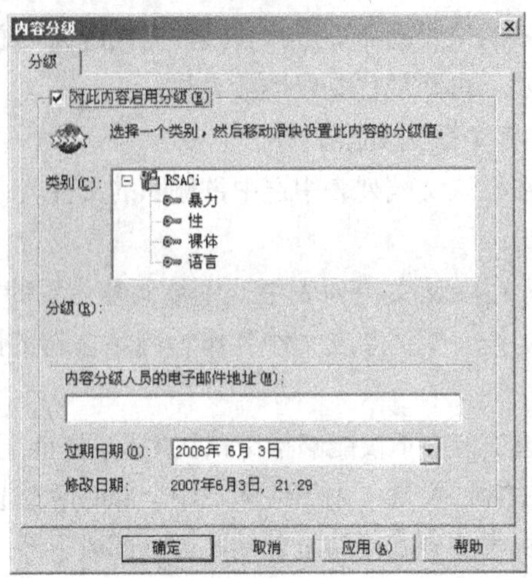

图 8-10 “内容分级”对话框

8.2.5 Web 网站性能调整

许多企业为了节省成本，减少不必要的开支，往往在一台服务器上运行多种服务，如一台 Web 服务器同时兼作 FTP、Mail 等服务器。为了使 Web 服务适应不同的网络环境，还可以对网站进行性能调整，根据需要来限制各网站使用的带宽，以确保服务器的整体性能。选择要进行性能调整的网站，打开该网站的属性对话框，切换到“性能”选项卡，如图 8-11 所示。默认并没有启用带宽限制和网站连接限制。

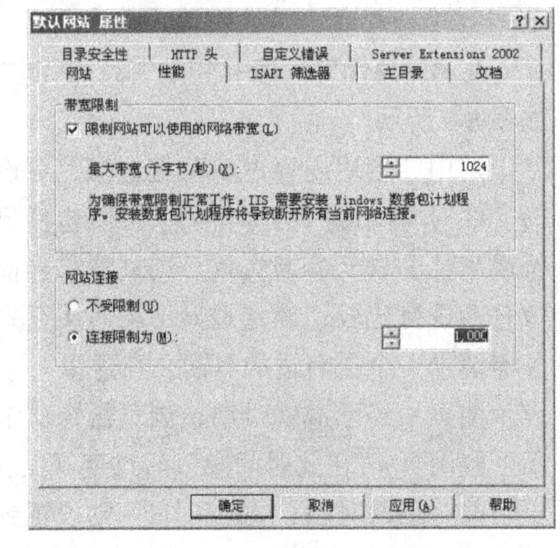

图 8-11 “性能”选项卡

用户可以根据需要进行相应的设置，限制连接可以保留内存，并防止试图用大量客户端请求造成 Web 服务器负载的恶意攻击。选中“连接限制为”单选按钮，并在右侧文本框中设置所允许的同时连接最大数量，默认值为 1 000。

8.3 创建 Web 网站和虚拟主机

Web 服务的实现采用客户/服务器模型，信息提供者称为服务器，信息的需要者或获取者称为客户。作为服务器的计算机中安装有 Web 服务器端程序（如 Netscape iplanet Web Server、Microsoft Internet Information Server 等），并且保存有大量的公用信息，随时等待用户的访问。作为客户的计算机中则安装 Web 客户端程序，即 Web 浏览器，可通过局域网络或 Internet 从 Web 服务器中浏览或获取信息。

8.3.1 虚拟主机技术

使用 IIS 6.0 可以很方便地架设 Web 网站。虽然在安装 IIS 时系统已经建立了一个现成的默认

Web 网站，直接将网站内容放到其主目录或虚拟目录中即可直接浏览，但最好还是要重新设置，以保证网站的安全。如果需要，还可在一台服务器上建立多个虚拟主机，来实现多个 Web 网站，这样可以节约硬件资源、节省空间、降低能源成本。

使用 IIS 6.0 的虚拟主机技术，通过分配 TCP 端口、IP 地址和主机头名，可以在一台服务器上建立多个虚拟 Web 网站。每个网站都具有唯一的，由端口号、IP 地址和主机头名 3 部分组成的网站标识，用来接收来自客户端的请求。不同的 Web 网站可以提供不同的 Web 服务，而且每一个虚拟主机和一台独立的主机完全一样。这种方式适用于企业或组织需要创建多个网站的情况，可以节省成本。

不过，这种虚拟技术将一个物理主机分割成多个逻辑上的虚拟主机使用，虽然能够节省经费，对于访问量较小的网站来说比较经济实惠，但由于这些虚拟主机共享这台服务器的硬件资源和带宽，在访问量较大时就容易出现资源不够用的情况。

8.3.2 架设多个 Web 网站

架设多个 Web 网站可以通过以下 3 种方式。

- 使用不同 IP 地址架设多个 Web 网站。
- 使用不同端口号架设多个 Web 网站。
- 使用不同主机头架设多个 Web 网站。

在创建一个 Web 网站时，要根据企业本身现有的条件，如投资的多少、IP 地址的多少、网站性能的要求等，选择不同的虚拟主机技术。

1. 使用不同的 IP 地址架设多个 Web 网站

如果要在一台 Web 服务器上创建多个网站，为了使每个网站域名都能对应于独立的 IP 地址，一般都使用多 IP 地址来实现，这种方案称为 IP 虚拟主机技术，也是比较传统的解决方案。当然，为了使用户在浏览器中可使用不同的域名来访问不同的 Web 网站，必须将主机名及其对应的 IP 地址添加到域名解析系统（DNS）。如果使用此方法在 Internet 上维护多个网站，也需要通过 InterNIC 注册域名。

要使用多个 IP 地址架设多个网站，首先需要在一台服务器上绑定多个 IP 地址。而 Windows 2000 及 Windows Server 2003 系统均支持一台服务器上安装多块网卡，一块网卡可以绑定多个 IP 地址。将这些 IP 地址分配给不同的虚拟网站，就可以达到一台服务器利用多个 IP 地址来架设多个 Web 网站的目的。例如，要在一台服务器上创建两个网站 Linux.long.com 和 Windows.long.com，所对应的 IP 地址分别为 192.168.22.99 和 192.168.22.100。需要在服务器网卡中添加这两个地址。其具体步骤如下。

（1）在网卡上添加上述两个 IP 地址，并在 DNS 中添加与 IP 地址相对应的两台主机。

（2）依次执行“开始”→“程序”→“管理工具”→“Internet 信息服务（IIS）管理器”命令，打开“Internet 信息服务（IIS）管理器”窗口。右键单击“网站”选项，在弹出的快捷菜单中选择“新建”→“网站”选项，如图 8-12 所示。

（3）打开“网站创建向导”，新建一个网站。在“IP 地址和端口设置”对话框中的“网站 IP 地址”下拉列表中，分别为网站指定相应的 IP 地址，如图 8-13 所示。

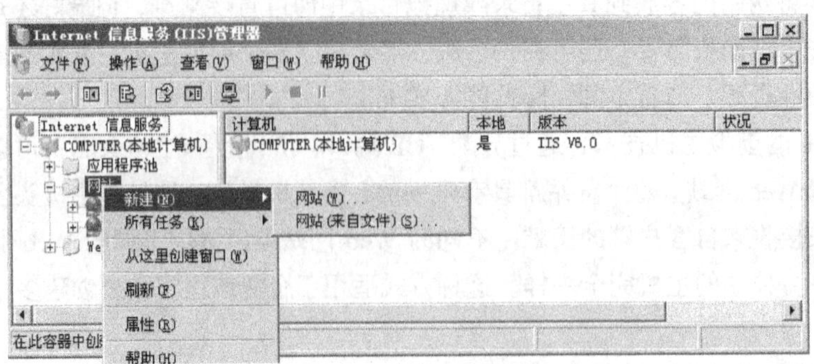

图 8-12　新建网站

（4）单击“下一步”按钮，打开“网站主目录”对话框，输入主目录的路径，如图 8-14 所示。

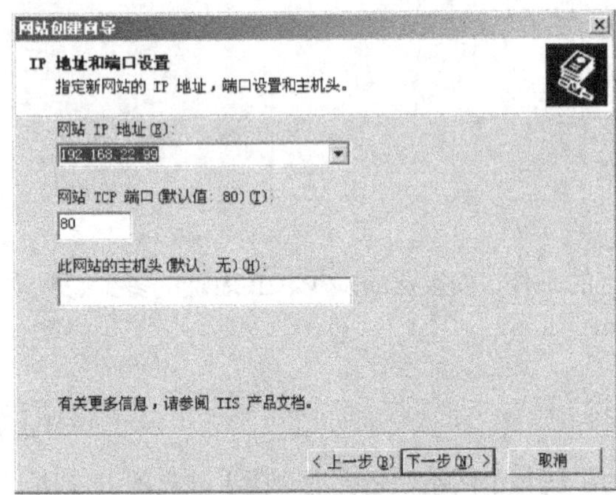

图 8-13　指定 IP 地址

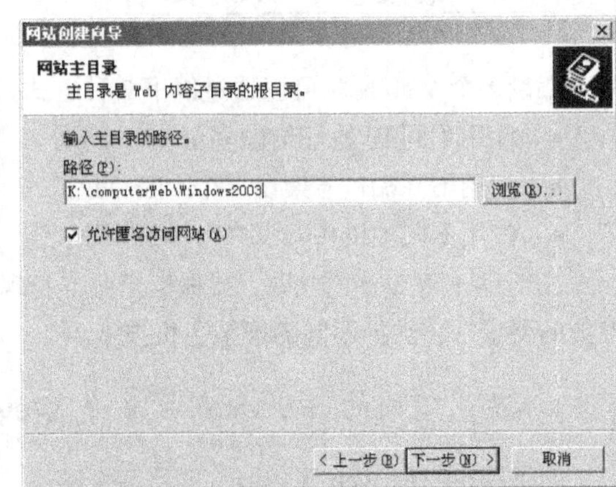

图 8-14　输入主目录路径

（5）接下来设置“网络访问权限”，如图 8-15 所示。若有 ASP 脚本运行，选中“运行脚本（如 ASP）”复选框。

（6）单击“下一步”按钮继续，按向导提示完成网站设置。192.168.22.100 对应的网站与上面设置类似。

（7）两个网站创建完成以后，在“Internet 信息服务（IIS）管理器”中再分别为不同的网站进行配置。具体内容参见“8.2 Web 网站的管理与配置”节内容。

这样，在一台 Web 服务器上就可以创建多个网站了。

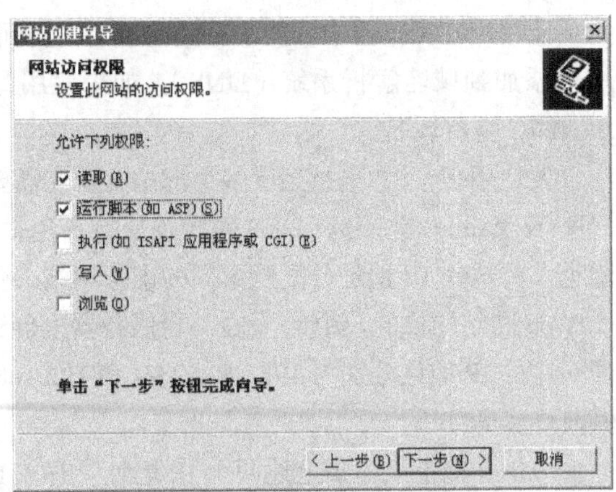

图 8-15　设置网络访问权限

2. 使用不同端口号架设多个 Web 网站

如今 IP 地址资源越来越紧张，有时需要在 Web 服务器上架设多个网站，但计算机却只有一个 IP 地

址，这时该怎么办呢？此时，利用这一个 IP 地址，使用不同的端口号也可以达到架设多个网站的目的。

其实，用户访问所有的网站都需要使用相应的 TCP 端口。不过，Web 服务器默认的 TCP 端口为 80，在用户访问时不需要输入。但如果网站的 TCP 端口不为 80，在输入网址时就必须添加上端口号了，而且用户在上网时也会经常遇到必须使用端口号才能访问网站的情况。利用 Web 服务的这个特点，可以架设多个网站，每个网站均使用不同的端口号，这种方式创建的网站，其域名或 IP 地址部分完全相同，仅端口号不同。只是，用户在使用网址访问时，必须添加上相应的端口号。

现在要再架设一个网站，IP 地址仍使用 192.168.22.99，此时可在 IIS 管理器中，将新网站的 TCP 端口设为其他端口如 8080，如图 8-16 所示。这样，用户就可以使用网址 http://192.168.22.99:8080 来访问该网站。

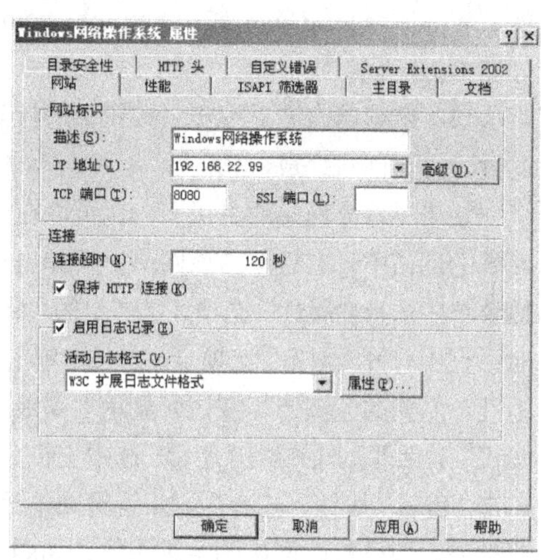

图 8-16　设置 TCP 端口

3. 使用不同的主机头名架设多个 Web 网站

如果服务器只有一个 IP 地址，在架设多个 Web 网站时，除了使用不同的端口外，还可以使用不同的主机头名来实现。这种方式实际上是通过使用具有单个静态 IP 地址的主机头中建立多个网站来实现的。因此，首先要在 DNS 服务器上添加有关的 DNS 主机别名，将主机名（实际上是一个用 DNS 主机别名表示的域名）添加到 DNS 域名解析系统，然后再创建网站。一旦请求到达计算机，IIS 将使用在 HTTP 头中传递的主机头名来确定客户请求的是哪个网站。

使用主机头创建的域名也称二级域名。现在以在 Web 服务器上利用主机头创建 Windows.long.com 和 Linux.long.com 两个网站为例进行介绍，其 IP 地址均为 192.168.22.99。

（1）首先，为了让用户能够通过 Internet 找到 Windows.long.com 和 Linux.long.com 网站的 IP 地址，需将其 IP 地址注册到 DNS 服务器。在 DNS 服务器中，新建两个主机，分别为“Windows.long.com 和 Linux.long.com”，IP 地址均为 192.168.22.99，如图 8-17 所示。

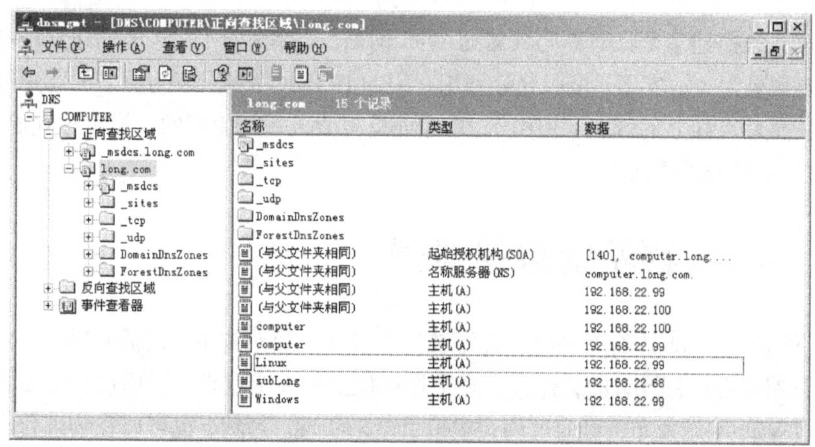

图 8-17　新建主机

（2）打开“Internet 信息服务（IIS）管理器”，使用“网站创建向导”创建两个网站。当显示“IP 地址和端口设置”对话框时，在“此网站的主机头”文本框中输入新建网站的域名，如“Windows.long.com 或 Linux.long.com”，如图 8-18 所示。

（3）继续单击“下一步”按钮，进行其他配置，直至创建完成。

如果要修改网站的主机头，也可以在已创建好的网站中，右键单击该网站，在弹出的快捷菜单中选择“属性”选项，在弹出的“属性”对话框中打开“网站”选项卡，在其中单击“IP 地址”右侧的“高级”按钮，显示“高级网站标识”对话框，如图 8-19 所示。选中主机头名，单击“编辑”按钮，显示“添加/编辑网站标识”对话框，即可修改网站的主机头值，如图 8-20 所示。

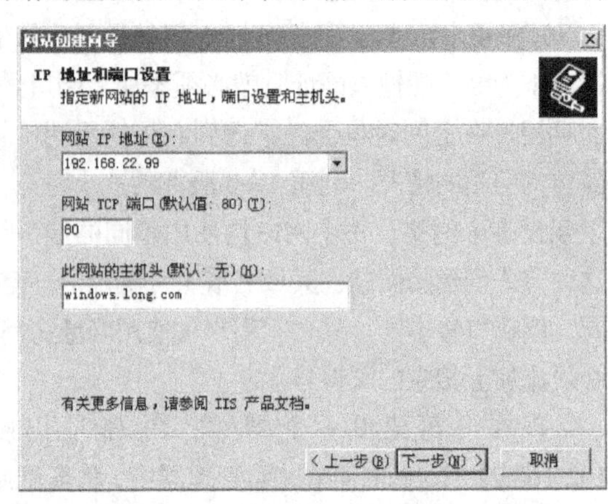

图 8-18 “IP 地址和端口设置”对话框

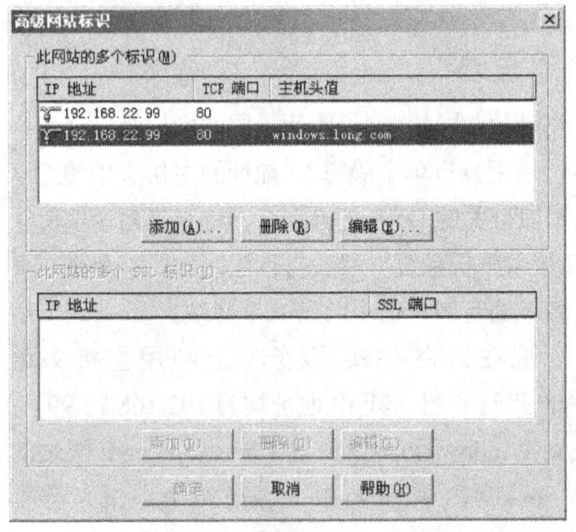

图 8-19 “高级网络标识”对话框

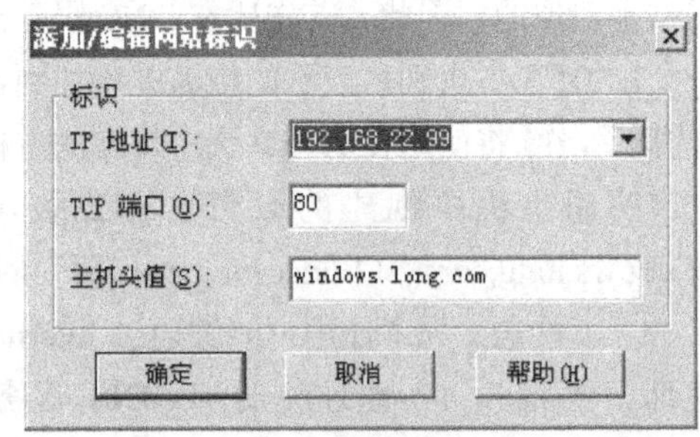

图 8-20 “添加/编辑网络标识”对话框

使用主机头来搭建多个具有不同域名的 Web 网站，与利用不同 IP 地址建立虚拟主机的方式相比，这种方案更为经济实用，可以充分利用有限的 IP 地址资源，来为更多的客户提供虚拟主机服务。不过，虽然有独立的域名，但由于 IP 地址是与他人一起使用的，没有独立的 IP 地址，也就不能直接使用 IP 地址访问了。

8.4 Web 网站的目录管理

在 Web 网站中，Web 内容文件都会保存在一个或多个目录树下，包括 HTML 内容文件、Web 应用程序和数据库等，甚至有的会保存在多个计算机上的多个目录中。而使其他目录中的内容和信息能够通过 Web 网站发布，可通过创建虚拟目录来实现。当然，也可以在物理目录下直接创建目录来管理内容。

8.4.1　虚拟目录与物理目录

在 Internet 上浏览网页时，经常会看到一个网站下面有许多子目录，这就是虚拟目录。虚拟目录只是一个文件夹，并不一定包含于主目录内，但在浏览 Web 站点的用户看来，就像位于主目录中一样。

对于任何一个网站，都需要使用目录来保存文件，即可以将所有的网页及相关文件都存放到网站的主目录之下，也就是在主目录之下建立文件夹，然后将文件放到这些子文件夹内，这些文件夹也称物理目录；也可以将文件保存到其他物理文件夹内，如本地计算机或其他计算机内，然后通过虚拟目录映射到这个文件夹。每个虚拟目录都有一个别名。虚拟目录的优点是在不需要改变别名的情况下，就可以随时改变其对应的文件夹。

在 Web 网站中，默认发布主目录中的内容。但如果要发布其他物理目录中的内容，就需要创建虚拟目录。虚拟目录也就是网站的子目录，每个网站都可能会有多个子目录，不同的子目录内容不同，在磁盘中会用不同的文件夹来存放不同的文件。例如，使用 BBS 文件夹来存放论坛程序，用 Image 文件夹来存放网站图片等。

8.4.2　创建虚拟目录

创建虚拟目录有多种方法，最常用的有两种：使用虚拟目录创建向导和使用 Web 共享。这里只讲述“使用虚拟目录创建向导”创建虚拟目录方法。

现在来创建一个名为 BBS 的虚拟目录，其路径为本地磁盘中的“E:\BBS”文件夹。

（1）在 IIS 管理器中，展开左侧的“网站”目录树，右键单击要创建虚拟目录的网站，在弹出的快捷菜单中选择“新建”→“虚拟目录”选项，显示虚拟目录创建向导，利用该向导便可为该虚拟网站创建不同的虚拟目录。

（2）在“虚拟目录别名”对话框中，在“别名”文本框中设置该虚拟目录的别名，用户用该别名来连接虚拟目录，如图 8-21 所示。该别名必须唯一，不能与其他网站或虚拟目录重名。

（3）在“网站内容目录”对话框中，在“路径”文本框中输入该虚拟目录的文件夹路径，或单击“浏览”按钮进行选择，如图 8-22 所示。这里既可使用本地计算机上的路径，也可以使用网络中的文件夹路径。

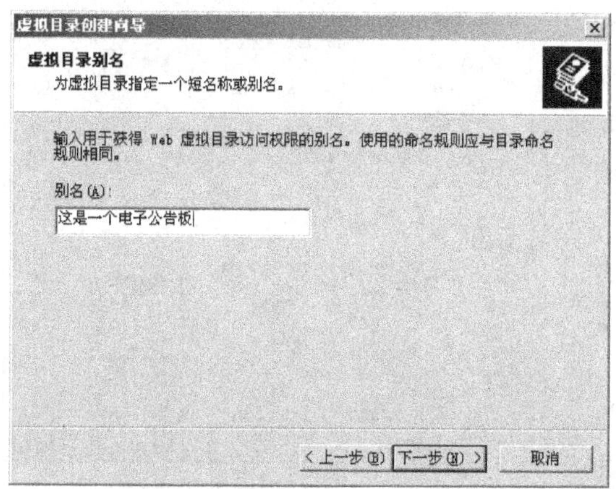

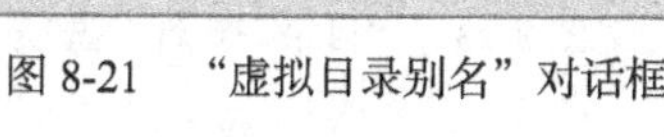
图 8-21　“虚拟目录别名”对话框

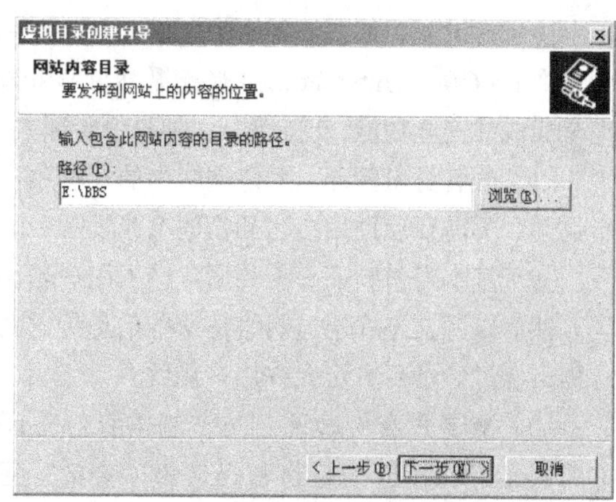

图 8-22　“网站内容目录”对话框

（4）“虚拟目录访问权限”对话框用来选择该虚拟目录要使用的访问权限。默认选中“读取”和“运行脚本（如 ASP）”两种权限，使该网站可以执行 ASP 程序。

如果该网站要执行 ASP.NET 或 CGI 应用程序，例如要搭建一个 CGI 论坛，就需要选中“执行（如 ISAPI 应用程序或 CGI）”复选框。

（5）单击“下一步”按钮，显示“已完成虚拟目录创建向导”对话框。单击“完成”按钮，虚拟目录创建完成。

虚拟目录的创建过程和虚拟网站的创建过程有些类似，但不需要指定 IP 地址和 TCP 端口，只需设置虚拟目录别名、网站内容目录和虚拟目录访问权限。

8.4.3 设置虚拟目录

虚拟目录作为一个网站的组成部分，其基本属性与虚拟网站的属性类似。

在 IIS 管理器中，展开“网站”树形目录，右键单击要设置的虚拟目录，在弹出的快捷菜单中选择“属性”选项，弹出网站属性对话框。在这里即可设置并修改该虚拟目录的各种配置。其设置信息与虚拟网站类似，只是少了 IP 地址、网站性能等配置信息，具体设置方法可参见前面所述的虚拟网站管理部分的内容，这里不再重复。

8.5 Web 网站安全及其实现

任何一个网站都要面对安全问题，都不能排除用户恶意或非恶意的破坏。Web 网站安全的重要性是由 Web 应用的广泛性和 Web 在网络信息系统中的重要地位决定的。尤其是当 Web 网站中的信息非常敏感，只允许特殊用户才能浏览时，数据的加密传输和用户的授权就成为网络安全的重要组成部分。

8.5.1 Web 网站安全概述

在 IIS 管理器中，加密传输和用户授权均可在网站的“网站属性”对话框中的“目录安全性”选项卡中进行设置，如图 8-23 所示。

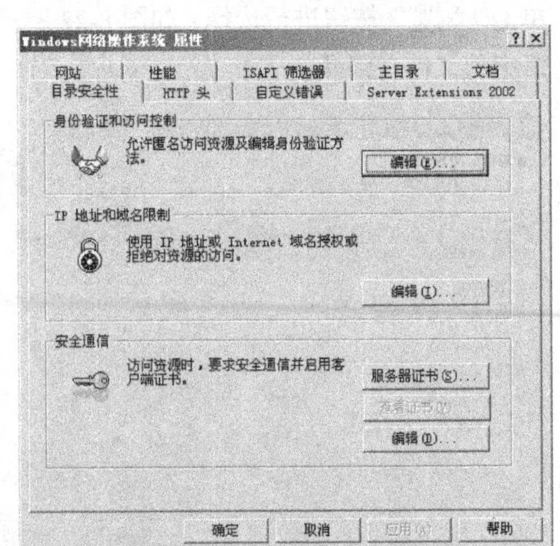

图 8-23 “目录安全性”选项卡

在 IIS 6.0 中，Internet 信息服务提供与 Windows 完全集成的安全功能，支持以下 6 种身份验证方法。

（1）匿名身份验证。允许网络中的任意用户进行访问，不需要使用用户名和密码登录。

（2）基本身份验证。需要用户输入用户名和密码，然后以明文方式通过网络将这些信息传送到服务器，经过验证后方可允许用户访问。

（3）摘要式身份验证。与“基本身份验证”非常类似，所不同的是将密码作为“哈希”值发送。摘要式身份验证仅用于 Windows 域控制器

的域。

（4）高级摘要式身份验证。与“摘要式身份验证”基本相同，所不同的是“高级摘要式身份验证”将客户端凭据作为 MD5 哈希存储在 Windows Server 2003 域控制器的 Active Directory 目录服务中，从而提高了安全性。

（5）集成 Windows 身份验证。使用哈希技术来标识用户，而不通过网络实际发送密码。

（6）证书。可以用来建立安全套接字层（SSL）连接的数字凭据，也可以用于验证。

使用这些方法可以确认任何请求访问网站的用户的身份，以及授予访问站点公共区域的权限，同时又可防止未经授权的用户访问专用文件和目录。

8.5.2　通过身份验证控制特定用户访问网站

在使用 IIS 创建的网站中，默认允许所有的用户连接，客户端访问时不需要使用用户名和密码。但对安全要求高的网站，或网站中有机密信息，就需要对用户进行身份验证，只有使用正确的用户名和密码才能访问。

1. 启用匿名访问

在“网站属性”对话框的“目录安全性”选项卡中，单击“身份验证和访问控制”选项组中的“编辑”按钮，弹出如图 8-24 所示的“身份验证方法”对话框。默认使用匿名访问，为了网站安全，管理员也可设置不同的身份验证方式。

在默认情况下，Web 服务器启用匿名访问，网络中的用户无须输入用户名和密码便可任意访问 Web 网站的网页。其实，匿名访问也是需要身份验证的，我们称其为匿名验证。当用户访问 Web 站点的时候，所有 Web 客户使用“IUSR_计算机名”账号自动登录。如果允许访问，就向用户返回网页页面；如果不允许访问，IIS 将尝试使用其他验证方法。

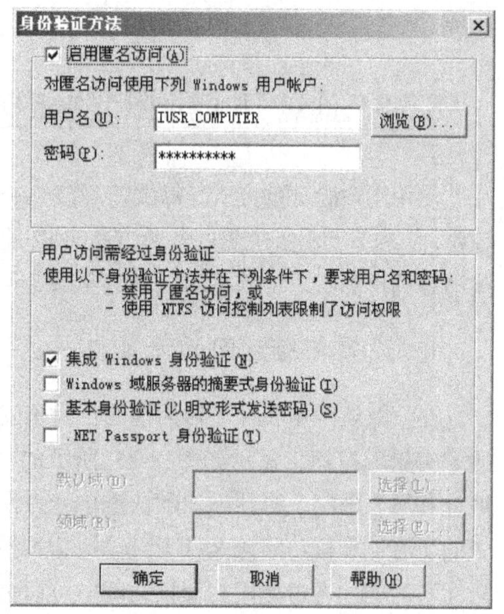

图 8-24　“身份验证方法”对话框

2. 使用身份验证

在 IIS 6.0 的身份验证方式中，还提供基本身份验证、Windows 域服务器的摘要式验证、集成的 Windows 身份验证，以及.NET Passport 等多种身份验证方法，一般在禁止匿名访问时，才使用其他验证方法。

要启用身份验证，需选中相应的复选框，并在“默认域”和“领域”文本框中输入要使用的域名。如果置空，则 IIS 将运行 IIS 的服务器的域用做默认域。

这些身份验证方法，可在“身份验证方法”对话框中的“用户访问需经过身份验证”选项组中进行设置。而且其作用及意义各有不同。

（1）Windows 域服务器的摘要式身份验证。摘要式验证只能在带有 Windows 2000/2003 域控制器的域中使用。域控制器必须具有所用密码的纯文本复件，因为必须执行散列操作并将结果与浏览器发送的散列值相比较。

（2）基本身份验证。基本验证会"模仿"为一个本地用户（即实际登录到服务器的用户），在访问 Web 服务器时登录。因此，若要以基本验证方式确认用户身份，用于基本验证的 Windows 用户必须具有"本地登录"用户权限。默认情况下，Windows 主域控制器（PDC）中的用户账户不授予"本地登录"用户的权限。但使用基本身份验证方法将导致密码以未加密形式在网络上传输。蓄意破坏系统安全的人可以在身份验证过程中使用协议分析程序破译用户和密码。

（3）集成 Windows 身份验证。集成 Windows 验证是一种安全的验证形式，它也需要用户输入用户名和密码，但用户名和密码在通过网络发送前会经过散列处理，因此可以确保安全性。当启用集成 Windows 验证时，用户的浏览器可以通过 Web 服务器进行密码交换。集成 Windows 身份验证使用 Kerberos V5 验证和 NTLM 验证。如果在 Windows 域控制器上安装了 Active Directory 服务，并且用户的浏览器支持 Kerberos V5 验证协议，则使用 Kerberos V5 验证，否则使用 NTLM 验证。

集成 Windows 身份验证优先于基本身份验证，但它并不首先提示用户输入用户名和密码，只有 Windows 身份验证失败后，浏览器才提示用户输入其用户名和密码。集成 Windows 身份验证非常安全，但是在通过 HTTP 代理连接时，集成 Windows 身份验证不起作用，无法在代理服务器或其他防火墙应用程序后使用。因此，集成 Windows 身份验证最适合企业 Intranet 环境。

8.5.3 通过 IP 地址限制保护网站

使用用户验证的方式，每次访问该 Web 站点都需要输入用户名和密码，对于授权用户而言比较麻烦。由于 IIS 会检查每个来访者的 IP 地址，因此可以通过限制 IP 地址的访问来防止或允许某些特定的计算机、计算机组、域甚至整个网络访问 Web 站点。

1. 设置拒绝访问的计算机

在"默认网站属性"对话框的"目录安全性"选项中，单击"IP 地址和域名限制"选项卡中的"编辑"按钮，显示如图 8-25 所示的"IP 地址和域名限制"对话框。默认选中允许网络中的所有计算机访问该 Web 服务器。以"授权访问"为例，通过使用"授权访问"可以为所有的计算机或域授予访问权限，同时可添加一系列将被拒绝访问的计算机，这些计算机将不能访问该 Web 服务器。当被拒绝访问的计算机数量较多时，只需指定少量授权访问的计算机即可。

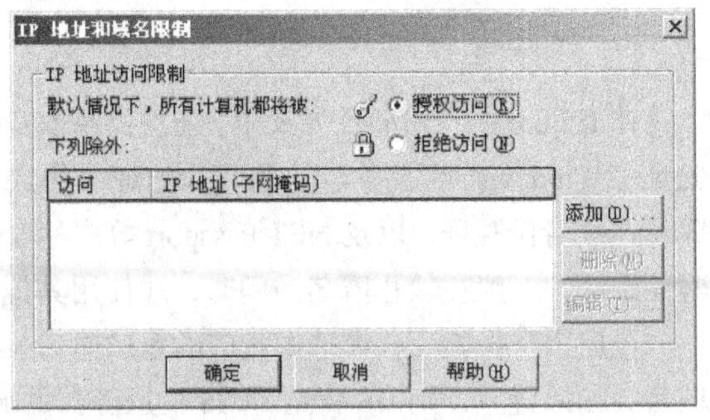

图 8-25 "IP 地址和域名限制"对话框

选中"默认情况下，所有计算机都将被：授权访问"单选按钮，并单击"添加"按钮，显示"拒绝访问"对话框，可以添加拒绝访问的一台、一组计算机或域名。

选中"一组计算机"单选按钮，可以用网络标识和子网掩码来选择一组计算机。网络标识是

主机的 IP 地址，通常是“子网”的路由器，子网掩码用于解析出 IP 地址中子网标识和主机标识。在子网中所有计算机有共同的子网标识和自己唯一的主机标识。例如，如果主机拥有 IP 地址 192.168.22.99 和子网掩码 255.255.255.0，那么子网中的所有计算机将拥有以 192.168.22 开头的 IP 地址。要选择子网中的计算机，可以在“网络标识”文本框中输入 192.168.22.0，在“子网掩码”文本框中输入 255.255.255.0，如图 8-26 所示。

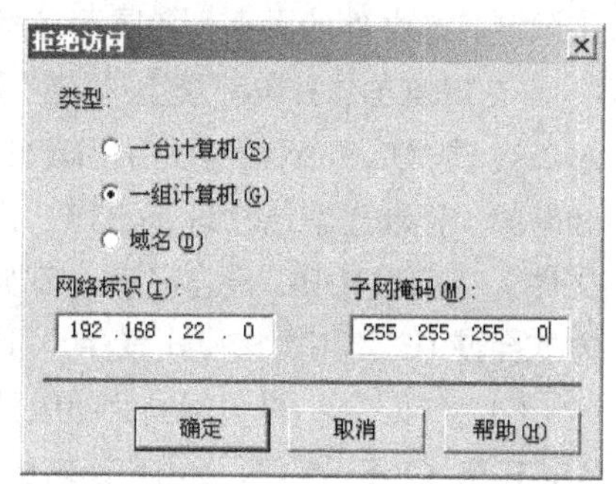

图 8-26　“拒绝访问”对话框

也可以根据域名来限制要访问的计算机。选中“域名”单选按钮，然后输入要拒绝访问的域名即可。

注意　通过域名限制访问会要求 DNS 反向查找每一个连接，这将会严重影响服务器的性能，建议不要使用。

所有被拒绝访问的计算机都会显示在“IP 地址访问限制”列表框中。以后，该列表中被拒绝访问的计算机在访问该 Web 网站时，就不能打开该 Web 网站的网页，而会显示“您未被授权查看该页”的页面。

2. 设置授权访问的计算机

“授权访问”与“拒绝访问”正好相反。通过“拒绝访问”设置将拒绝所有计算机和域对该 Web 服务器的访问，但特别授予访问权限的计算机除外。选中“默认情况下，所有计算机都将被：拒绝访问”单选按钮，并单击“添加”按钮，会显示“授权访问”对话框，用来添加授权访问的计算机。其操作步骤与“拒绝访问”的相同，这里不再重复。

8.5.4　审核 IIS 日志记录

每个网站的用户和服务器活动时都会生成相应的日志，这些日志中记录了用户和服务器的活动情况。IIS 日志数据可以记录用户对内容的访问，确定哪些内容比较受欢迎，还可以记录有哪些用户非法入侵网站，来确定计划安全要求和排除潜在的网站问题等。

在网站属性对话框的“网站”选项卡中，默认启用日志记录，可以以多种格式记录活动日志。在“活动日志格式”下拉列表中共有 4 种日志格式可供选择，如图 8-27 所示。默认使用 W3C 扩展日志文件格式。

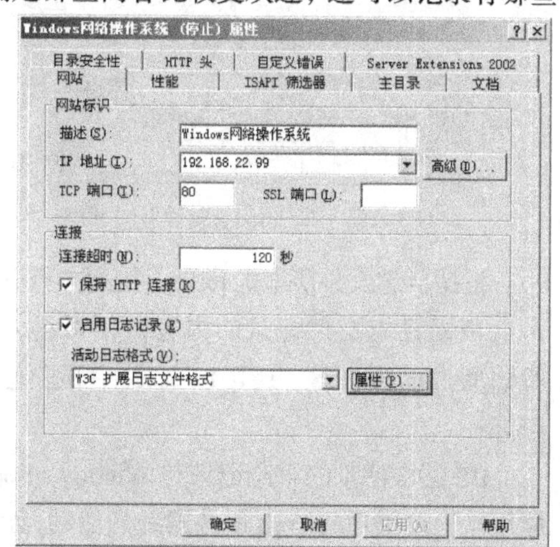

图 8-27　启用日志记录

这 4 种文件格式的日志所记录的内容各有不同，其区别如下。

（1）“W3C 扩展日志文件格式”是一个包含多个不同属性、可自定义的 ASCII 格式。它可以记录对管理员来说重要的属性，省略不需要的属性字段

来限制日志文件的大小。各属性字段以空格分开。时间以 UTC 形式记录。

（2）“ODBC 日志记录格式”是用来记录符合开放式数据库连接（ODBC）的数据库（Microsoft Access 或 SQL Server）中一组固定的数据属性。记录项目包括用户的 IP 地址、用户名、请求日期和时间（记录为本地时间）、HTTP 状态码、接收字节、发送字节、执行的操作和目标（如下载的文件）。对于 ODBC 日志记录，必须指定要登录的数据库，并且设置数据库接收数据。不过这种方式会使 IIS 禁用内核模式缓存，可能会降低服务器的总体性能。

（3）“NCSA”是美国国家超级计算技术应用中心公用格式，是一种固定的（不能自定义的）ASCII 格式，记录了关于用户请求的基本信息，如远程主机名、用户名、日期、时间、请求类型、HTTP 状态码和服务器发送的字节数。项目之间用空格分开，时间记录为本地时间。

（4）“Microsoft IIS 日志文件格式”是固定的（不能自定义的）ASCII 格式。IIS 格式比 NCSA 公用格式记录的信息多。IIS 格式包括一些基本项目，如用户的 IP 地址、用户名、请求日期和时间、服务状态码和接收的字符数。另外，IIS 格式还包括详细的项目，如所用时间、发送的字节数、动作（如 GET 命令执行的下载）和目标文件。这些项目用逗号分开，使得比使用空格作为分隔符的其他 ASCII 格式更易于阅读。时间记录为本地时间。

在图 8-27 中单击“属性”按钮，显示如图 8-28 所示的“日志记录属性”对话框。在“新日志计划”中可以选择多长时间记录一次；“日志文件目录”文本框中显示了日志文件所在的目录；而“日志文件名”则告知用户日志文件所在的文件夹及日志文件命名的格式。例如，W3C 扩展日志文件命名格式为 exyymmdd.log，也就是“ex 年月日.log”，以年月日来命名。不同格式的日志，所在的文件夹及命名方式是不同的。

在“高级”选项卡中，还可以选择日志文件中可以记录的选项，所选中的选项都会记录在日志文件中，如图 8-29 所示。

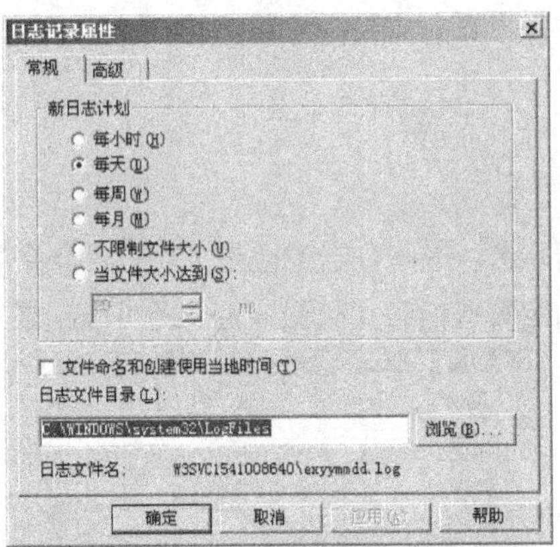

图 8-28　“日志记录属性”对话框

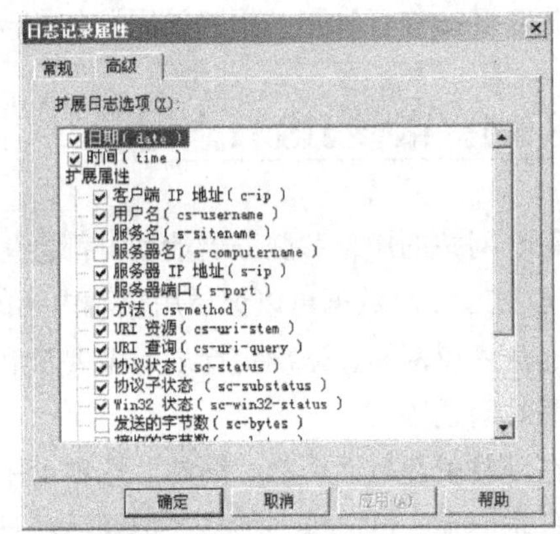

图 8-29　“高级”选项卡

根据日志文件所在的目录，找到并打开日志文件，即可看到该日志文件记录的内容。

根据日志文件记录的内容，便可得知访问该 Web 网站的用户的详细情况，如 IP 地址、所访问过的文件等，还可以查出有哪些人非法入侵网站，并根据入侵情况来加强网站的安全措施。

IIS 站点活动的日志记录与 Windows Server 2003 中的事件记录不要混淆，IIS 中的日志记录功能用来记录用户与 Web 服务器间的活动，而 Windows 日志用来记录 Windows 系统中的活动情况，并可以通过使用“事件查看器”来查看。

8.5.5　其他网站安全措施

1. 使用网站权限保护 Web 网站

利用 IIS 搭建的 Web 网站，还可以设置网站来访用户的权限，对于一些对安全性要求比较高的网站，可只允许用户使用具有特殊权限的用户账户才能访问。不过，Web 服务器所发布的文件的目录必须保存在 NTFS 分区内，否则便不能设置权限。

打开 IIS 管理器，展开左侧树形目录，右键单击要设置权限的网站，在弹出的快捷菜单中选择“权限”选项，显示如图 8-30 所示的“安全”选项卡。

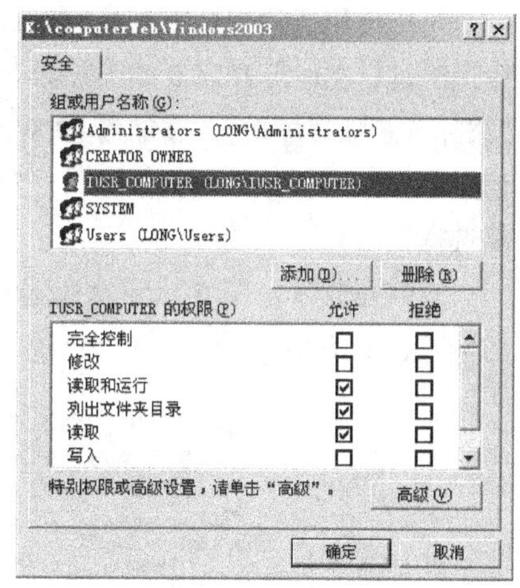

图 8-30　“安全”选项卡

在该对话框中，可以设置允许访问该网站的不同用户组的权限。默认允许“Internet 来宾账户”读取，如果删除该账户，则不允许匿名访问。

其实，对网站的权限设置，实际上就是设置网站主目录文件夹的权限。

“Internet 来宾账户”就是“IUSR_COMPUTER(LONG\IUSR_COMPUTER)。

2. 设置目录或文件的 NTFS 权限

网页文件应该存储在 NTFS 磁盘分区内，以便利用 NTFS 权限来增加网页的安全性。

要设置 NTFS 权限，可右键单击网页文件或文件夹，在弹出的快捷菜单中选择“属性”→“安全”选项，设置目录或文件的权限或加密。详细内容可参见第 5 章。

8.6　远程管理网站

用户并不是总能够方便地在运行 IIS 的计算机上执行管理任务，因此对 IIS 的远程管理就成为必要。事实上，局域网与 IIS 服务器相连接，就可以实现对网站的远程管理。本节主要介绍两种重要的管理方式，分别是利用 IIS 管理器和远程管理（HTML）进行管理。

8.6.1　利用 IIS 管理器进行远程管理

在 IIS 管理器中，右键单击“Computer（本地计算机）”，在弹出的快捷菜单中选择“连接”命令，在打开的对话框中选择另外一台要被管理的 IIS 计算机。如果目前所登录的账号没有权限来连接该 IIS 计算机，可选中“连接为”复选框，然后输入另外一个有权限连接的账号和密码。接下来就可以远程管理网站了。

8.6.2 远程管理

可以使用远程管理工具从 Internet 上的任何 Web 浏览器管理 IIS Web 服务器。本版本的远程管理工具只在运行 IIS 6.0 的服务器上运行。远程管理的安装方法是执行“开始”→“控制面板”→“添加或删除程序”→“添加/删除 Windows 组件”→“应用程序服务器”→“详细信息”→“Internet 信息服务（IIS）”→“详细信息”→“万维网服务”→“详细信息”命令，选中“远程管理（HTML）”复选框。

安装完成后，在“Internet 信息服务（IIS）管理器”窗口中将多出一个名称为 Administration 的网站，如图 8-31 所示。Administration 网站默认的端口是 8099，SSL 端口为 8098。

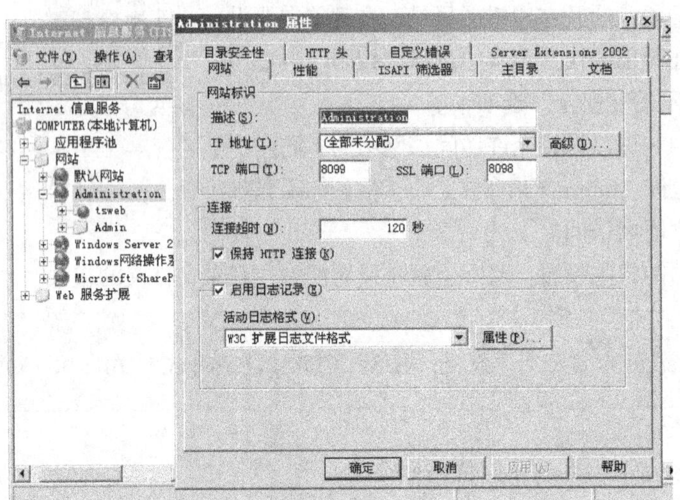

图 8-31 Administration 网站属性

下面通过此 Administration 网站来远程管理 IIS 计算机。由于 Administration 网站的默认网页是用 Active Server Pages 编写的 default.asp，因此 Active Server Pages 会自动被启动。

假定远程 IIS 计算机的 IP 地址是 192.168.22.100，在该网络内任何一台计算机的浏览器地址栏输入 https://192.168.22.100:8098，会弹出如图 8-32 所示的警告信息，不必理会该信息，单击“是”按钮。然后在图 8-33 中输入在远程 IIS 计算机内具备系统管理员权限的用户名和密码。

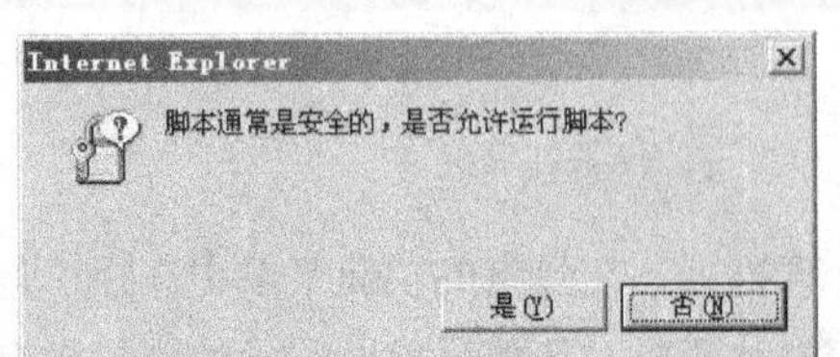

图 8-32 警告信息

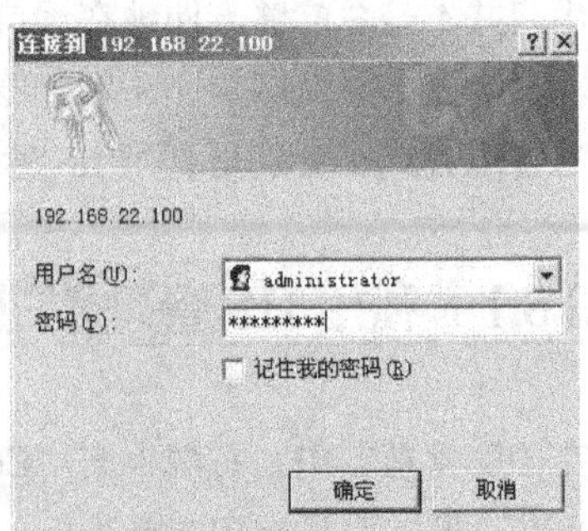

图 8-33 输入用户名和密码

验证通过后，会弹出如图 8-34 所示的窗口，可以通过它来远程管理网站。

图 8-34　远程管理网站窗口

8.7 创建与管理 FTP 服务

FTP（File Transfer Protocol，文件传输协议）是 TCP/IP 网络中的计算机用于传输文件的协议。FTP 服务器通常由 IIS 或者 Serv-U 软件来构建，其作用是用来在 FTP 服务器和 FTP 客户端之间完成文件的传输。传输是双向的，既可以从服务器下载到客户端，也可以从客户端上传到服务器。FTP 服务器使用 21 作为默认的 TCP 端口号。

FTP 服务器可以以两种方式登录，一种是匿名登录，另一种是使用授权账号与密码登录。一般匿名登录只能下载 FTP 服务器的文件，且传输速度相对要慢一些，对这类用户，FTP 需要加以限制，不宜开启过高的权限；而使用授权账号与密码登录，需要管理员针对不同的用户限制不同的访问权限等。

8.7.1　FTP 服务器的配置

FTP 服务的配置和 Web 服务相比要简单得多，主要是站点的安全性设置，包括指定不同的授权用户，如允许不同权限的用户访问，允许来自不同 IP 地址的用户访问，或限制不同 IP 地址的不同用户的访问等。再就是和 Web 站点一样，FTP 服务器也要设置 FTP 站点的主目录和性能等。

1. 安装与配置 FTP 服务器

在“Windows 组件向导”对话框中选中“应用程序服务器”复选框，然后单击“详细信息”按钮，打开“应用程序服务器”对话框。选中“Internet 信息服务（IIS）”复选框，然后单击“详细信息”按钮，打开“Internet 信息服务（IIS）”对话框。在列表框中选中“文件传输协议（FTP）服务”复选框，然后单击“确定”按钮即可安装好 FTP 服务。

FTP 安装完成后，依次执行“开始”→“管理工具”→“Internet 信息服务（IIS）管理器”命令，打开“Internet 信息服务（IIS）管理器”窗口，即可实现对 FTP 的配置与管理。

FTP 服务在安装后会自动运行，并且在默认状态下，该 FTP 服务器的主目录所在的文件夹为“%SystemRoot%\inetpub\ftproot”，默认允许来自任何 IP 地址的用户以匿名方式进行只读访问，即只能下载而无法上传文件。因此，只需将允许用户下载的文件复制至该文件夹，即可实现匿名下载。当然，为了安全起见，建议将 FTP 主目录文件夹修改为非系统分区。

2. 设置 IP 地址和端口

在刚刚安装好 FTP 服务以后，默认状态下 IP 地址为“全部未分配”方式，即 FTP 服务与计算机中所有的 IP 地址绑定在一起，默认 TCP 端口为 21。这种状态下，FTP 客户端用户可以使用该服务器中绑定的任何 IP 地址及默认端口进行访问，而且允许来自任何 IP 地址的计算机进行匿名访问，显然这种方式是不安全的。为安全起见，网络管理员需要设置相应的 IP 地址和端口号。

在“Internet 信息服务（IIS）管理器”窗口中，展开“FTP 站点”选项，右键单击“默认网站”选项，在弹出的快捷菜单中选择“属性”选项，显示如图 8-35 所示的“默认 FTP 站点属性”对话框。在“FTP 站点标识”选项区域中，需要设置站点描述、IP 地址和 TCP 端口 3 个项目。

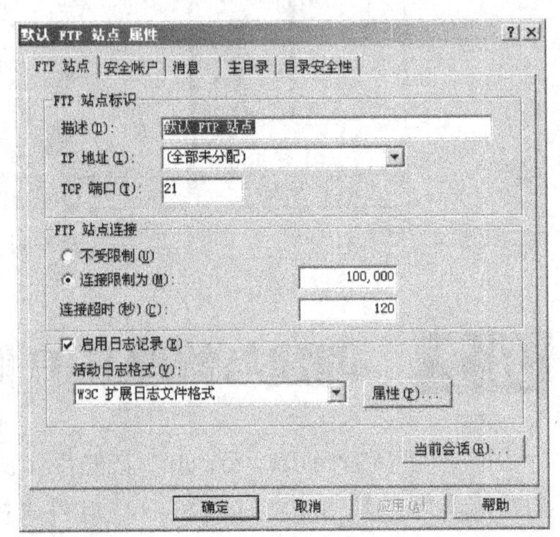

图 8-35 “FTP 站点属性”对话框

如果修改了默认的 FTP 端口，应当告知 FTP 客户端，否则访问请求将无法连接到该 FTP 服务器。例如，FTP 服务器的 IP 地址为 192.168.22.99，TCP 端口默认值为“21”，此时用户只需通过客户端访问 FTP://192.168.22.99 即可访问该 FTP 网站；而如果指定了非“21”的端口号，如 8080 时，则只有访问 FTP://192.168.22.99:8080 时，才能实现对该 FTP 网站的访问。需要注意的是，必须为 FTP 服务器指定一个端口号，“TCP 端口”文本框不能置空。当然，在指定 FTP 服务端口时，应当避免使用常用服务的 TCP 端口。

3. 连接数量限制

当 FTP 服务器位于 Internet 上，并且拥有有价值的文件资源时，可能会产生大量的用户并发访问，当服务器的配置较低、性能较差或 Internet 接入带宽较小时，就很容易造成系统响应迟缓或瘫痪，或者对企业的其他 Internet 服务（如 Web 服务、E-mail 服务等）造成严重影响，干扰了其他网络服务的正常提供。尤其是对于一些小型企业而言，在一台服务器上除了安装 FTP 服务外，还要提供其他网络服务（如 Web、Email、Windows Media Services 等），服务器无法同时处理过多的并发访问，从而导致所有服务的中断或超时。因此，这种情况下，就必须对 FTP 连接数量进行一定的限制。

在“FTP 站点”选项卡中的“FTP 站点连接”文本框中，可以设置连接是否受限制、限制的连接数量及连接超时，各选项的作用如下。

（1）不受限制。不限制连接数量，适用于服务器配置和网络带宽都较高的情况，或者 FTP 服务仅为企业网络内部提供访问服务。

（2）连接限制为。限制同时连接到该站点的连接数量，可指定该 FTP 站点所允许连接的最大数值。

（3）连接超时。设置服务器断开未活动用户的时间（以秒为单位），从而确保及时关闭失败的连接，或者长时间没有活动的连接，以及时释放系统性能和网络带宽，减少无谓的系统资源和网络资源浪费。默认连接超时为 120 秒。

4. 设置主目录

FTP 服务的主目录是指映射为 FTP 根目录的文件夹，FTP 站点中的所有文件全部保存在该文件夹中。同时，当 FTP 客户访问该 FTP 站点时，也只有该文件夹（即主目录）中的内容可见，并且作为该 FTP 站点的根目录。

（1）设置主目录文件夹。在安装 FTP 服务时，默认为 FTP 站点创建一个默认的主目录，绝对路径为“%SystemRoot% \ inetpub \ ftproot”。在 FTP 站点“属性”对话框的“主目录”选项卡中，可以更改 FTP 站点的主目录或修改其属性，如图 8-36 所示。

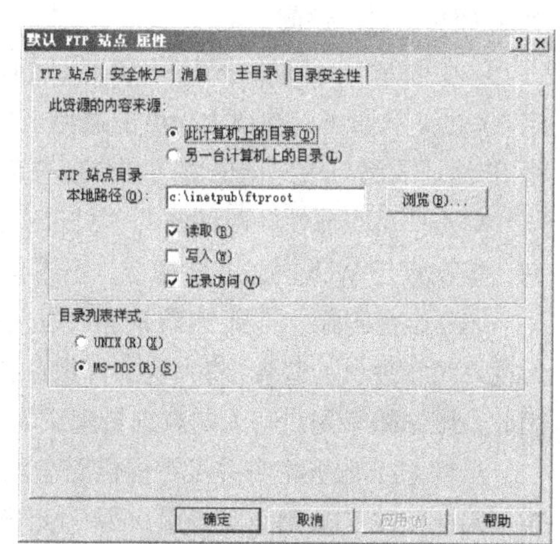

图 8-36 “主目录”选项卡

FTP 站点主目录的位置可以指定到本地计算机中的其他文件夹，甚至是另一台计算机上的共享文件夹。

（2）设置访问权限。仅仅在 FTP 站点中设置访问权限是不够的，同时还必须在 Windows 资源管理器中为 FTP 根目录设置 NTFS 文件夹权限。NTFS 权限优先于 FTP 站点权限。有关 NTFS 文件夹权限设置的相关内容，请参见第 5 章内容。

（3）目录列表样式。目录列表样式只是用来设置显示在客户端计算机上的目录列表风格，并不会影响访问权限。这两种样式的区别如下。

① MS-DOS。系统默认值为“MS-DOS”方式，MS-DOS 目录列表风格以 2 位数格式显示年份。

② UNIX。UNIX 目录列表风格以 4 位数格式显示年份，如果文件日期与 FTP 服务器相同，则不会返回年份。

5. 设置欢迎和退出消息

在 FTP 站点设置欢迎和提示消息后，当用户连接或退出该 FTP 站点时，将显示相应的欢迎和告别信息。对于企业网站而言，既是一种自我宣传的机会，也显得更有人情味。在“网站属性”的“消息”选项卡中可以设置“标题”、“欢迎”、“退出”和“最大连接数”，如图 8-37 所示。

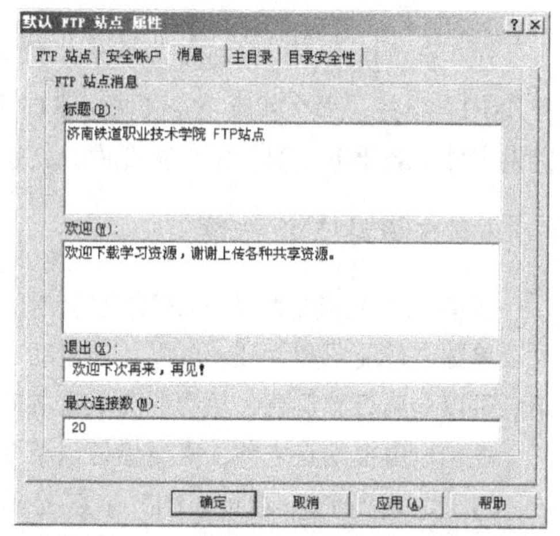

图 8-37 “FTP 站点属性”对话框“消息”选项卡

6. 设置访问安全

由于 FTP 站点中往往存储着非常重要的文件或应用程序，甚至是 Web 网站的全部内容，所以，FTP 站点的访问安全显得尤其重要。对于一些比较特殊的 FTP 站点，必须进行用户身份验证，

并限制允许访问该 FTP 服务器的 IP 地址，从而确保 FTP 站点的安全。

（1）禁止匿名访问。默认状态下，FTP 站点允许用户匿名连接，也就是说，所有用户无须经过身份认证就可列出、读取并下载 FTP 站点的内容。如果 FTP 站点中存储有重要的或敏感的信息，只允许授权用户访问，就应当禁用匿名访问。

单击“站点属性”对话框的“安全账户”选项卡，清除“允许匿名连接”复选框，即可禁止用户匿名访问该 FTP 站点。

当禁止匿名用户连接后，只有服务器或活动目录中有效的账户，才能通过身份认证，并实现对该 FTP 站点的访问。

（2）限制 IP 地址。通过对 IP 地址的限制，可以允许或拒绝某些特定范围内的计算机访问该 FTP 站点，从而可以在很大程度上避免来自外界的恶意攻击，并且将授权用户限制在某一个范围。将 IP 地址限制与用户认证访问结合在一起，将进一步提高 FTP 站点访问的安全性。

单击“站点属性”对话框的“目录安全性”选项卡，可以设置该 FTP 站点的 IP 地址访问限制。该设置与 Web 网站非常相似，不再重复。

（3）磁盘限额。当赋予 FTP 客户写入权限时，往往会导致用户权限的滥用。许多用户可能会无视系统管理员的警告，将大量文件保存在 FTP 服务器中，从而导致宝贵的硬盘空间被迅速占用。因此，限制每个用户写入的数据量就成为一种必要。

虽然 FTP 服务本身并没有提供磁盘限额功能，但可以借助 Windows 的 NTFS 磁盘配额功能实现。因此，在 FTP 站点赋予用户写入权限时，应当启用磁盘配额功能。当然，FTP 主目录必须位于 NTFS 系统分区，FAT32 是无法设置磁盘配额的。有关磁盘配额的设置，请参见第 8 章中的相关内容。

为不同的用户组分别设置磁盘配额后，当用户上传的文件超出容量限制时，系统将自动发出警告，提示用户超出空间配额，上传操作不能完成。

8.7.2 虚拟站点

在一台主机上，可以创建多个虚拟 FTP 站点。例如，如果在一台服务器上同时提供 Web 服务和 FTP 服务，那么就应当安装两个 FTP 站点，一个用于 Web 站点的内容更新，另一个为客户提供文件下载服务。对于中小企业而言，这是一种很常见的应用方式。

1. 虚拟站点的作用

虚拟 FTP 站点与默认 FTP 站点的使用几乎完全相同，都可以拥有自己的 IP 地址和主目录，可以单独进行配置和管理，可以独立启动、暂停和停止，并且能够建立虚拟目录。利用虚拟 FTP 站点可以分离敏感信息，从而提高数据的安全性，并便于数据的管理。

在创建虚拟站点之前，需要做好以下两个方面的准备工作。

（1）设置多个 IP 地址。FTP 站点的标识只有两个，即 IP 地址和端口号。若要使用默认的端口号访问虚拟 FTP 站点，就必须为主机指定多个 IP 地址，使每个 FTP 站点都拥有一个 IP 地址。

Web 服务与 FTP 服务使用的端口号不同，即使使用相同的 IP 地址，也不会导致两个服务的冲突。

（2）创建或指定主目录。每个虚拟 FTP 站点都拥有自己的主目录，因此，在创建虚拟 FTP 站点之前，必须先为其创建或指定主目录文件夹，并根据需要设置相应的访问权限，以实现更好的访问安全。

为便于进行访问权限和磁盘限额的限制，建议将主目录文件夹创建在 NTFS 系统分区。

2. 虚拟站点的创建

（1）在“Internet 信息服务（IIS）管理器”窗口中，右键单击左侧目录树中的“FTP 站点”，在弹出的快捷菜单中依次选择“新建”→“站点”选项，显示“FTP 站点创建向导”。

（2）接下来在“FTP 站点描述”对话框中为该 FTP 站点指定标识。该标识名称不会显示在 FTP 客户端，只用于在管理窗口中标识不同的 FTP 站点，便于系统管理员区分和管理。

（3）接下来在“IP 地址和端口设置”对话框中为该 FTP 站点指定 IP 地址和使用的 TCP 端口。FTP 服务的默认端口号为“21”。

（4）接下来在“FTP 用户隔离”对话框中设置 FTP 客户隔离模式，如图 8-38 所示。FTP 用户隔离是 IIS 6.0 的新增特性，它使 ISP 和应用服务提供商可以为客户提供上传文件和 Web 内容的个人 FTP 目录。FTP 用户隔离相当于专业 FTP 服务器的用户目录锁定功能，实际上是将用户限制在自己的目录中，防止用户查看或覆盖其他用户的内容。

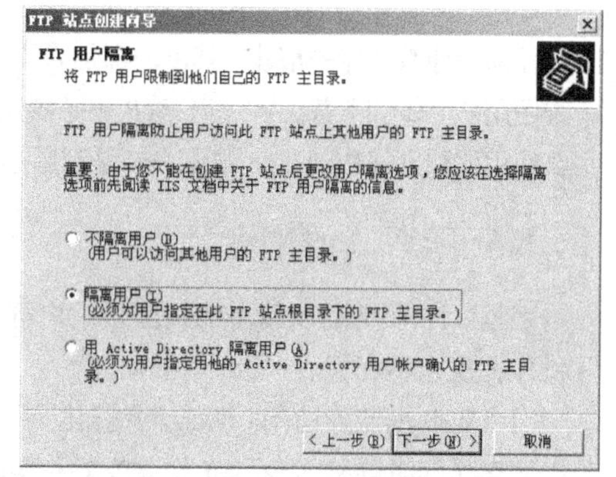

图 8-38 “FTP 用户隔离”对话框

有 3 种隔离模式可供选择，其含义如下。

① 不隔离用户：这是 FTP 的默认模式。该模式不启用 FTP 用户隔离。在使用这种模式时，FTP 客户端用户可以访问其他用户的 FTP 主目录。这种模式最适合于只提供共享内容下载功能的站点，或者不需要在用户间进行数据保护的站点。

② 隔离用户：当使用这种模式时，所有用户的主目录都在单一 FTP 主目录下，每个用户均被限制在自己的主目录中，用户名必须与相应的主目录相匹配，不允许用户浏览除自己主目录之外的其他内容。如果用户需要访问特定的共享文件夹，需要为该用户再创建一个虚拟根目录。如果 FTP 是独立的服务器，并且用户数据需要相互隔离，那么，应当选择该方式。需要注意的是，当使用该模式创建了上百个主目录时，服务器性能会大幅下降。

③ 用 Active Directory 隔离用户：使用这种模式时，服务器中必须安装 Active Directory。这种模式根据相应的 Active Directory 验证用户凭据，为每个客户指定特定的 FTP 服务器实例，以确保数据完整性及隔离性。当用户对象在活动目录中时，可以将 FTPRoot 和 FTPDir 属性提取出来，为用户主目录提供完整路径。如果 FTP 服务能成功地访问该路径，则用户被放在代表 FTP 根位置的该主目录中，用户只能看见自己的 FTP 根位置，因此，受限制而无法向上浏览目录树。如果 FTPRoot 或 FTPDir 属性不存在，或它们无法共同构成有效、可访问的路径，用户将无法访问。如果 FTP 服务器已经加入域，并且用户数据需要相互隔离，则应当选择该方式。

（5）其他如“FTP 站点目录”、“FTP 站点访问权限”等内容的设置与 Web 站点的设置类似，不再重复。

FTP 站点创建完成以后，将显示在“Internet 信息服务（IIS）管理器”窗口的“FTP 站点”

目录树中。

3. 虚拟站点的配置与管理

虚拟 FTP 站点的配置和管理方式与默认 FTP 站点完全相同，不再重复。

8.7.3 虚拟目录

使用虚拟目录可以在服务器硬盘上创建多个物理目录，或者引用其他计算机上的主目录，从而为不同上传或下载服务的用户提供不同的目录，并且可以为不同的目录分别设置不同的权限，如读取、写入等。使用 FTP 虚拟目录时，由于用户不知道文件的具体保存位置，从而使得文件存储更加安全。

FTP 站点中虚拟目录的创建、配置与管理，与 Web 站点中很类似，不再赘述。

8.7.4 客户端的配置与使用

任何一种服务器的搭建，其目的都是为了应用。FTP 服务也一样，搭建 FTP 服务器的目的就是为了方便用户上传和下载文件。当 FTP 服务器建立成功并提供 FTP 服务后，用户就可以访问了，一般主要使用两种方式访问 FTP 站点，一是利用标准的 Web 浏览器，二是利用专门的 FTP 客户端软件。

1. FTP 站点的访问

根据 FTP 服务器所赋予的权限，用户可以浏览、上传或下载文件，但使用不同的访问方式，其操作方法也不相同。

（1）Web 浏览器访问。Web 浏览器除了可以访问 Web 网站外，还可以用来登录 FTP 服务器。匿名访问时的格式为“ftp://FTP 服务器地址”，非匿名访问 FTP 服务器的格式为“ftp://用户名:密码@FTP 服务器地址”。

登录到 FTP 网站以后，就可以像访问本地文件夹一样使用了。如果要下载文件，可以先复制一个文件，然后粘贴到本地文件夹中；若要上传文件，可以先从本地文件夹中复制一个文件，然后在 FTP 站点文件夹中粘贴，即可自动上传到 FTP 服务器。如果具有“写入”权限，还可以重命名、新建或删除文件或文件夹。

（2）FTP 软件访问。大多数访问 FTP 网站的用户都会使用 FTP 软件，因为 FTP 软件不仅方便，而且和 Web 浏览器相比，它的功能更加强大。比较常用的 FTP 客户端软件有 CuteFTP、FlashFXP、LeapFTP 等。

2. 虚拟目录的访问

当利用 FTP 客户端软件连接至 FTP 站点时，所列出的文件夹中并不会显示虚拟目录，因此，如果想显示虚拟目录，必须切换到虚拟目录。

如果使用 Web 浏览器方式访问 FTP 服务器，可在“地址”栏中输入地址的时候，直接在后面添加上虚拟目录的名称。格式为“ftp://FTP 服务器地址/虚拟目录名称”。

这样就可以直接连接到 FTP 服务器的虚拟目录中。

如果使用 FlashFXP 等 FTP 软件连接 FTP 网站，可以在建立连接时，在“远程路径”文本框中输入虚拟目录的名称；如果已经连接到了 FTP 网站，要切换到 FTP 虚拟目录，可以在文件列表框中右键单击，在弹出的快捷菜单中选择“更改文件夹”选项，在“文件夹名称”文本框中输入要切换到的虚拟目录名称。

小结

无论站点是在 Intranet 或 Internet 上，提供内容的原则是相同的。将 Web 文件放置在服务器的目录中，以便用户可以通过使用 Web 浏览器建立 HTTP 连接并查看这些文件。除了在服务器上存储文件之外，还必须管理站点如何部署。本章主要讲述了 IIS 6.0 的特征、安装以及 WWW 服务器的建立、虚拟主机的建立、网站的管理、访问控制等，最后介绍了如何远程管理网站、创建和管理 FTP 服务器。

在众多的网络应用中，FTP 有着非常重要的地位。在 Internet 中一个十分重要的资源就是软件资源，各种各样的软件资源大多数都是放在 FTP 服务器中的。在这讲述了如何修改和设置 FTP 站点的属性，重点讲述了创建 FTP 站点和目录的方法。讲述了创建 FTP 站点的 3 种模式：不隔离用户、隔离用户和用 Active Directory 隔离用户。

习题

一、判断题

1. 如果 Web 网站中的信息非常敏感，为防中途被人截获，就可采用 SSL 加密方式。（　　）

2. IIS 提供了基本服务，包括发布信息、传输文件、支持用户通信和更新这些服务所依赖的数据存储。（　　）

3. 虚拟目录是一个文件夹，一定包含于主目录内。（　　）

4. FTP（File Transfer Protocol，文件传输协议），是在 TCP/IP 网络中的计算机用于传输文件的协议。（　　）

5. 当使用“用户隔离”模式时，所有用户的主目录都在单一 FTP 主目录下，每个用户均被限制在自己的主目录中，且用户名必须与相应的主目录相匹配，不允许用户浏览除自己主目录之外的其他内容。（　　）

二、简答题

1. 简述架设多个 Web 网站的方法。

2. 在 IIS 5.0 中创建 FTP 服务器与在 IIS 6.0 中创建 FTP 服务器最大的区别是什么？

3. 简述创建 FTP 虚拟站点的用户隔离方式。

4. 什么是虚拟主机？

5. 在 IIS 5.0 中创建 FTP 服务器与在 IIS 6.0 中创建 FTP 服务器最大的区别是什么？

实训　Web 与 FTP 服务器配置实训

一、实训目的

1. 掌握 Web 服务器的配置与使用。

2. 掌握在一台服务器上架设多个 Web 网站的方法。

3. 掌握 FTP 服务器的配置与使用。

二、实训环境及网络拓扑

1. 实训环境

（1）服务器一台。

（2）测试用 PC 至少一台。

（3）交换机或集线器一台。

（4）直连双绞线（视连接计算机而定）。

2. 网络规划及要求

为了使 Web 服务与 DNS 服务有机结合，并尽可能地利用现有计算机资源，可以将 Web 服务器和 DNS 服务器安装在同一台计算机上。Web 服务器的计算机名为 Server1，IP 地址为 192.168.0.1。为便于测试，至少需要一台 PC，当服务器 Server1 上安装 IIS 后，可通过 PC 上的 IE 浏览器进行测试。

一般情况下，根据应用习惯，如果 DNS 的主域名为 long.com（在一台 DNS 服务器上可以实现多个域名的解析，在安装活动目录时创建的域名称为主域名，其他域名可以在 DNS 中通过"新建区域"来实现），那么在该域名下创建的 www 记录对应的网站，称为主站点，long.com 域中主站点的域名为 www.long.com。

本次实训要完成虚拟目录、TCP 端口、多主机头等各种情况下的站点发布，首先要将所用的域名和 IP 地址统一规划好。

网络规划如下。

计算机名：Server1　IP 地址：192.168.0.1/24

- 第一个域名：long.com。

Web 主站点：www.long.com　对应主目录：e:\myweb

FTP 主站点：ftp.long.com　对应主目录：e:\ftp

- 第二个域名：secomputer.net。

主站点：www.secomputer.net　对应主目录：e:\secomputer

虚拟目录：www.secomputer.com/bbs 对应主目录：e:\bbs

站点 1：www.long.com:8080　对应主目录：e:\8080

站点 2：www.long.com:8090　对应主目录：e:\8090

3. 实训拓扑

实训拓扑如图 8-39 所示。

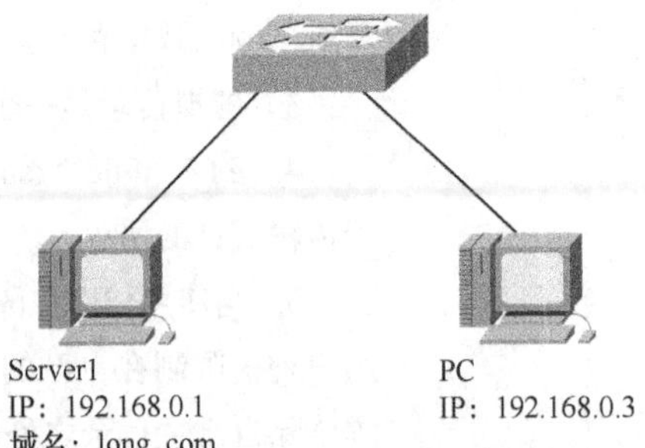

图 8-39　实训拓扑图

三、实训指导

1. 安装 IIS 6.0

2. 启用 IIS 中所需的服务

3. 配置“默认网站”

（1）自己创建网页文件，并保存在 e:\myweb 下。

（2）在 DNS 服务器的 long.com 域名下创建一个 www 主机记录，并将 IP 地址指向 Web 服务器 192.168.0.1（本实验中，DNS 和 Web 位于同一台服务器）。

（3）打开“Internet 服务管理器”对话框，右键单击“默认 Web 站点”图标，在弹出的快捷菜单中选择“属性”选项，打开属性对话框。

① “网站”选项卡：输入服务器的“说明”、“IP 地址”（Web 服务器的 IP 地址，本例为 192.168.0.1），“TCP 端口”（默认为 80）。

② “主目录”选项卡：单击“浏览”按钮，选择网页文件所在的磁盘路径（文件夹）。本实训中网页文件路径为 e:\myweb。

③ “文档”选项卡：单击“添加”按钮，为 Web 站点选择网页文件名。输入默认网页文件名，单击“确定”按钮，将所输入的网页文件移到默认文件的首位。

（4）使用以下方式浏览 Web 站点。

在服务器上浏览本机的 Web 站点：http://localhost、http://127.0.0.1。

在 PC 机上浏览 Server1 的 Web 站点：http://www.long.com、http://192.168.0.1。

4. 新建 Web 站点

Web 主站点的发布有两种方法：一种方法是直接将要发布的网站内容复制到“默认网站”的主目录下，这样不需要做太多的设置就可以完成 Web 主站点的发布；另一种方法是单独发布。实际应用中，“默认网站”的主目录位于 Windows Server 2003 安装目录的 \ inetpub \ wwwroot 目录下，出于安全和磁盘管理的需要一般不采取这样的方式。

下面将要发布的网站内容首先复制到 e:\myweb 目录，停止 IIS 中的默认网站（右键单击“默认网站”，在弹出的快捷菜单中选择“停止”选项即可），然后再进行发布。

5. 测试新建的 Web 站点

在“Internet 信息服务（IIS）管理器”窗口，右键单击已创建的“test”站点，在弹出的快捷菜单中选择“浏览”选项，如果网站发布正常，则会显示该网站的内容。同时，还可以在任意一台与该 Web 服务器连接的测试用 PC 上，在浏览器的地址栏中输入 www.long.com，如果 Web 站点的发布正常，同样会显示该网站的内容。

如果通过以上方式无法打开网站的页面，在确认网页编写没有问题的前提下，一般是网站的主页面文件与系统默认的名称不同。这时，可右键单击已创建的网站名称（“test”），在弹出的快捷菜单中选择“属性”选项，在打开的对话框中，将网站使用的主页面文件“添加”到“启用默认内容文档”列表中。另外，为了加快网站的响应速度，还可以将该网站的主页面文件上移（单击“向上”按钮）到列表框的顶端。

6. 发布虚拟目录 www.long.com/bbs 站点

虚拟目录 Web 站点必须依赖其父站点（如 www.long.com），所以在发布和访问方式上也同样与其父站点紧密相关。例如，在父站点 www.long.com 下发布一个名为 bbs 的虚拟目录站点，那么该虚拟目录网站的访问方式应为 www.long.com/bbs。该虚拟目录站点的具体发布方法请参见教材中相关内容。

虚拟目录的创建过程和虚拟网站的创建过程有些类似，但不需要指定 IP 地址和 TCP 端口，只需设置虚拟目录别名、网站内容目录和虚拟目录访问权限。

7. 利用 TCP 端口发布 www.long.com:8080 站点

8. 使用不同主机头发布不同 Web 网站

（1）在 DNS 中创建第 2 个域名 secomputer.net，并新建主机 www。由于 www.secomputer.net 负责对一个站点的解析，所以该“IP 地址”即为发布该 Web 站点的 Web 服务器的 IP 地址。在本实验中将 DNS 和 Web 服务集中在同一台服务器上，所以 Web 服务器的 IP 地址也为 192.168.0.1。

（2）发布第 2 个 Web 站点 www.secomputer.net。IP 地址为 192.168.0.1。对应主目录为 e:\secomputer。

（3）对上述实训内容进行验证。这时，在任意一台与该 Web 服务器连接的 PC（DNS 地址必须设置为 192.168.0.1）的浏览器地址栏中输入 http://www.secomputer.net，如果设置无误，则会打开该网站的正确页面。

在前面的操作中，如果未输入正确的主机头名，则该站点会由于与前一个站点（www.long.com）设置冲突（IP 地址相同）而无法正确运行（将显示为“停止”发布状态）。

如果出现以上的问题，请修改已设置的主机头名，或直接“添加”新的主机头名。

如果在浏览器地址栏中输入 http://192.168.0.1，会输出什么结果呢？

9. 使用多个 IP 地址发布不同 Web 网站

例如，要在一台服务器上创建两个网站 Linux.long.com 和 Windows.long.com，所对应的 IP 地址分别为 192.168.22.99 和 192.168.168.22.100，需要在服务器网卡中添加这两个地址。

10. 配置网站的安全性

11. FTP 服务器配置

在实际应用中，往往需要远程传输文件（如要发布的网站内容），这时通常使用 FTP 服务器完成上传和下载任务。

以本次实训为例，上面的实验中多次用到将网站内容复制到相应目录，我们可以为上传网站的用户设置 FTP 用户账号。本次实训中仍沿用前面的设定：DNS 服务器和 FTP 服务器安装在同一台计算机上，名称为 Server1，IP 地址为 192.168.0.1，并且 FTP 服务器的域名如前面所设为 ftp://ftp.long.com，主目录为 e:\ftp。完成以下 3 步。

（1）创建 ftp 主机记录。

（2）安装 FTP 服务。

（3）发布 FTP 站点。

12. 验证 FTP

四、实训思考题

（1）如何安装 IIS 服务组件？

（2）如何建立安全的 Web 站点？

（3）Web 站点的虚拟目录有什么作用？它与物理目录有何不同？

（4）如何在一台服务器上架设多台网站？

（5）如果在客户端访问 Web 站点失败，可能的原因有哪些？

（6）FTP 服务器是否可以实现不同的 FTP 站点使用同一个 IP 地址？

（7）在客户端访问 FTP 站点的方法有哪些？

五、实训报告要求

参见第 1 章后的实训要求。

第9章 电子邮件服务器的配置与管理

本章学习要点

电子邮件服务器用途广泛。利用 Windows Server 2003 提供的 POP3 服务和 SMTP 服务架设的小型邮件服务器，在校园网中部署一台电子邮件服务器，用于进行公文发送和工作交流，既能满足日常办公需要，又能节省投资。本章的基本要求如下。

- 了解电子邮件服务的用途以及相关协议
- 理解邮件发送和接受的过程
- 掌握邮件服务器的安装和配置
- 掌握 Outlook Express 客户端软件的使用

9.1 电子邮件概述

9.1.1 邮件的发送和接收

1. 使用传统邮政系统

传统的邮政系统是通过邮局来传递信件的，首先发信人要写信件和信封，在信封上贴上邮票，投入到本地邮局；邮局根据收信人的地址将信件发送到收信人的本地邮局（中间可能需要经过多个邮政中心）；收信人的本地邮局的邮递员将信件递交给收信人（有时会递交给收信人的单位或居住小区的传达室，由收信人定期去取）。

2. 使用电子邮件

随着 Internet 的发展，电子邮件系统亦成为现在最为广泛的应用，越来越多的人通过电子邮件来传递祝福和信息，为人们的沟通带来了方便。

电子邮件系统与传统的邮政系统收发邮件的过程类似。与传统的邮政系统相比，电子邮件有如下优点。

（1）可以在很短时间内把数据发送到目的地。

（2）不用担心在发送和接收电子邮件的过程中被中断，因为这些都是由计算机系统来控制的。

（3）不必与通信人预约。

（4）可以在任何时间发送和接收电子邮件。

9.1.2 电子邮件系统

1. 电子邮件系统的工作方式

电子邮件系统的工作模式是“客户机/服务器（C/S）”模式。发信人在计算机上发送邮件到收信人看到邮件之前的这段时间，网络上的很多服务器充当了幕后工作者，如果没有这些服务器的帮助，邮件是不会自动到达的。一封电子邮件从发送端计算机发出，在网络的传输过程中，会经过多台计算机和网络设备的中转，最后才能到达目的计算机并传送到收信人的电子信箱中。

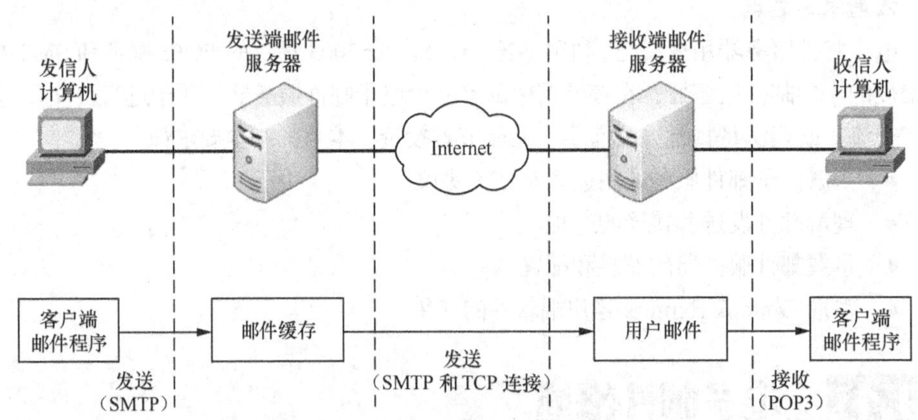

图 9-1 电子邮件系统的工作方式示意图

（1）发送邮件服务器：发送用户邮件的服务器被称为 SMTP 服务器，它负责接收用户送来的邮件，并根据收件人地址发送到对方的邮件服务器中，同时还负责转发其他邮件服务器发来的邮件。

（2）接收邮件服务器：接收用户邮件的服务器也被称为 POP3 服务器，它负责从接收端邮件服务器的邮箱中取回自己的电子邮件。

2. 电子邮件系统的组成

一个电子邮件系统有 3 个主要组成部件：电子邮件客户端软件、邮件服务器以及电子邮件服务所使用的协议。各个组件的功能如下。

（1）电子邮件客户端软件：用于收发、撰写和管理电子邮件的软件。例如，Windows 操作系统中内置的 Microsoft Outlook Express 以及 Foxmail 就是支持 POP3 的电子邮件客户端软件。其功能是从邮件服务器检索电子邮件，并将其传送到用户的本地计算机上，通常由用户自行管理。

（2）邮件服务器：由发送邮件的服务器和接受邮件的服务器组成，两者共同实现电子邮件系统的管理和服务功能（如发送、转发和接收电子邮件），并管理电子邮件系统的用户。根据邮件系统的规模可以选择不同的服务器端软件来组建邮件服务器，组建大型网络可以选用功能强大的 Microsoft Exchange Server 或 Lotus Notes 等；组建中小型网络可以选用操作系统内置的软件，如 Windows Server 2003 操作系统提供的电子邮件系统（SMTP 和 POP3 组件）服务，还可以选用第三方软件，如 Imail、Exchange Server、Foxmail Server、Mdaemon 等。

（3）邮件服务协议：用于电子邮件的发送和接收，常用的电子邮件协议有 SMTP、POP、POP3、MIME、IMAP4。下面主要介绍 SMTP 和 POP3。

① SMTP：简单邮件传输协议，该协议规定了电子邮件提交系统怎么传递报文，用于邮件的发送和传递。在电子邮件系统中，客户端与邮件服务器建立连接并发送邮件以及 Internet 中邮件服务器之间的邮件转发都需要使用该协议。

② POP3：POP 是邮局协议，POP3 是邮局协议版本 3，都是用于接收邮件的协议，其功能是将电子邮件从邮件服务器上下载到用户本地计算机上。用户的 POP3 电子邮件客户端软件与存储电子邮件的服务器之间的连接，是由 POP3（POP）来控制的。

3. 电子邮件系统的管理对象和内容

Windows Server 2003 操作系统中提供的 SMTP 和 POP3 组件，可以组建电子邮件系统，并收发局域网内部或 Internet 中的电子邮件。管理员可管理的 3 种对象：邮件服务器、电子邮件域和电子邮箱。

（1）邮件服务器：就是安装了 POP3 服务的计算机。用户可以通过它来检索自己的电子邮件。

（2）电子邮件的域：在 Internet 上使用的电子邮件域名，应当是在正式域名服务机构注册过的域名；此外，应当为这个域名在 DNS 服务器中正确设置 MX 主机记录，这样才能实现在 Internet 上的电子邮件交换。在局域网内部使用的电子邮件域名，只需在 DNS 服务器中设置后，即可实现局域网内部的电子邮件交换；如果没有 DNS 服务，则可使用 IP 地址实现电子邮件的交换。

（3）电子邮箱：每个电子邮箱对应一个用户，该用户是电子邮件域的成员，如 user@jnrp.cn。与每个用户邮箱对应的是邮件存储区的一个目录，该目录用于存储用户交换的电子邮件。

9.2 电子邮件服务器项目设计及准备

1. 项目设计

本项目选择 Windows Server 2003 操作系统提供的电子邮件系统（SMTP 和 POP3 组件）服务来部署电子邮件服务。图 9-2 所示为本项目的设计环境示例图。

在实际应用中，可以部署两台电子邮件服务器：一台用于支持 SMTP，称为 SMTP 服务器；另一台用于支持 POP3 或 IMAP4，称为 POP3 服务器或 IMAP4 服务器。部署两台电子邮件服务器将有利于提高电子邮件系统的性能。本项目为了方便说明，只部署了一台电子邮件服务器，同时支持 SMTP 和 POP3 协议，即该服务器同时为 SMTP 服务器和 POP3 服务器。

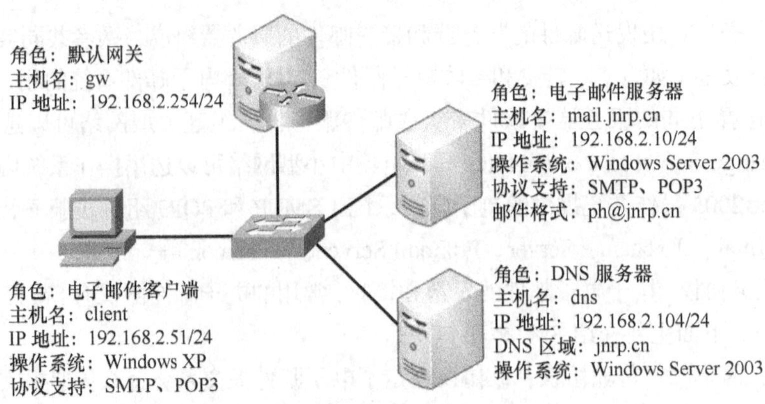

图 9-2　项目设计环境示例图

2. 项目准备

部署电子邮件服务应满足下列需求。

（1）使用内置了 IIS 以提供电子邮件服务的 Windows Server 2003 标准版、企业版或数据中心版等服务器端操作系统。

（2）电子邮件服务器的 IP 地址、子网掩码等 TCP/IP 参数应手工配置。

（3）电子邮件服务器应拥有一个友好的 DNS 名称，并且应能够被正常解析，且具有电子邮件服务所需要 MX 资源记录。

（4）创建任何电子邮件域之前，规划并设置好 POP3 服务器的身份验证方法。

9.3 安装与配置电子邮件服务器

在安装电子邮件服务器前，必须在 DNS 服务器上为电子邮件服务器创建域名 mail.jnrp.cn，并创建 MX 资源，用于支持电子邮件服务器。

9.3.1 配置 DNS 服务器支持电子邮件服务器

在 Internet 中，当邮件服务器程序得到一封待发送的邮件时，它首先需要根据目标地址确定将信件投递给哪一个服务器，这是通过 DNS 服务实现的。因此，电子邮件域必须能够通过 DNS 进行解析。

可以使用两个 DNS 资源记录来解析电子邮件域，即 MX 资源记录和 A 资源记录。多数情况下，通过 MX 记录可以将电子邮件域与为该域提供服务的一个或多个邮件服务器的 FQDN 相关联，告知邮件服务器将邮件传递到何处。MX 记录引用的每个 SMTP 服务器必须具有一个 A 记录。A 记录将指定的 FQDN 映射到其 IP 地址。MX 记录中同时包含了出现在电子邮件地址中@后面的部分。MX 记录的示例如下。

```
jnrp.cn         IN    MX     10     mail.jnrp.cn
jnrp.cn         IN    MX     20     xxx.jnrp.cn
```

可以在一个域中指定不止一个 MX 记录，分别设置不同的优先级，例如上面的第 1 条 MX 记录的优先级为 10，第 2 条 MX 记录的优先级为 20。优先数越小优先权越高。如上面示例中的 MX

记录中，jnrp.cn 域优先使用 mail.jnrp.cn 作为邮件服务器，称为主邮件交换服务器，而 xxx.jnrp.cn 被视为备份邮件交换服务器。

备份邮件交换服务器只有当主邮件交换服务器宕机或者离线时才起作用。备份邮件交换服务器的职责是保存邮件，并且定期检查主邮件交换服务器的状态。若主邮件交换服务器恢复正常，备份邮件交换服务器会将由它中转的全部邮件送还给主邮件交换服务器，备份邮件交换服务器至此完成其使命。也就是说，备份邮件交换服务器从来不直接负责邮件的接收，而只是在主邮件交换服务器宕机时对发送给主邮件交换服务器的邮件进行缓存。

可以只为电子邮件域设置一个 A 记录，不设 MX 记录。这种方案中，A 记录将域映射到 IP 地址（应为该域提供服务的 SMTP 虚拟服务器的地址）。然而，建议添加 MX 记录，而不是直接使用 A 记录，因为 MX 记录允许 SMTP 管理员指定一个服务器的有序列表，以便客户端将邮件发送到该电子邮件域。

配置 DNS 服务器支持电子邮件服务器的步骤如下。

（1）使用具有管理员权限的用户账户登录 DNS 服务器，执行“开始”→“管理工具”→“DNS”命令，打开 DNS 管理控制台。

（2）在正向查找区域 jnrp.cn 中（jnrp.cn 区域的创建参考“第 2 章 DNS 服务器的配置与管理”）创建电子邮件服务器的 A（主机）记录，以实现对电子邮件服务器的 FQDN 的解析，如图 9-3 所示。

（3）在正向查找区域 jnrp.cn 中创建 MX 记录，以实现电子邮件的交换，如图 9-4 所示。

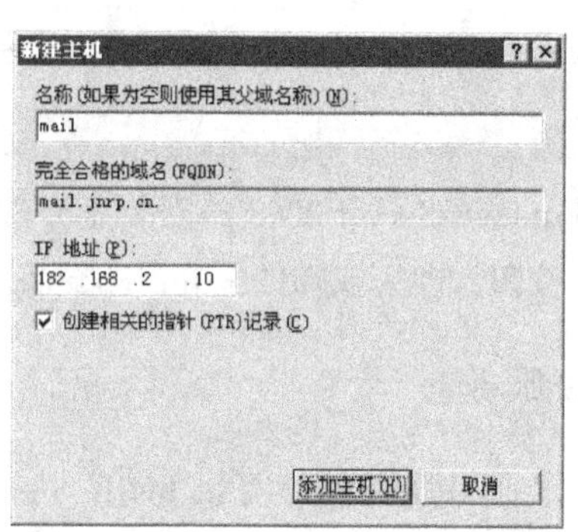

图 9-3　创建电子邮件服务器的 A 记录

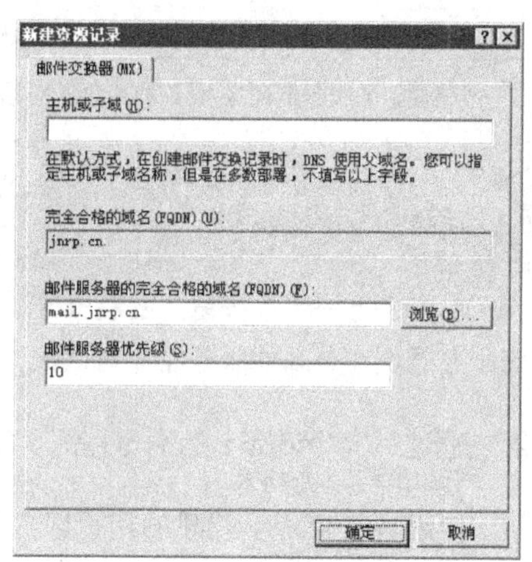

图 9-4　创建 MX 记录

9.3.2　安装电子邮件服务器

在 Windows Server 2003 中，可以通过“管理您的服务器”→“配置您的服务器向导”和“添加或删除程序”→“Windows 组件向导”两种方法来安装电子邮件服务。

1．通过“配置您的服务器向导”安装电子邮件服务

（1）使用具有管理员权限的用户账户登录到要安装电子邮件服务的计算机，执行“开始”→

“所有程序”→“管理工具”→“管理您的服务器”命令，打开“管理您的服务器”对话框。

（2）单击“添加或删除角色”按钮，打开“配置您的服务器向导-预备步骤”对话框，根据提示进行相关准备工作。

（3）单击“下一步”按钮，向导将搜索网络连接，随后将打开“配置您的服务器向导-配置选项”对话框。

（4）选择“自定义配置”单选按钮，然后单击“下一步”按钮，向导将搜索网络连接，随后将打开“配置您的服务器向导-服务器角色”对话框，选择“邮件服务器（POP3、SMTP）”，如图 9-5 所示。

（5）单击“下一步”按钮，打开“配置您的服务器向导-配置 POP3 服务”对话框。在该对话框中可以指定 POP3 服务的用户身份验证方法和创建电子邮件域的名称，如图 9-6 所示的。

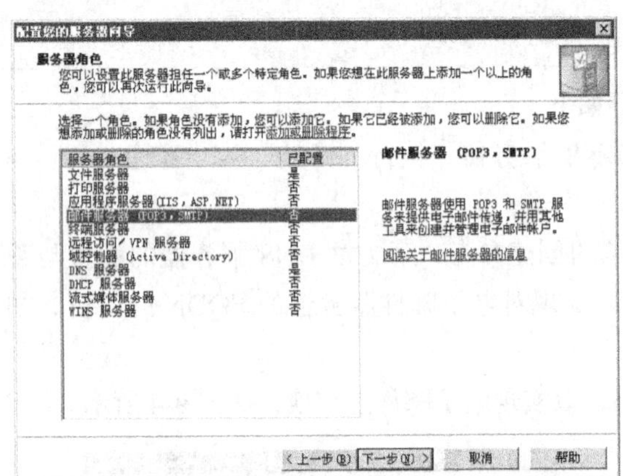

图 9-5 “配置您的服务器向导-服务器角色”对话框

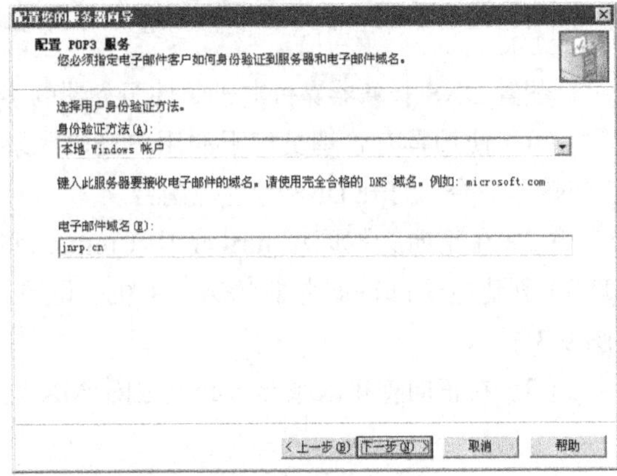

图 9-6 配置 POP3 服务

邮件服务器一旦创建了电子邮件域之后，就不能更改身份验证方法，所以请提前规划、慎重选择。

（6）单击“下一步”按钮，安装服务（该过程需要 Windows Server 2003 的安装盘），直至出现“该服务器现在是邮件服务器”对话框，单击“完成”按钮，即完成邮件服务器的安装。

2. 通过“Windows 组件向导”安装电子邮件服务

（1）使用具有管理员权限的用户账户登录要安装电子邮件服务的计算机 mail，执行“开始”→“控制面版”→“添加或删除程序”命令，打开“添加或删除程序”对话框。

（2）单击“添加/删除 Windows 组件”按钮，打开“Windows 组件”对话框，如图 9-7 所示。

（3）选择“电子邮件服务”，然后双击“应用程序服务器”，将打开“应用程序服务器”对话框。

（4）在该对话框中双击“Internet 信息服务（IIS）”，将打开“Internet 信息服务（IIS）”对话框选中“SMTP Service”，如图 9-8 所示。

（5）单击“确定”按钮，将返回“应用程序服务器”对话框；再次单击“确定”按钮，将返回“Windows 组件”对话框；单击“下一步”按钮，将开始安装电子邮件服务。

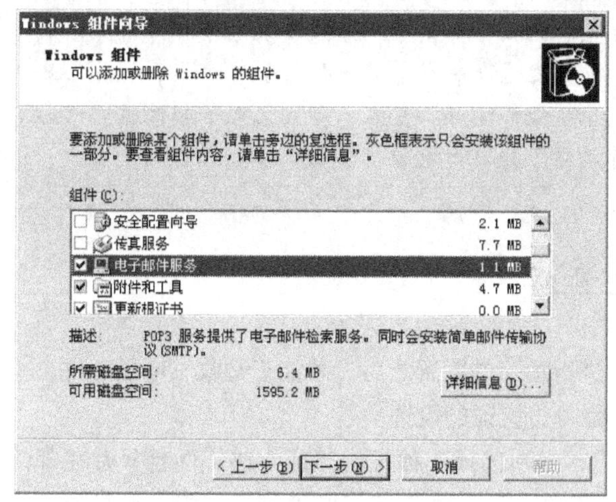

图 9-7　"Windows 组件"对话框

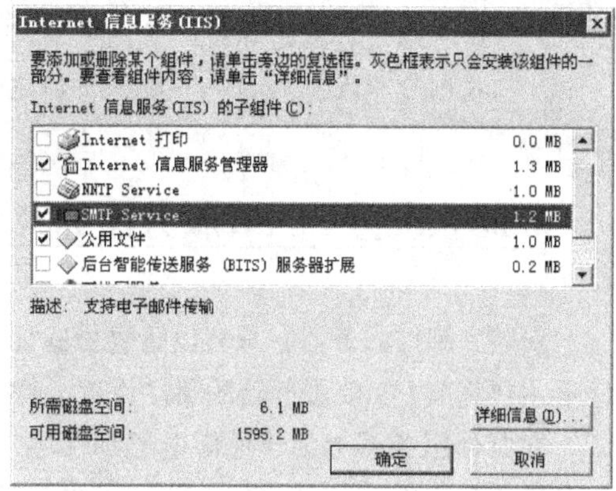

图 9-8　选中"SMTP Service"组件

部署邮件服务器需要 POP3 和 SMTP 两个组件，采用"配置您的服务器向导"安装"邮件服务器"，两个组件会同时安装，但是采用"Windows 组件"安装时要注意的是"电子邮件服务"（即 POP3 服务）仅有 POP3 组件，SMTP 组件在"应用程序服务器"→"Internet 信息服务（IIS）"中。

3. 验证电子邮件服务的安装

电子邮件服务安装完成之后，可以通过查看电子邮件相关文件和电子邮件相关服务来验证电子邮件服务是否成功安装。

（1）如果电子邮件服务器安装成功，将会在%systemdrive%\Inetput 文件夹中创建 mailroot 子文件夹。

（2）如果电子邮件服务器安装成功，电子邮件服务器相关的两个服务 SMTP 和 POP3 服务会自动启动，在服务列表中将能够查看到已启动的 SMTP 和 POP3 服务。执行"开始"→"管理工具"→"服务"命令，打开"服务"管理控制台，在其中能够查看到已启动的 SMTP 和 POP3 服务。

（3）电子邮件服务器安装后，执行"开始"→"所有程序"→"管理工具"→"POP3 服务"命令，可以打开"POP3 服务"管理控制台，如图 9-9 所示。并且在"Internet 信息服务（IIS）"的管理控制台中也能看到 SMTP 组件，如图 9-10 所示。

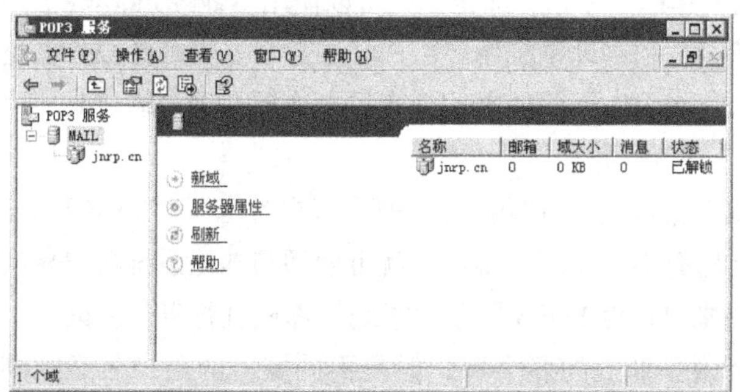

图 9-9　"POP3 服务"管理控制台

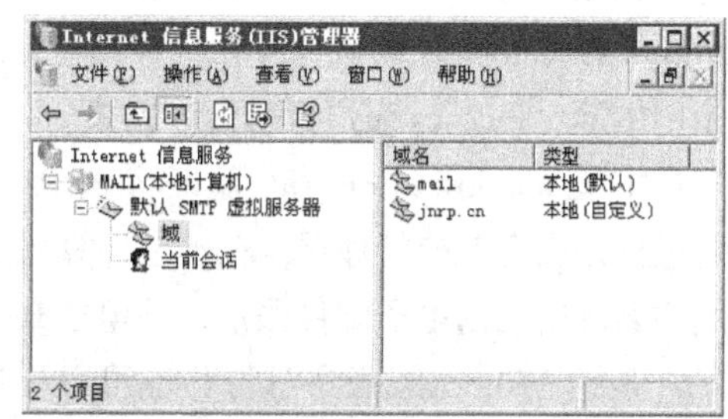

图 9-10　"Internet 信息服务（IIS）"管理控制台

图 9-9、图 9-10 所示为使用“配置您的服务器向导”方式安装电子邮件服务器后 POP3 和 SMTP 管理控制台的状态，在安装过程中创建了一个电子邮件域 jnrp.cn，此时可以直接创建邮箱；若使用“Windows 组件向导”安装，则安装电子邮件服务器后控制台中没有电子邮件域，要创建邮箱需要先创建电子邮件域。

9.3.3 设置 POP3 服务器的身份验证

安装完邮件服务器，只有设置身份验证和进行适当的配置之后，才能正常收发电子邮件。本任务主要完成 POP3 服务器的属性设置，特别是身份验证的设置。

在邮件服务器上创建任何电子邮件域之前，必须选择一种身份验证方法。而且只有在邮件服务器上没有电子邮件域时，才可以更改身份验证方法；在创建了邮件域后不能更改身份验证方法。

Windows Server 2003 中提供了 3 种不同的身份验证方法来验证连接到 POP3 服务器的用户，分别是本地 Windows 账户身份验证、Active Directory 集成的身份验证和加密密码文件身份验证。POP3 服务器的角色不同，可用的身份验证方法也有所不同，如表 9-1 所示。需要说明的是，域成员的邮件服务器的身份验证如果设置成 Active Directory 集成的身份验证，则配置时必须登录到域；如果设置成本地 Windows 账户身份验证，则配置时需要登录到本地计算机。

表 9-1　　POP3 的 3 种身份验证方法

POP3 服务器角色	可用的身份验证方法	默认身份验证方法
独立服务器	本地 Windows 账户身份验证 加密密码文件身份验证	本地 Windows 账户身份验证
域成员服务器	本地 Windows 账户身份验证 Active Directory 集成的身份验证 加密密码文件身份验证	Active Directory 集成的身份验证
域控制器	Active Directory 集成的身份验证 加密密码文件身份验证	Active Directory 集成的身份验证

1. 本地 Windows 账户身份验证

如果不使用 Active Directory（也就是说邮件服务器既不是域控制器，也不是域成员服务器），但又想在安装了 POP3 服务的本地计算机上创建用户账户，那么，就可以使用本地 Windows 账户身份验证，将电子邮件账户（即用户电子信箱）和本地系统用户账户联系起来。当邮件服务器是 Active Directory 域的成员，并且希望在安装了 POP3 服务的本地计算机上也拥有用户账户时，可使用本地 Windows 账户身份验证方式。

本地 Windows 账户身份验证将 POP3 服务集成到本地计算机的安全账户管理器（SAM）中。通过使用安全账户管理器，在本地计算机上拥有用户账户的用户，就可使用与本地系统账户相同用户名和密码的电子邮件账户，该电子邮件账户将由 POP3 服务和本地计算机进行身份验证。

本地 Windows 账户身份验证可以支持服务器上的多个域，但是不同域上的用户名必须唯一。例如，用户名为 ph@jnrp.cn 和 ph@computer.cn 的用户不能同时存在，前面的用户名一定

要不相同。

2. Active Directory 集成的身份验证

当要安装 POP3 服务的服务器是 Active Directory 域的成员或者是 Active Directory 域控制器时，可以使用 Active Directory 集成的身份验证方式将 POP3 服务集成到现有的 Active Directory 域中。如果创建的邮箱与现有的 Active Directory 用户账户相应，用户就可以使用现有的 Active Directory 域用户名和密码来收发电子邮件。每个邮箱与一个 Active Directory 用户账户对应，该账户同时拥有完全域名用户登录名和 Windows 2000 以前系统版本的 NetBIOS 用户登录名。

如果使用 Active Directory 集成的身份验证，并且有多个 POP3 电子邮件域，那么在创建邮箱时，就可以在不同的电子信箱域中使用相同的用户名，如 ph@jnrp.cn 和 ph@computer.cn。

3. 加密密码文件身份验证

加密密码文件身份验证方式在没有使用 Active Directory 域，或不想在本地计算机上创建用户时使用。加密密码文件身份验证对于还没有部署 Active Directory 的大规模部署十分理想，并且从一台本地计算机上就可以很轻松地管理可能存在的大量账户。

使用加密密码文件身份验证，可以在不同的邮件域中使用相同的用户名。但是，不能在一个域中将同一用户名指派给多个邮箱。例如，不能有两个名为 ph@jnrp.cn 的邮箱，但可以使用 ph@jnrp.cn 和 ph@computer.cn。

加密密码文件身份验证使用用户的密码创建一个加密文件，该文件存储在服务器上用户邮箱的目录中。在身份验证过程中，用户提供的密码被加密，然后与存储在服务器上的加密文件比较。如果加密的密码与存储在服务器上的加密密码匹配，则用户通过身份验证。可以使用 winpop.exe 命令行工具将加密密码文件身份验证下创建的用户账户迁移到 Active Directory 用户账户中。

4. 设置 POP3 的身份验证及其他属性

（1）使用具有管理员权限的用户账户登录电子邮件服务器。

（2）执行“开始”→“所有程序”→“管理工具”→“POP3 服务”命令，打开 POP3 管理控制台（见图 9-9）。

（3）在 POP3 管理控制台左侧的控制台树中，右键单击服务器，在弹出的快捷菜单中选择“属性”选项，打开服务器的“属性”对话框，如图 9-11 所示。

- 身份验证方法：指定 POP3 服务器的验证方法。
- 服务器端口：POP3 默认端口号是 110。
- 日志级别：POP3 服务的事件日志分为“无”、“最小”、“中”和“最大”4 个级别。“无”表示不记录事件；“最小”表示仅记录关键事件；“中”表示记录关键性事件和警告事件；“最大”表示记录关键事件、警告事件和信息事件。默认的事件日志级别为“最小”。

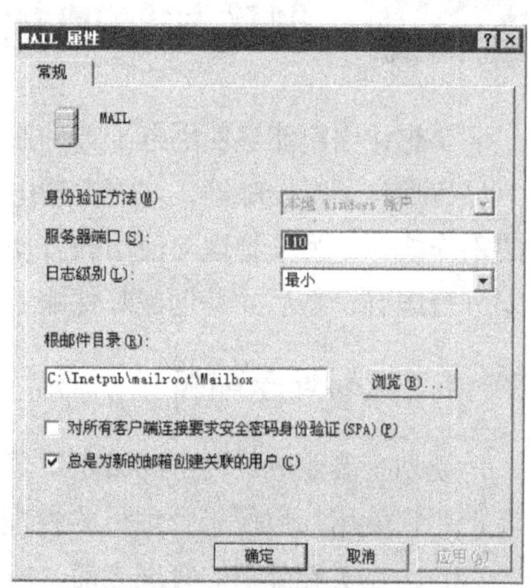

图 9-11　POP3 服务器“属性”对话框

- 根邮件目录：设置电子邮件的存储区域。邮件的存储区默认在系统盘中，为了安全，建议将邮件存储区改在其他磁盘上。
- 对所有客户端连接要求安全密码身份验证（SPA）：默认情况下，该复选框不被选中，POP3 服务器允许电子邮件客户端程序采用明文方式向其传递身份验证信息，但这是不安全的。只有在 POP3 服务使用 Active Directory 集成的身份验证和本地 Windows 账户身份验证时，才能配置使用 SPA。如果采用 SPA，除需要服务器端启用 SPA（即选中复选框）外，电子邮件客户端也必须进行相关的配置。
- 总是为新的邮箱创建关联的用户：若选中该复选框，则创建邮箱时，会在服务器上同时创建用户账号。

（4）单击“确定”按钮，完成设置。

9.3.4 创建与管理电子邮件的域

电子邮件的域是在建立电子邮件服务器的过程中必须进行的一个步骤。在 Internet 上有效的域名必须向指定的机构申请，如果是局域网内部，则可以任意使用。这个域名可以与 AD 中的一致，也可以不一致；另外，还可以为一个邮件服务器主机建立多个域名。

Windows Server 2003 操作系统的 POP3 服务可以支持三级域名。例如，将域名设置为 mail.jnrp.cn 和 jnrp.cn 都是正确的。创建电子邮件域的过程如下。

（1）使用具有管理员权限的用户账户登录电子邮件服务器，执行“开始”→“所有程序”→“管理工具”→“POP3 服务”命令，打开 POP3 管理控制台。

（2）在左侧的控制台树中右键单击要配置的 POP3 服务器，在弹出的菜单中选择“新建”→“域”选项，将打开“添加域”对话框，在其中可以输入新域的名称，如图 9-12 所示。

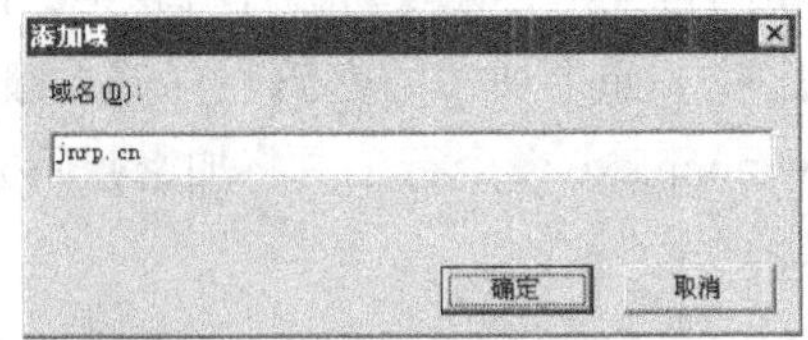

图 9-12　添加域

（3）单击“确定”按钮，将返回“POP3 服务”管理控制台，域创建完成。

9.4 创建与管理邮箱

要想让用户能够使用电子邮件服务来收发电子邮件，必须为用户创建电子邮箱。网络中的用户只有拥有了电子邮箱，才能实现电子邮件的传递和交换。因此，创建用户邮箱是管理员经常性的工作之一。为了管理与使用的方便，在创建前应很好地规划企业内部使用的邮件账户，并按规划进行编码，之后才是创建邮件账户。

1. 规划电子邮箱

规划企事业单位内部邮箱账户名称的步骤是非常重要的，因为有明确编码含义的用户邮箱既便于用户使用，也便于管理员的管理。规划邮箱的过程如下。

（1）在实施邮箱的管理之前，应当先对用户的数量进行需求分析，如果只有少量用户，可以省略下面的步骤。

（2）为了进行账户的有效编码，调查后应列出单位的详细部门名称和用户名单。

（3）对单位中要创建的邮箱账户进行编码，例如，“xxxpinghan”表示“信息系的平寒老师”；“xscyujing”表示“学生处的于静老师”。邮箱账户的编码方案为“系部标识+用户姓名”。

（4）规划账号后，还应为每位用户规划好初始密码，之后才能开始邮箱的配置管理工作。

2. 创建电子邮箱

规划邮箱后，就可以在已创建的域中创建邮箱，也就是创建邮件账户。在 Windows Server 2003 中，创建用户邮件的步骤如下。

（1）使用具有管理员权限的用户账户登录电子邮件服务器，执行“开始”→“管理工具”→“POP3 服务”命令，打开“POP3 服务”管理控制台。

（2）在左侧的控制台树中双击服务器，展开电子邮件服务器，再选择要创建用户邮箱的电子邮件域（参考 9.3.4 创建与管理电子邮件的域）。

（3）右键单击该域，并在弹出的快捷菜单中选择“新建”→“邮箱”选项（见图 9-13），或者在右侧的控制台窗口中单击“添加邮箱”链接，打开“添加邮箱”对话框。在此对话框中可以创建用户邮箱，如图 9-14 所示。

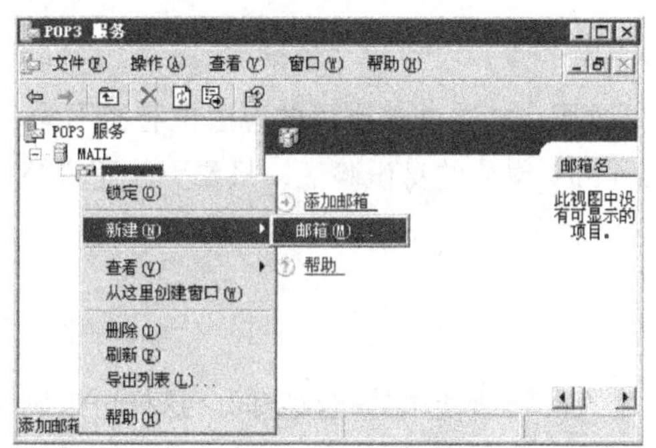

图 9-13　添加用户邮箱（1）

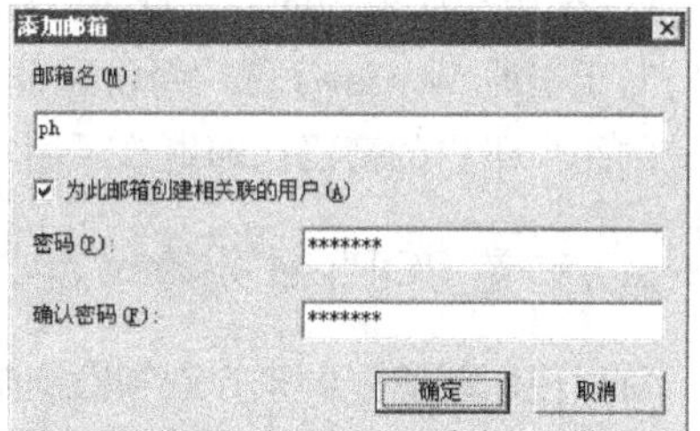

图 9-14　添加用户邮箱（2）

如果 POP3 服务指定使用本地 Windows 账户身份验证或 Active Directory 集成的身份验证，则创建的用户邮箱必须与电子邮件服务器本地系统用户账户或 Active Directory 域用户账户一一对应且名称相同。如果与用户邮箱同名的用户账户不存在，则在创建用户邮箱时需要创建同名的用户账户，因此需要选中“为此邮箱创建相关联的用户”选项（此选项默认被选中）；如果与用户邮箱同名的用户账户已经存在，则在创建用户邮箱时无需创建同名的用户账户，因此需要清除“为此邮箱创建相关联的用户”选项。在实际应用中，多采用第一种方案，即在创建用户邮箱的同时创建同名的用户账户。

（4）单击“确定”按钮，将出现“成功添加了邮箱”的提示。在此提示中，将会告知在使用电子邮件客户端程序收发邮件时需要提供的账户名，如图 9-15 所示（有关使用电子邮件客户程序收发邮件的相关知识将在 9.5 节中进行介绍）。

（5）单击“确定”按钮返回“POP3 服务”管理控制台，将能够看到新创建的用户邮箱，如图 9-16 所示。

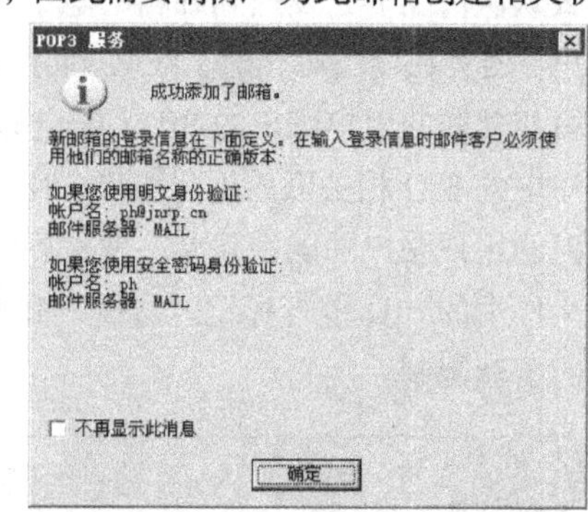

图 9-15　“成功添加了邮箱”的提示

3. POP3 服务的域锁定和解除锁定、邮箱锁定和解除锁定

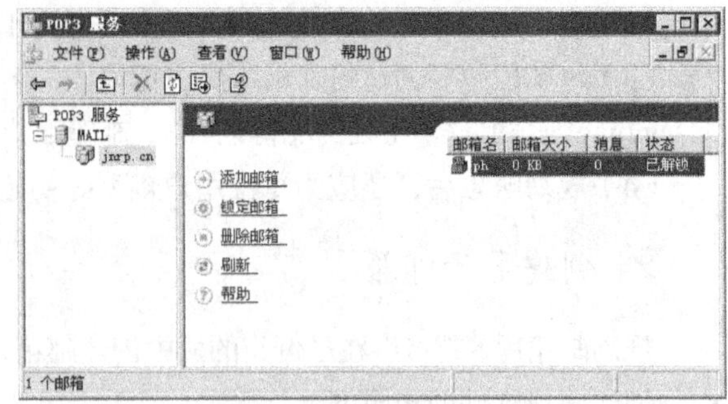

图 9-16　新创建的用户邮箱

通过锁定 POP3 电子邮件域，可以阻止该域的所有用户成员检索其电子邮件。发往该域的电子邮件将仍然被接收并发送到邮件存储区适当的邮箱目录下。当域被锁定时，无法解除对单个邮箱的锁定，必须解除整个域的锁定。

当邮箱被锁定时，仍然能接收发送到邮件存储区的传入电子邮件。但是，用户却不能连接到服务器检索电子邮件。锁定邮箱只是限制用户不能连接到服务器。管理员仍然可以执行所有管理任务，如删除邮箱或更改邮箱密码。

POP3 服务的域锁定和解锁、邮箱锁定和解锁的相关操作如下。

使用具有管理员权限的用户账户登录电子邮件服务器，打开“POP3 服务”管理控制台，通过右键单击要配置的电子邮件域或用户邮箱，在弹出的快捷菜单中即可选择“锁定”或“解除锁定”选项。

4. 更改用户邮箱密码

POP3 服务所采用的用户身份验证方法不同，更改用户账户邮箱密码的方法也有所不同。

对于本地 Windows 账户身份验证和 Active Directory 集成的身份验证，只要更改用户邮箱所对应的用户账户的密码，即更改了用户邮箱密码。

5. 配置 POP3 服务的磁盘配额

可以使用磁盘配额来控制和限制邮件服务器上个人邮箱所使用的磁盘空间。这样可以确保单个邮箱（通常也能确保邮件存储区）不会占用过多的或无法预计的磁盘空间。否则，将对运行 POP3 服务的服务器性能产生不利影响。

例如，如果邮件服务器突然收到大量未经请求的电子邮件，邮件存储区会迅速扩大，并有可能占用硬盘上所有可用的磁盘空间。而使用磁盘配额，邮件存储区将只扩大到指定的配额限制。此时，服务器不再接收邮件，而服务器的其他部分工作正常。

如果 POP3 服务器使用 Active Directory 集成的身份验证或本地 Windows 账户身份验证，那么默认情况下，发送到邮箱的电子邮件所对应文件的所有权会被指派给与邮箱相关联的用户账户。因为在创建邮箱时，POP3 服务会默认在邮箱目录中创建一个配额文件，该文件包含与该邮箱相关联的用户账户的 SID（安全标识符），而邮件所对应文件的所有权就会指派给与该配额文件中的 SID 相关联的用户账户。NTFS 文件系统的磁盘配额功能也使用 SID 来指派与该 SID 匹配的用户账户的配额限制。发送到该邮箱的邮件存储目录的所有电子邮件，都将被包含在配额文件中的 SID 进行标记。这样，配额系统就可以监控被标识的电子邮件，从而实现对电子邮件的配额限制。

只有当 POP3 的邮件存储区在 NTFS 文件系统分区上时，才能配置磁盘配额。配置方法请参考“第 7 章　存储管理”。

9.5 使用 Outlook Express 客户端软件收发邮件

目前常用的电子邮件客户端程序主要包括 Windows 系统中内置的 Outlook Express 和国产的 Foxmail。本任务通过 Oultlook Express 客户端软件验证电子邮件服务，进行收发邮件。

（1）登录电子邮件客户端，打开 Oultlook Express 主窗口。

（2）在主菜单中选择“工具”→“账户”选项，将打开“Internet 账户”对话框。

（3）单击“添加”→“邮件”按钮，将打开“Internet 连接向导-您的姓名”对话框，输入向外发送电子邮件时显示的姓名，如“平寒”。

（4）单击“下一步”按钮，将打开“Internet 连接向导-Internet 电子邮件地址”对话框，输入回复电子邮件的地址（即用户邮箱的名称），如 ph@jnrp.cn。

（5）单击“下一步”按钮，将打开“Internet 连接向导-电子邮件服务器名”对话框。在此对话框中设置接收邮件的方式以及接收邮件服务器和发送邮件服务的 FQDN 或 IP 地址（在本项目中，接收邮件服务器与发送邮件服务器为同一台服务器），如图 9-17 所示。若没有经过域名解析，则只能设置 IP 地址。

（6）单击“下一步”按钮，将打开“lnternet 连接向导-Internet 邮件登录”对话框。在此对话框中设置用于身份验证的用户账户名（即用户邮箱的名称）和密码以及传递身份验证信息的方式，如图 9-18 所示。如果通过明文方式传递身份验证信息，需要采用默认配置，即不选中“使用安全密码验证登录（SPA）”复选框，则根据基于 Windows Server 2003 的电子邮件服务器的要求（见图 9-14），需要在“账户名”文本框中输入带有电子邮件域的用户账户名，如 ph@jnrp.cn；如果通过安全密码方式传递身份验证信息，需要选中“使用安全密码验证登录（SPA）”复选框，则根据基于 Windows Server 2003 的电子邮件服务器的要求（见图 9-14），需要在“账户名”文本框中输入不带电子邮件域的用户账户名，如 ph。

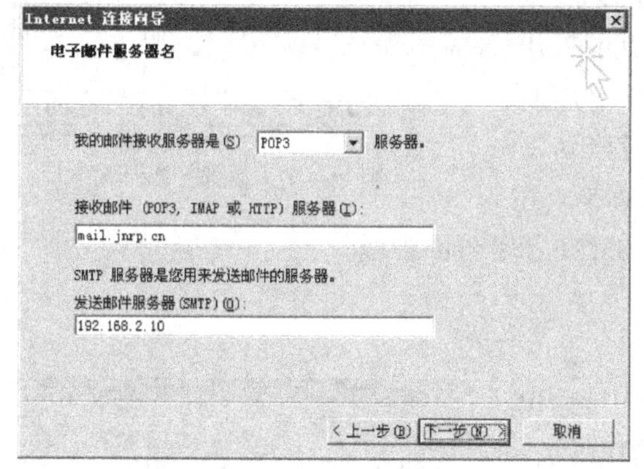

图 9-17　“Internet 连接向导-电子邮件服务器名”对话框

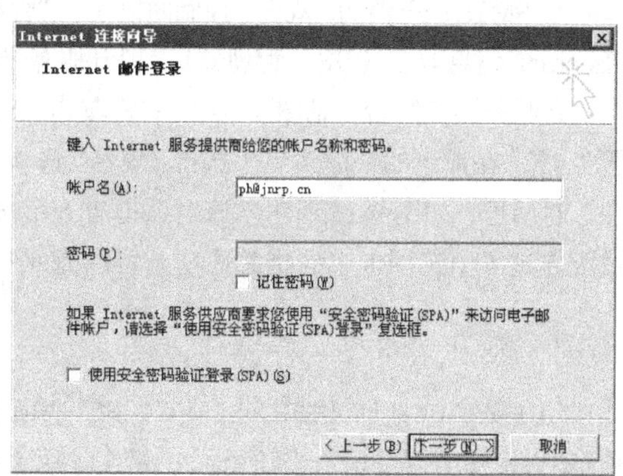

图 9-18　“Internet 连接向导-Internet 邮件登录”对话框

（7）单击“下一步”按钮，将打开“Internet 连接向导-完成”对话框。单击“完成”按钮将返回“Internet 账户”对话框；单击“关闭”按钮将返回 Outlook Express 主窗口。

（8）单击工具栏中的“创建邮件”按钮，打开“新邮件”对话框，分别输入收件人邮件地址、邮件主题和邮件正文，如图 9-19 所示；然后单击工具栏中的“发送”按钮发送写好的邮件。

（9）以同样的方式创建“yj”用户的账号，并查看“yj”的收件箱，如图 9-20 所示（此前需

要在 POP3 服务器上创建 yj 信箱）。

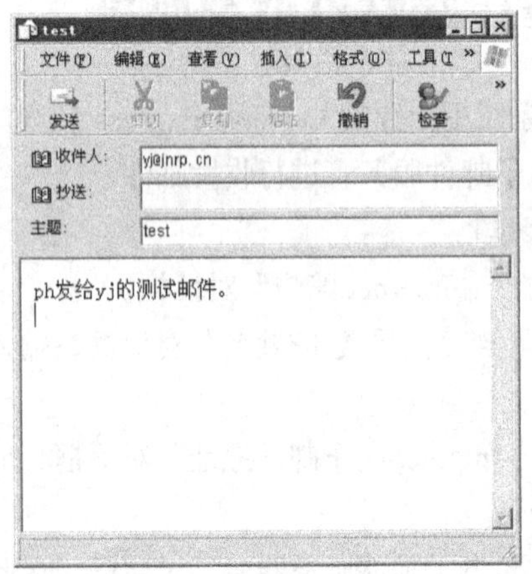

图 9-19 “ph”用户写邮件

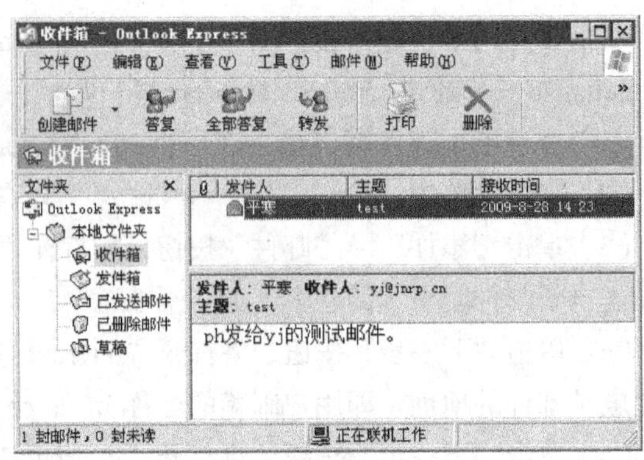

图 9-20 “yj”用户的收件箱

9.6 管理 SMTP 服务器

安装 SMTP 服务后，SMTP 服务就处于启动的状态，配置好 POP3 服务器，在客户端就能够收发电子邮件了。此时，感觉好像不需要配置 SMTP 服务器就能够发送电子邮件。而实际上，SMTP 的默认配置就能够进行发送邮件。我们可以停止 SMTP 服务，再发送邮件，发现邮件发送失败，说明 SMTP 服务对于邮件的发送起着至关重要的作用。可以对 SMTP 的默认配置进行修改，即管理 SMTP 服务器。

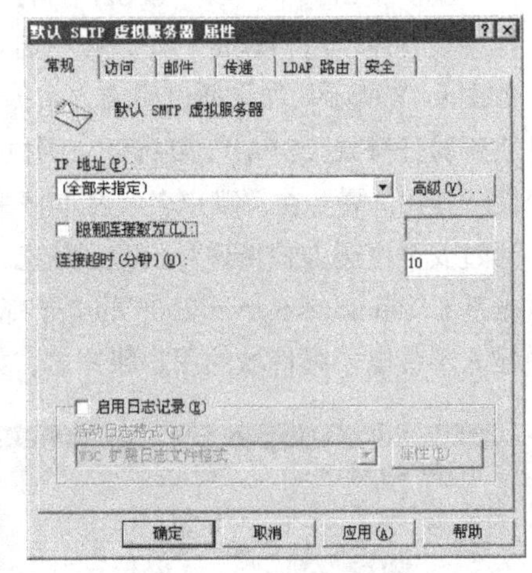

图 9-21 “常规”选项卡

在 SMTP 服务器端，双击“控制面板”→“管理工具”→“Internet 信息服务（IIS）管理器”，展开服务器就能打开 SMTP 服务器控制台（见图 9-10）。右键单击“SMTP 虚拟服务器”，在弹出的快捷菜单中选择“属性”选项，打开“属性”对话框，如图 9-21 所示。该对话框有 6 个选项卡，通过配置这 6 个选项卡中的相关选项，可以完成对 SMTP 服务器的管理。

1. 配置“常规”选项卡

（1）管理 IP 地址及端口号。在“常规”选项卡中的“IP 地址”文本框中可以指定当前 SMTP 虚拟服务器的 IP 地址，如果想设置端口号，可以单击后面“高级”按钮，打开“高级”对话框，如图 9-22 所示。在此对话框中可以设置 SMTP 虚拟服务器的 IP 地址和端口号，也可以为一个 SMTP 虚拟服务器指定多个 IP 地址与端口号联合的标识。

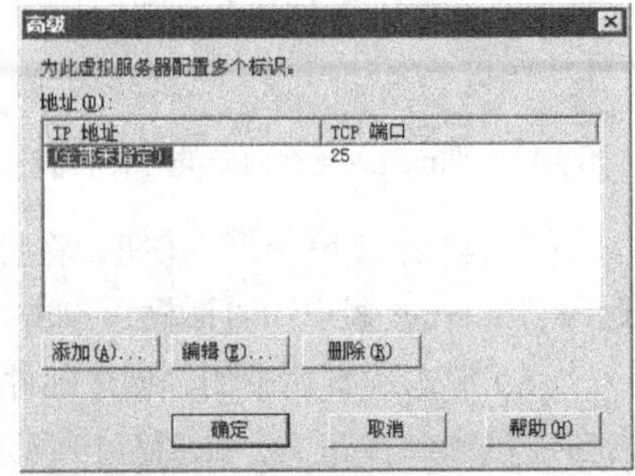

图 9-22 管理 IP 地址与端口

（2）管理 SMTP 虚拟服务器的入站连接。从 SMTP 客户端收到发送邮件的请求或从远程 SMTP 服务器接收邮

件，都将启动一个入站连接。“常规”选项卡中的“限制连接数为”选项用于指定并发的入站连接数，最小值为 1，如果未选中此选项，则没有限制。“连接超时（分钟）”选项用于指定关闭不活动的入站连接之前所允许的时间，默认值为 10 分钟。

（3）管理 SMTP 虚拟服务器日志。通过日志可以记录 SMTP 虚拟服务器从 SMTP 客户端接收的命令细节。基于 Windows Server 2003 的 SMTP 虚拟服务器支持 4 种日志文件格式：W3C 扩展日志文件格式、Microsoft IIS 日志文件格式、NCSA 公用日志文件格式、ODBC 日志记录（有关 4 种日志文件格式的相关知识请在网上查找）。可以通过“常规”选项卡中“启用日志记录”选项进行配置。

2. 配置“访问”选项卡

“访问”选项卡用于管理对 SMTP 虚拟服务器的访问，如图 9-23 所示。通过配置 SMTP 虚拟服务器的访问选项可以管理和控制 SMTP 客户端或其他 SMTP 服务器对 SMTP 虚拟服务器的访问，从而提高电子邮件服务器的安全性。SMTP 服务器既可以实现客户端发信时使用账号与密码进行验证连接，还可以通过 IP 地址验证连接，也可以使用证书进行更高级别的身份验证后再进行发信。

（1）配置账号与密码验证。在默认情况下，SMTP 服务器启用的是“匿名访问”的验证方式。也就是说，任何人都可以不用用户名和密码就可连接到 SMTP 服务器上来发送邮件，这也是很多垃圾邮件泛滥的原因。在 SMTP 控制台“访问”选项卡下单击“身份验证”按钮即可出现如图 9-24 所示的身份验证窗口。

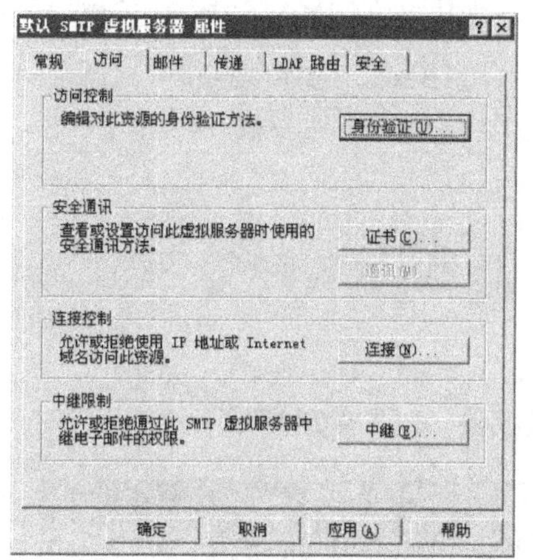

图 9-23 “访问”选项卡

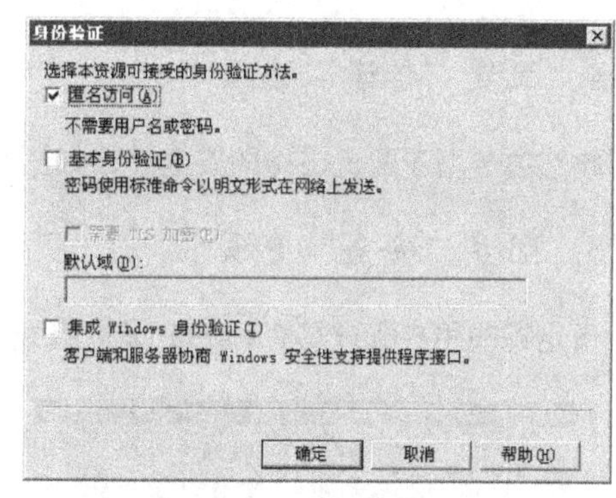

图 9-24 “身份验证”对话框

① “匿名访问”：用户无需提供有效的账号与密码即可连接使用 SMTP 服务器。

② “基本身份验证”：用户需要提供用户名和密码才能连接至 SMTP 服务器，但账号与密码是以明文传输的。使用基本身份验证时，需要指定一个基本身份验证 Windows 域，并将其附加在账户名之后，用于进行身份验证。建议在使用基本身份验证的同时要求 TLS 加密，以避免未经授权的用户检测账户名和密码。

③ “集成 Windows 身份验证”：只有拥有有效 Microsoft Windows 账户的用户才能连接至 SMTP 服务器。

（2）配置 IP 地址身份验证。在 SMTP 控制台“访问”选项卡下单击“连接”按钮即可出现如

图 9-25 所示的 IP 地址验证窗口。通过“添加”按钮可以添加一些 IP 地址和子网掩码，如果只允许使用添加进来的 IP 地址的计算机能够连接服务器时，选择“仅以下此表”单选按钮即可，如果想将这些 IP 地址排除在外，选择“仅以下列表除外”单选按钮即可。这种方式简便易行，比较适合于中小企业使用。

3. 配置“邮件”选项卡

如图 9-26 所示，通过该选项卡可以限制邮件、会话、每个连接的邮件数、每个邮件的收件人数等信息。

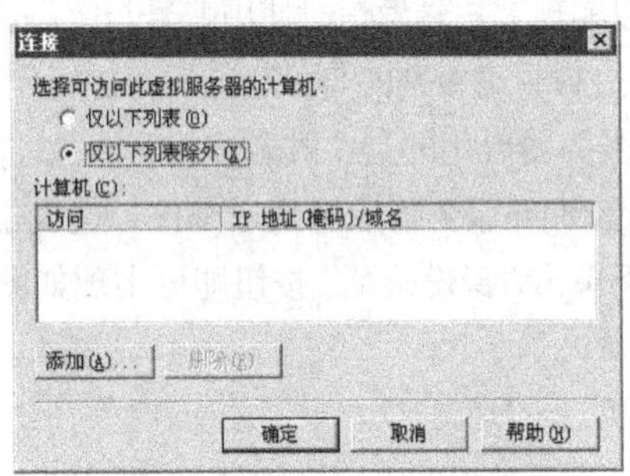

图 9-25 “连接”对话框

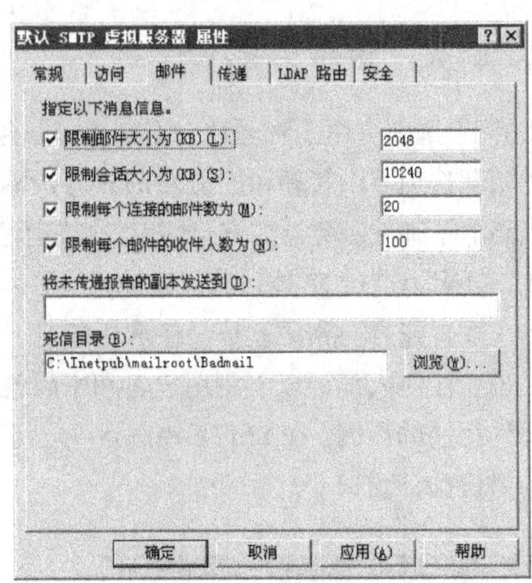

图 9-26 “邮件”选项卡

4. 配置“传递”选项卡

此选项卡用于配置出站的安全性，如图 9-27 所示。

5. 配置“安全”选项卡

指定哪些用户账户具有 SMTP 虚拟服务器的操作员权限，如图 9-28 所示。

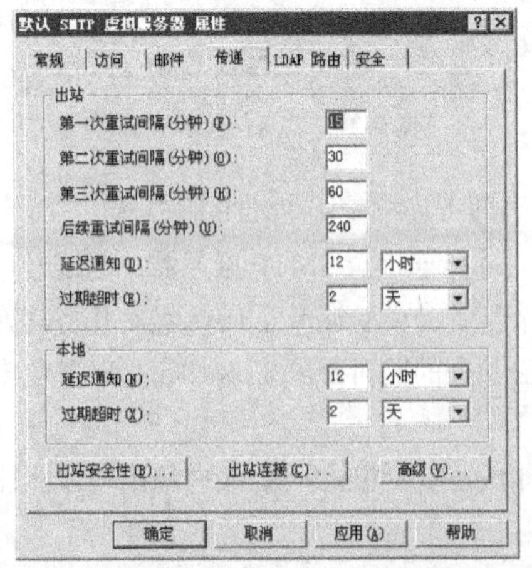

图 9-27 “传递”对话框

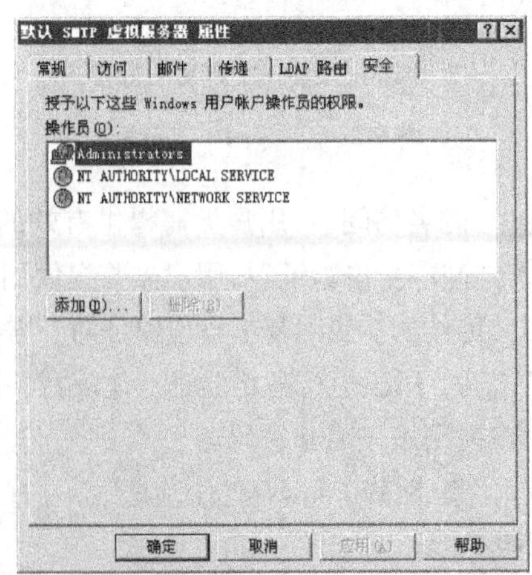

图 9-28 “安全”选项卡

小结

本章介绍电子邮件的基本知识、电子邮件服务器的安装与配置、POP3 服务器的身份验证与设置以及电子邮箱的创建与管理。通过本章的学习，学生应能熟练掌握电子邮件服务器的搭建、配置与管理。

习题

一、填空题

1. 电子邮件服务器之间传送邮件时使用的协议是________。

2. 在使用 Windows Server 2003 创建邮件系统时，可选择的身份验证方式有________、________和________。

3. 电子邮件系统的工作模式是________模式。

4. 发送用户邮件的服务器被称为________服务器，接收用户邮件的服务器也被称为________服务器。

5. 一个电子邮件系统有 3 个主要组成部件：________、________、________。

6. Windows Server 2003 操作系统提供的 SMTP 和 POP3 组件，可以组建电子邮件系统，并收发局域网内部或 Internet 中的电子邮件。管理员可管理的 3 种对象是________、________、________。

二、选择题

1. 以下协议中哪一个不是邮件协议？（　　）

A. POP3　　B. SMTP　　C. MIME　　D. SNMP

2. 使用内置了 IIS 以提供电子邮件服务的 Windows Server 2003 版本有（　　）。

A. 标准版　　B. 企业版　　C. 数据中心版　　D. Web 版

实训　电子邮件服务器配置实训

一、实训目的

（1）在小型局域网中建立电子邮件系统，提供局域网用户的邮件服务。

（2）接收位于不同电子邮局中的电子邮件。

（3）修改电子邮局中邮件账户信息。

二、实训环境和条件

（1）网络环境。

（2）安装有 Windows Server 2003 操作系统的计算机，充当邮件服务器。

（3）安装有 Windows 2000 Professional/XP 操作系统的计算机，充当客户机。

可以使用虚拟机来构建实训环境。

三、实训内容

1. 安装电子邮件服务器

（1）在安装有 Windows Server 2003 操作系统的计算机中安装邮件服务器。

（2）在安装有 Windows 2000 Professional/XP 操作系统的计算机的 Outlook Express 中设置账号。

（3）发送和接收局域网邮局中的电子邮件。

2. 建立电子邮件系统的多个域

（1）在邮件服务器中添加两个不同的域，并分别建立两个邮箱账号，如 user11 和 user12。

（2）在安装有 Windows 2000 Professional/XP 操作系统的计算机的 Outlook Express 中设置账号。

（3）接收和发送这两个账号中的邮件。

3. 修改指定电子邮件账户的信息

（1）在邮件服务器中选择一个邮箱账号，如 user11。

（2）打开上述账户的属性对话框，修改其账户名称和电子邮件地址信息。

四、实训思考题

如果客户端使用 Foxmail，针对上面的实训会有何不同？

第10章 电子证书服务

本章学习要点

对于大型的计算机网络，数据的安全和管理的自动化历来都是人们追求的目标，特别是随着 Internet 的迅猛发展，在 Internet 上处理事务、交流信息和交易等方式越来越广泛，越来越多的重要数据要在网上传输，网络安全问题也更加被重视。尤其是在电子商务活动中，必须保证交易双方能够互相确认身份，安全地传输敏感信息，同时还要防止被人截获、篡改，或者假冒交易等。因此，如何保证重要数据不受到恶意的损坏，成为网络管理最关键的问题之一。而通过部署公钥基础机构（PKI），利用 PKI 提供的密钥体系来实现数字证书签发、身份认证、数据加密和数字签名等功能，可以为网络业务的开展提供安全保证。

- 理解数字证书的概念和 CA 的层次结构
- 掌握企业 CA 的安装与证书申请
- 掌握数字证书的管理
- 掌握基于 SSL 的网络安全管理

10.1 数字证书简介

数字证书是一段包含用户身份信息、用户公钥信息和身份验证机构数字签名的数据。

身份验证机构的数字签名可以确保证书信息的真实性，用户公钥信息可以保证数字信息传输的完整性，用户的数字签名可以保证数字信息的不可否认性。

10.1.1 数字证书

数字证书是各类终端实体和最终用户在网上进行信息交流和商务活动的身份证明。在电子交易的各个环节中，交易的各方都需验证对方数字证书的有效性，从而解决相互间的信任问题。

数字证书是一个经证书认证中心（CA）数字签名的，包含公开密钥拥有者信息和公开密钥的文件。认证中心（CA）作为权威的、可信赖的、公正的第三方机构，专门负责为各种认证需求提供数字证书服务。认证中心颁发的数字证书均遵循 X.509 V3 标准。X.509 标准在编排公共密钥密码格式方面已被广为接受。X.509 证书已应用于许多网络安全，其中包括 IPSec（IP 安全）、SSL、SET、S/MIME。

数字信息安全主要包括以下几个方面。

（1）身份验证（Authentication）。

（2）信息传输安全。

（3）信息保密性（存储与交易）（Confidentiality）。

（4）信息完整性（Integrity）。

（5）交易的不可否认性（Non-repudiation）。

对于数字信息的安全需求，可以通过如下方法来实现。

（1）数据保密性——加密。

（2）数据的完整性——数字签名。

（3）身份鉴别——数字证书与数字签名。

（4）不可否认性——数字签名。

为了保证网上信息传输双方的身份验证和信息传输安全，目前采用数字证书技术来实现，从而实现传输信息的机密性、真实性、完整性和不可否认性。

10.1.2 PKI

公钥基础结构（Public Key Infrastructure，PKI）是通过使用公钥加密对参与电子交易的每一方的有效性进行验证和身份验证的数字证书、证书颁发机构（CA）和其他注册机构（RA）。尽管 PKI 的各种标准正被作为电子商务的必需元素来广泛实现，但它们仍在发展。

一个单位选择使用 Windows 来部署 PKI 的原因有很多，如下所述。

（1）安全性强。可以通过智能卡获得强大的身份验证，也可以通过使用 Internet 协议安全性来维护在公用网络上传输的数据保密性和完整性，并使用 EFS（加密文件系统）维护已存储数据的保密性。

（2）简化管理。可以颁发证书并与其他技术一起使用，这样，就没有必要使用密码了。必要时可以吊销证书并发布证书吊销列表（CRL）。可以使用证书来跨整个企业地建立信任关系；还可以利用“证书服务”与 Active Directory 目录服务和策略的集成；还可以将证书映射到用户账户。

（3）其他机会。可以在 Internet 这样的公用网络上安全地交换文件和数据；可以通过使用安全/多用途 Internet 邮件扩展（S/MIME）实现安全的电子邮件传输，使用安全套接字层（SSL）或传输层安全性（TLS）实现安全的 Web 连接；还可以对无线网络实现安全增强功能。

10.2 CA 的层次结构

10.2.1 内部 CA 和外部 CA

微软认证服务（Microsoft Certificate Services，MCS）使企业内部可以很容易地建立满足商业

需要的认证权威机构（CA）。认证服务包括一套向企业内部用户、计算机或服务器发布认证的策略模型。其中，包括对请求者的鉴定，以及确认所请求的认证是否满足域中的公用密钥安全策略。这种服务可以很容易地进行改进和提高，以满足其他的策略要求。

同时，还存在一些大型的外部商用 CA，为成千上万的用户提供认证服务。通过 PKI，可以很容易地实现对企业内部 CA 和外部 CA 的支持。

每个 CA 都有一个由自己或其他 CA 颁发的证书来确认自己的身份。对某个 CA 的信任意味着信任该 CA 的策略和颁发的所有证书。

10.2.2　颁发证书的过程

认证中心 CA 颁发证书涉及如下 4 个步骤。

（1）CA 收到证书请求信息，包括个人资料和公钥等。

（2）CA 对用户提供的信息进行核实。

（3）CA 用自己的私钥对证书进行数字签名。

（4）CA 将证书发给用户。

10.2.3　证书吊销

证书的吊销使得证书在自然过期之前便宣告作废。作为安全凭据的证书在其过期之前变得不可信任，其中的原因很多。可能的原因包括以下几点。

（1）证书拥有者的私钥泄露或被怀疑泄露。

（2）发现证书是用欺骗手段获得的。

（3）证书拥有者的情况发生了改变。

10.2.4　CA 的层次结构

Windows Server 2003 PKI 采用了分层 CA 模型。这种模型具备可伸缩性，易于管理，并且能够对不断增长的商业性第三方 CA 产品提供良好的支持。在最简单的情况下，认证体系可以只包含一个 CA。但是就一般情况而言，这个体系是由相互信任的多重 CA 构成的，如图 10-1 所示。

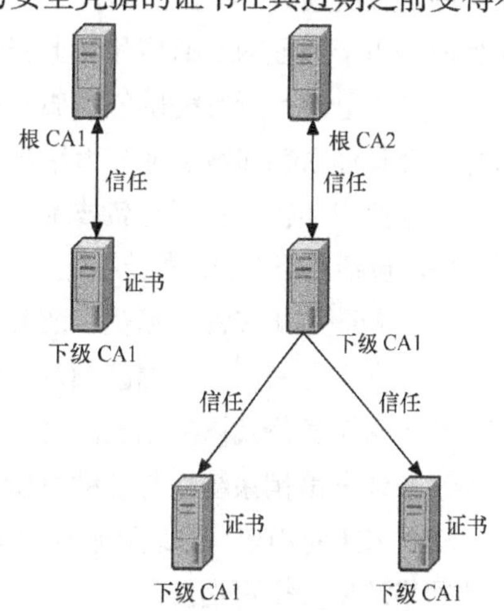

图 10-1　CA 的分层体系

可以存在彼此没有从属关系的不同分层体系，而并不需要使所有的 CA 共享一个公共的顶级父 CA（或根 CA）。

在这种模型中，子 CA 由父 CA 进行认证，父 CA 发布认证书，以确定子 CA 公用密钥与它的身份和其他策略属性之间的关系。分层体系最高级的 CA 一般称为根 CA。下级的 CA 一般称为中间 CA 或发布 CA。发布最终认证给用户的 CA 被称为发布 CA。中间 CA 指的是那些不是根 CA，而对其他 CA 进行认证的 CA 级。

10.3 企业 CA 的安装与证书申请

若要使用证书服务，必须在服务器上安装并部署企业 CA，然后由用户向该企业 CA 申请证书，使用公开密钥和私有密钥来对要传送的信息进行加密和身份验证。用户在发送信息时，要使用接收人的公开密钥将信息加密，接收人收到后再利用自己的私有密钥将信息解密，这样就保证了信息的安全。

10.3.1 企业证书的意义与适用

要保证信息在网络中的安全，就要对信息进行加密。PKI 根据公开密钥密码学（Public Key Cryptography，PKC）来提供信息加密与身份验证功能，用户需要使用公开密钥与私有密钥来支持这些功能，并且还必须申请证书或数字识别码，才可执行信息加密与身份验证。

数字证书是各实体在网上进行信息交流及商务交易活动中的身份证明，具有唯一性和权威性。为满足这一需求，需要建立一个各方都信任的机构，专门负责数字证书的发放和管理，以保证数字证书的真实可靠，这个机构就被称为“证书颁发机构（CA）”，也称“证书认证机构”。CA 作为 PKI 的核心，主要用于证书颁发、证书更新、证书吊销、证书和证书吊销列表的公布、证书状态的在线查询和证书认证等。

PKI 是一套基于公钥的加密技术，为电子商务、电子政务等提供安全服务的技术和规范。作为一种基础设施，PKI 由公钥技术、数字证书、证书发放机构和关于公钥的安全策略等几部分共同组成，用于保证网络通信和网上交易的安全。

从广义上讲，所有提供公钥加密和数字签名服务的系统都称为 PKI 系统。PKI 的主要目的是通过自动管理密钥和数字证书为用户建立一个安全的网络运行环境，使用户可以在多种应用环境下方便地使用加密和数字签名技术。

PKI 包括以下几部分。

（1）认证机构（CA）。即数字证书的颁发机构，是 PKI 的核心，必须具备权威性，为用户所信任。

（2）数字证书库。存储已颁发的数字证书及公钥，供公众查询。

（3）密钥备份及恢复系统。对用户密钥进行备份，便于丢失时恢复。

（4）证书吊销系统。与各种身份证件一样，在证件有效期内也可能需要将证书作废。

（5）PKI 应用接口系统。便于各种各样的应用能够以安全可信的方式与 PKI 交互，确保所建立的网络环境安全可信。

PKI 广泛应用于电子商务、网上金融业务、电子政务和企业网络安全等领域。从技术角度看，以 PKI 为基础的安全应用非常多，许多应用程序依赖于 PKI。比较典型的例子如下。

（1）基于 SSL/TLS 的 Web 安全服务。利用 PKI 技术，SSL/TLS 协议允许在浏览器与服务器之间进行加密通信，还可以利用数字证书保证通信安全，便于交易双方确认对方的身份。结合 SSL 协议和数字证书，PKI 技术可以保证 Web 交易多方面的安全需求，使 Web 上的交易和面对面的交易一样安全。

（2）基于 SET 的电子交易系统。这是比 SSL 更为专业的电子商务安全技术。

（3）基于 S/MIME 的安全电子邮件。电子邮件的安全需求，如机密、完整、认证和不可否认等都可以利用 PKI 技术来实现。

（4）用于认证的智能卡。

（5）VPN 的安全认证。目前广泛使用的 IPSec VPN 需要部署 PKI，用于 VPN 路由器和 VPN 客户机的身份认证。

10.3.2　CA 模式

Windows Server 2003 支持两类认证中心：企业级 CA 和独立 CA。每类 CA 中都包含根 CA 和从属 CA。如果打算为 Windows 网络中的用户或计算机颁发证书，需要部署一个企业级的 CA，并且企业级的 CA 只对活动目录中的计算机和用户颁发证书。

独立 CA 可向 Windows 网络外部的用户颁发证书，并且不需要活动目录的支持。

在建立认证服务之前，选择一种适应需要的认证模式是非常关键的，安装认证服务时可选择 4 种 CA 模式，每种模式都有各自的性能和特性。

1. 企业根 CA

企业 CA 是认证体系中最高级别的证书颁发机构。它通过活动目录来识别申请者，并确定该申请者是否对特定证书有访问权限。如果只对组织中的用户和计算机颁发证书，则需建立一个企业的根 CA。一般来讲，企业的根 CA 只对其下级的 CA 颁发证书，而下级 CA 再颁发证书给用户和计算机。安装企业根 CA 需要以下几方面的支持。

（1）活动目录：证书服务的企业策略信息存放在活动目录中。

（2）DNS 名称解析服务：在 Windows 中活动目录与 DNS 紧密集成。

（3）对 DNS、活动目录和 CA 服务器的管理权限。

2. 企业从属 CA

企业从属 CA 是组织中直接向用户和计算机颁发证书的 CA。企业从属 CA 在组织中不是最受信任的 CA，它还要由上一级 CA 来确定自己的身份。

3. 独立根 CA

独立根 CA 是认证体系中最高级别的证书颁发机构。独立根 CA 不需活动目录，因此即使是域中的成员也可不加入到域中。独立根 CA 可从网络中断开，放置到安全的地方。独立根 CA 可用于向组织外部的实体颁发证书。同企业根 CA 一样，独立根 CA 通常只向其下一级的独立 CA 颁发证书。

4. 独立从属 CA

独立从属 CA 将直接对组织外部的实体颁发证书。建立独立从属 CA 需要以下几方面的支持。

（1）上一级 CA：如组织外部的第三方商业性的认证机构。

（2）因为独立 CA 不需加入到域中，因此要有对本机操作的管理员权限。

10.3.3　安装证书服务并架设企业根 CA

（1）准备工作。在企业网络中创建活动目录，将要架设为企业根 CA 的服务器加入至活动目录，并升级为域外控制器。安装应用程序服务 Web 组件，并确保添加 Active Server Page（ASP）组件，便于用户以 Web 方式申请 CA 证书。

（2）添加证书服务组件。运行“Windows 组件向导”，在“组件”列表框中选中“证书服务”复选框，如图 10-2 所示。系统将显示如图 10-3 所示的提示框，提示用户安装证书服务后，计算机名和域成员身份都不能更改。

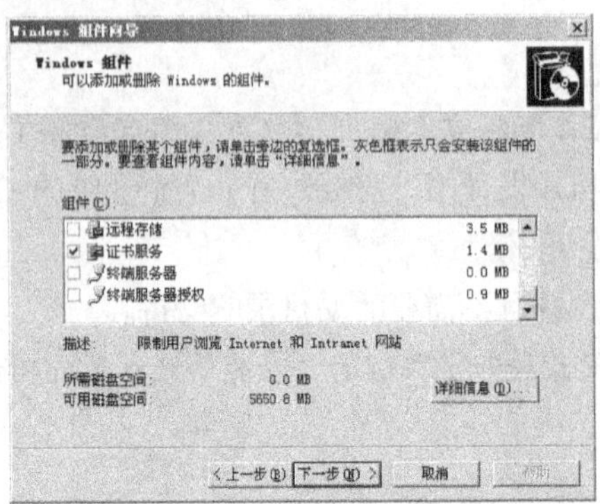

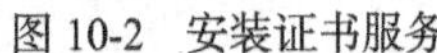
图 10-2 安装证书服务

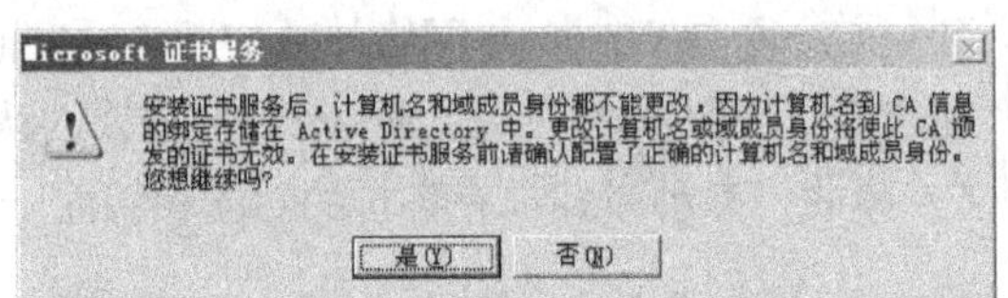

图 10-3 提示框

（3）选择 CA 类型。在“CA 类型”对话框中选中“企业根 CA”单选按钮，如图 10-4 所示。如果要自行选择用来建立 CA 的公开密钥与私有密钥的 CSP 与散列算法，则应当选中“用自定义设置生成密钥对和 CA 证书”复选框。

（4）CA 识别信息。在“此 CA 的公用名称”文本框中设置此 CA 在 Active Directory 内的公用名称，如图 10-5 所示。此 CA 默认的有效年限为 5 年。

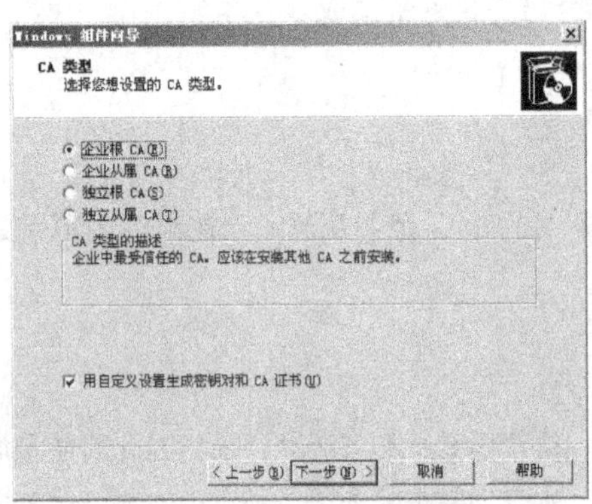

图 10-4 选择 CA 类型

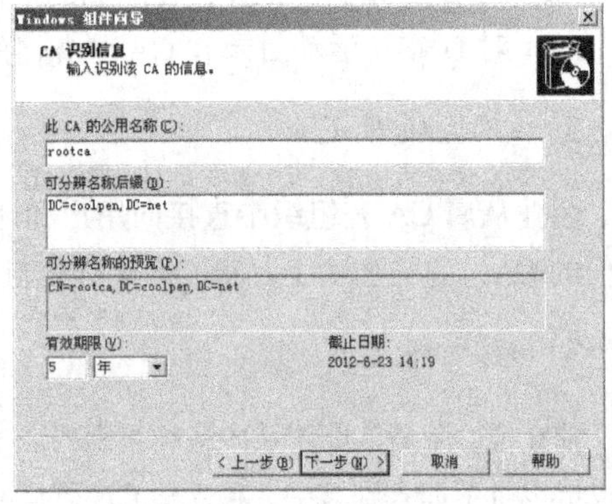

图 10-5 CA 识别信息

（5）证书数据库设置。选择证书数据库文件和日志文件的目录，如图 10-6 所示。单击“下一

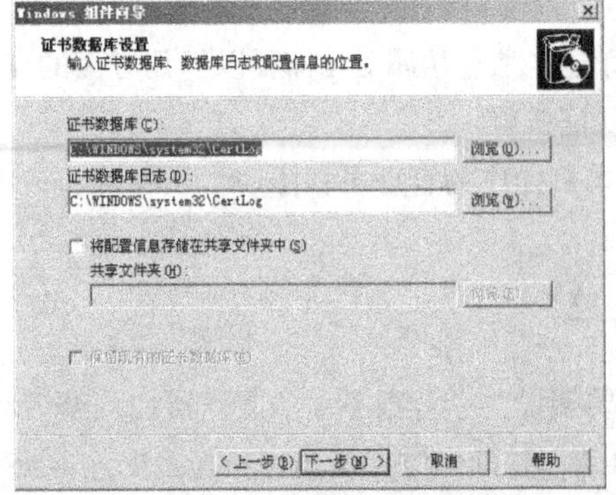

图 10-6 设置证书数据库

图 10-7 提示框

步”按钮，如果该服务器同时安装有 IIS 服务，系统将显示如图 10-7 所示的提示框，提示证书服务必须暂时停止 Internet 信息服务。

（6）证书服务安装完成后，在“管理工具”中会增加“证书颁发机构”服务。

当域内的用户向企业根 CA 申请证书时，企业根 CA 会通过 Active Directory 来获得用户的相关信息，并自动核准、发放用户所要求的证书。

企业根 CA 默认可发放的证书种类很多，而且是根据“证书颁发机构”窗口中的“证书模板”来发放证书的。

10.3.4　申请和使用证书

域用户申请企业 CA 证书的方式有两种，即证书申请向导方式和 Web 浏览器方式。域用户向企业根 CA 申请证书时，企业根 CA 会向 Active Directory 查询其 E-mail 信箱，并发放电子邮件保护证书。因此，应当预先在 Active Directory 中为相关域用户创建一个 E-mail 信箱。

申请独立 CA 证书时，只能通过 Web 浏览器方式。

1. 利用“证书向导”申请证书

由于只有域用户才有权通过“证书申请向导”向企业根 CA 申请证书，因此，必须首先将要申请证书的用户添加为域用户，同时为该用户创建 E-mail 信箱。然后，该用户再以域用户身份登录计算机。当用户向 CA 提交证书申请后，CA 会根据用户的权限立即授权或拒绝证书的申请。

（1）打开 MMC 控制台。运行“MMC”命令，打开 MMC 控制台，选择“文件”→“添加/删除管理单元”选项，打开“添加/删除管理单元”对话框。在“独立”选项卡中单击“添加”按钮，选择“证书”，选择“我的用户账户”来管理用户的证书，单击“完成”按钮，如图 10-8 所示。

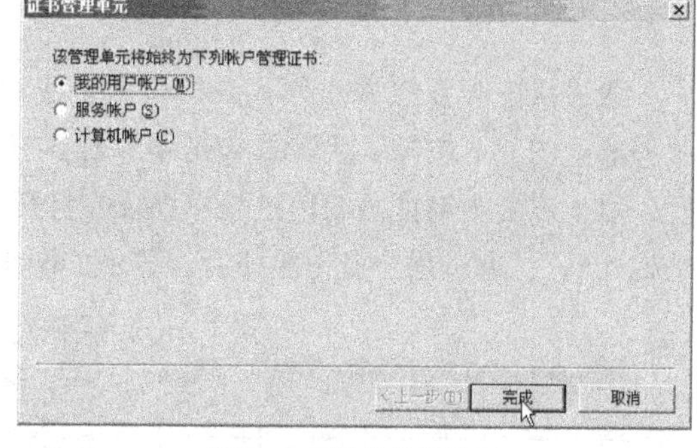

图 10-8　证书管理单元

（2）运行证书申请向导。在图 10-9 所示的 MMC 证书控制台窗口中展开“证书”→“当前用户”选项，右键单击“个人”选项，在弹出的快捷菜单中选择“所有任务”→“申请新证书”选项，启动“证书申请向导”。

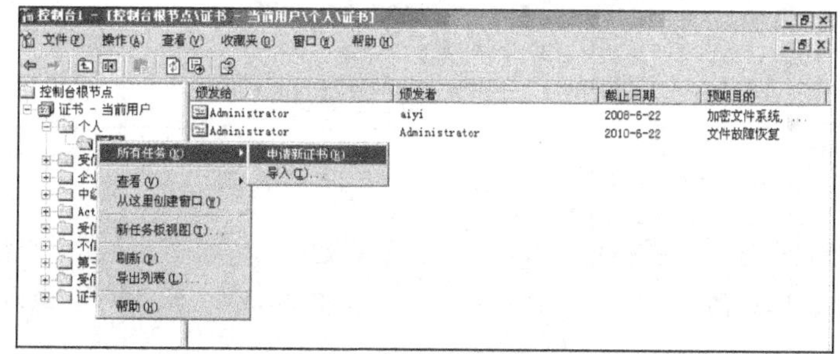

图 10-9　MMC 证书控制台

（3）选择证书类型。在图 10-10 所示的“证书类型”对话框中提供了用来将文件加密的证书与验证客户端身份的证书等。在“证书类型”列表框中选择“用户”选项，单击“下一步”按钮。

（4）证书的名称和描述。如图 10-11 所示，在此处为证书输入一个好记的名称与描述。

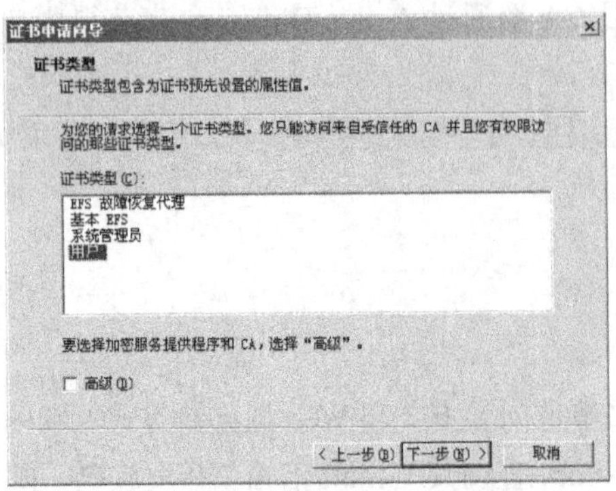

图 10-10　“证书类型”对话框

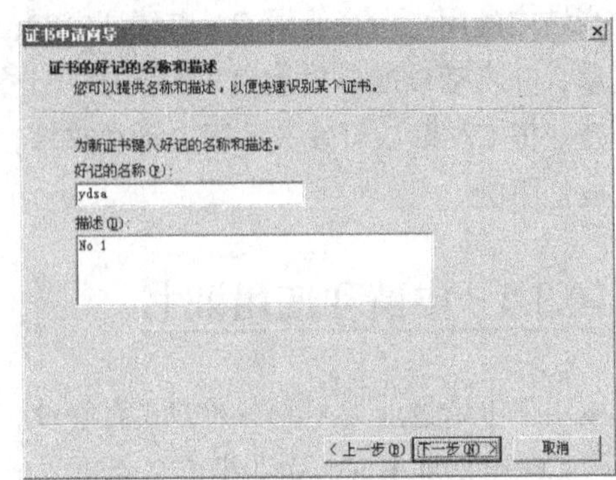

图 10-11　证书的名称和描述

证书申请完成后，将自动安装在该用户账户的计算机上。如果想查看该证书，可在控制台左侧树形目录中展开“个人”→“证书”选项，在右侧显示出证书名称，双击该证书即可查看证书的相关信息，如图 10-12 所示。

提示　在申请证书时，公开密钥与私有密钥也同时建立完成，并且证书有效期为 1 年。

2. 以 Web 方式申请证书

通过认证服务的 Web 页用户既可从企业 CA，也可从独立 CA 处申请证书。安装在 Windows 服务器上的 CA 包含了默认的 Web 页来让用户提交证书的申请。

（1）以要申请证书的用户账户登录，打开 Web 浏览器，输入“http://CA 计算机名称或 IP 地址/certsrv”，通过用户身份验证后，显示如图 10-13 所示的“Microsoft 证书服务”页面。

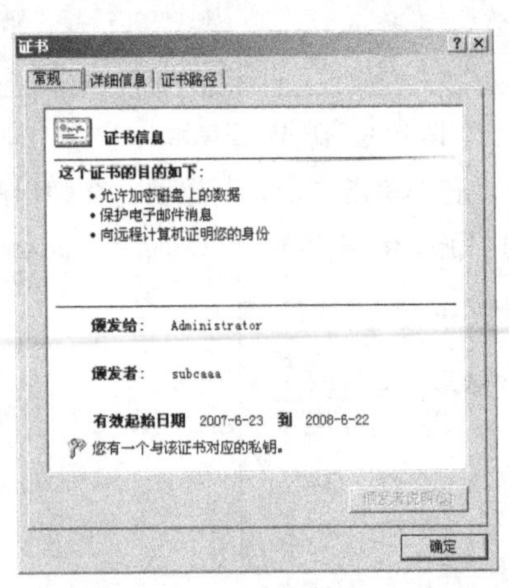

图 10-12　证书的信息

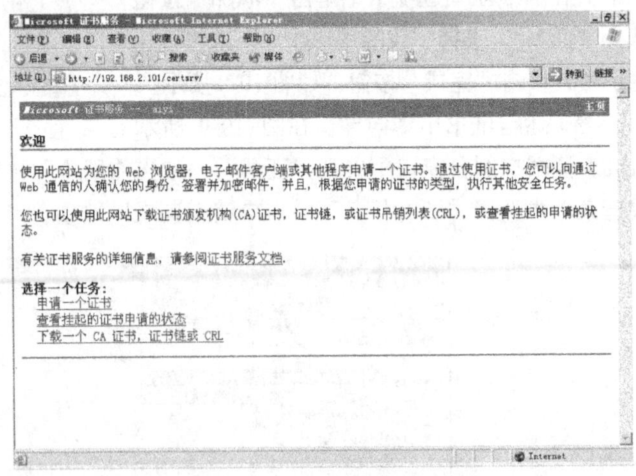

图 10-13　“证书服务”页面

（2）依次单击“申请一个证书”→“用户证书”超级链接，并提交证书申请，如图 10-14 所示。

（3）企业 CA 在收到申请信息后，会自动核准与发放证书，单击“安装此证书”超级链接，即可在计算机中安装此证书，如图 10-15 所示。

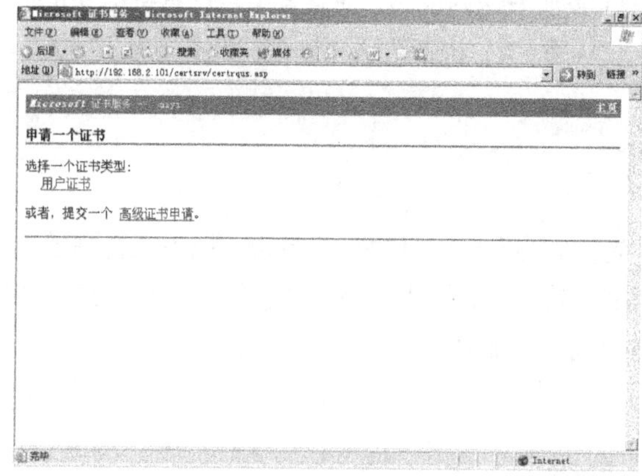

图 10-14　提交证书申请

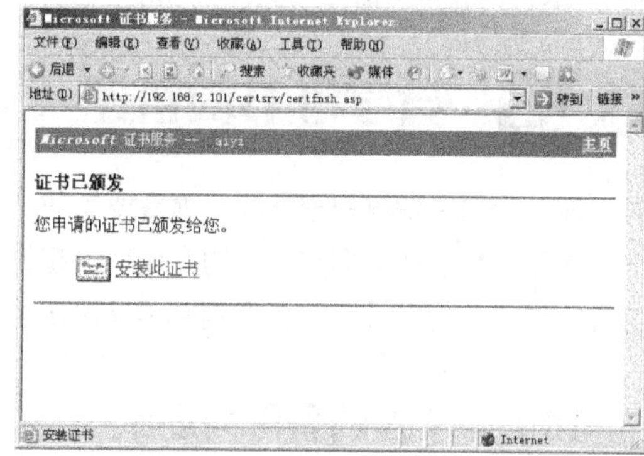

图 10-15　安装证书界面

提示　独立 CA 在收到申请信息后，不能自动核准与发放证书，需要人工核准并颁发证书，然后客户端才能安装证书。

（4）证书安装完成以后，可以查看该证书。在 Web 浏览器中，依次选择“工具”→“Internet 选项”→“内容”选项卡，单击“证书”按钮，显示“证书”对话框，在“个人”选项卡中双击证书名称，即可打开该证书并查看。

10.3.5　签名与加密的电子邮件

打开 Outlook Express 的用户账户“属性”对话框，然后打开“安全”选项卡，在“签署证书”选项区域中单击“选择”按钮，显示“选择默认账户数字 ID”对话框，选择并添加用于保护电子邮件的证书。

创建新邮件时，在工具栏中单击“签名”按钮，即可启用签名证书，将该 E-mail 作为签名邮件发送。

对方收到 E-mail 后，如果该邮件没有被改动过、证书未过有效期，就可以正常地看到此邮件的内容。如果邮件有误，如证书有效期已过，该邮件就不会显示其内容，并显示“安全警告”提示。

如果要回复一封加密的电子邮件，那么，接收邮件用户的计算机内必须要有与发送用户的证书信息相对应的公开密钥。回复的邮件也需要在签名后加密传输。

10.3.6　企业从属 CA 的安装

如果企业的规模较大，需要大量电子证书服务，则应当创建企业从属 CA 服务器，以分担数字证书服务。企业从属 CA 可在域内的成员服务器或域控制器上架设。企业从属 CA 的安装方式与企业根 CA 类似，在“Windows 组件向导”对话框中选中“证书服务”复选框，安装证书。在“CA 类型”对话框中选中“企业从属 CA”单选按钮。

因为企业从属 CA 必须先向其父 CA 取得证书之后，才具备发放证书的能力，因此，需要在“CA 证书申请”对话框中选中“将申请直接发送给网络上的 CA”单选按钮，并在“计算机名”

文本框中输入企业 CA 的计算机名，再在“父 CA”下拉列表框中选择父 CA，以通过网络向父 CA 申请证书。而此时，计算机必须能与父 CA 服务器连接。

由于域内所有的计算机都会自动信任由企业根 CA 所发送的证书，而且若某台计算机信任了企业根 CA，也会自动信任企业根 CA 之下的所有企业从属 CA，因此也会自动信任此企业从属 CA。

10.4 数字证书的管理

证书管理是系统管理员的一项重要工作。首先，应当及时对证书进行备份，以保证证书的安全。同时，数字证书都有一定的有效期，超过证书有效期后，证书将不能再使用，因此，还应当随时检查证书的有效期，并根据具体情况决定吊销或更新证书。

10.4.1 CA 的备份与还原

对安装了认证服务的计算机进行备份可减少由于硬件损坏造成的对 CA 的影响，一旦由于硬盘故障或其他原因导致证书丢失，所有用户都将需要重新申请数字证书。对 CA 有两种备份方法，微软建议使用 Windows 的备份工具 Ntbackup 对 CA 服务器进行整体的备份；另外，还可使用 CA 自带的备份工具“备份 CA”。对 CA 的备份频率取决于 CA 所颁发的证书数量，CA 颁发的证书越多，备份次数就越多。

1. 使用 CA 自带的备份工具备份证书

（1）依次执行“开始”→“程序”→“管理工具”→“证书颁发机构”命令，鼠标右键单击要备份的 CA，在弹出的快捷菜单中选择“所有任务”，选择“备份 CA”选项（见图 10-16），打开“证书颁发机构备份向导”对话框，如图 10-17 所示。

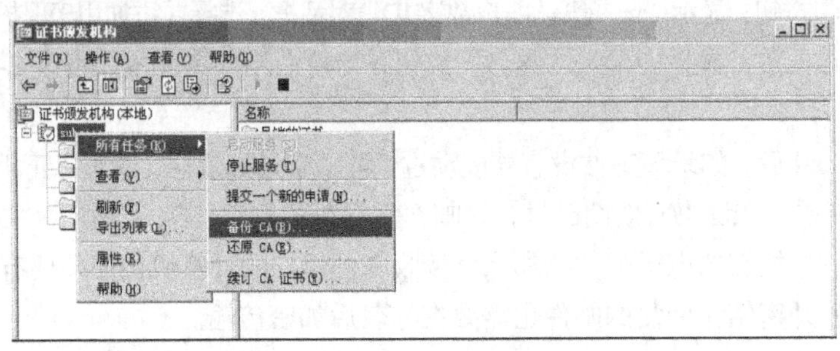

图 10-16 启用备份向导

（2）在“要备份的项目”对话框中可供选择的项目有“备份私钥和 CA 证书”、“证书数据库和证书数据库日志”，并且指定备份位置，如图 10-18 所示。

（3）输入备份与还原数字证书操作时使用的密码，如图 10-19 所示。该密码一定要牢记，因为在还原数字证书时必须使用该密码。最后出现如图 10-20 所示的“完成备份”对话框。

2. 使用 CA 自带的还原工具还原证书

因重新安装服务器或其他特殊原因导致数字证书丢失后，可以借助还原证书的方式，快速恢

复数字证书服务。CA 的恢复过程与备份过程基本相同，但需要暂时停止证书服务，因此不要在工作时段或服务访问较为频繁的时段执行数字证书的还原操作。

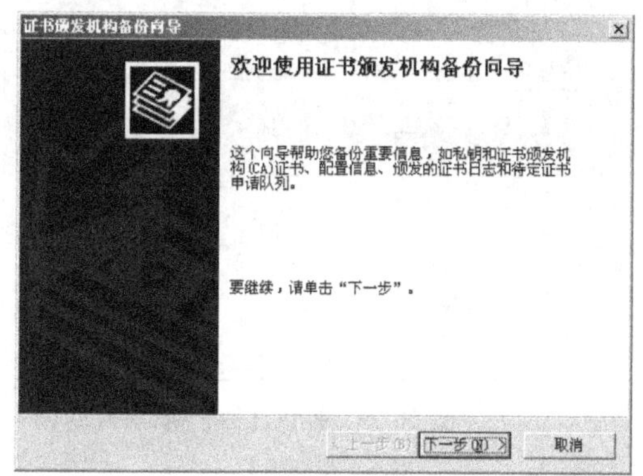

图 10-17　“证书颁发机构备份向导”对话框

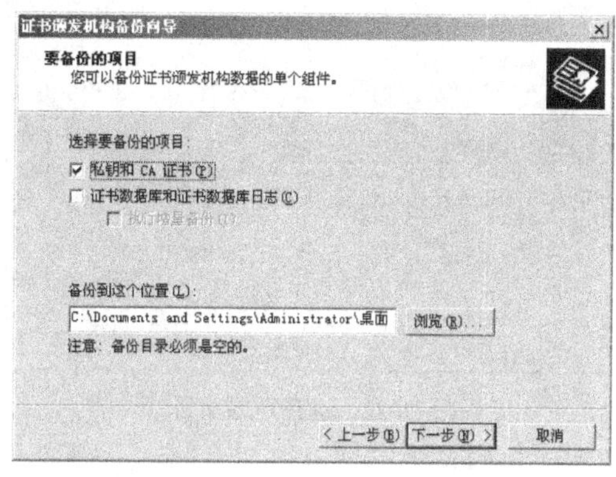

图 10-18　选择要备份的项目

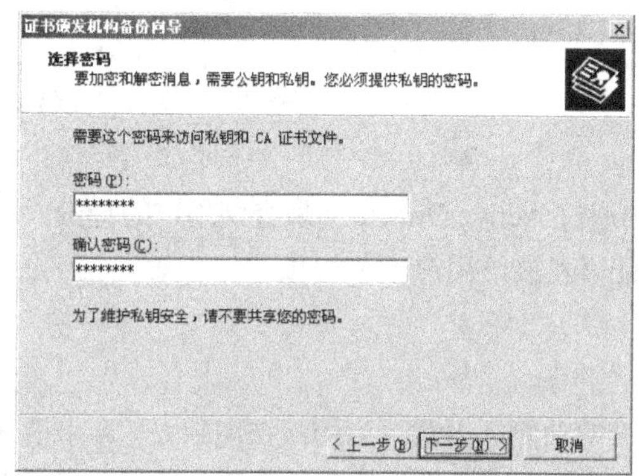

图 10-19　输入密码

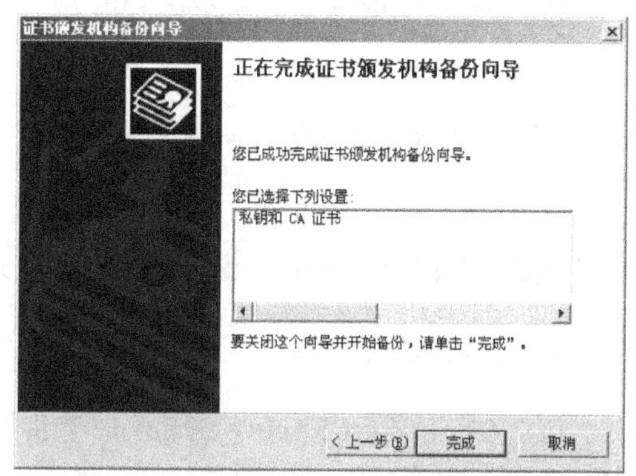

图 10-20　完成备份

（1）在“证书颁发机构”控制台中，右键单击 CA 名称，在弹出的快捷菜单中选择“所有任务”→“还原”选项（见图 10-21），系统将自动停止证书服务，并弹出“证书颁发机构还原向导”对话框。在“要还原的项目”对话框中选择要还原的项目，并指定要还原的证书所在的文件夹，如图 10-22 所示。

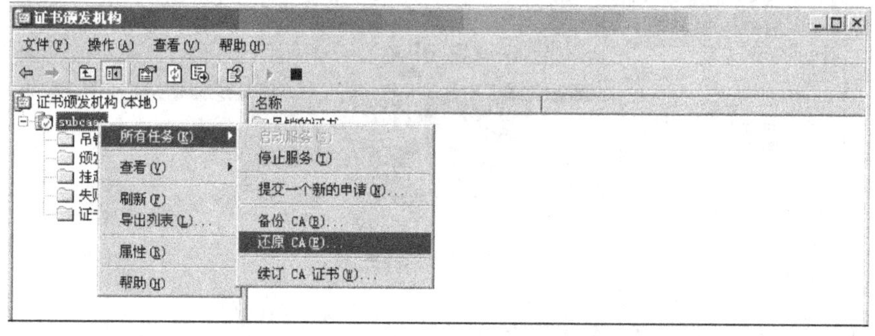

图 10-21　还原 CA

（2）在“提供密码”对话框中，输入备份 CA 时所设置的密码，如图 10-23 所示。

（3）证书还原完成以后，重新启动证书服务。

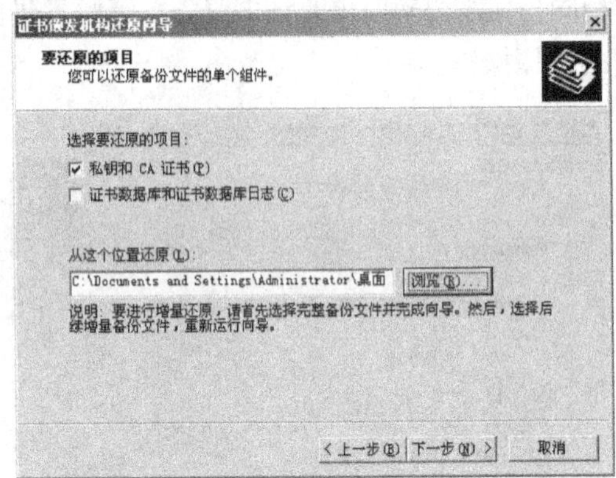

图 10-22　选择还原项目

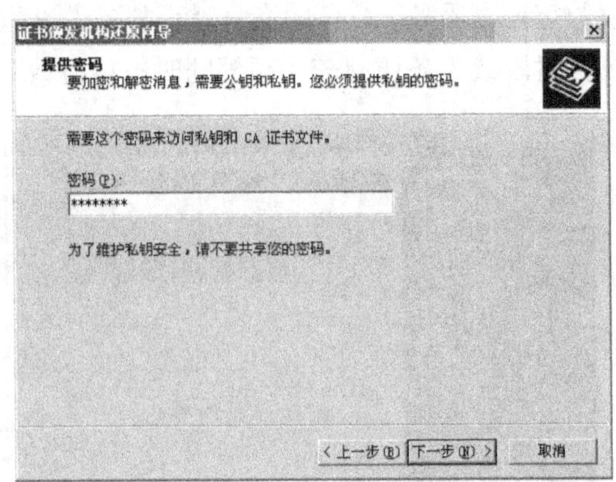

图 10-23　提供还原密码

10.4.2　自动或手工发放证书

1. 自动发放证书

当用户向企业 CA 申请证书时，企业 CA 会自动通过 Active Directory 来查询用户的身份，以确定其是否有权限申请此证书，然后自动将核准的证书发放给用户。

2. 手动发放证书

独立 CA 不具备向 Active Directory 查询用户身份的功能，因此，当用户在向独立 CA 申请证书时必须自行输入用户的身份信息。并且独立 CA 默认不会自动发放用户所申请的证书，必须由独立 CA 的系统管理员在检查完用户的申请信息后，再决定是否要手工发放此证书。

若要手工发放或拒绝证书，可在“证书颁发机构”控制台中，选择“挂起的申请”选项，在右侧窗口中右键单击证书，在弹出的快捷菜单中选择“所有任务”→“颁发”（或“拒绝”）选项（见图 10-24），即可发放或拒绝用户的证书。

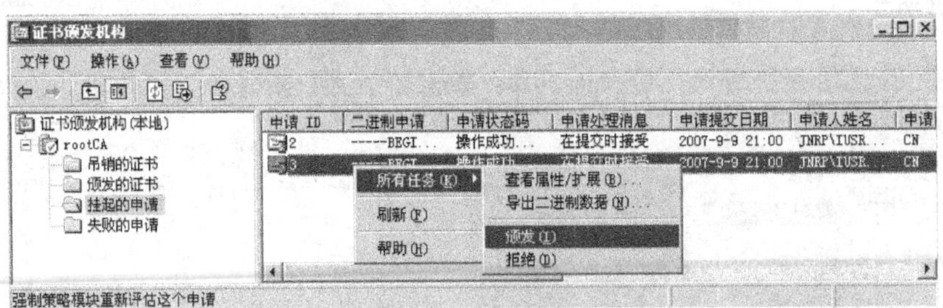

图 10-24　颁发证书

10.4.3　吊销证书与证书吊销列表

用户所申请的证书都有一定的有效期，一般默认有效期为 1 年。当用户离开企业后，证书将不能够继续使用，应当及时予以吊销。另外，用户也可以吊销自己尚未到期的证书。

1. 吊销证书

吊销证书的方法如下。

打开“证书颁发机构”控制台，在左侧栏中选择“颁发的证书”选项，显示所有已颁发的证书。右键单击要吊销的证书，在弹出的快捷菜单中选择“所有任务”→“吊销证书”选项，显示“证书吊销”对话框，在“理由码”下拉列表中选择吊销该证书的原因。

被吊销的证书将加入到“证书吊销列表”中。如果用户只是暂时离开企业，那么在回到公司后，还可以为其解除并恢复吊销的证书，方法如下。

右键单击要解除吊销的证书，在弹出的快捷菜单中选择“所有任务”→“解除吊销证书”选项即可。

并不是所有被吊销的证书都可以解除吊销，只有在吊销时选择的“理由码”为“证书待定”的证书才可以被解除吊销。

2. 发布 CRL

证书在服务端被吊销以后，网络中的客户端计算机并不会得到相应的通知。因此，必须由 CA 将“证书吊销列表（CRL）”发布出来。之后，网络上的计算机只要下载该 CRL，即可知道有哪些证书已经被吊销。

（1）自动发布。采用自动发布方式，CA 将每周（7 天）发布一次 CRL。

若要改变发布周期，可在“证书颁发机构”控制台中右键单击“吊销的证书”选项，在弹出快捷菜单中选择“属性”选项，显示“吊销的证书属性”对话框，在“CRL 发布参数”选项卡中更改。

（2）手动发布。在“证书颁发机构”控制台中右键单击“吊销的证书”选项，在弹出的快捷菜单中选择“所有任务”→“发布”选项。

3. 下载 CRL

网络中的计算机也可以使用自动或手动的方式来下载 CRL。自动下载可在 Web 浏览器或 Outlook Express 等软件上设置。

10.4.4 导入与导出用户的证书

当用户的计算机需要重新安装或更换时，应当将其所申请的证书导出并备份，然后再将备份的证书导入到新的系统。方法如下。

1. 利用 Web 浏览器

打开 Internet Explorer 浏览器，选择“工具”→“Internet 选项”，弹出“Internet 选项”对话框，打开“内容”选项卡，单击“证书”按钮，弹出“证书”对话框，在“个人”选项卡中选择要导出的证书，单击“导出”按钮即可导出证书。

需要导入证书时，则单击“导入”按钮，选择原来导出的证书即可。

2. 利用“证书”管理单元

运行“MMC”命令，添加“证书”管理单元，建立一个证书控制台。依次展开“证书”→“个人”→“证书”，右键单击要导出的证书，在弹出的快捷菜单中选择“所有任务”→“导出”选项，即可将证书导出并保存。

需要导入证书时，则单击“所有任务”→“导入”按钮，选择原来导出的证书即可。

10.4.5 更新证书

每个证书都有一定的有效期限，当有效期过后，证书将会失效，若要继续使用证书，在证书到期前必须更新证书。由于根 CA 的证书都是自己发给自己的，而从属 CA 的证书是向根 CA 申请的，根 CA 发放给从属 CA 的证书其有效期限绝对不会超过根 CA 本身的有效期限，而如果根 CA 本身的有效期已不多，则它发送的证书有效期就会更短，因此，应尽早更新 CA 的证书而用户的证书也要在过期前更新。

1. 更新 CA 的证书

在“证书颁发机构”控制台中可以更新 CA 证书：右键单击 CA 名称，在弹出的快捷菜单中选择“所有任务”→“续订 CA 证书”选项，弹出“续订 CA 证书”对话框。

（1）若要重新建立一组新的密钥（公开与私有密钥），可选中“是”单选按钮。

（2）若不重建，可选中“否”单选按钮。

2. 更新用户证书

若要更新用户的证书，可运行“MMC”命令，打开控制台，添加“证书”管理单元，右键单击要更新的证书，在弹出的快捷菜单中选择“所有任务”选项，然后选择“用新密钥续订证书”或“用相同密钥续订证书”选项即可。

10.5 基于 SSL 的网络安全应用

SSL 是以 PKI 为基础的网络安全解决方案，应用非常广泛。SSL 安全协议工作在网络传输层，适用于 Web 服务、FTP 服务和邮件服务等，不过 SSL 最广泛的应用还是 Web 安全访问，如网上交易、政府办公等网站的安全访问。

10.5.1 SSL 简介

SSL 是一种建立在网络传输层 TCP 之上的安全协议标准，用来在客户端和服务器之间建立安全的 TCP 连接，向基于 TCP/IP 的客户机/服务器应用程序提供客户端和服务器的验证、数据完整性及信息保密性等安全措施。

SSL 采用 TCP 作为传输协议提供数据的可靠传送和接收。如图 10-25 所示，SSL 工作在 Socket 层上，因此独立于更高层的应用，可为更高层协议，如 HTTP、Telnet、FTP 提供安全服务。

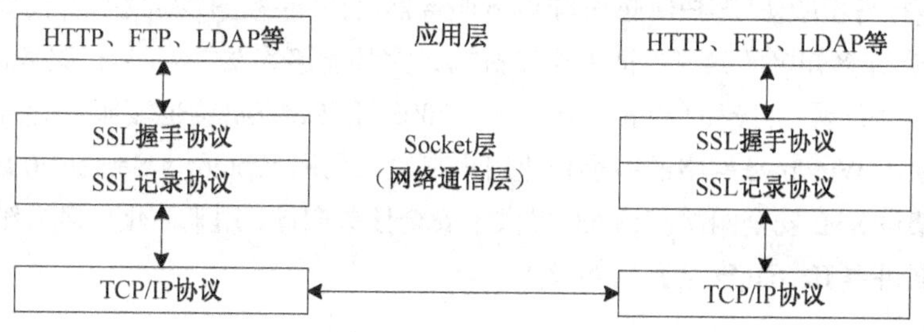

图 10-25　SSL 工作层次

SSL 采用公钥和私钥两种加密体制对服务器和客户端的通信提供保密性、数据完整性和认证。在建立连接过程中采用公钥，在会话过程中使用私钥。建立 SSL 安全连接后，数据在传送出去之前就自动被加密了，并在接收端被解密。对没有解密密钥的人来说，其中的数据是无法阅读的。

SSL 主要解决 3 个关键问题：客户端对服务器的身份确认；服务器对客户的身份确认；在服务器和客户之间建立安全的数据通道。

目前，SSL 已广泛用于浏览器和服务器的验证、信息的完整性和保密性，成为一种事实上的工业标准。除了 Web 应用外，SSL 还被用于 Telnet、FTP、SMTP、POP3、NNTP 等网络服务。

在 SSL 中使用的证书有两种类型，每一种都有自己的格式和用途。客户证书包含关于请求访问站点的客户的个人信息，可在允许其访问站点之前由服务器加以识别。服务器证书包含关于服务器的信息，服务器允许客户在共享敏感信息之前对其加以识别。

对于 SSL 安全来说，客户端认证是可选的，即不强制进行客户端验证。这样虽然背离了安全原则，但是有利于 SSL 的广泛使用。如果要强制客户端验证，就要求每个客户端都有自己的公钥，并且服务器要对每个客户端进行认证，仅为每个用户分发公钥和数字证书，对于客户基数大的应用来说负担就很重。在实际应用中，服务器的认证更为重要，因为确保用户知道自己正在和哪个商家进行连接，比商家知道自己在和哪个用户进行连接更重要。而且服务器比客户数量要少得多，为服务器配备公钥和站点证书易于实现。当然，现在对客户端的支持也越来越广泛。

10.5.2　基于 SSL 的安全网站解决方案

基于 SSL 的 Web 网站可以实现以下安全目标。

① 用户（浏览器端）确认 Web 服务器（网站）的身份，防止假冒网站。

② 在 Web 服务器和用户（浏览器端）之间建立安全的数据通道，确保安全地传输敏感数据，防止数据被第三方非法获取。

③ 如有必要，可以让 Web 服务器（网站）确认用户的身份，防止假冒用户。

基于 SSL 的 Web 安全涉及 Web 服务器和浏览器对 SSL 的支持，且关键是服务器端。目前大多数 Web 服务器都支持 SSL，如微软的 IIS、Apache、Sambar 等；大多数 Web 浏览器也都支持 SSL。

架设 SL 安全网站，关键要具备以下几个条件。

① 需要从可信的证书颁发机构（CA）获取 Web 服务器证书。

② 必须在 Web 服务器上安装服务器证书。

③ 必须在 Web 服务器上启用 SSL 功能。

④ 如果要求对客户端（浏览器端）进行身份验证，客户端需要申请和安装用户证书。如果不

要求对客户端进行身份验证，客户端必须与 Web 服务器信任同一证书认证机构，需要安装 CA 证书。

Internet 上有许多知名的第三方证书颁发机构，大都能够签发主流 Web 服务器的证书，当然签发用户证书都没问题。自建的 Windows Server 2003 证书颁发机构也能颁发所需的证书。

对于广泛使用 Windows 网络的中小企业用户来说，利用 Windows Server 2003 内置的 IIS 6.0 服务器可轻松架设 SSL 安全网站。IIS 6.0 提供了安全任务向导，用来简化大多数维护 Web 站点所需的任务。下面讲解 IIS 6.0 安全网站架设步骤。

10.5.3 在 IIS 6.0 中建立 SSL 安全网站

为便于实验，本例中通过自建的 Windows Server 2003 证书颁发机构来提供证书。

1. 注册并安装服务器证书

在 IIS 6.0 中，获得、配置和更新服务器证书都可以由 Web 服务器证书向导完成，向导自动检测是否已经安装了服务器证书以及证书是否到期失效。配置 Web 服务器证书的通用流程如下。

生成服务器证书请求文件→向 CA 提交证书申请文件→CA 审查并颁发 Web 服务器证书→获取 Web 服务器证书→安装 Web 服务器证书。

本例中直接向企业 CA 注册证书，步骤较为简单。其中，dcl.nwtraders.msft 为已安装好企业 CA 的域控制器，同时也是 DNS 服务器；svr3.nwtraders.msft 是 Web 服务器。

（1）展开 IIS 管理器，鼠标右键单击要实现 SSL 安全的网站，选择“属性”命令，打开相应的对话框，切换到“目录安全性”选项卡，如图 10-26 所示。

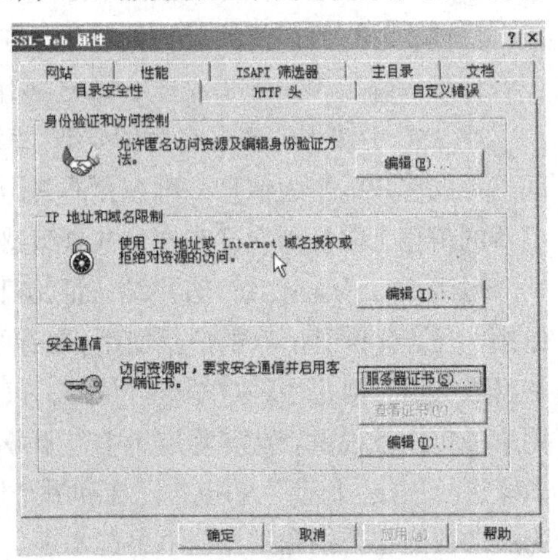

图 10-26 设置网站目录安全性

（2）单击“安全通信”区域的“服务器证书”按钮，启动 Web 服务器证书向导，提示 Web 服务器没有安装证书。

（3）单击“下一步”按钮，出现如图 10-27 所示的对话框，选择分配证书的方法，这里选择“新建证书”单选按钮。

如果选择第 2 个单选按钮，则将一个已存在的证书分配到该站点。如果选择第 3 个单选按钮，则直接从密钥管理器备份文件导入一个证书。

（4）单击“下一步”按钮，出现如图 10-28 所示的对话框，选择发送证书申请的方式。因为网络中部署有企业 CA，这里选择“立即将证书请求发送到联机证书机构”单选按钮，这种方式仅适合企业 CA。

如果选择“现在准备证书请求，但稍后发送”单选按钮，则将生成服务器证书请求文件，然后提交到 CA 去申请注册证书。这是比较通用的方法。

（5）单击“下一步”按钮，出现如图 10-29 所示的对话框，为证书命名并设置安全性选项。

（6）单击“下一步”按钮，出现如图 10-30 所示的对话框，设置证书的组织单位信息。

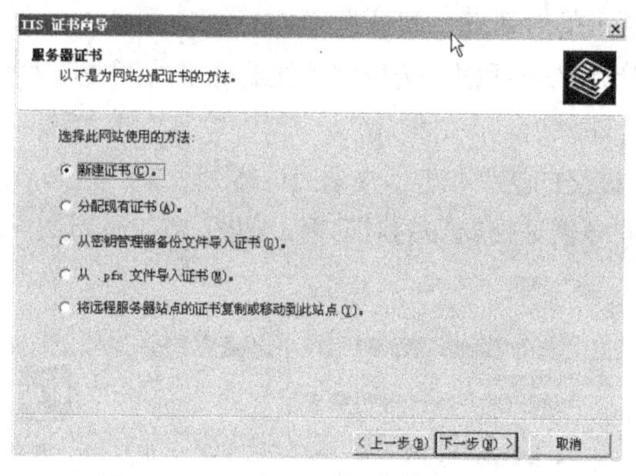

图 10-27 选择为网站分配证书的方法

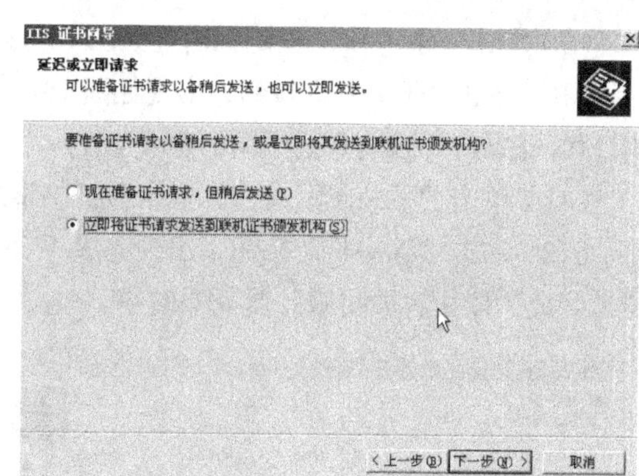

图 10-28 选择发送证书申请的方式

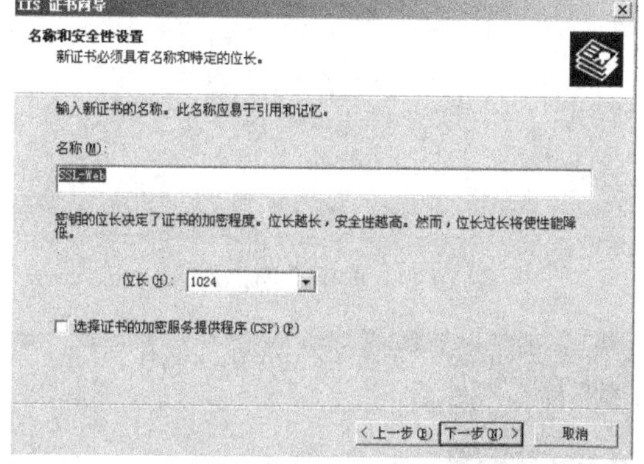

图 10-29 设置证书名称和安全信息

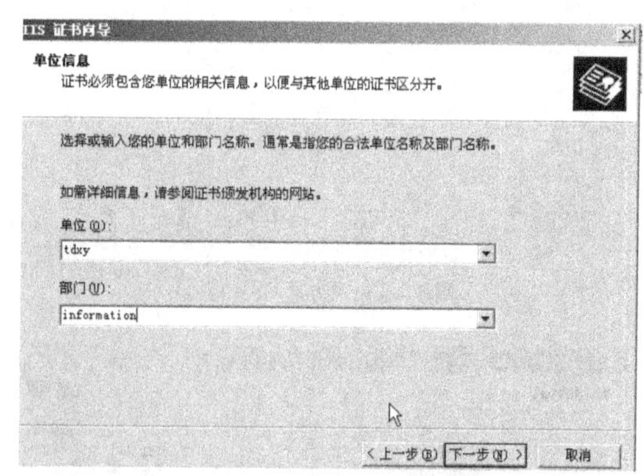

图 10-30 设置单位信息

（7）单击“下一步”按钮，出现如图 10-31 所示的对话框，设置站点的公用名称。

站点的公用名称非常重要，可选用 Web 服务器的 DNS 域名（多用于 Internet）、计算机名（用于内网）或 IP 地址，浏览器端与 Web 服务器建立 SSL 连接时，需要使用该名称来识别 Web 服务器。例如，公用名称使用域名 svr3.nwtraders.msft，在浏览器端使用 IP 地址来连接基于 SSL 的安全站点时，将出现安全证书与站点名称不符的警告。

一个证书只能与一个公用名称绑定。

（8）单击“下一步”按钮，出现如图 10-32 所示的对话框，设置 CA 的地理信息。

图 10-31 设置站点的公用名称

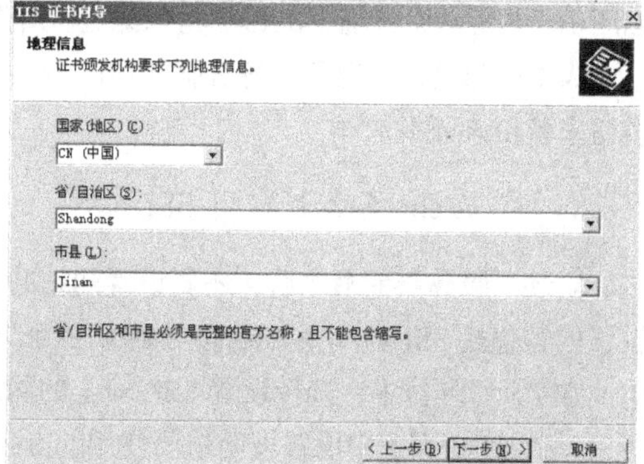

图 10-32 设置 CA 的地理信息

（9）单击“下一步”按钮，出现如图 10-33 所示的对话框，默认设置 SSL 端口号为 443。

（10）单击“下一步”按钮，出现如图 10-34 所示的对话框，选择用于注册证书的证书颁发机构，IIS 证书向导自动查找可用的企业 CA。

（11）单击“下一步”按钮，显示该证书请求提交的摘要信息，如图 10-35 所示。

（12）单击“下一步”按钮，出现完成 Web 服务器证书向导的对话框，如图 10-36 所示，单击“完成”按钮，关闭服务器证书向导。

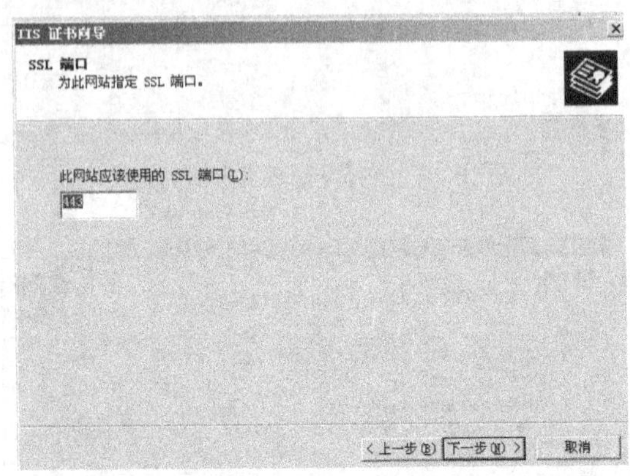

图 10-33　设置 SSL 端口

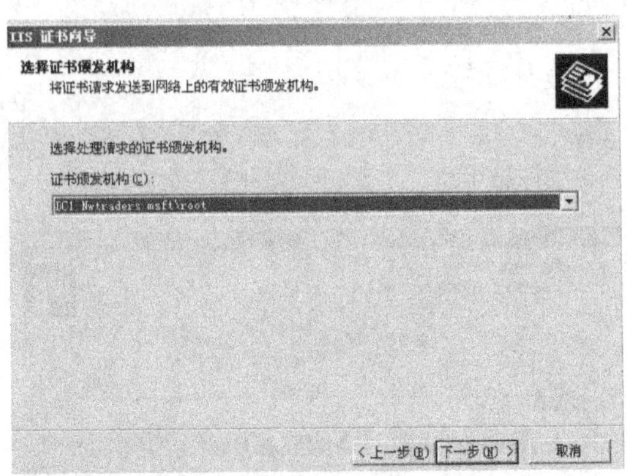

图 10-34　选择证书颁发机构

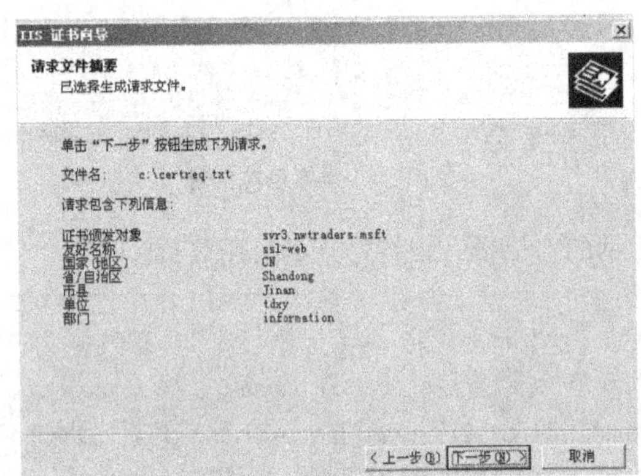

图 10-35　证书请求提交摘要

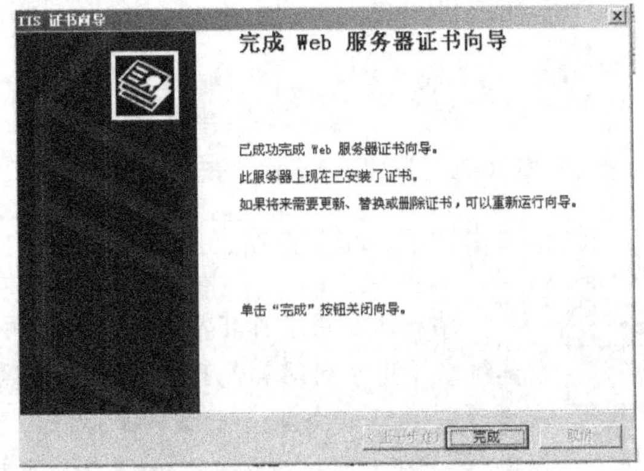

图 10-36　完成 Web 服务器证书向导

（13）回到“目录安全性”选项卡，如图 10-37 所示，此时“查看证书”按钮可用（可与图 10-26 对照），表明服务器证书已经安装。单击“服务器证书”按钮，可查看服务器证书的信息，如图 10-38 所示，该证书的目的是保证远程计算机的身份。

为安全起见，注意及时备份服务器证书，可切换到“详细信息”选项卡，单击“复制到文件”按钮来备份该证书。

2. 在 Web 网站上启用 SSL

安装了服务器证书之后，还要设置网站的 SSL 选项，才能建立 SSL 安全连接。这里的 SSL 设置内容包括 SSL 端口和 SSL 安全通信两个方面。

在 IIS 管理器中，选择设置 SSL 安全的网站，打开其属性设置对话框，在“网站”选项卡的“SSL 端口”文本框中设置该网站要使用的 SSL 端口（在 Web 服务器证书安装过程中已经自动设置，默认端口号是 443）。

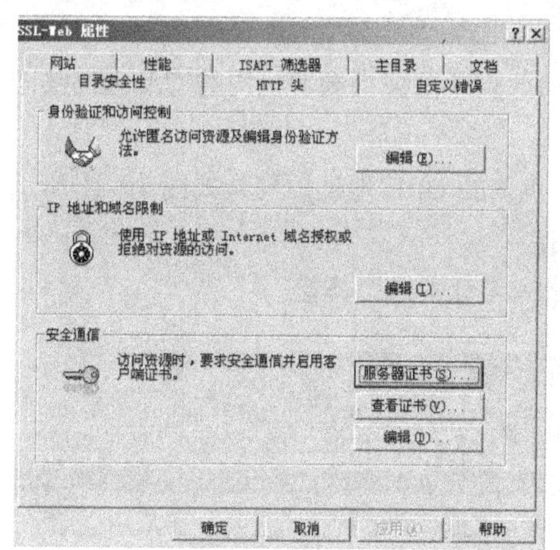

图 10-37　服务器证书已经安装

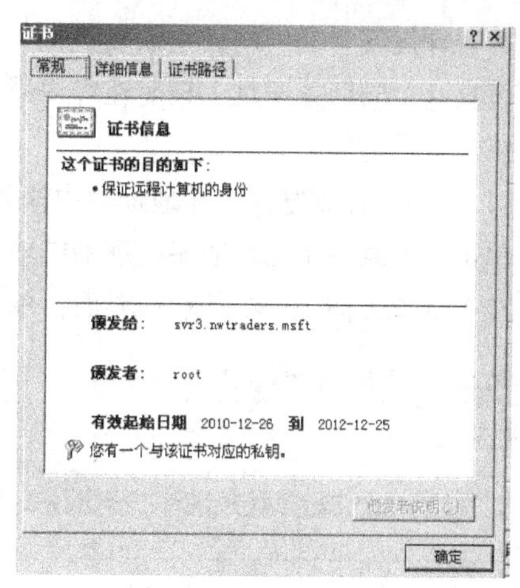

图 10-38　查看 Web 服务器证书信息

至此，Web 网站就具备了 SSL 安全通信功能，可使用 HTTPS 协议访问。默认情况下，HTTP 和 HTTPS 两种通信连接都支持，也就是说，SSL 安全通信是可选的。如果使用 HTTP 访问，将不建立 SSL 安全连接。如果要强制客户端使用 HTTPS 协议，以 https://开头的 URL 与 Web 网站建立 SSL 连接，还需进一步设置 Web 服务器的 SSL 选项，具体步骤如下。

（1）在网站属性设置对话框中切换到“目录安全性”选项卡（见图 10-26），在“安全通信”区域单击“编辑”按钮，弹出如图 10-39 所示的对话框。

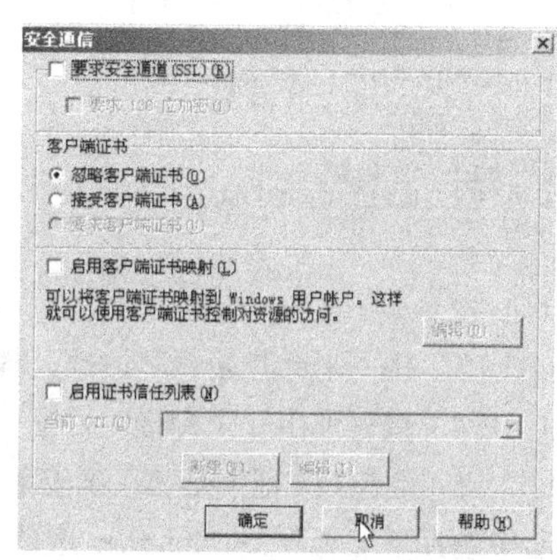

图 10-39　设置安全通信选项

（2）单击“下一步”按钮，出现完成 Web 服务器证书向导的对话框，单击“完成”按钮，关闭服务器证书向导。

（3）选中“要求安全通道（SSL）”复选框，强制浏览器与 Web 网站建立 SSL 加密通信连接。如果进一步选中“要求 128 位加密”复选框，将强制 SSL 连接通道使用 128 位加密。

（4）设置客户证书选项。这里保持默认设置，即选中“忽略客户端证书”单选按钮，允许没有客户端证书的用户访问该 Web 资源，因为现实中的大部分 Web 访问都是匿名的。

3. 在客户端安装 CA 证书

仅有以上服务器端的设置还不能确保 SSL 连接的顺利建立。在浏览器与 Web 服务器之间进行 SSL 连接之前，客户端必须能够信任颁发服务器证书的 CA，只有服务器和浏览器两端都信任同一 CA，彼此之间才能协商建立 SSL 连接。如果不要求对客户端进行证书验证，浏览器端只需安装根 CA 证书即可。

大多数比较有名的证书颁发机构都已经被加到 IE 浏览器的“受信任的根证书颁发机构”列表中。在自建的证书颁发机构，浏览器一开始当然不会信任，还应在浏览器端将根 CA 证书添加到其受信任的根证书颁发机构。否则，使用以“https：//”开头的 URL 设置 SSL 功能的 Web 站点，将出现如图 10-40 所示的安全警报对话框，提示客户端不信任当前

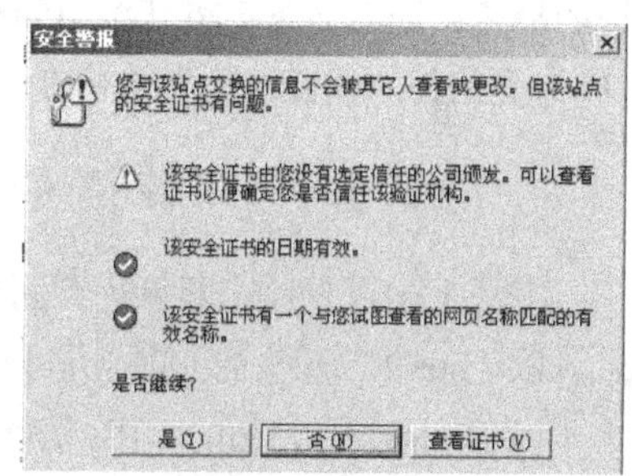

图 10-40　安全警报

为服务器颁发安全证书的证书颁发机构。

解决这个问题并不难，只需在客户端根证书存储区安装该证书颁发机构的 CA 证书链即可。其具体步骤示范如下。

（1）打开 IE 浏览器，在地址栏中输入证书颁发机构的 URL 地址，打开如图 10-41 所示的界面，单击“下载一个 CA 证书，证书链或 CRL”链接。

（2）出现如图 10-42 所示的界面，单击“安装此 CA 证书链”链接。

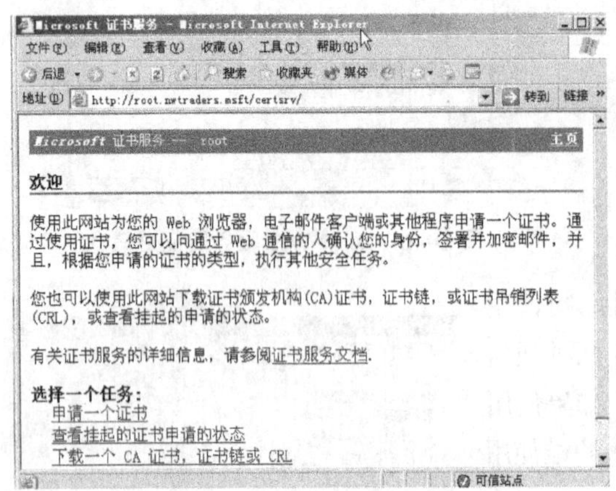

图 10-41　选择证书任务

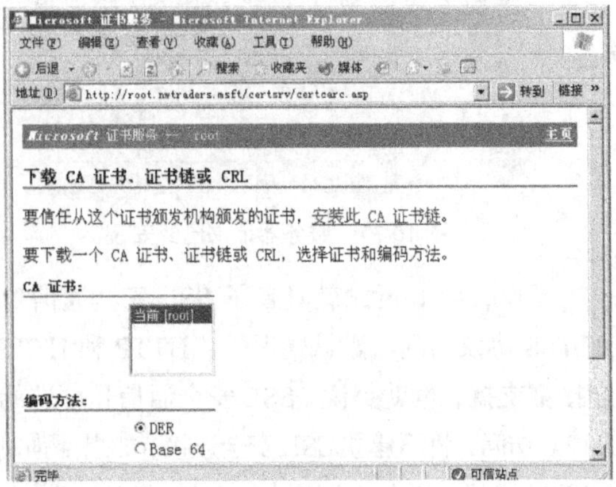

图 10-42　安装 CA 证书链

（3）接下来会弹警告对话框，提示潜在的脚本冲突，单击“是”按钮。

（4）接着弹出安全警报对话框，提示是否安装证书，单击“是”按钮。

（5）检查 CA 证书是否正确安装。在 IE 浏览器中选择“工具”→“Internet 选项”，打开相应对话框，切换到“内容”选项卡，单击“证书”按钮弹出相应对话框，再切换到“受信任的根证书颁发机构”选项卡，可以发现新增加的根 CA 证书，如图 10-43 所示。

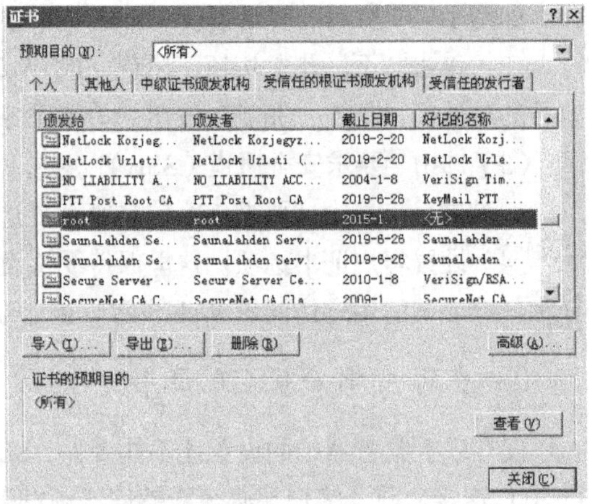

图 10-43　查看受信任的根证书颁发机构

从图 10-43 中可看出，在安装有 IE 浏览器的计算机中，根证书存储区已经默认安装了 Internet 上最常用的证书认证机构的 CA 证书。

如果向某 CA 申请了客户证书或其他证书，在客户端安装该证书时，如果以前未曾安装该机构的根 CA 证书，系统将其添加到根证书存储区（成为受信任的根证书颁发机构）。

4. 测试基于 SSL 连接的 Web 访问

完成上述设置后，即可进行测试。

以“http://”开头的 URL 访问 SSL 安全网站，提示必须通过安全通道访问，如图 10-44 所示。

以“https://”开头的 URL 访问 SSL 安全网站，可以正常访问，如图 10-45 所示。有的 IE 浏览器右下方将出现一个小锁图标，表示通道已加密。

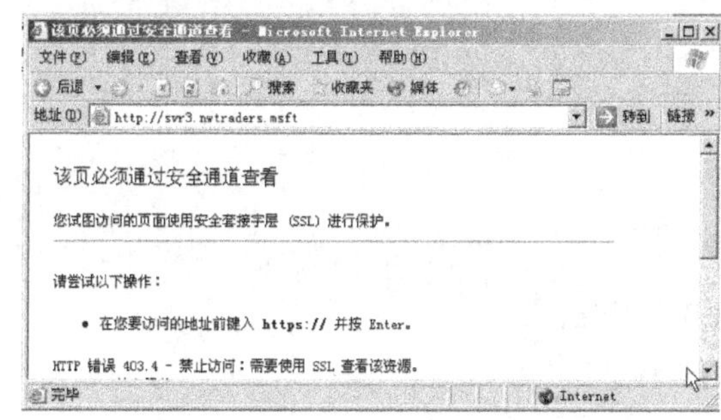

图 10-44 提示必须通过安全通道访问

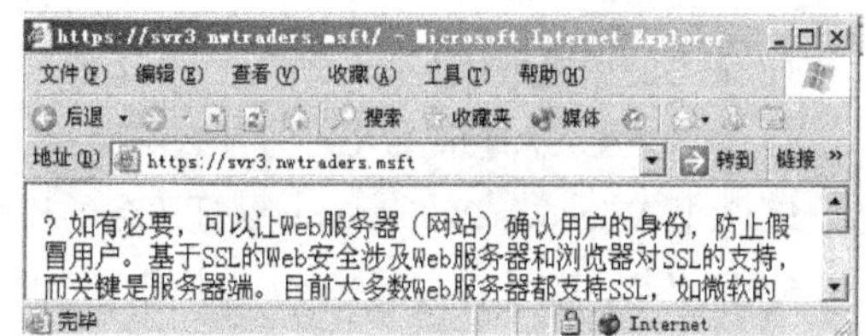

图 10-45 通过安全通道访问

小结

Windows Server 2003 使用 PKI 验证通信双方的身份来保证数据的安全性和可靠性，在电子商务中发挥了重要的作用。而公司专用和公用网络中的敏感数据，非常容易遭到未授权用户的使用和攻击，特别是连接到 Internet 或外部专用网络的部分，单纯靠身份的认证是无法保证数据不被破坏的。

习题

一、填空题

1. 数字签名通常利用公钥加密方法实现，其中发送者签名使用的密钥为发送者的________。

2. 采用数字证书技术能够保证传输信息的________、________、________和________。

3. 数字证书是一段包含________、________和______________________。

4. PKI 是英文____________________________________的缩写，中文含义是________。

5. Windows Server 2003 支持两类认证中心：________和________。安装认证服务时可选择 4 种 CA 模式：________、________、________和________，每种模式都有各自的性能和特性。

6. SSL 采用________和________两种加密体制对服务器和客户端的通信提供保密性、数据完整性和认证。

7. SSL 默认的端口号是________。

二、简答题

1. 对称密钥和非对称密钥的特点各是什么?
2. 什么是电子证书?
3. 证书的用途是什么?
4. 企业根 CA 和独立根 CA 有什么不同?
5. 安装 Windows 2000 Server 认证服务的核心步骤是什么?
6. 证书与 IIS 结合实现 Web 站点安全性的核心步骤是什么?

实训

实训 1　认证服务

1. 安装 IIS（略）

（1）为了利用证书服务的 Web 组件，必须先安装 IIS。（2）安装了认证服务后，计算机不能再被重新命名，也不能加入到某个域中，或者从某个域中删除。

2. 安装认证服务（以独立根 CA 为例）

安装企业根 CA 必须要有活动目录，即必须在域的环境下进行。

（1）安装证书服务时，需要配置以下几个选项和设置值。

① 安装组件：执行“开始”→“设置”→“控制面板”→“添加/删除程序”→“添加/删除 Windows 组件”命令。

② 选择 CA 类型：独立根 CA（只有在域模式下才能安装企业根 CA）。

设置高级选项（只有在要求特定的密码系统设置时，才修改这些值）。

③ 输入标识信息。

④ 指定数据库和日志文件的位置。

CA 发出的证书默认存储在 Winnt\system32\Certlog。

⑤ 安装成功后在“管理工具”中会增加“证书颁发机构”服务。

（2）完成安装后，证书服务将会添加下列组件：

① 认证中心：用于对 CA 进行管理的控制台，位于安装有证书服务的服务器上，通过“管理工具”访问。

② 证书：用于为用户账号、计算机和服务管理现有的证书，是管理控制台的一个插件。

③ 证书服务的 Web 注册支持：用于请求证书的 Web 页。

存储位置为 http：//CA 服务器名/certsrv。

3. 备份新建的 CA

备份 CA 的频繁速度应依赖于发放的证书数目。发放的证书越多，备份越频繁。

方法一：通过管理工具中的“认证颁发机构”备份。

方法二：通过 Ntbackup 备份工具备份。

在备份过程中一定要记住所输入的访问私钥和证书的密码，还原 CA 时需要用到。

4. 还原已经备份的 CA

5. 使用证书申请向导申请证书

此种方法只能从企业 CA 处获得证书。

6. 通过认证服务的 Web 页来申请证书

此种方法既可从企业 CA，也可从独立 CA 处申请证书，是用户能够从独立存在的 CA 请求证书的唯一方式。

7. 管理证书（以刚刚申请的证书为例）

（1）检查挂起的证书。当用户向某个独立存在的 CA 提交证书请求时，这一请求将被视为待处理的，处于“挂起”状态，直到 CA 管理员批准或拒绝该请求时为止。用户必须访问“证书服务”Web 页，来检查待处理的证书的状态。

（2）吊销证书。

（3）发布证书吊销列表（CRL）。

（4）导出证书。

（5）导入证书。

实训 2　Web 站点的 SSL 安全连接

在默认情况下，IIS 使用 HTTP 以明文形式传输数据，没有采取任何加密措施，用户的重要数据很容易被窃取，如何才能保护局域网中的这些重要数据呢？利用 CA 证书使用 SSL 可以增强 IIS 服务器的通信安全。

SSL 网站不同于一般的 Web 站点，它使用的是“HTTPS”协议，而不是普通的“HTTP”。因此它的 URL（统一资源定位器）格式为“https://网站域名”。具体实现方法如下。

（1）在网络中安装证书服务：安装独立根 CA，设置证书的有效期限为 5 年，指定证书数据库和证书数据库日志采用默认位置。

（2）利用 IIS 创建 Web 站点。

（3）服务端（Web 站点）安装证书。

执行“开始”→“程序”→“管理工具”→“Internet 信息服务”，打开 Web 站点的“属性”对话框，转到“目录安全性”选项卡，选择“服务器证书”，从 CA 安装证书。设置参数如下。

① 此网站使用的方法是“新建证书”，并且立即请求证书。

② 新证书的名称是“jnrp”，加密密钥的位长是 512。

③ 单位信息：组织名 jn（济南）和部门名称 xxx（信息系）。

④ 站点的公用名称：top。

⑤ 证书的地理信息：中国，山东省，济南市。

⑥ SSL 端口采用默认的 443。

⑦ 选择证书颁发机构为前面安装的机构。

（4）服务器端（Web 站点）设置 SSL。在 Web 站点的“目录安全性”选项卡中单击“编辑”按钮，选中“要求安全通道（SSL）”和“接受客户端证书”。

（5）客户端（IE 浏览器）的设置。在客户端通过 Web 方式向证书颁发机构申请证书并安装。

（6）进行安全通信（即验证实验结果）。

① 利用普通的 HTTP 进行浏览，将会得到错误信息“该网页必须通过安全频道查看”。

② 利用 HTTPS 进行浏览，系统将通过 IE 浏览器提示客户 Web 站点的安全证书问题，单击“确定”按钮，可以浏览到站点。

客户端将向 Web 站点提供自己从 CA 申请的证书给 Web 站点，此后客户端（IE 浏览器）和 Web 站点之间的通信就被加密了。

（7）将网站的证书导出存盘。

（8）将证书导入到网站。

（9）重建网站。重新建立一个网站，通过导入之前导出的证书，使新建的网站具备 SSL 的连接安全性。并访问该网站。

实训 3　EFS 加密文件恢复

1. 备份加密证书

具体步骤见 5.3.3 小节内容。

2. 使用恢复代理

域环境中，所有加入域的 Windows 2000/XP 计算机，默认的恢复代理全部是域管理员。对于 Windows 2000/2003 来说，在单机和工作组环境下，默认的恢复代理是 Administrator，用 Administrator 这个用户登录系统，就能直接打开或者解密文件。而 Windows XP 在单机和工作组环境下没有默认的恢复代理，一旦用户被删除，面临的将是加密数据的丢失。因此，如果用户使用的是 Windows XP，请事先设置恢复代理。

设置 Windows XP 恢复代理的步骤如下。

（1）首先确定用哪个用户作为恢复代理，可以设置任何用户，如想让 User 成为恢复代理，就用 User 账户登录系统（一般建议使用 Administrator 作为恢复代理）。

（2）在“运行”对话框中输入“cipher /r：\test”（test 可以是任何其他名字），按“Enter”键后系统会提示询问是否用密码把证书保护起来，这时可以设置一个密码，也可不需要密码保护就直接按“Enter”键。完成后，在 C 盘的根目录下可以发现 test.cer 和 test.pfx 两个文件（在资源管理器中选择“工具”→“文件夹选项”→“查看”选项，取消“隐藏已知文件类型的扩展名”才能看到文件后缀名）。

（3）先使用鼠标右键单击 PFX 文件，在弹出的快捷菜单中选择“安装 PFX”，将弹出“证书导入向导”对话框。如果提示输入密码，就输入步骤（2）中设置的密码，选中“标示此私钥为可导出的”单选按钮，下一步选择“根据证书类型，自动选择证书存储区”单选按钮导入证书。

（4）在“运行”对话框中输入“gpedit.msc”并按“Enter”键，打开组策略编辑器。在“计算机配置→Windows 设置→安全设置→公钥策略→正在加密文件系统”下右键单击，并在弹出的快捷菜单中选择“添加数据恢复代理”选项，按“添加故障恢复代理向导”打开 test.cer，完成后即成功将 User 用户设置为指定恢复代理了。

现在，登录 User 用户，就可以解密所有在指定恢复代理后被加密的文件（夹）了。注意，在设置恢复代理前已经加密的文件是不能解密的，所以必须未雨绸缪，事先设置恢复代理。

提示

通过此方法也可以在 Windows 2000/2003 系统中设置其他用户为恢复代理。

实训 4　签名电子邮件

利用证书颁发机构为电子邮件进行数字签名，确保发送邮件的不可否认性。

（实训 4 的详细参考资料见网站上的“实训资料下载”。）

第11章 路由和远程访问

本章学习要点

Window Server 2003 提供了强大的"路由和远程访问服务"功能，通过该功能可以实现网络之间的互连、远程拨入到局域网以及将企业内部局域网接入 Internet。本章重点内容如下。

- 了解 Windows Server 2003 操作系统"路由和远程访问"角色
- 理解 IP 路由、NAT、VPN 的基本概念和基本原理
- 理解静态路由、默认路由和动态路由的区别和作用
- 理解 NAT 网络地址转换的工作过程
- 理解远程访问 VPN 的构成和连接过程
- 掌握配置并测试静态路由、默认路由和 RIP 的方法
- 掌握配置并测试网络地址转换 NAT 的方法
- 掌握配置并测试远程访问 VPN 的方法

11.1 部署 IP 路由

11.1.1 IP 路由概述

1. 基本知识

IP 地址由网络地址和主机地址两部分组成。如果要进行通信的两台主机的 IP 地址中的网络地址相同，则说明是同一 IP 子网内的通信，不需要路由；如果要进行通信的两台主机的 IP 地址中的网络地址不同，则说明是不同 IP 子网间的通信，这时就需要一种称为路由的机制，跨越路由器来实现不同子网间的通信。

路由器是用来进行数据包转发的设备，可以看作是网络交通指挥中心，用来连接不同的子网。路由器可以分为硬件路由器和软件路由器。硬件路由器是专门设计用于路由的设备，如思科（Cisco）和华为公司的系列路由器；软件路由器是通过对一台计算机进行配置，让其拥有路由器的功能，这台计算机就称为软件路由器（俗称软路由）。由于路由器必须有多个接口连接不同的 IP 子网，所以充当软件路由器的计算机一般安装有两个或多个网卡，因此也称为多宿主计算机。软件路由器的优点是价格相对低廉，且配置简单，但其缺点是并非专门用于处理路由，因此效率较低，一般只在较小型网络中使用。

路由器依据路由表进行数据包的转发。在路由表中有该路由器掌握的所有目的网络地址。当路由器收到一个数据包时，它会将数据包目标 IP 地址的网络地址和路由表中的路由条目进行比较，如果有去往目标网络的路由条目，就根据该路由条目将数据包转发到相应的接口；如果没有相应的路由条目，则根据路由器的配置将数据包转发到默认接口或者丢弃。

每一台运行 Windows Server 2003 的计算机上都维护着一张路由表，根据路由表的内容控制与其他主机的通信。使用具有管理员权限的用户账户登录 Windows Server 2003 计算机，执行“开始”→“运行”命令，打开“运行”对话框，输入“cmd”，打开命令提示符，输入“route print”，即可查看路由表：

```
C:\>route print
IPv4 Route Table
===========================================================================
Interface List
0x10003 ...00 0c 29 f3 8a d6 ...... Intel(R) PRO/1000 MT Network Connection
===========================================================================
Active Routes:
Network Destination        Netmask          Gateway       Interface  Metric
          0.0.0.0          0.0.0.0    192.168.1.254   192.168.1.254     10
        127.0.0.0        255.0.0.0        127.0.0.1       127.0.0.1      1
      192.168.1.0    255.255.255.0    192.168.1.254   192.168.1.254     10
    192.168.1.254  255.255.255.255        127.0.0.1       127.0.0.1     10
    192.168.1.255  255.255.255.255    192.168.1.254   192.168.1.254     10
        224.0.0.0        240.0.0.0    192.168.1.254   192.168.1.254     10
  255.255.255.255  255.255.255.255    192.168.1.254   192.168.1.254      1
Default Gateway:     192.168.1.254
===========================================================================
Persistent Routes:
  None
```

在路由表中有很多字段，分别代表不同的含义，如表 11-1 所示。

表 11-1 顶级域所包含的部分域名称

字　段	含　义
Network Destination（网络目的）	目的网络地址，可以是一个网络或是一个 IP 地址
Netmask（网络掩码）	目的网络地址对应的子网掩码
Gateway（网关）	本地主机将数据包转发到其他网络时所经过的 IP 地址。网关可以是本地网络适配器的 IP 地址或者是同一子网内的路由器的 IP 地址
Interface（接口）	本地主机向网络中转发数据包时所经过的本地接口的 IP 地址
Metric（跃点数）	IP 数据包从本地到达网关所经过的路由器的个数。在 Windows Server 2003 中，1 代表没有经过路由器

2. 路由的类型

路由通常可以分为静态路由、默认路由和动态路由。

（1）静态路由。静态路由是由管理员手工进行配置的，在静态路由中必须明确指出从源到目标所经过的路径，一般在网络规模不大、拓扑结构相对稳定的网络中配置静态路由。静态路由由管理员手工配置，可以减轻路由器的开销，但是当网络发生变化时静态路由不能反映网络结构的变化，而且当网络规模很大时，配置静态路由会增加管理员的工作负担。

（2）默认路由。默认路由是一种特殊的静态路由，也是由管理员手工配置的，为那些在路由表中没有找到明确匹配的路由信息的数据包指定下一跳地址。在 Windows Server 2003 的计算机上配置默认网关时就为该计算机指定了默认路由，或者利用 route add 命令也可以添加默认路由：

```
C:\>route add 0.0.0.0 mask 0.0.0.0 192.168.1.1
C:\>route print
……（省略部分信息）
    0.0.0.0    0.0.0.0       192.168.1.1    192.168.1.254      1
……（省略部分信息）
```

（3）动态路由。当网络规模较大、网络结构经常发生变化时就需要使用动态路由。通过在路由器上配置路由协议可以自动搜集网络信息，并且反映网络结构的变化，动态地维护路由表中的路由条目。由于动态路由是靠路由协议自动维护的，因此减轻了管理员的工作负担，并且可以自动反映网络结构的变化，但是动态路由增大了路由器为处理路由所花费的开销，对路由器的硬件要求比较高。

3. 路由协议

路由协议运行在路由器上，允许路由器与其他路由器通信，以更新和维护自己的路由表，并确定最佳的路径。通过路由协议，路由器可以了解不是直接连接的网络的状态，当网络发生变化时，路由表中的信息可以随时更新，以保证网络上的路径处于可用状态。

（1）内部网关协议和外部网关协议。根据工作范围，路由协议可以分为内部网关协议（IGP）和外部网关协议（EGP）。

内部网关协议是在一个自治系统内进行路由信息交换的路由协议，如 RIP、IGRP、EIGRP、OSPF 等。

外部网关协议是在不同自治系统间进行路由信息交换的路由协议，如 BGP。

（2）距离矢量路由协议和链路状态路由协议。根据工作原理，路由协议可以分为距离矢量路由协议和链路状态路由协议。

① 距离矢量路由协议。通过判断数据包从源主机到目标主机所经过的路由器的个数来决定选择哪条路由，如 RIP、IGRP 等。距离矢量路由协议配置和管理简单，但是收敛速度慢，只适用于小型网络。

② 链路状态路由协议。综合考虑从源主机到目标主机之间的各种情况（如带宽、延迟、可靠性、承载能力和最大传输单元等），最终选择一条最佳路径，如 OSPF、ISIS 等。链路状态路由协议配置比较复杂，但是需要的带宽比较小，当网络结构发生变化时，其收敛速度也比较快，适用于大型网络，对路由器的 CPU 和内存要求都比较高。

（3）RIP。RIP（路由信息协议）是使用最广泛的距离矢量协议，它是由施乐（Xerox）在 20 世纪 70 年代开发的。RIP 最大的特点是无论实现原理还是配置方法，都非常简单。RIP 的度量是基于跳数的，每经过一台路由器，路径的跳数加一。如此一来，跳数越多，路径就越长，RIP 算法会优先选择跳数少的路径。RIP 支持的最大跳数是 15，跳数为 16 的网络被认为不可达。

RIP 中路由的更新是通过定时广播实现的。默认情况下，路由器每隔 30 秒向与它相连的网络广播自己的路由表，接到广播的路由器将收到的信息添加至自身的路由表中。每个路由器都如此广播，

最终网络上所有的路由器都会得知全部的路由信息。正常情况下，每 30 秒路由器就可以收到一次路由信息确认，如果经过 180 秒，即 6 个更新周期，一个路由项都没有得到确认，路由器就认为它已失效了。如果经过 240 秒，即 8 个更新周期，路由项仍没有得到确认，它就被从路由表中删除。

RIP 具有 RIPv1（版本 1）和 RIPv2（版本 2）两个版本，RIPv2 在 RIPv1 的基础上进行了改进，支持密码验证、VLSM（变长子网掩码）、CIDR（无类域间路由）以及多播等特性。

（4）OSPF 协议。OSPF（开放式最短路径优先）是一种链路状态路由协议，属于内部网关协议，由 IETF 在 1988 年开发。每一个运行 OSPF 的路由器都维护着一个相同的网络拓扑数据库，称为链路状态数据库。通过这个数据库，可以构造一个最短路径树来计算路由表。OSPF 的收敛速度比 RIP 要快，而且在更新路由信息时，产生的流量也较少。为了管理大规模的网络，OSPF 采用分层的连接结构，将自治系统分为不同的区域，以减少路由重计算的时间。此外，OSPF 还支持路由聚合，从而限制了链路状态数据库中的条目数目，在大型复杂的网络中，可以大大减少网络流量。

11.1.2　IP 路由的项目设计及准备

1. 项目设计

若要用软件路由器来连接子网，可以使用 Windows Server 2003 的“路由和远程访问”角色实现。图 11-1、图 11-2 所示为设计环境示意图。

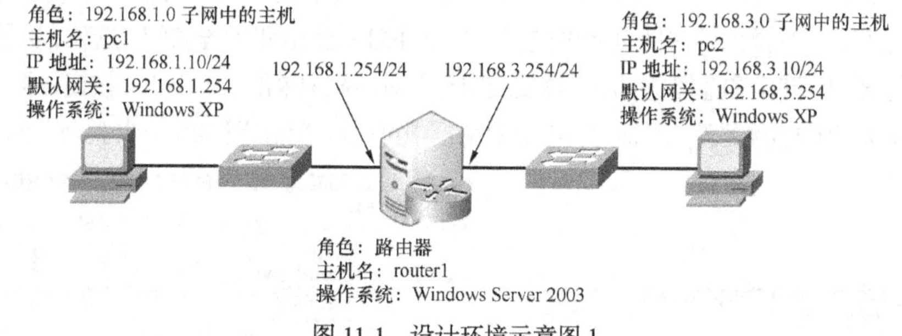

图 11-1　设计环境示意图 1

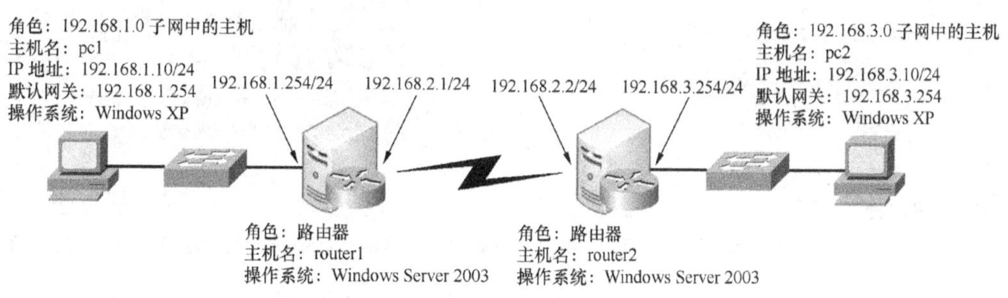

图 11-2　设计环境示意图 2

2. 准备

部署路由服务应满足下列需求。

（1）使用提供路由服务的 Windows Server 2003 标准版、企业版或数据中心版等服务器端操作系统。

（2）准备配置为路由器的主机应该拥有多个网络接口（即安装了多块网卡）并连接不同的 IP

子网，以便实现这些子网之间的路由。

（3）如果准备配置为路由器的主机未安装多块网卡，则可以通过在一块网卡上绑定多个 IP 地址来实现路由服务。

11.1.3 配置并启用路由服务

通过配置并启用路由服务，可以将安装 Windows Server 2003 操作系统的计算机配置成路由器。本子任务以图 11-1 所示的网络环境进行实施，其中 router1 为将要配置并启用路由服务而成为路由器的 Windows Server 2003 计算机。

1. 启用路由服务之前，测试 pc1 和 pc2 的连通性

按照图 11-1 所示，配置好 pc1、pc2 以及 router1 的 IP 地址。使用具有管理员权限的用户账户登录 pc1，打开命令提示符窗口，利用 ping 192.168.1.254 命令检查到其默认网关（router1）的连接，发现连接成功，且 TTL 值为 128；再利用 ping 192.168.3.10 命令检查与远程子网的主机（pc3）的连接，发现返回信息 Request timed out，表明连接失败。

2. 配置并启用路由服务

（1）使用具有管理员权限的用户账户登录 router1，执行“开始”→“管理工具”→“路由和远程访问”命令，打开“路由和远程访问”管理控制台。在左侧的控制台树中右键单击要配置并启用路由服务的计算机，在弹出的快捷菜单中选择“配置并启用路由和远程访问”选项，如图 11-3 所示。

（2）在打开的“路由和远程访问服务器安装向导”对话框中单击“下一步”按钮，将出现“路由和远程访问服务器安装向导-配置”对话框，在此对话框中可以选择将配置的服务器类型，如图 11-4 所示。

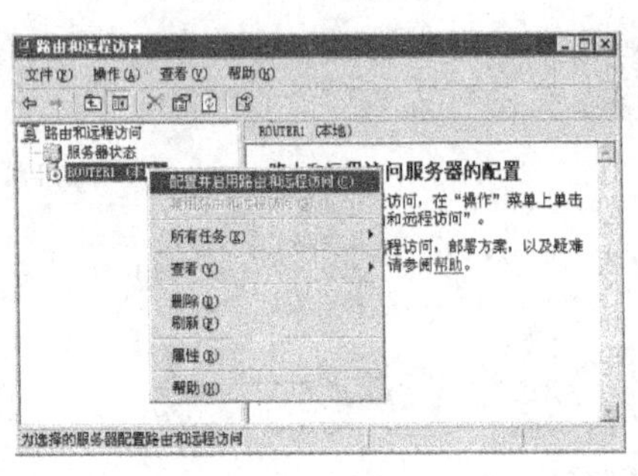

图 11-3 配置并启用路由和远程访问

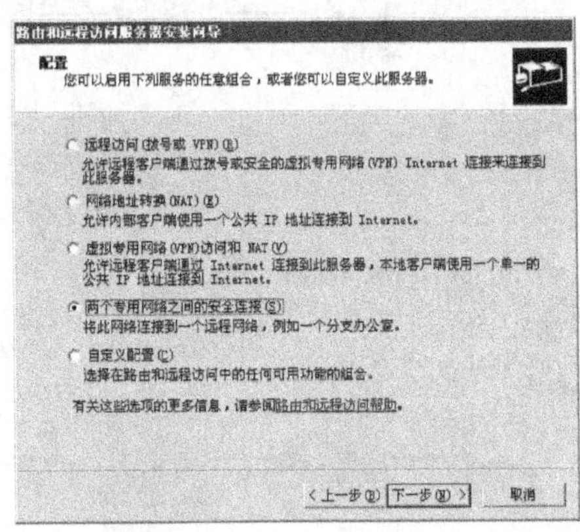

图 11-4 “路由和远程访问服务器安装向导-配置”对话框

（3）选择“两个专用网络之间的安全连接”单选按钮，然后单击“下一步”按钮。

（4）出现“远程访问服务器安装向导-请求拨号连接”对话框，在此可以设置是否启用请求拨号的功能，如图 11-5 所示。本任务选择“否”单选按钮，不启用拨号功能，单击“下一步”按钮。

（5）出现“路由和远程访问服务器安装向导-完成”对话框，单击“完成”按钮，将启用路由和远程访问服务，启用成功后将返回“路由和远程访问”管理控制台。

（6）右键单击已经配置并启用路由服务的计算机（以下简称为“路由器”），在弹出的快捷菜单中选择“属性”命令，将打开路由器属性对话框，在首先出现的“常规”选项卡中可以看到该

计算机已配置为路由器，如图 11-6 所示。

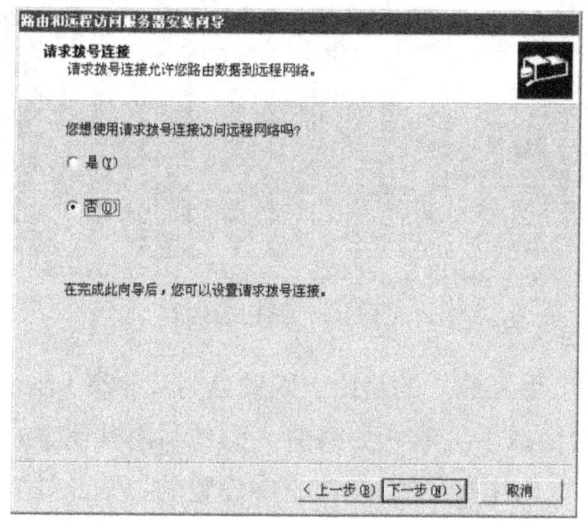

图 11-5　“路由和远程访问服务器安装向导-请求拨号连接”对话框

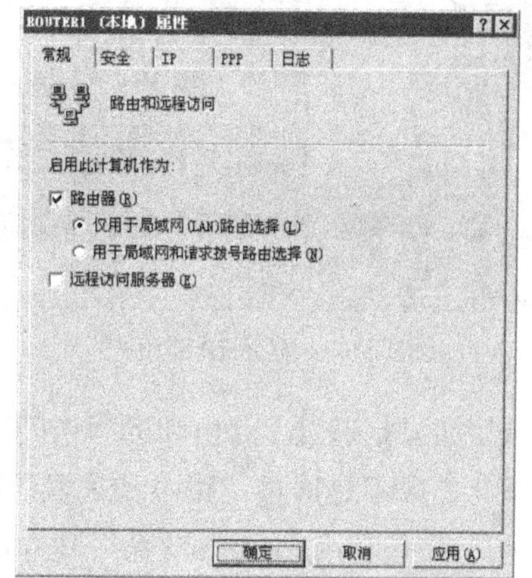

图 11-6　路由器“属性”对话框的“常规”选项卡

也可以将现有的远程访问服务器设置成路由器，其方法是在“路由和远程访问”控制台窗口中右键单击服务器，在弹出的快捷菜单中选择“属性”选项，按图 11-6 所示选取“路由器”后，选择“仅用于局域网（LAN）路由选择”或“用于局域网和请求拨号路由选择”，然后单击“确定”即可。

3. 启用路由服务之后，测试 pc1 和 pc2 的连通性

（1）在 pc1 上了利用 ping 命令再次检测与 pc3 的连接，发现可以正常通信。

```
C:\>ping 192.168.3.10
Pinging 192.168.3.10 with 32 bytes of data:
Reply from 192.168.3.10: bytes=32 time<1ms TTL=127
……（省略部分信息）
```

在 Windows Server 2003 中同一子网的主机连接时默认的 TTL 值为 128，不同子网间的主机连接时，每经过一个路由器 TTL 的值就会减 1。

（2）在 pc1 上利用 tracert 命令进行路由跟踪，查看经过的路由器的信息。

```
C:\>tracert 192.168.3.10
Tracing route to 192.168.3.10 over a maximum of 30 hops
  1    <1 ms    <1 ms    <1 ms  192.168.1.254
  1    <1 ms    <1 ms    <1 ms  192.168.3.10
Trace complete.
```

4. 检查路由表

Windows Server 2003 路由器设置完成后，可以利用前面介绍过的 route print 命令来查看路由表，或是如图 11-7 所示，在路由器控制台中展开“IP 路由选择”，右键单击“静态路由”，在弹出的快捷菜单中选择“显示 IP 路由表”选项，打开“IP 路由表”对话框，如图 11-8 所示。

从图中可以看出与路由器直接连接的两个网络，也就是 192.168.1.0（本地连接）和 192.168.3.0（本地连接 2），其路由已被自动建立在路由表中。图中“通信协议”字段是用来说明此路由是如何产生的。

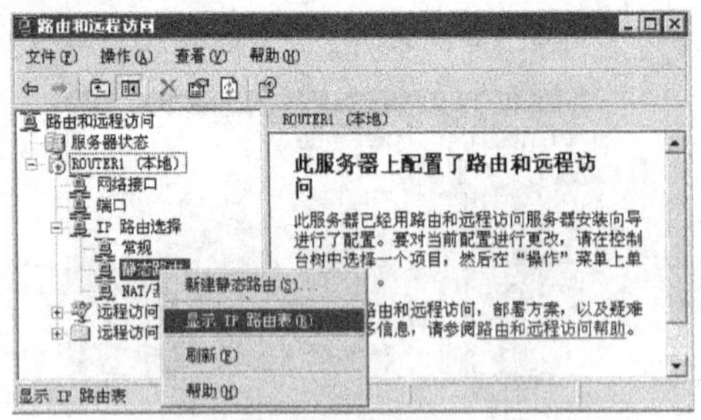

图 11-7　显示 IP 路由表

ROUTER1 - IP 路由表

目标	网络掩码	网关	接口	跃点数	通讯协议
0.0.0.0	0.0.0.0	192.168.1.254	本地连接	10	网络管理
127.0.0.0	255.0.0.0	127.0.0.1	环回	1	本地
127.0.0.1	255.255.255.255	127.0.0.1	环回	1	本地
192.168.1.0	255.255.255.0	192.168.1.254	本地连接	10	本地
192.168.1.254	255.255.255.255	127.0.0.1	环回	10	本地
192.168.1.255	255.255.255.255	192.168.1.254	本地连接	10	本地
192.168.3.0	255.255.255.0	192.168.3.254	本地连接 2	30	本地
192.168.3.254	255.255.255.255	127.0.0.1	环回	30	本地
192.168.3.255	255.255.255.255	192.168.3.254	本地连接 2	30	本地
224.0.0.0	240.0.0.0	192.168.3.254	本地连接 2	30	本地
224.0.0.0	240.0.0.0	192.168.1.254	本地连接	10	本地
255.255.255.255	255.255.255.255	192.168.3.254	本地连接 2	1	本地
255.255.255.255	255.255.255.255	192.168.1.254	本地连接	1	本地

图 11-8　路由表内容

- 如果是通过“路由和远程访问”控制台窗口手工建立的路由，则此处为“静态（Static）”。
- 如果不是通过“路由和远程访问”控制台窗口手工建立的路由，而是利用其他方式手工建立的，如是利用 route add 命令建立的或是在“本地连接”的 TCP/IP 中设置的，则此处为“网络管理（Network management）”。
- 如果是利用RIP或是OSPF通信协议从其他路由器学习得来，则此处为“RIP”或是“OSPF”。
- 以上的情况之外，此处是“本地（Local）”。

11.1.4　配置并测试静态路由

除了默认的路由外，还可以自行添加静态路由，如让路由器通过所添加的路由来传送数据包。

本子任务以图 11-2 所示的网络环境进行实施。首先分别登录 pc1、pc2、router1 以及 router2，按照图 11-2 所示配置 IP 地址、网关等信息，同时登录 routerl 和 router2，参考 11.1.3 小节分别将二者配置为路由器，然后执行以下操作。

1. 添加静态路由之前，测试 pc1 和 pc2 的连接

在 pc1 上利用 ping 命令检查与 pc2 的连接，发现连接失败。为了实现这 3 个子网的连接，需要在 router1 和 router2 上配置静态路由。从拓扑图中看到，routerl 连接子网 192.168.1.0/24 和 192.168.2.0/24，因此只要在 router1 中添加到子网 192.168.3.0/24 的路由信息即可，同理在 router2 中应该添加到子网 192.168.1.0/24 的路由信息。

2. 配置静态路由

（1）在 routerl 上打开“路由和远程访问”管理控制台，在右侧的控制台树中右键单击“静态路由”，在弹出的快捷菜单中选择“新建静态路由”选项，如图 11-9 所示。

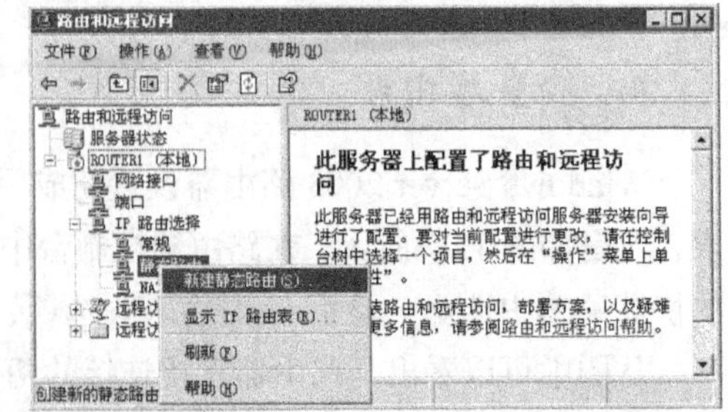

图 11-9　在 router1 上新建静态路由

（2）在打开的“静态路由”对话框中设置静态路由，如图 11-10 所示。

- 在“接口”文本框中指定 IP 地址 192.168.2.1 工作的接口。
- 在“目标”文本框中输入目标的网络地址 192.168.3.0。
- 在“网络掩码”文本框中输入子网掩码 255.255.255.0。

- 在“网关”文本框中指定当与目标网络发起连接时转发到的下一跳路由器的接口 IP 地址 192.168.2.2。

（3）由于通信是双向的，数据包发过去还要传回来，因此在 router2 上也要创建静态路由。采用同样的方法在 router2 上添加静态路由，如图 11-11 所示。

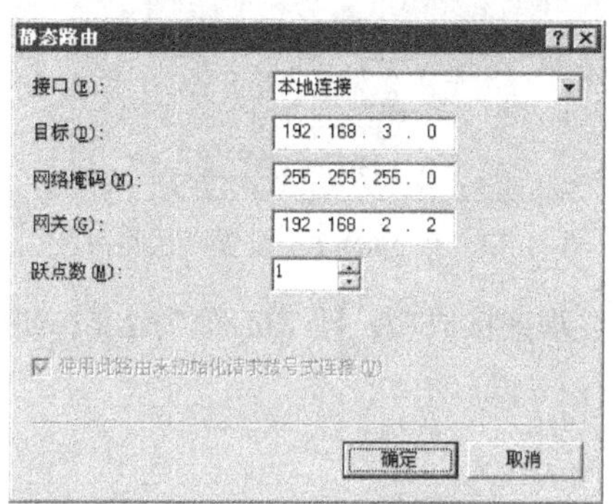

图 11-10　在 router1 上设置静态路由

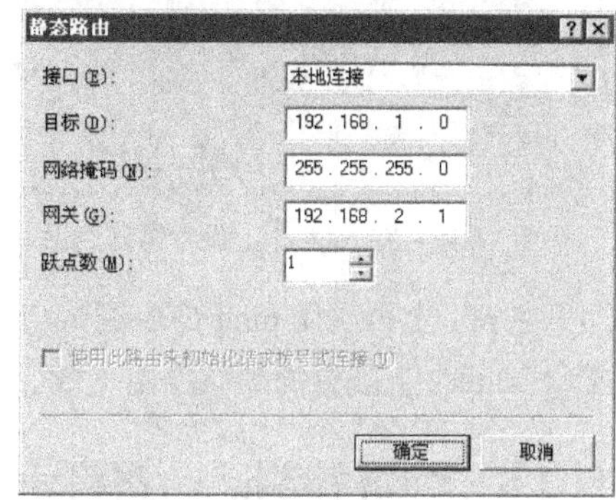

图 11-11　在 router2 上设置静态路由

3. 添加静态路由之后，测试 pc1 和 pc2 的连接

参考 11.1.3 小节，在 pc1 上用 ping 命令测试与 pc4 的连接，发现连接成功，且 TTL 值为 126，说明 router1 和 router2 上配置的静态路由生效。

4. 利用“route add”命令配置静态路由

在 router1 和 router2 上配置静态路由还可以使用“route add”命令。

使用具有管理员权限的用户账户登录 router1，打开命令提示符窗口，利用“route add”命令添加静态路由并查看路由表：

```
C:\>route add 192.168.3.0 mask 255.255.255.0 192.168.2.2
C:\>route print
……（省略部分信息）
    192.168.3.0    255.255.255.0      192.168.2.1    192.168.1.254      1
……（省略部分信息）
```

这个命令所添加的路由，计算机重开机时就会消失，但是如果加上-P 参数就可以让此路由一直保留着，完整的命令如下：

```
C:\>route -p add 192.168.3.0 mask 255.255.255.0 192.168.2.2
```

利用 route delete 命令可以手工删除一条路由条目，例如

```
C:\>route delete 192.168.3.0
```

11.1.5　配置并测试默认路由

以图 11-2 所示的网络环境进行实施。

（1）使用具有管理员权限的用户账户登录 routerl，打开“路由和远程访问”管理控制台，删除 11.1.4 小节中添加的静态路由，并且也删除 router2 上添加的静态路由。

（2）在 pc1 上用 ping 命令测试与 pc2 的连接，发现连接失败。

（3）参考 11.1.4 小节，分别在 router1 和 router2 上添加默认路由，如图 11-12 和图 11-13 所示。

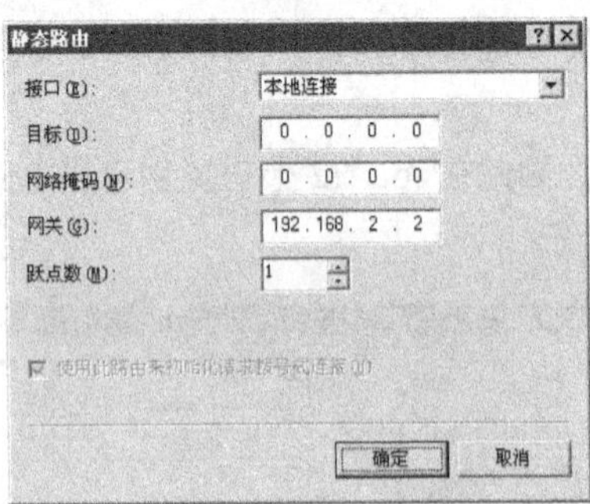

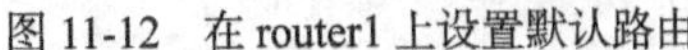
图 11-12　在 router1 上设置默认路由

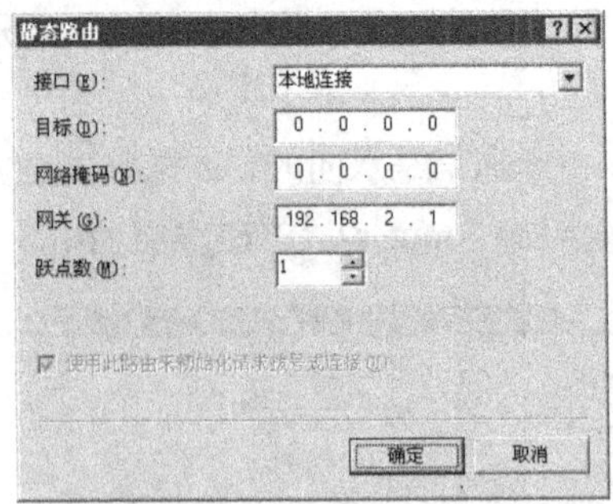

图 11-13　在 router2 上设置默认路由

（4）在 pc1 上再次用 ping 命令测试与 pc2 的连接，发现连接成功，且 TTL 值为 126，说明在 routerl 和 router2 上配置的默认路由生效。

11.1.6　配置并测试动态路由

动态路由器可以自动更新路由表并把信息发送给它知道的其他动态路由器，减少了网络管理员的管理工作。Windows Server 2003 支持 RIP 和 OSPF 路由算法协议。本任务以 RIP 为例，按照图 11-2 所示的网络环境实施动态路由。

（1）使用具有管理员权限的用户账户登录 routerl 和 router2，删除上述任务配置的静态路由和默认路由。

（2）在 routerl 上打开“路由和远程访问”管理控制台，右键单击“常规”，在弹出的快捷菜单中选择“新增路由协议”命令选项，如图 11-14 所示。

（3）在打开的“新路由协议”对话框中选择“用于 Internet 协议的 RIP 版本 2”，如图 11-15 所示。

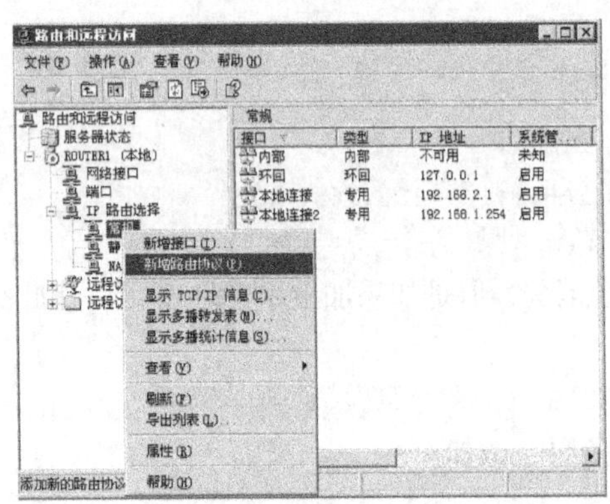

图 11-14　新增路由协议

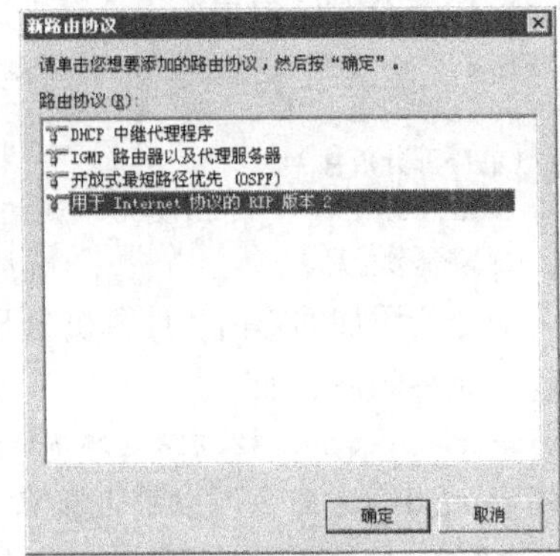

图 11-15　选择 RIP 版本 2

（4）单击“确定”按钮返回“路由和远程访问”管理控制台，可以看到新增加的 RIP 协议。右键单击 RIP，选择“新增接口”选项（见图 11-16），将打开“用于 Internet 协议的 RIP 版本 2 的新接口”对话框。在此对话框中指定 RIP 工作在 routerl 的哪个接口（见图 10-17）。

（5）单击“确定”按钮，将打开 RIP 接口属性对话框，首先出现的是“常规”选项卡，如图 11-18 所示。在此对话框中可以设置下列选项。

① “操作模式”。指定运行 RIP 协议的路由器进行路由信息交换的方式。由于 RIP 路由器将路由表中所有的条目复制给其他路由器，因此可以根据路由表的大小和网络的性能决定路由表复制的模式。

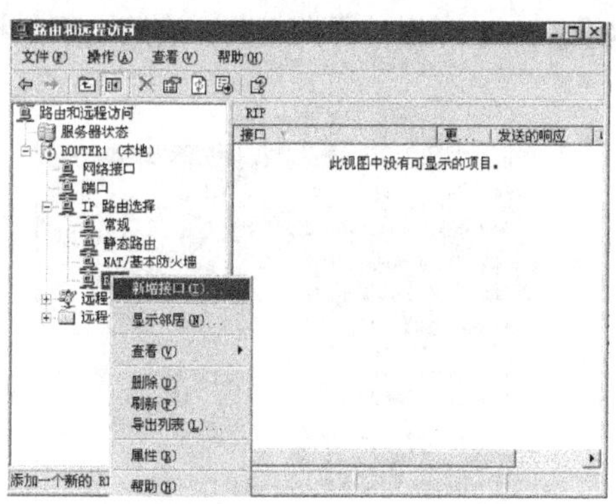

图 11-16　新增接口

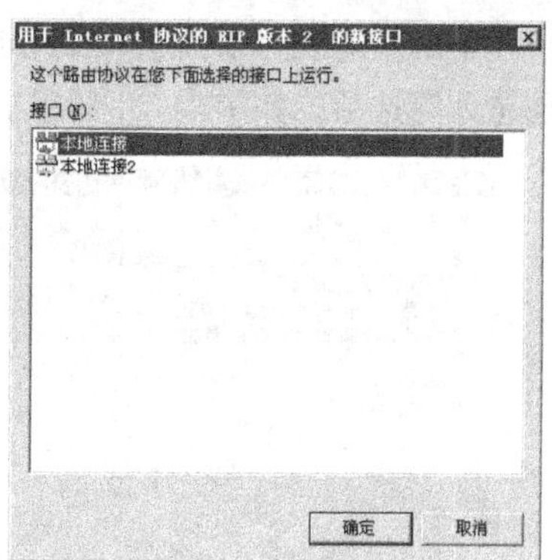

图 11-17　选择接口

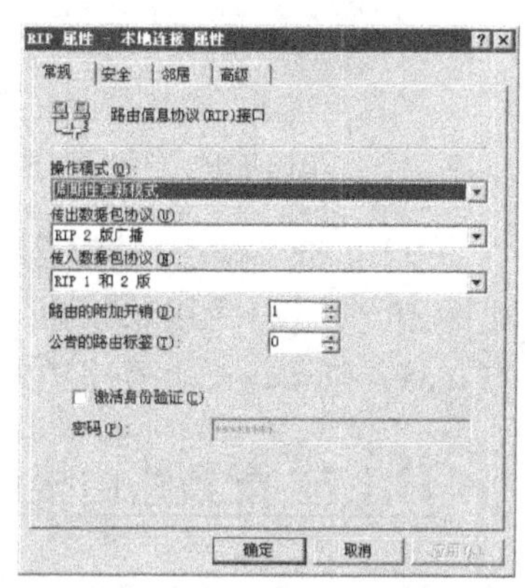

图 11-18　“常规”选项卡

● 周期性更新模式：RIP 路由器周期性地发送路由信息，发送周期可以在“高级”选项卡（见图 11-21）中设置。LAN 接口默认采用周期性更新模式。

● 自动-静态更新模式：使该 RIP 路由器只在其他路由器请求时才发送路由信息。通过 RIP 获得的路由被标记为静态路由保存在路由表中，使用请求拨号接口的 RIP 默认采用自动-静态更新模式。由于只在需要时才发送路由信息，所以该模式将降低对网络带宽的使用。

② “传出数据包协议”。

● RIPv1 版广播：将 RIPv1 的信息以广播的形式发送出去。如果网络中只有 RIPv1 的路由器，应该选择该选项。

● RIPv2 版多播：将 RIPv2 的信息以多播的形式发送出去。请求拨号接口默认采用的协议，只有该接口连接到 RIPv2 的路由器时，才选择该选项。

● RIPv2 版广播：将 RIPv2 的信息以广播的形式发送出去。LAN 接口默认采用的协议，如果网络中既有 RIPv1 又有 RIPv2，应该选择该选项。

● 静态 RIP：只监听和接受其他 RIP 路由器的路由信息，自己并不向外发送。

③ “传入数据包协议”。

● RIPv1 和 2 版：接受 RIPv1 和 RIPv2 的路由信息，默认采用该模式。

● 忽略传入数据包:不接受其他RIP路由器发送的路由信息。

● 只是 RIPv1 版：只接受 RIPv1 的路由信息。

● 只是 RIPv2 版：只接受 RIPv2 的路由信息。

④ “路由的附加开销”：路由中继段的个数。

⑤ “激活身份验证”。激活身份验证后将在发送 RIP 声明时包含所设置的密码，所有与此接口相连的路由器也要使用相同的密码，否则就不能够进行正常的路由交换。

（6）单击“安全”选项卡，在此选项卡中可以设置该路由器接受和发送路由的范围，如图 11-19 所示。

（7）单击“邻居”选项卡，在此选项卡中可以设置该路由器与邻居路由器进行路由信息交换的方式，如图 11-20 所示。

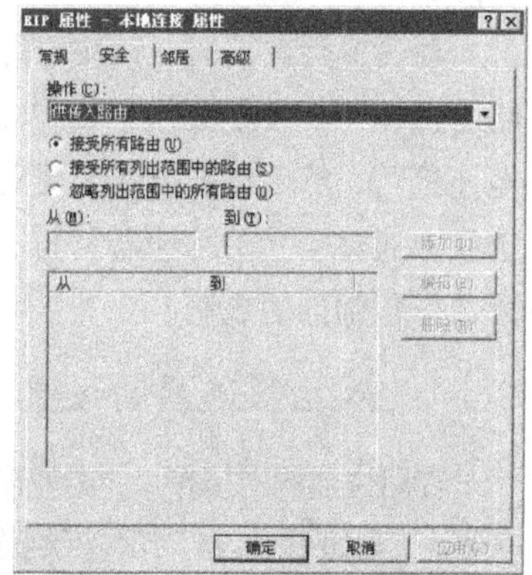

图 11-19　“安全”选项卡

（8）单击“高级”选项卡，在此选项卡中可以设置 RIP 广播的周期间隔、启用水平分割及禁用子网总计等选项，如图 11-21 所示。

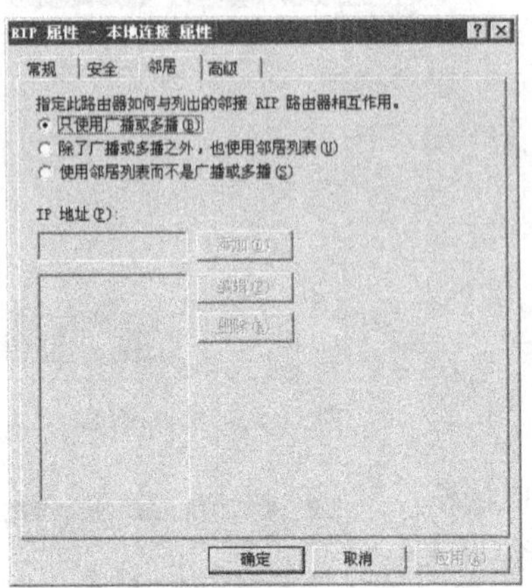

图 11-20 “邻居”选项卡

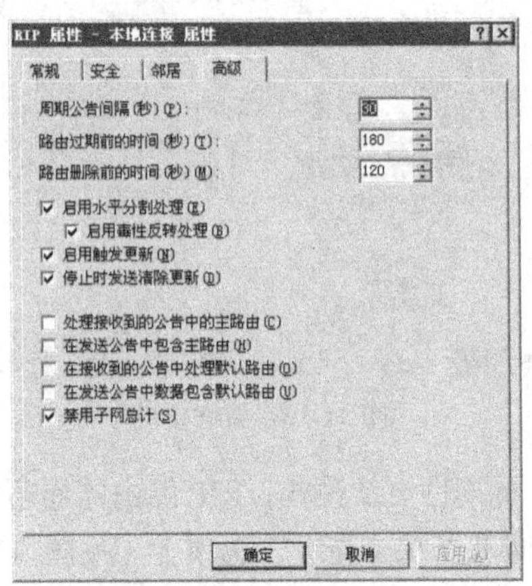

图 11-21 “高级”选项卡

（9）单击“确定”按钮返回控制台，以同样的方法在 router2 上也启用 RIP 路由协议。

（10）在 pc1 上用 ping 命令测试与 pc4 的连接，发现连接成功，而且 TTL 的值为 126，说明在 routerl 和 router2 上通过 RIP 协议进行路由交换，动态路由生效。

11.1.7 配置路由接口

Windows Server 2003 路由器支持数据包过滤的功能，它可以设置过滤规则，以便决定哪一类的数据包可以通过路由器来传送，还可提高网络的安全性。数据包过滤功能是防火墙的基本功能之一。

路由器的每一个网络接口都可以用于设置过滤数据包，例如，可以通过“入站筛选器”来设置让路由器的网络接口“本地连接”不接收由该子网内的计算机送来的 ICMP 数据包，因此子网内的计算机将无法利用 ping 命令来与其他子网内的计算机通信。又例如，可以通过“出站筛选器”设置让路由器的网络接口“本地连接 2”不送出与终端服务有关的数据包，因此其他网络内的计算机将无法与该网络内的终端服务器通信。

“入站筛选器”与“出站筛选器”是静态的数据包筛选器，也就是说必须自行设置筛选的规则，另外 Windows Server 2003 还提供了“基本防火墙”，它具备动态数据包筛选的功能。

要设置筛选器时，请按图 11-22 所示选择“IP 路由选择”→“常规”，右键单击网络接口（如“本地连接”），然后在弹出的快捷菜单中选择“属性”选项，通过“入站筛选器”与“出站筛选器”来设置数据包筛选的规则。

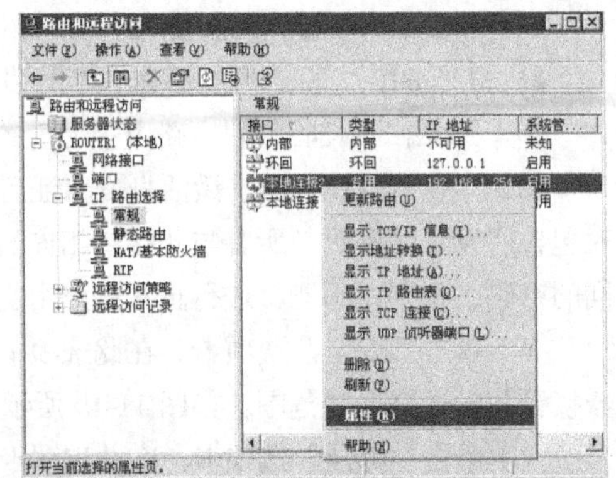

图 11-22 “常规”-“本地连接”

1. 入站筛选器的设置

在路由器的网络接口“本地连接 2”上设置入站筛选器，规则如图 11-25 所示，拒绝传入的 ICMP 数据包。

具体设置步骤如下：单击图 11-23 中的“入站筛

选器”按钮，打开“入站筛选器”对话框，单击“新建”按钮，然后按照图 11-24 所示设置筛选规则，按图 11-25 设置筛选器操作。图中设置凡是从 192.168.1.0 传进网络接口“本地连接”的 ICMP 数据包，无论其目的地为何，都一律拒绝接受，不过我们只限制“ICMP Echo Request”的数据包，它的 ICMP 类型为 8，代码为 0，也就是由网络内的计算机主动送出的 ICMP 数据包将被拒绝。

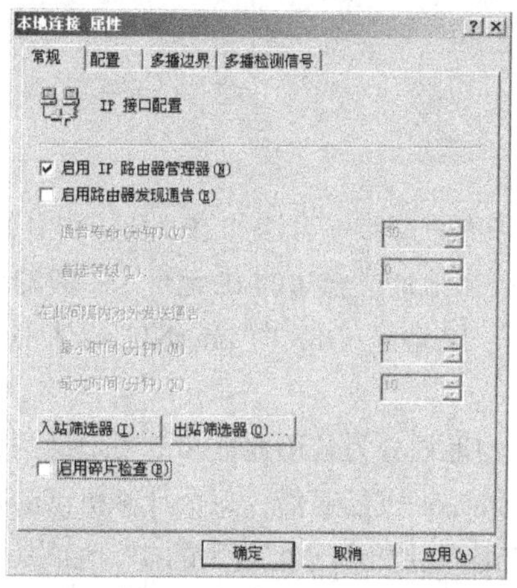

图 11-23　“本地连接”属性对话框

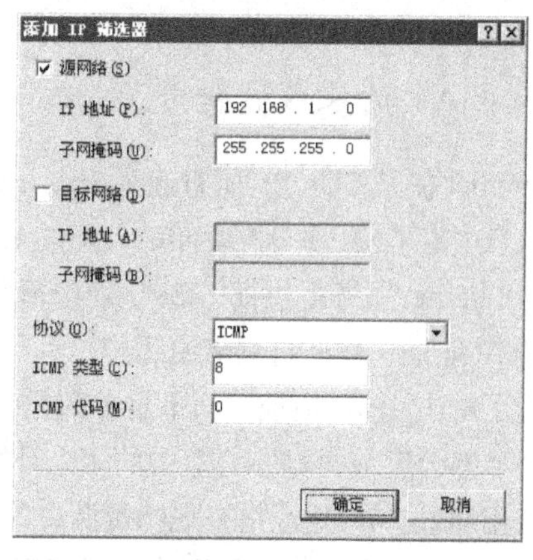

图 11-24　入站筛选器

图 11-25　设置筛选器操作

2. 出站筛选器的设置

在路由器的网络接口“本地连接”上设置出站筛选器，规则如图 11-27 所示，拒绝接口“本地连接”传出访问终端服务器的数据包。

具体设置步骤如下：单击图 11-23 中的“出站筛选器”，然后在“下一步”画面中单击“新建”按钮，然后按照图 11-26 所示设置筛选器，按照图 11-27 所示设置筛选器操作。图中无论从哪一个网络传送来的终端服务数据包，只要目的地是 192.168.3.0，一律拒绝将其从网络接口“本地连接”送出。

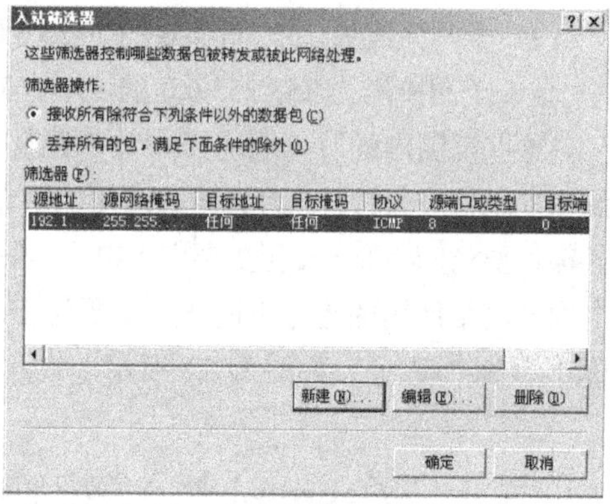

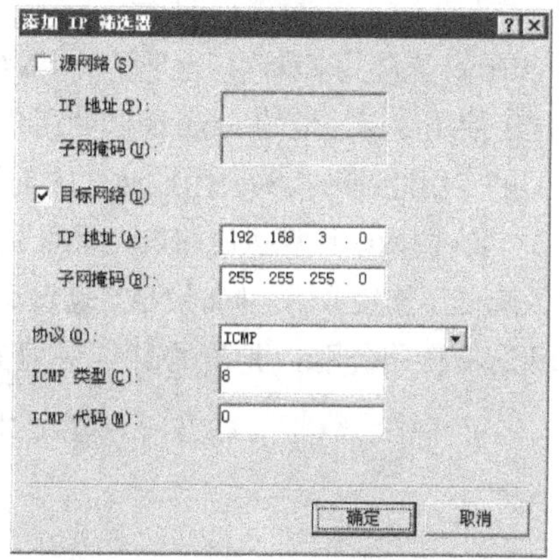

图 11-26　出站筛选器

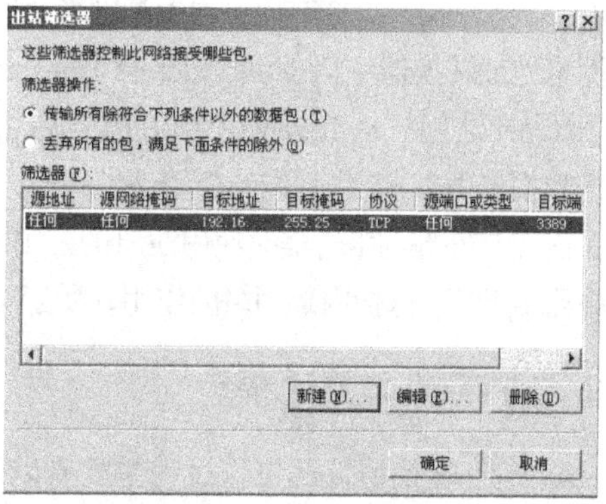

图 11-27　设置筛选器操作

11.2 配置 NAT 与基本防火墙

11.2.1 NAT 概述

1. NAT 的基本概念

Internet 使用 TCP/IP，所有连入 Internet 的计算机必须有一个唯一合法的 IP 地址，它由 Internet 网络信息中心（NIC）分配。NIC 分配的 IP 地址，称为公用地址或合法的 IP 地址。一般的单位或家庭由 Internet 服务提供商（ISP）处申请获得公用合法的 IP 地址，ISP 向 InterNIC 申请得到某一序列号 IP 地址，然后再租借给用户。

为了解决 IPv4 地址空间不足的问题，IP 地址被人为地划分为公用地址和专用地址两部分。要使小型办公室或家庭办公室中的多个计算机能通过 Internet 进行通信，每个计算机都必须有自己的公用地址。IP 地址是有限的资源，为网络中数以亿计的主机都分配公用的 IP 地址是不可能的。因此，NIC 为公司专用网络提供了保留网络 IP 专用的方案。这些专用网络 ID 如下。

- 子网掩码为 255.0.0.0 的 10.0.0.0（一个 A 类的地址）。
- 子网掩码为 255.240.0.0 的 172.16.0.0（一个 B 类的地址）。
- 子网掩码为 255.255.0.0 的 192.168.0.0（一个 C 类的地址）。

这些范围内的所有地址都称为专用地址。局域网（LAN）可根据自己的计算机的多少和网络的拓扑结构进行选择。因为局域网使用的专用地址不是合法的 IP 地址，因此，不能直接与 Internet 通信。要访问 Internet 至少要向 ISP（一般为国家的邮电部门）申请一个合法的 IP 地址，如果某个内部网络使用的是专用地址，又要与 Internet 进行通信，则该专用地址必须转换成公用地址，称之为 NAT 服务，如图 11-28 所示。

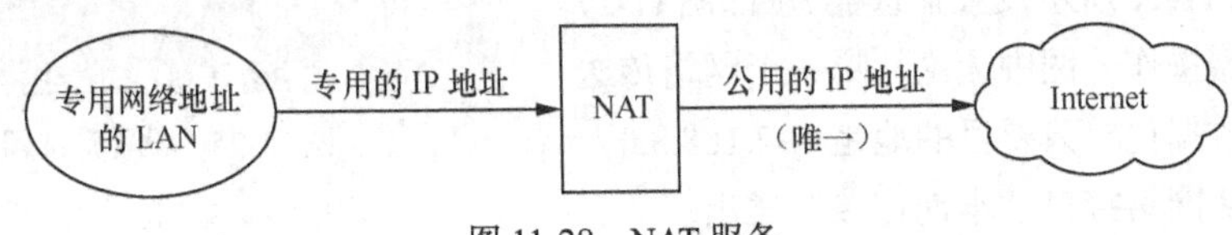

图 11-28 NAT 服务

Windows Server 2003 有两种内置的网络地址转换方法：Internet 连接共享和网络地址转换（NAT）。

网络地址转换器（Network Address Translator，NAT）位于使用专用地址的 Intranet 和使用公用地址的 Internet 之间。从 Intranet 传出的数据包由 NAT 将它们的专用地址转换为公用地址。从 Internet 传入的数据包由 NAT 将它们的公用地址转换为专用地址。这样在内网中计算机使用未注册的专用 IP 地址，而在与外部网络通信时使用注册的公用 IP 地址，大大降低了连接成本。同时 NAT 也起到将内部网络隐藏起来，保护内部网络的作用，因为对外部用户来说只有使用公用 IP 地址的 NAT 是可见的。

2. NAT 的工作过程

NAT 地址转换协议的工作过程主要有以下 4 步。

（1）NAT 客户端需要与 Internet 通信，于是将数据包发给 NAT 服务器。

（2）NAT 服务器将数据包中的源端口号和专用的 IP 地址换成其自己的端口号和公用的 IP 地址，然后将数据包发给 Internet 上的目的主机，同时将源端口号和专用 IP 地址与其自己的端口号和公用此地址的映射关系记录下来，以便向客户机发送回答信息。

（3）Internet 上的主机将回应发送给 NAT 服务器的公用 IP 地址。

（4）NAT 服务器将所收到的数据包的目的端口号和公用 IP 地址根据映射关系转换为客户机的端口号和内部网络使用的专用 IP 地址并转发给客户机。

以上步骤对于网络内部的主机和网络外部的主机都是透明的，对它们来讲就如同直接通信一样。

3. NAT 的工作过程示例

为了说明 NAT 的工作过程，下面将基于如图 11-29 所示的网络环境介绍内部网的 NAT 客户端使用 Web 浏览器访问 Internet 上的 Web 服务器的过程。

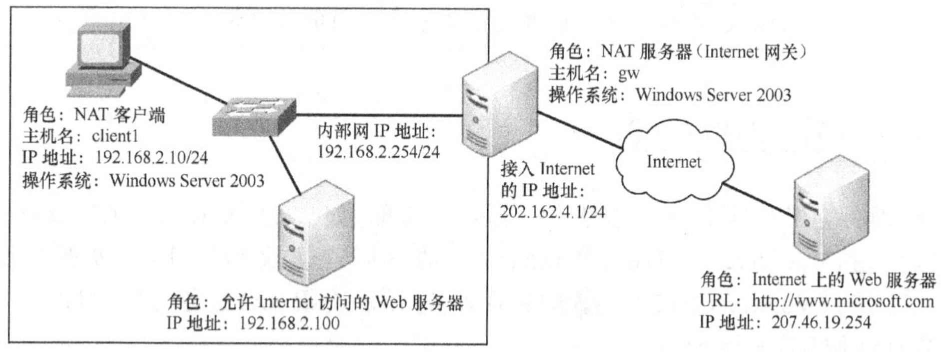

图 11-29　NAT 的工作过程

（1）NAT 客户机 192.168.2.10 使用 Web 浏览器连接到位于 207.46.19.254 的 Web 服务器，则用户计算机将创建带有下列信息的 IP 数据包。

- 目标 IP 地址：207.46.19.254。
- 源 IP 地址：192.168.2.10。
- 目标端口：TCP 端口 80。
- 源端口：TCP 端口 1350。

（2）IP 数据包转发到运行 NAT 的计算机上，它将传出的数据包地址转换成下面的形式，用自己的 IP 地址新打包后转发。

- 目标 IP 地址：207.46.19.254。
- 源 IP 地址：202.162.4.1。
- 目标端口：TCP 端口 80。
- 源端口：TCP 端口 2500。

（3）NAT 协议在表中保留了{192.168.2.10，TCP 1350}到 {202.162.4.1，TCP 2500}的映射，以便回传。

（4）转发的 IP 数据包是通过 Internet 发送的。Web 服务器响应通过 NAT 协议发回和接收。当接收时，数据包包含下面的公用地址信息。

- 目标 IP 地址：202.162.4.1。
- 源 IP 地址：207.46.19.254。

- 目标端口：TCP 端口 2500。
- 源端口：TCP 端口 80。

（5）NAT 服务器检查映射表，将公用地址映射到专用地址，并将数据包转发给位于 192.168.2.10 的计算机。转发的数据包包含以下地址信息。

- 目标 IP 地址：192.168.2.10。
- 源 IP 地址：207.46.19.254。
- 目标端口：TCP 端口 1350。
- 源端口：TCP 端口 80。

对于来自 NAT 协议的传出数据包，源 IP 地址（专用地址）被映射到 ISP 分配的地址（公用地址），并且 TCP/IP 端口号也会被映射到不同的 TCP/IP 端口号；对于到 NAT 协议的传入数据包，目标 IP 地址（公用地址）被映射到源 Internet 地址（专用地址），并且 TCP/UDP 端口号被重新映射回源 TCP/UDP 端口号。

11.2.2 项目设计及准备

目前的实际应用中，提供 NAT 服务的系统是非常多的，如 Windows Server 2003、Linux、Cisco 路由器以及包括 ISA Server、SyGate、WinGate 在内的一些第三方软件等。下面根据图 11-29 所示的环境，以 Windows Server 2003 中内置的 NAT 服务为例，介绍 NAT 服务的部署过程。

部署 NAT 服务应满足下列需求。

（1）使用提供 NAT 服务的 Windows Server 2003 标准版、企业版和数据中心版等服务器端操作系统。

（2）NAT 服务器必须与内部网络相连，因此需要配置与内部网络连接所需要的专用 IP 地址，该地址应手工指定。

（3）NAT 必须接入到 Internet，拥有公用 IP 地址。

11.2.3 配置并启用 NAT 服务

要将企业内部网络通过 NAT 连接到 Internet 上，需要进行两方面的配置，即启动 NAT 的计算机和网络中使用 NAT 的客户机。下面是 NAT 服务器的安装步骤，即启用 NAT 服务。

（1）执行“开始”→“程序”→“管理工具”→“路由和远程访问”命令，将打开“路由和远程访问”管理控制台。

（2）右键单击要启用 NAT 的服务器 gw，在弹出的快捷菜单中选择“配置并启用路由和远程访问”选项，弹出“路由和远程访问服务器安装向导-配置”对话框，如图 11-30 所示，选择“网络地址转换（NAT）”单选按钮，单击“下一步”按钮。

（3）在“路由和远程访问服务器安装向导-NAT Internet 连接”对话框中，选择用来连接互联网的接口，如图 11-31 所示。在此对话框中可以设置 NAT 服务器到 Internet 的连接。

① “使用此公共接口连接到 Internet”：如果 NAT 服务器的 Internet 接入采用固定永久的连接方式，如专线或以太网连接等，则选择此选项，并在下面的列表中选中 Internet 连接。本任务中使用此选项。

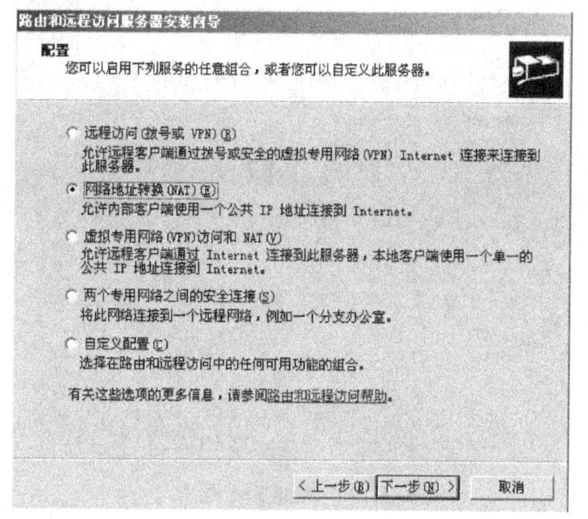

图 11-30　路由和远程访问服务器安装向导

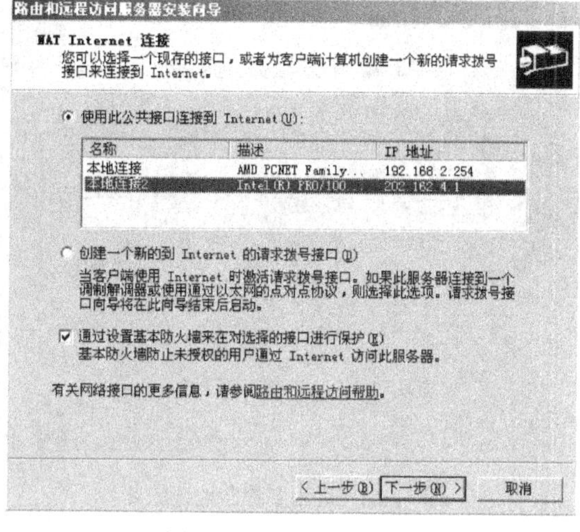

图 11-31　选择公网接口

② “创建一个新的到 Internet 的请求拨号接口”：如果 NAT 服务器的 Internet 接入采用非固定永久的连接方式，而是在需要时才连接，如传统拨号、ISDN 或 ADSL 连接等，则选择此项，并根据向导设置连接时所需要的接入号码、用户名和密码等相参数。

③ “通过设置基本防火墙来对选择的接口进行保护”：启用 Windows Server 2003 提供的基本的防火墙功能对 Internet 接口进行保护，防止对 NAT 服务器的非法访问。

（4）单击“下一步”按钮，将出现“路由和远程访问服务器安装向导-名称和地址转换服务”对话框，如图 11-32 所示。在此对话框中可以设置名称解析和地址分配服务。

① “启用基本的名称和地址服务”：由 NAT 服务器提供 DHCP 服务，为 NAT 客户端自动分配 IP 地址、默认网关和 DNS 服务器的 IP 地址；同时，NAT 服务器还提供 DNS 服务，向 Internet 转发 NAT 客户端发来的名称解析请求，以提供名称解析的能力。因此为 NAT 客户端分配的默认网关和 DNS 服务器的 IP 地址均为其连接内部网的 IP 地址。此选项默认情况下被选中。

② “我将稍后设置名称和地址服务”：不使用 NAT 服务器提供 DHCP 和 DNS 服务器，而是配置单独的 DHCP 和 DNS 服务器。

（5）如果选择“启用基本的名称和地址服务”单选按钮并单击“下一步”按钮，将出现“路由和远程访问服务器安装向导-地址指派范围”对话框；在此对话框中将提示 NAT 服务器为 NAT 客户端分配的 IP 地址范围，默认为与 NAT 服务器连接内部网的 IP 地址在同一子网的 IP 地址，如图 11-33 所示。

（6）单击“下一步”按钮，将出现“路由和远程访问服务器安装向导-完成”对话框。单击“完成”按钮，将启用 NAT 服务。

此外，还可以使用新增路由协议的方法安装 NAT 服务，如图 11-34 所示。展开需要添加 NAT 的服务器，选择“IP 路由选择”→“常规”，右键单击“常规”，在弹出的快捷菜单中选择“新增路由协议”选项，弹出如图 11-35 所示对话框，选择“NAT/基本防火墙”，单击“确定”按钮，完成安装。

（7）添加 NAT 接口。启用了 NAT 服务之后，如果在“NAT/基本防火墙”的右侧区域内没有网络接口，需要进行添加，如图 11-36 和图 11-37 所示。

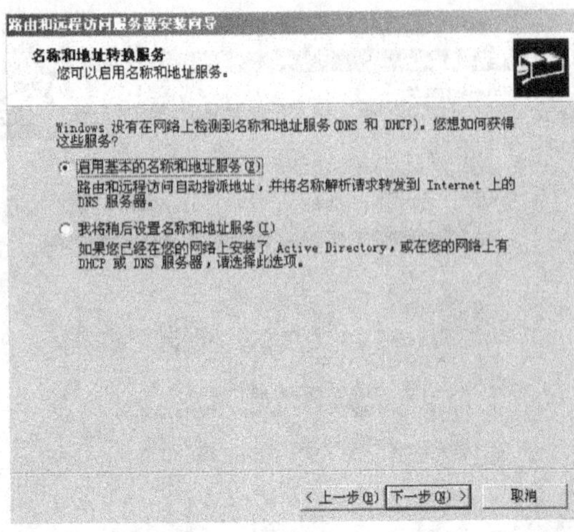

图 11-32　启用名称和地址服务

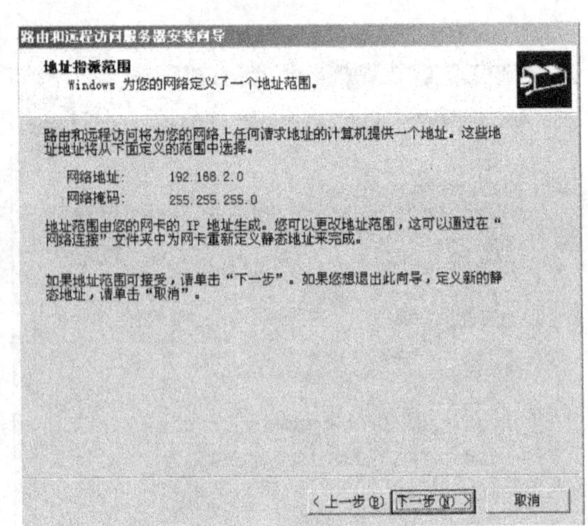

图 11-33　地址指派范围

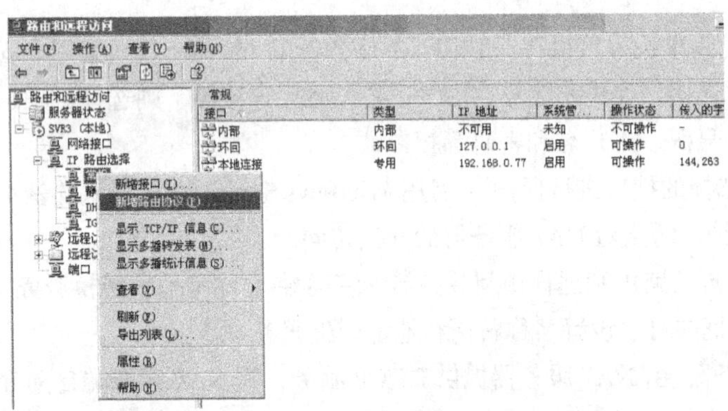

图 11-34　新增路由协议

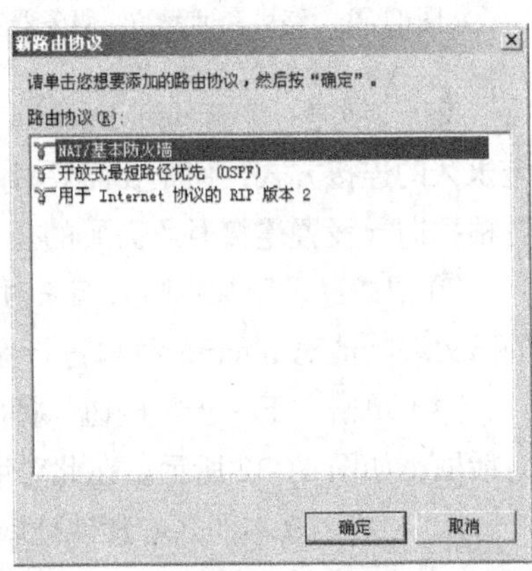

图 11-35　添加“NAT/基本防火墙”

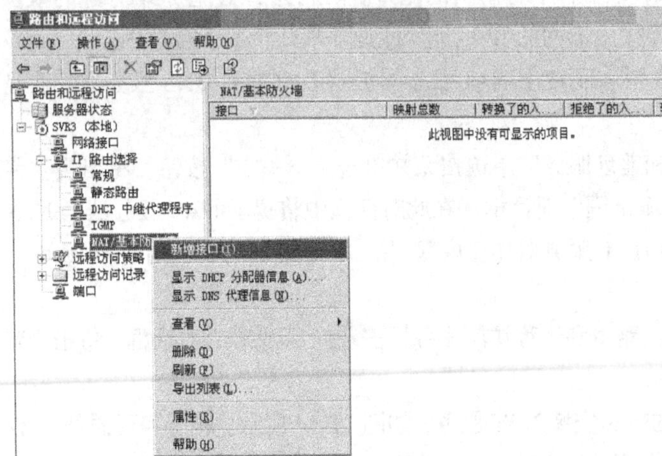

图 11-36　新增接口

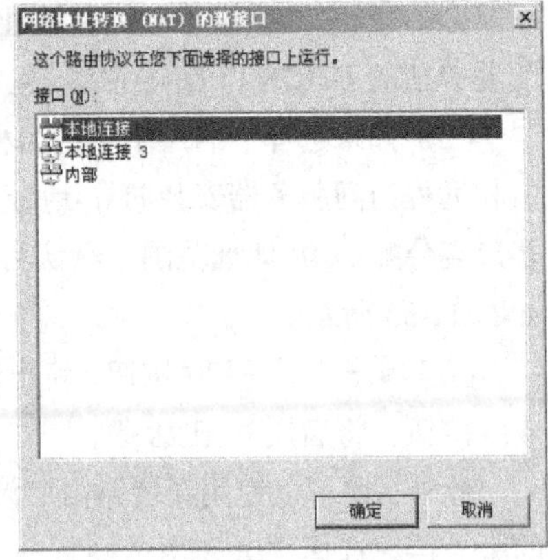

图 11-37　选择接口

11.2.4　配置 NAT 客户端

局域网 NAT 客户端只要修改 TCP/IP 的设置即可。可以选择以下两种设置方式。

1. 自动获得 TCP/IP

此时客户端会自动向 NAT 服务器或 DHCP 服务器来索取 IP 地址、默认网关、DNS 服务器的 IP 地址等设置。

2. 手工设置 TCP/IP

（1）手工设置 IP 地址要求客户端的 IP 地址必须与 NAT 局域网接口的 IP 地址在相同的网段内，也就是 Network ID 必须相同。

（2）默认网关必须设置为 NAT 局域网接口的 IP 地址。

（3）首选 DNS 服务器可以设置为 NAT 局域网接口的 IP 地址或是任何一台合法的 DNS 服务器的 IP 地址。

配置完成后，打开命令提示符，通过 ipconfig/all 进行检查。

```
C:\>ipconfig /all
……（省略部分信息）
  IP Address. . . . . . . . . . . . : 192.168.2.10
  Subnet Mask . . . . . . . . . . . : 255.255.255.0
  Default Gateway . . . . . . . . . :192.168.2.254
  DNS Servers . . . . . . . . . . . : 192.168.2.254
```

配置好客户端之后，可以模拟互联网中的一台 Web 服务器 www.microsoft.com，然后在客户端上访问该 Web 服务器。

11.2.5 设置 DHCP 分配器和 DNS 代理

NAT 服务器另外还具备以下两个功能。

- DHCP 分配器（DHCP Allocator）：用来分配 IP 地址给内部的局域网客户端计算机。
- DNS 代理（DNS Proxy）：可以替局域网内的计算机来查询 IP 地址。

1. DHCP 分配器

DHCP 分配器扮演着类似 DHCP 服务器的角色，用来分配 IP 地址给内部的局域网客户端。

在设置 NAT 服务器时，如果系统检测到网络上有 DHCP 服务器的话，它就不会自动激活 DHCP 分配器。

启动或改变 DHCP 分配器的设置如下。

执行“开始”→“管理工具”→“路由和远程访问”命令，打开“路由和远程访问”管理控制台，选择服务器，并选择“IP 路由选择”，右键单击“NAT/基本防火墙”，在弹出的快捷菜单中选择“属性”选项，单击图 11-38 中的“地址指派”选项卡，在该选项卡中启动或是改变 DHCP 分配器的设置。

图 11-38 中 DHCP 分配器分配给客户端的 IP 地址范围是 192.168.2.1 ~ 192.168.2.254，这个默认值是根据 NAT 服务器的局域网接口的 IP 地址产生的。可以自行修改这个设置值，不过必须与 NAT 服务器的 IP 地址一致，也就是 Network ID 必须相同。

如果局域网内某些计算机的 IP 地址是自行输入的，且它们的 IP 地址是在此段 IP 地址范围内的话，则必须通过单击“排除”按钮来将这些 IP 地址排除，如 192.168.2.10 和 192.168.2.254。

不过因为 NAT 的 DHCP 分配器只能够分配一个网段的 IP 地址，因此如果 NAT 服务器有多个专用接口（也就是连接多个子网络）的话，那就必须通过 DHCP 服务器来分配 IP 地址。可以采用以下两种方法架设 DHCP 服务器。

（1）在 NAT 服务器这台计算机上安装 DHCP 服务器，并且替每一个专用接口各建立一个 IP 作用域，以便每一个子网内的计算机来索取 IP 地址时，都能够索取到该子网的 IP 地址。

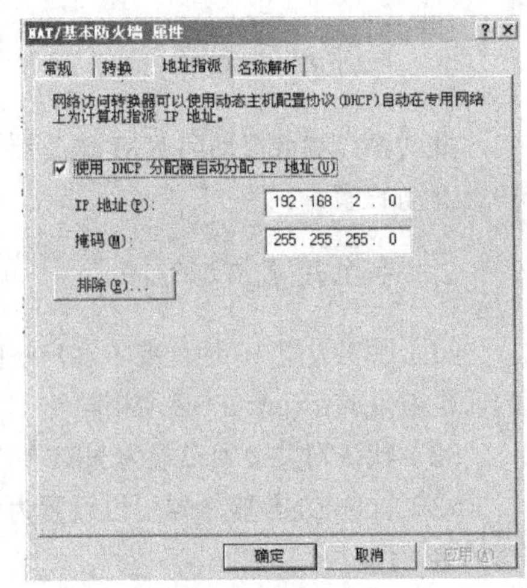

图 11-38　DHCP 代理

（2）在每一个子网络内各安装一台 DHCP 服务器，并且在各 DHCP 服务器内建立该子网络所需要的 IP 作用域，以便由各 DHCP 服务器来分配该网络所需要的 IP 地址。

2. DNS 代理

DNS 代理可以替局域网内的计算机来查询网站、FTP 站点、电子邮件服务器等主机的 IP 地址。启动或改变 DNS 代理的设置如下。

单击图 11-38 中的“名称解析”选项卡，出现如图 11-39 所示对话框。

图中选中了“使用域名系统(DNS)的客户端”，表示要启用 DNS 代理的功能，以后只要客户端要上网、发送电子邮件等，NAT 服务器都会代替这些客户端来向 DNS 服务器查询网站、邮件服务器等主机的 IP 地址(这些主机可能位于 Internet 或是局域网内)。

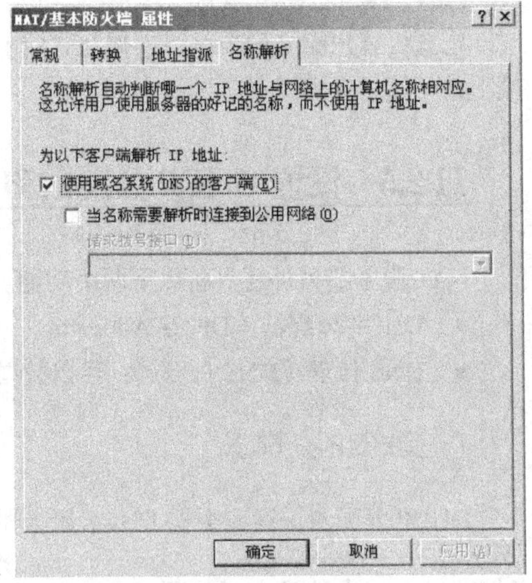

图 11-39　DNS 代理

那么 NAT 会向哪一台 DNS 服务器查询呢？它会向 NAT 在 TCP/IP 设置处所指定的 DNS 服务器查询。如果这些 DNS 服务器是位于 Internet，则可以选取“当名称需要解析时连接到公用网络”，然后选择自动利用 PPPoE 指定拨号来连接 Internet。

11.2.6　开放内部网络与防火墙

Windows Server 2003 的 NAT 服务器具有以下功能。

（1）基本防火墙：用来加强内部网络的安全性。

（2）TCP/UDP 端口映射：让外界的用户可以访问内部的网站、邮件服务器等。

（3）多个 public IP 与地址映射：让外界特殊的应用程序可以通过 NAT 来与内部的应用程序通信。

1. NAT 网络接口与防火墙

在“路由和远程访问”控制台中，选择服务器后再选择“IP 路由选择”→“NAT/基本防火墙”，双击右方的网络接口，然后按照图 11-40 所示来设置 NAT 的网络接口。

（1）专用接口连接到专用网络：如果此接口是用来连接内部局域网，则请选择此选项。

（2）公用接口连接到 Internet：如果此接口是用来连接 Internet 的，则请选择此选项，并且可以选择是否要启用 NAT 与基本防火墙的功能。

（3）仅基本防火墙：表示此接口将只提供基本防火墙的功能，不提供 NAT 的功能。

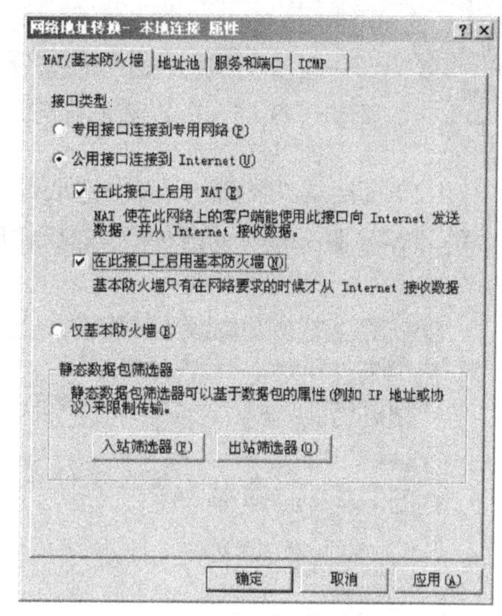

图 11-40　NAT/基本防火墙

只有对外连接的公用接口才可以启用基本防火墙，对内的专用接口无法启用基本防火墙。

Windows Server 2003 的基本防火墙同时具备“静态数据包筛选”与“动态数据包筛选”的双重功能，以便筛选（过滤）所传送的数据包，加强内部网络的安全性。

（1）静态数据包筛选：可以通过图 11-23 中的“入站筛选器”按钮与“出站筛选器”按钮来自行设置筛选的规则，这部分的操作软路由的“筛选进出路由器的数据包”相同。

（2）动态数据包筛选：动态筛选就是所谓的“状态数据包检测（Stateful Packet Inspection，SPI）”，它不接收从 Internet 主动传送进来的数据包，只接收响应内部计算机请求的数据包。举例来说，局域网内部用户提出上网请求后，由外部网站所传送来的网页可以通过基本防火墙传送到内部用户的计算机，但如果是由外部的黑客主动送来的攻击数据包，就会被阻挡在外，因为这个数据包并不响应内部计算机所提出的请求。

2. 端口映射

NAT 让内部局域网的用户可以连接 Internet，以便上网、收发电子邮件，但是默认却不允许外部计算机来连接内部的计算机，因为内部计算机所使用的 IP 地址是私有 IP，因此如果内部局域网内建设了网站、Ftp 站点、电子邮件服务器等，就需要通过 TCP/UDP 端口映射功能，对外提供服务。

如图 11-29 所示，192.168.2.100 为内部局域网的 Web 站点，网站的端口为默认的 80。如果要让外部的用户可以来访问此网站，则需要对外宣称网站是位于 IP 地址为 202.162.4.1 的 NAT 服务器（假设端口分别为默认的 80 与 21）上。当有外部的用户通过类似 http://202.162.4.1/路径来连接网站时，NAT 服务器会将此请求传送到内部的计算机 192.168.2.100，并由计算机 192.168.2.100 内支持端口为 80 的软件（也就是网站）来负责。网站将所需的网页传送给 NAT 服务器，再由 NAT 服务器负责将其传送给外部用户的计算机。

TCP/UDP 端口映射的设置方法如下。

（1）打开“路由和远程访问”控制台，选择服务器，选择“IP 路由选择”→“NAT/基本防火墙”，双击右方对外连接的网络接口，然后按图 11-41 所示选择“服务和端口”选项卡。

在图 11-41 中还可以通过“ICMP”选项卡，设置 ICMP 数据包策略，以加强阻挡黑客利用 ICMP 的攻击行为。

（2）直接从“服务”列表中选取要对外开放的服务，如对外开放 Web 服务，则应选取图 11-41 中的“Web 服务器（HTTP）”，然后按图 11-42 所示进行设置。

图 11-41　选择服务

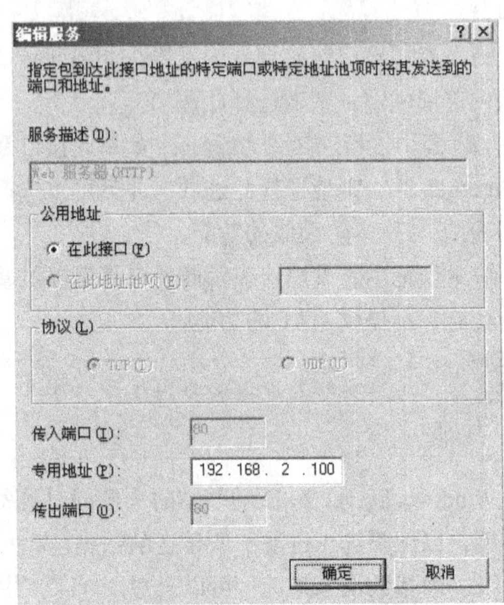

图 11-42　输入服务器的 IP 地址

在图 11-42 中“公用地址”处选择“在此接口”，表示由 ISP 指派给 NAT 的 IP 地址（对外的网络接口），在本任务中，它就是 202.162.4.1。图中完整的意思为外部传送给 IP 为 202.162.4.1（公用地址），端口为 80（传入端口）的 TCP 数据包，NAT 都会将其转送给 IP 地址为 192.168.2.100（专用地址），端口为 80（传出端口）的软件来负责。

除了图 11-41 中默认的服务外，也可以单击图中的“添加”按钮来打开其他服务，此功能适合于对外的接口是采用固定 IP 的结构。如果向 ISP 申请了多个公用 IP 地址，则还可以在“地址池”选项卡中选择其他的公用 IP。

3. 地址映射

虽然通过 TCP/UDP 端口映射功能，开放了 NAT 服务器的某些端口，达到让外界计算机与内部计算机通信的目的，例如将 NAT 服务器的端口 80 映射到内部使用私有 IP 的网站。

但是对某些特殊的应用程序来说（如某些网络游戏），只开放部分端口是不够的，此时我们可以通过“地址映射”的方式来解决这个问题。经过将 NAT 的某个公有 IP 地址映射到内部采用私有 IP 的某台计算机后，所有从外部传送给此公有 IP 的数据包，不论其目的端口为何，都会被 NAT 服务器传送给此计算机。

设置方法如下。

（1）地址池的设置。需要为 NAT 服务器申请多个公有 IP，才可以享有地址映射的功能。假设已经申请了多个公有 IP 地址，则可通过以下方法将这些 IP 地址输入到 NAT 服务器内。

打开“路由和远程访问”控制台，选择服务器，单击“IP 路由选择”→“NAT/基本防火墙”，在右侧选择对外连接的网络接口，如图 11-43 所示，单击“地址池”选项卡，再单击“添加”按钮，然后输入这些公有 IP 地址，如图 11-44 所示。

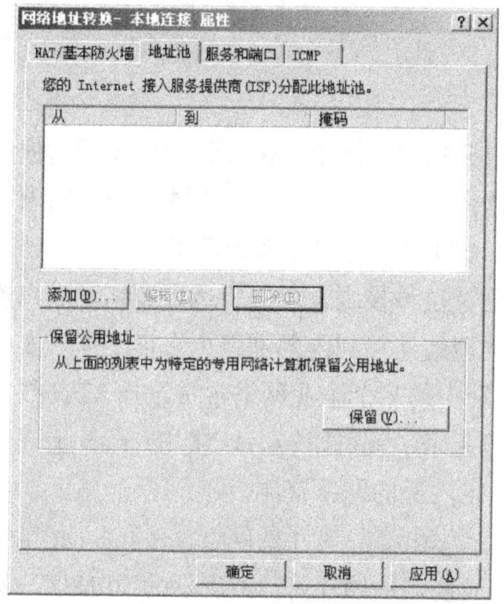

图 11-43　“地址池”选项卡

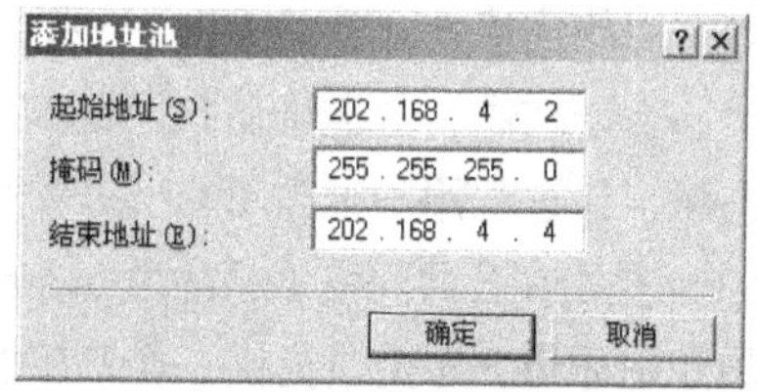

图 11-44　添加地址池

（2）地址映射的设置。单击图 11-43 中的“保留”按钮，弹出如图 11-45 所示的对话框，单击“添加”按钮，然后按图 11-46 所示来设置。图中将地址池中的公有 IP 202.168.4.2 保留给（映射到）使用私有 IP 192.168.2.99 的这台计算机。完成后，所有从外部传送给 IP 地址为 202.168.4.2 的数据包都会被 NAT 服务器转送给 192.168.2.99 的计算机。

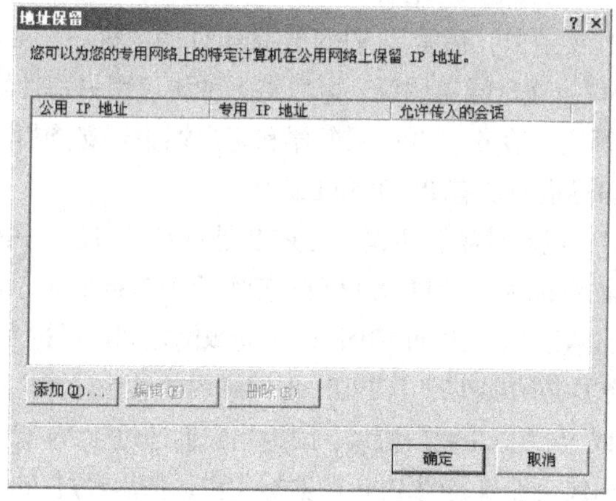

图 11-45　“地址保留”对话框

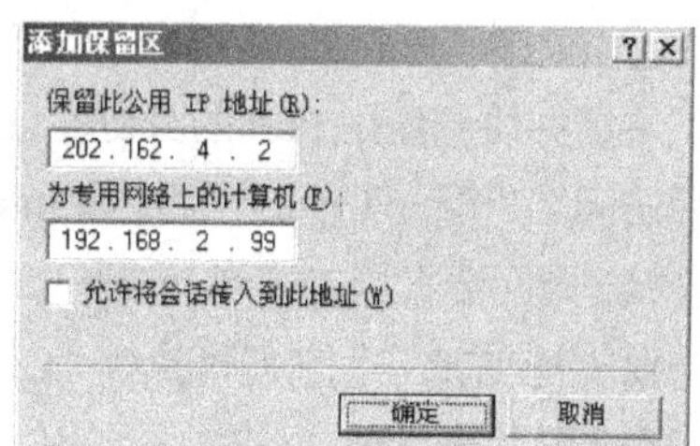

图 11-46　添加保留区

从外界传送进来的各种数据包之中，NAT 服务器默认只接受响应内部计算机请求的数据包，不接受由外面的计算机主动来与内部计算机通信的数据包。若要开放让外面的计算机主动来与内部计算机通信，则必须选取图中的“允许将会话传入到此地址”复选框。

注意

如果选择“允许将会话传入到此地址”复选框，同时也没有针对公有 IP/私有 IP 做任何数据包筛选的安全设置，则内部这台使用私有 IP 的计算机将处于不设防的状态。

11.3 部署远程访问 VPN

11.3.1 VPN 概述

为满足家住校外师生对校园网内部资源和应用服务的访问需求，需要开通校园网远程访问功能。只要能够访问互联网，不论是在家中、还是出差在外，都可以通过该功能轻松访问未对外开放的校园网内部资源（文件和打印共享、Web 服务、FTP 服务、OA 系统等）。

远程访问（Remote Access）也称为远程接入，通过这种技术，可以将远程或移动用户连接到组织内部网络上，使远程用户可以像他们的计算机物理地连接到内部网络上一样工作。实现远程访问最常用的连接方式就是 VPN 技术。目前，互联网中的多个企业网络常常选择 VPN 技术（加密技术、验证技术、数据确认技术的共同应用）连接起来，就可以轻易地在 Internet 上建立一个专用网络，让远程用户通过 Internet 来安全地访问网络内部的网络资源。

VPN 是指在公共网络（通常为 Internet 中）建立一个虚拟的、专用的网络，是 Internet 与 Intranet 之间的专用通道，为企业提供一个高安全、高性能、简便易用的环境。当远程的 VPN 客户端通过 Internet 连接到 VPN 服务器时，它们之间所传送的信息会被加密，所以即使信息在 Internet 传送的过程中被拦截，也会因为信息已被加密而无法识别，因此可以确保信息的安全性。

1. VPN 的构成

（1）远程访问 VPN 服务器：用于接收并响应 VPN 客户端的连接请求，并建立 VPN 连接。它可以是专用的 VPN 服务器设备，也可以是运行 VPN 服务的主机。

（2）VPN 客户端：用于发起连接 VPN 的连接请求，通常为 VPN 连接组件的主机。

（3）隧道协议：VPN 的实现依赖于隧道协议，通过隧道协议，可以将一种协议用另一种协议或相同协议封装，同时还可以提供加密、认证等安全服务。VPN 服务器和客户端必须支持相同的隧道协议，以便建立 VPN 连接。目前最常用的隧道协议有 PPTP 和 L2TP。

① PPTP（Point-to-Point Tunneling Protocol，点对点隧道协议）。PPTP 是点对点协议（PPP）的扩展，并协调使用 PPP 的身份验证、压缩和加密机制。PPTP 客户端支持内置于 Windows XP 的远程访问客户端。只有 IP 网络（如 Internet）才可以建立 PPTP 的 VPN。两个局域网之间若通过 PPTP 来连接，则两端直接连接到 Internet 的 VPN 服务器必须要执行 TCP/IP，但网络内的其他计算机不一定需要支持 TCP/IP，它们可执行 TCP/IP、IPX 或 NetBEUI 通信协议，因为当它们通过 VPN 服务器与远程计算机通信时，这些不同通信协议的数据包会被封装到 PPP 的数据包内，然后经过 Internet 传送，信息到达目的地后，再由远程的 VPN 服务器将其还原为 TCP/IP、IPX 或 NetBEUI 的数据包。PPTP 是利用 MPPE（Microsoft Point-to-Point Encryption）加密法来将信息加密的。PPTP 的 VPN 服务器支持内置于 Windows Server 2003 家族的成员。PPTP 与 TCP/IP 一同安装，根据运行“路由和远程访问服务器安装向导”时所做的选择，PPTP 可以配置为 5 个或 128 个 PPTP 端口。

② L2TP（Layer Two Tunneling Protocol，第二层隧道协议）。L2TP 是基于 RFC 的隧道协议，该协议是一种业内标准。L2TP 同时具有身份验证、加密与数据压缩的功能。L2TP 的验证与加密方法都采用 IPSec。与 PPTP 类似，L2TP 也可以将 IP、IPX 或 NetBEUI 的数据包封装到 PPP 的数据包内。与 PPTP

不同，运行在 Windows Server 2003 服务器上的 L2TP 不利用 Microsoft 点对点加密（MPPE）来加密点对点协议（PPP）数据报。L2TP 依赖于加密服务的 Internet 协议安全性（IPSec）。L2TP 和 IPSec 的组合被称为 L2TP/IPSec。L2TP/IPSec 提供专用数据的封装和加密的主要虚拟专用网（VPN）服务。VPN 客户端和 VPN 服务器必须支持 L2TP 和 IPSec。L2TP 的客户端支持内置于 Windows XP 远程访问客户端，而 L2TP 的 VPN 服务器支持内置于 Windows Server 2003 家族的成员。L2TP 与 TCP/IP 一同安装，根据运行“路由和远程访问服务器安装向导”时所做的选择，L2TP 可以配置为 5 个或 128 个 L2TP 端口。

（4）Internet 连接：VPN 服务器和客户端必须都接入 Internet，并且能够通过 Internet 进行正常的通信。

2. VPN 应用场合

VPN 的实现可以分为软件和硬件两种方式。Windows 服务器版的操作系统以完全基于软件的方式实现了虚拟专用网，成本非常低廉。无论身处何地，只要能连接到 Internet，就可以与企业网在 Internet 上的虚拟专用网相关联，登录到内部网络浏览或交换信息。

一般来说，VPN 使用在以下两种场合。

（1）远程客户端通过 VPN 连接到局域网。总公司（局域网）的网络已经连接到 Internet，而用户在远程拨号连接 ISP 连上 Internet 后，就可以通过 Internet 来与总公司（局域网）的 VPN 服务器建立 PPTP 或 L2TP 的 VPN，并通过 VPN 来安全地传送信息。

（2）两个局域网通过 VPN 互联。两个局域网的 VPN 服务器都连接到 Internet，并且通过 Internet 建立 PPTP 或 L2TP 的 VPN，它可以让两个网络之间安全地传送信息，不用担心在 Internet 上传送时泄密。

除了使用软件方式实现外，VPN 的实现需要建立在交换机、路由器等硬件设备上。目前，在 VPN 技术和产品方面，最具有代表性的当数 Cisco 和华为 3Com。

3. VPN 的连接过程

（1）客户端向服务器连接 Internet 的接口发送建立 VPN 连接的请求。

（2）服务器接收到客户端建立连接的请求之后，将对客户端的身份进行验证。

（3）如果身份验证未通过，则拒绝客户端的连接请求。

（4）如果身份验证通过，则允许客户端建立 VPN 连接，并为客户端分配一个内部网络的 IP 地址。

（5）客户端将获得的 IP 地址与 VPN 连接组件绑定，并使用该地址与内部网络进行通信。

11.3.2　项目设计及准备

根据如图 11-47 所示的环境部署远程访问 VPN 服务器。

部署远程访问 VPN 服务之前，应做如下准备。

（1）使用提供远程访问 VPN 服务的 Windows Server 2003 标准版、企业版或数据中心版等服务器端操作系统。

（2）VPN 服务器至少要有两个网络连接。

（3）VPN 服务器必须与内部网络相连，因此需要配置与内部网络连接所需要的 TCP/IP 参数（私有 IP 地址），该参数可以手工指定，也可以通过内部网络中的 DHCP 服务器自动分配。

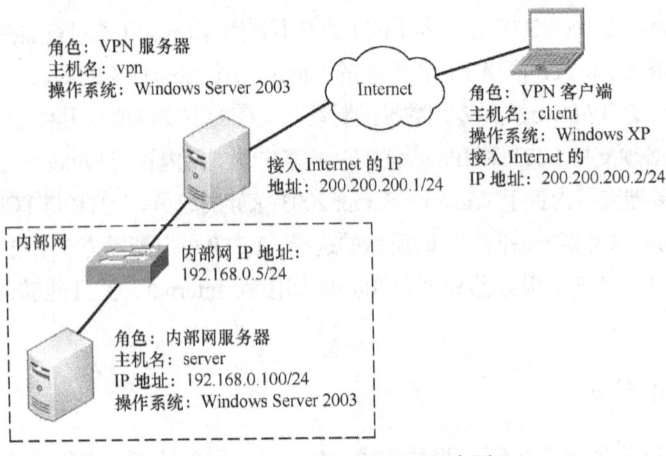

图 11-47　远程访问 VPN 示意图

（4）VPN 服务器必须同时与 Internet 相连，因此需要建立和配置与 Internet 的连接。VPN 服务器与 Internet 的连接通常采用较快的连接方式，如专线连接。

（5）合理规划分配给 VPN 客户端的 IP 地址。VPN 客户端在请求建立 VPN 连接时，VPN 服务器需要为其分配内部网络的 IP 地址。配置的 IP 地址也必须是内部网络中不使用的 IP 地址，地址的数量根据同时建立 VPN 连接的客户端数量来确定。在本任务中部署远程访问 VPN 时，使用静态 IP 地址池为远程访问客户端分配 IP 地址，地址范围采用 192.168.0.11 ~ 20。

（6）客户端在请求 VPN 连接时，服务器要对其进行身份验证，因此应合理规划需要建立 VPN 连接的用户账户。

11.3.3　配置并启用 VPN 服务

（1）参照图 11-47 所示，在 VPN 服务器上配置到内部网和到 Internet 的连接，确保正常连接。为了方便说明，本案例将到内部网的连接命名为 LAN，将到 Internet 的连接命名为 Internet，如图 11-48 所示。

（2）在 VPN 服务器上执行“开始”→“管理工具”→“路由和远程访问”命令，打开“路由和远程访问”管理控制台。在控制台中右键单击服务器，在弹出的快捷菜单中选择“配置并启用路由和远程访问”选项，打开“路由和远程访问服务器安装向导-配置”对话框，如图 11-49 所示。

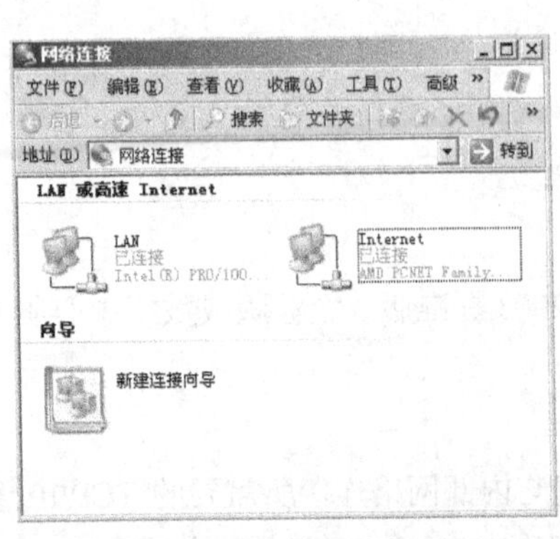

图 11-48　VPN 服务器的网络连接

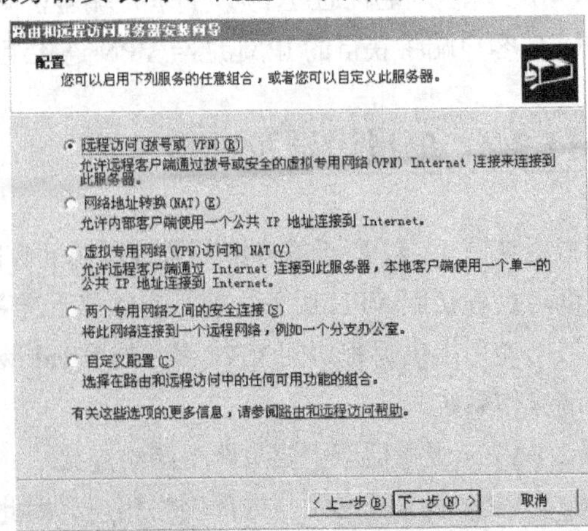

图 11-49　“路由和远程访问服务器安装向导-配置”对话框

（3）在图 11-49 所示的对话框中选择“远程访问（拨号或 VPN）”单选按钮，然后单击“下一步”按钮，将打开“路由和远程访问服务器安装向导-远程访问”对话框，如图 11-50 所示。

（4）在该对话框中选择“VPN”单选按钮，然后单击“下一步”按钮，将打开“路由和远程访问服务器安装向导-VPN 连接”对话框，在此对话框选择 VPN 服务器到 Internet 的连接，并清除对“通过设置静态数据包筛选器来对选择的接口进行保护”选项的选择，如图 11-51 所示。

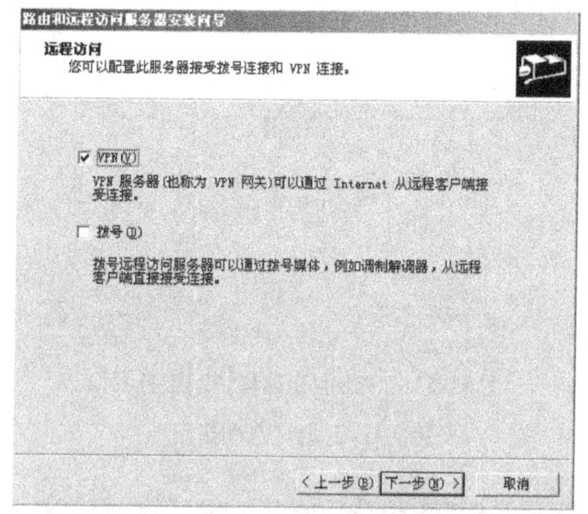

图 11-50　“路由和远程访问服务器安装向导-远程访问”对话框

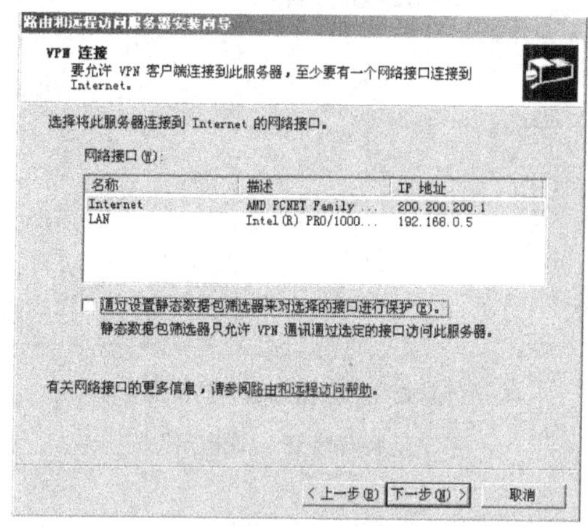

图 11-51　“路由和远程访问服务器安装向导-VPN 连接”对话框

图 11-51 中若选择“通过设置静态数据包筛选器来对选择的接口进行保护”选项，则会限制只有 VPN 的数据包才可以通过此接口进来，其他的 IP 数据包会被拒绝，如此可增加安全性，但也会导致通过此接口无法与其他的非 VPN 客户端计算机通信。

（5）单击“下一步”按钮，将打开如图 11-52 所示的“路由和远程访问服务器安装向导-IP 地址指定”对话框，选择“来自一个指定的地址范围”单选按钮。

- 自动：由 VPN 服务器向 DHCP 服务器索取 IP 地址，然后指派给客户端。若无法从 DHCP 服务器取得 IP 地址，则这台 VPN 服务器会自动指派一个 169.254.0.1～169.254.255.254 范围内的 IP 地址给客户端。

- 来自一个指定的地址范围：则在单击“下一步”按钮后设置一段 IP 地址范围，这些 IP 地址是要被用来指派给客户端使用的。

（6）单击“下一步”单选按钮，将出现如图 11-53 所示的“路由和远程访问服务器安装向导-地址范围指定”对话框；单击“新建”按钮，将打开“新建地址范围”对话框，在此对话框中指定要分配给 VPN 客户端的 IP 地址范围 192.168.0.11～20，如图 11-54 所示。

（7）单击“确定”按钮返回“路由和远程访问服务器安装向导-地址范围指定”对话框。然后单击“下一步”按钮，将出现如图 11-55 所示的“路由和远程访问服务器安装向导-管理多个远程访问服务器”对话框，在此对话框中选择是否使用指定 RADIUS 服务器，本任务不指定 RADIUS 服务器。

（8）单击“下一步”按钮，将出现“路由和远程访问服务器安装向导-完成”对话框。单击“完成”按钮，将弹出有关在通过 DHCP 服务器为远程访问客户端分配 IP 地址时必须配置 DHCP 中继代理的提示。单击“确定”按钮，将启用 VPN 服务。

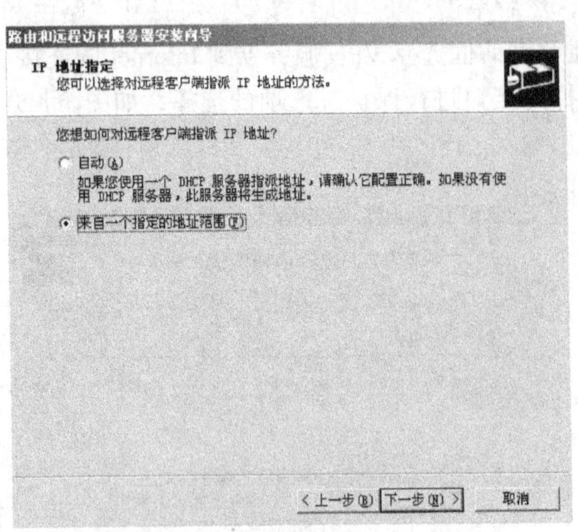

图 11-52 “路由和远程访问服务器安装向导-IP 地址指定”

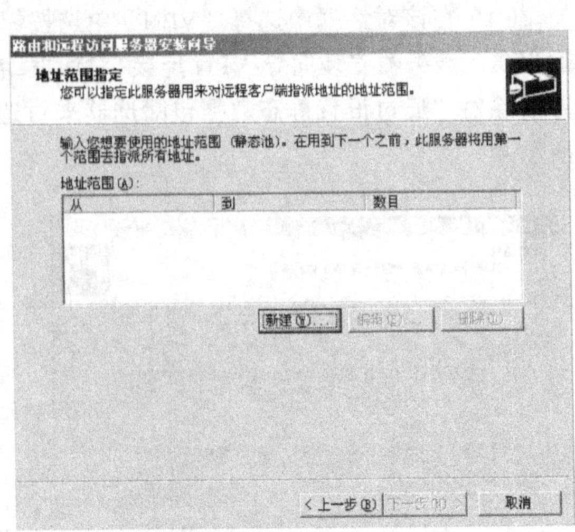

图 11-53 “路由和远程访问服务器安装向导-IP 地址范围指定”

新建地址范围
输入一个起始 IP 地址，和结束 IP 地址或范围中的地址数。
起始 IP 地址(S): 192.168.0.11
结束 IP 地址(E): 192.168.0.20
地址数(N): 10
确定 取消

图 11-54 新建地址范围

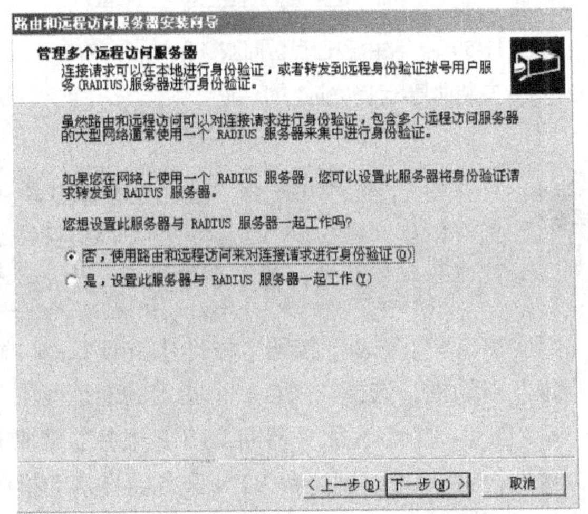

图 11-55 选择是否指定 RADIUS 服务器

11.3.4 配置 VPN 端口

系统默认会自动建立 128 个 PPTP 端口与 128 个 L2TP 端口，如图 11-56 所示，每一个端口可供一个 VPN 客户端来建立 VPN。

如果要增加或减少 VPN 端口的数量，请右键单击“端口”，在弹出的快捷菜单中选择“属性”选项，打开“端口属性”对话框，如图 11-57 所示。双击“WAN 微型端口（PPTP）”或“WAN 微型端口（L2TP）”，可以修改 VPN 端口数量，如图 11-58 所示。

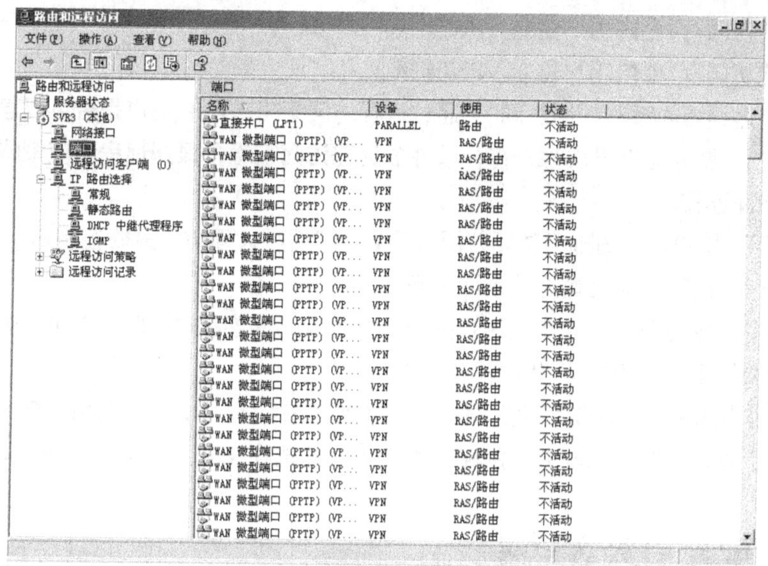

图 11-56　所建立的端口

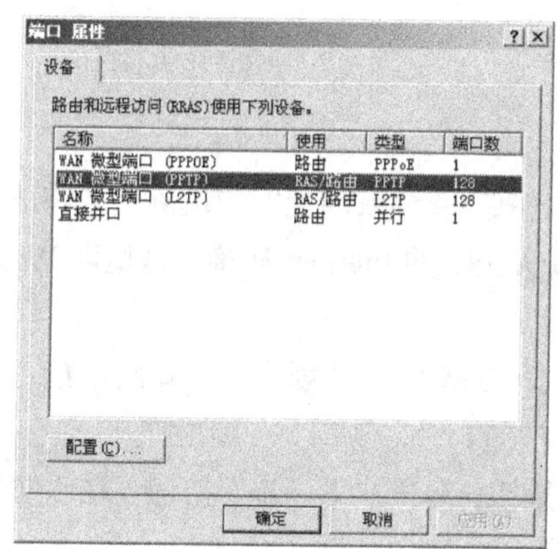

图 11-57　“端口 属性”对话框

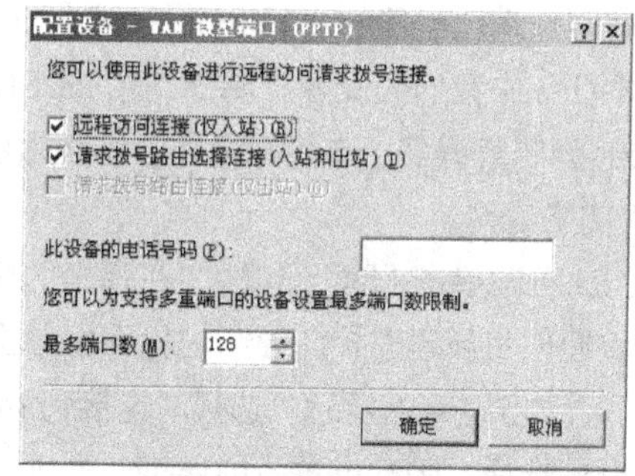

图 11-58　“配置设备-WAN 微型端口（PPTP）”对话框

11.3.5　配置 VPN 用户账户

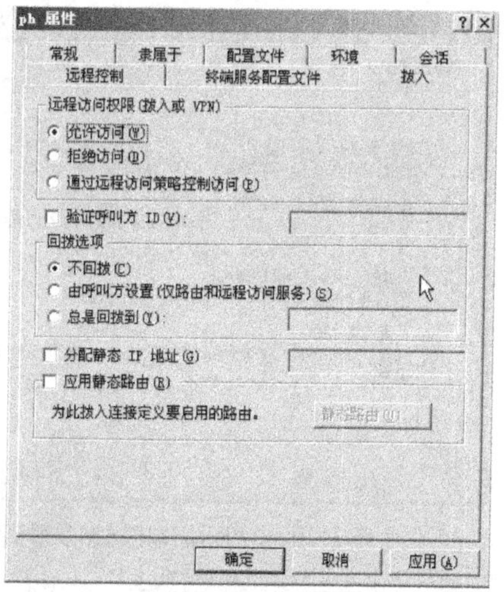

图 11-59　用户属性对话框“拨入”选项卡

系统默认是所有用户都没有拨号连接 VPN 服务器的权限，必须另行开放权限给用户才行。

在“管理工具”→“计算机管理”→“本地用户和组”中，选择需要远程拨入的用户，在“拨入”选项卡中开放相应的权限，如图 11-59 所示。

（1）远程访问权限（拨入或 VPN）。“远程访问权限（拨入或 VPN）”选项用于设置是否明确允许、拒绝或通过远程访问策略来确定用户是否可以建立 VPN 连接。在默认情况下，VPN 服务器在进行身份验证时，将首先检查客户端提供的用户账户和密码是否符合远程访问策略的条件；如果不符合，则拒绝连接；如果符合，则将检查此处设置远程访问权限。

- “允许访问”：允许用户建立 VPN 连接。
- “拒绝访问”：拒绝用户建立 VPN 连接。
- “通过远程访问策略控制访问”：通过远程访问策略来控制用户是否可以建立 VPN 连接；如果选中此选项，服务器将再次检查符合条件的远程访问策略，根据远程访问策略来确定用户是否可以建立 VPN 连接。

默认情况下，用户账户的远程访问权限被设置为“通过远程访问策略控制访问”。本任务为了方便说明，将远程访问权限设置为“允许访问”。

（2）分配静态 IP 地址。在以当前用户账户建立远程访问连接时，服务器可以使用此选项为请求连接的客户端指派特定的静态 IP 地址。

（3）应用静态路由。可以使用此选项定义一系列静态 IP 路由，这些路由在建立连接时被添加到运行路由和远程访问服务的服务器的路由列表中。此选项在配置请求拨号路由时使用。

11.3.6 配置 VPN 客户端

1. 建立宽带连接

若客户端已经能够访问 Internet 可省略此子任务。

本任务中我们假设客户端要利用 ADSL 拨号连接来连接 Internet，因此客户端除了要将 ATU-R（ADSL 调制解调器）连接好之外，还必须建立一个通过 ADSL 的 Internet 连接。这里以 Windows XP 为例来说明。

（1）右键单击“网上邻居”，在弹出的快捷菜单中选择“属性”→“创建一个新的连接”选项，在“欢迎使用新建连接向导”的界面中单击“下一步”按钮。

（2）如图 11-60 所示，选择“连接到 Internet”单选按钮，单击“下一步”按钮。在“准备好”对话框中选择“手动设置我的连接”选项（见图 11-61）。

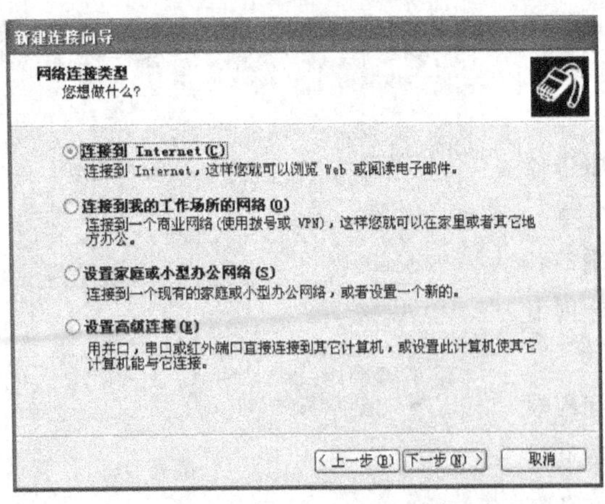

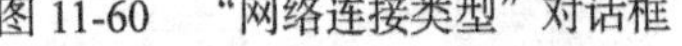
图 11-60 “网络连接类型”对话框

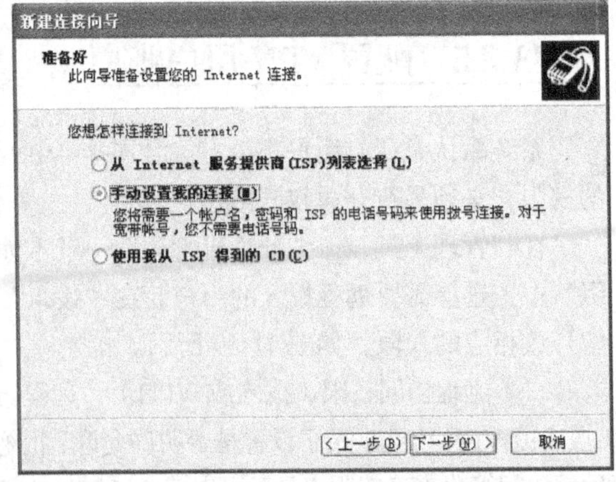

图 11-61 “准备好”对话框

（3）按照图 11-62 来选择，并在图 11-63 中设置 ISP 的名称。

（4）在图 11-64 中输入用来连接 ISP 的用户名与密码后单击“下一步”按钮。

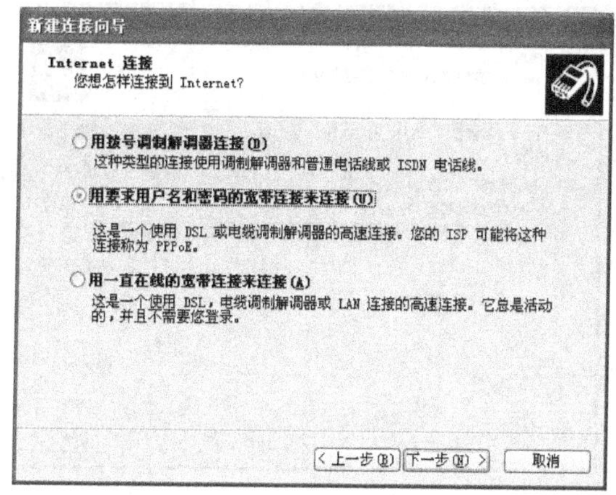

图 11-62　“Internet 连接”对话框

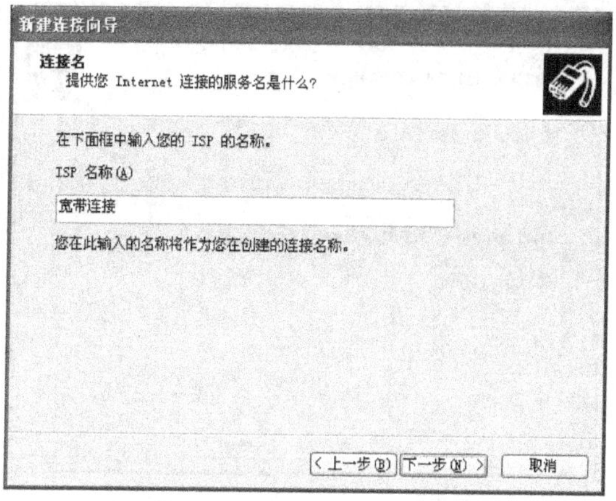

图 11-63　“连接名”对话框

（5）出现“完成新建连接向导”界面时单击“完成”按钮。

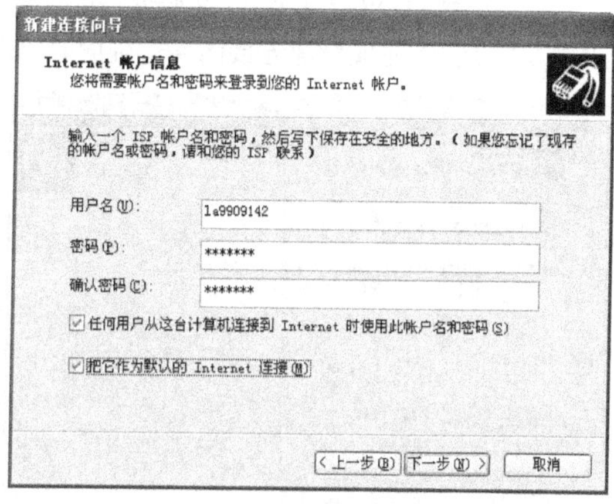

图 11-64　“Internet 账户信息”对话框

2. 配置 VPN 客户端

客户端通过 ADSL 连接上 Internet 之后，还必须建立一个 VPN 连接，以便与 VPN 服务器建立 VPN。以下仍然是利用 Windows XP 来说明。

（1）右键单击“网上邻居”，在弹出的快捷菜单中选择“属性”→“创建一个新的连接”选项，在“欢迎使用新建连接向导”界面中单击“下一步”按钮，出现如图 11-65 的界面。

（2）选择“连接到我的工作场所的网络”单选按钮，单击“下一步”按钮。打开“网络连接”对话框，选择“虚拟专用网络连接”选项（见图 11-66）。

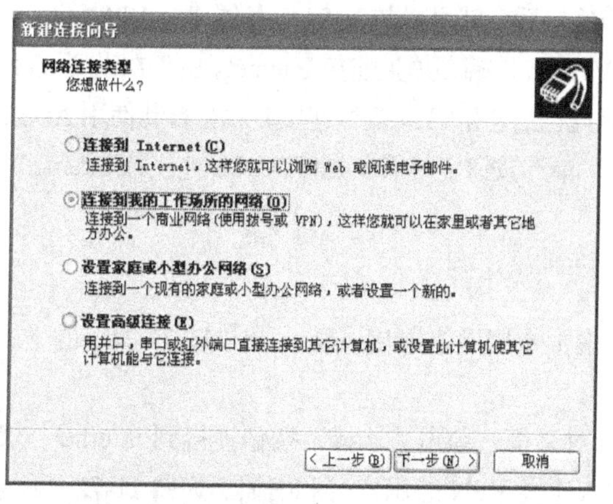

图 11-65　“网络连接类型”对话框

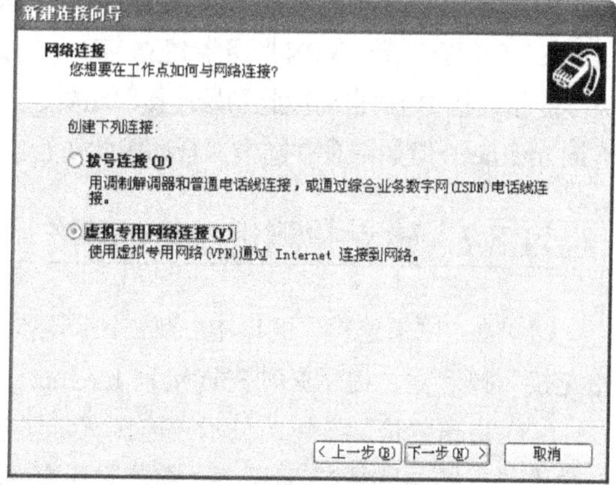

图 11-66　“网络连接”对话框

（3）在图 11-67 中设置此连接的名称后单击“下一步”按钮。

（4）在图 11-68 中，可以设置当要拨号连接此 VPN 前，先自动通过前面所建立的“宽带连接”来连接 Internet，然后再拨号连接此 VPN。完成后单击“下一步”按钮。

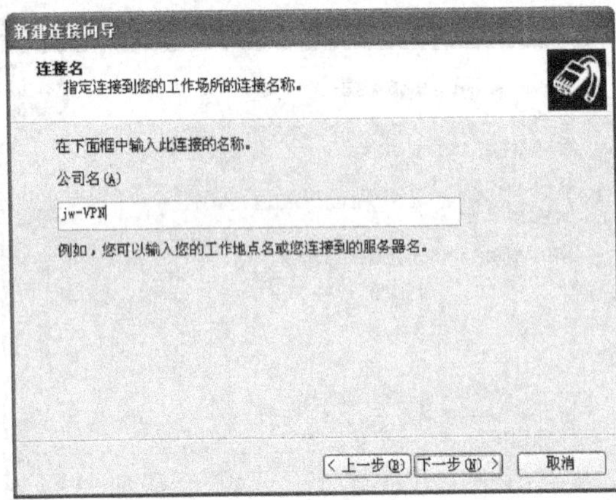

图 11-67 “连接名”对话框

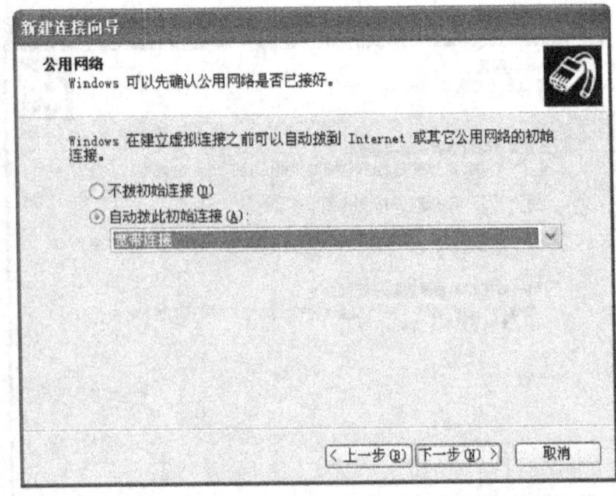

图 11-68 “公用网络”对话框

（5）在图 11-69 中输入 VPN 服务器的主机名或 IP 地址。

（6）出现“完成新建连接向导”画面时单击“完成”按钮，如图 11-70 所示。

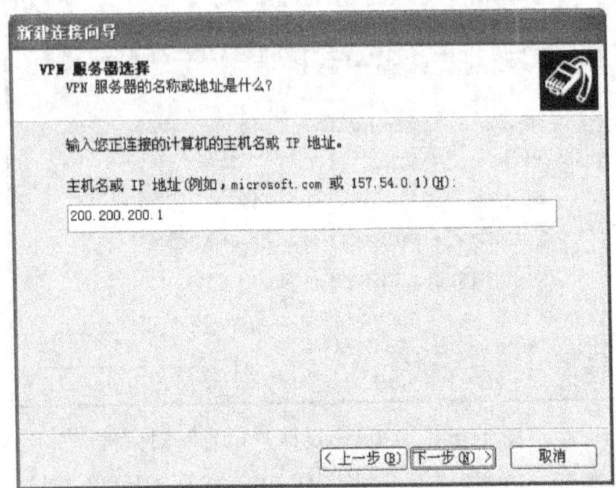

图 11-69 “VPN 服务器选择”对话框

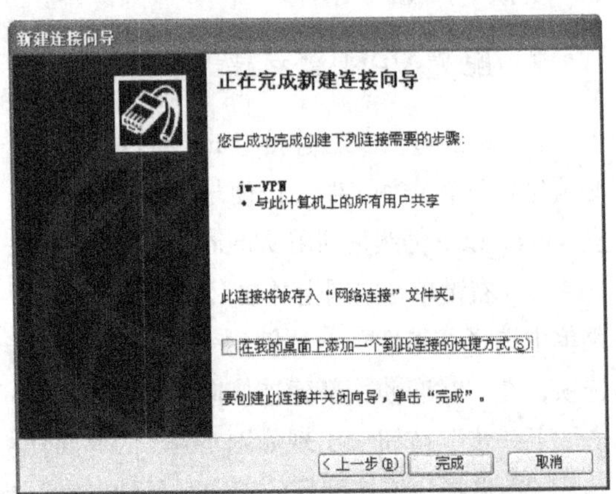

图 11-70 “完成”对话框

当 VPN 客户端设置完 Internet 连接与 VPN 拨号连接后，就可以与 VPN 服务器建立 VPN 了。不过，在 VPN 客户端与 VPN 服务器建立 VPN 之前，VPN 客户端必须先连接 Internet。由于在设置 VPN 拨号连接时选中了“自动拨此初始连接”单选按钮，因此，在使用 VPN 拨号连接时就会自动使用 ADSL 连接 Internet。但如果没有选中“自动拨此初始连接”单选按钮，就需要先使 ADSL 连接到 Internet。

11.3.7 建立并测试 VPN 连接

（1）在“网络连接”窗口中，双击刚刚建立的虚拟专用网络连接，显示如图 11-71 所示的“初始连接”提示框，提示必须先连接到 Internet。

（2）单击“是”按钮，显示“连接宽带连接”对话框，单击“连接”按钮连接到 Internet，然后弹出“连接 jw-VPN”对话框，在该对话框中输入连接 VPN 的用户名和密码，如图 11-72 所示。

（3）单击“连接”按钮，将开始建立 VPN 连接。连接成功之后，在“网络连接”窗口中的“jw-VPN”连接显示已连接的提示，如图 11-73 所示。

（4）在“jw-VPN”连接上双击，将打开连接状态对话框，单击“详细信息”选项卡，可以查看 VPN 连接的详细信息，如图 11-74 所示。

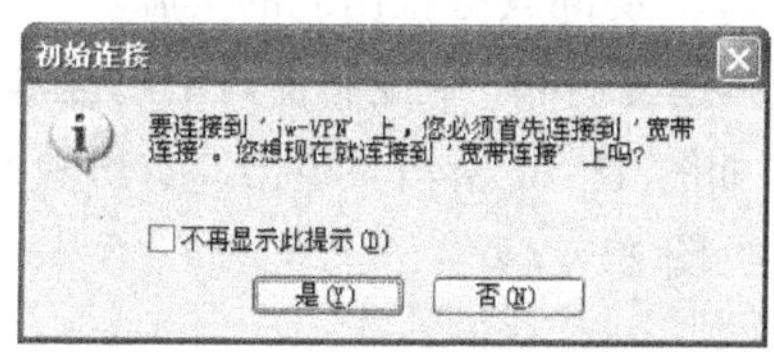

图 11-71　“初始连接”对话框

图 11-72　“连接 jw-VPN”对话框

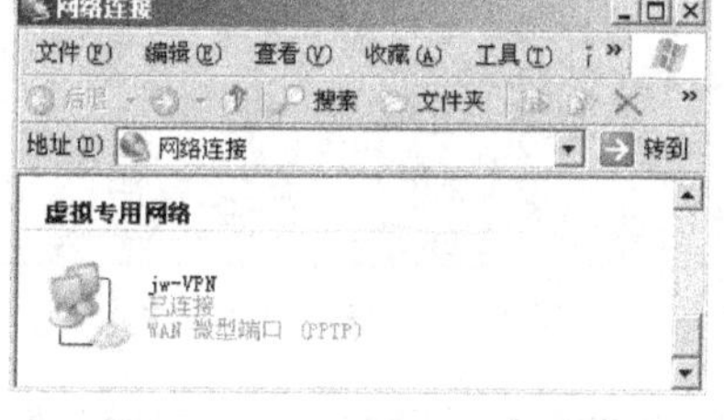

图 11-73　“jw-VPN”连接

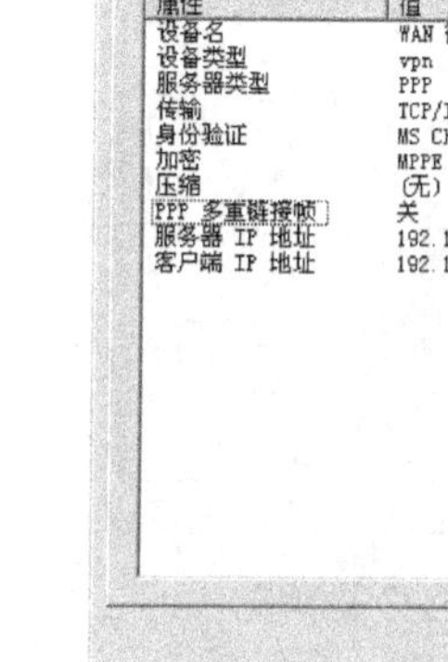

图 11-74　“jw-VPN 状态”对话框的“详细信息”选项卡

（5）打开命令提示符窗口，可以使用“Ipconfig”命令检查 VPN 连接，并使用“Ping”命令测试与内部网服务器的通信情况。

（6）登录 VPN 服务器，打开“路由和远程访问”管理控制台，双击展开远程访问服务器，然后单击“远程访问客户端”，在右侧的控制台窗口中可以看到已经建立的 VPN 连接。

（7）单击“端口”，在右键单击的窗口中可以看到正在使用的 VPN 端口（状态为“活动”），如图 11-75 所示。

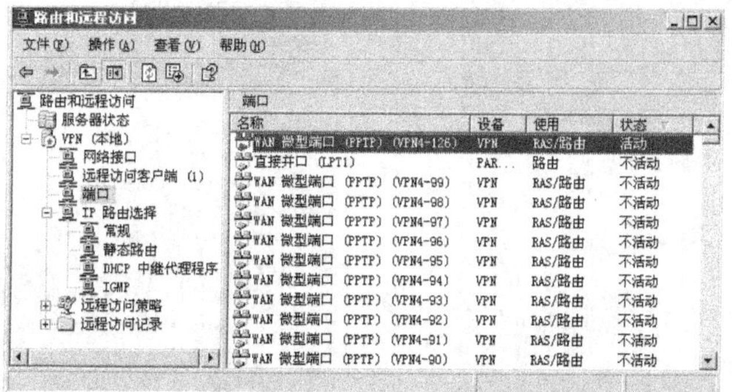

图 11-75　正在使用的 VPN 端口

VPN 客户端连接到 VPN 服务器，建立 VPN 后，就可以与 VPN 服务器通信，也可以与 VPN

服务器那一端的局域网内的计算机通信。

11.3.8 配置验证通信协议

客户端在连接到远程访问服务器时，必须输入用户账户名称与密码，以便用来验证用户的身份。身份验证成功后，用户就可以连接远程访问服务器并访问其有权访问的资源。

远程访问服务器验证方法的选择可通过在“路由和远程访问”主控制窗口中右键单击服务器，在弹出的快捷菜单中选择“属性”→“安全”选项，如图 11-76 所示。单击“身份验证方法”按钮，默认只支持 MS-CHAP、MS-CHAP v2 与 EAP（见图 11-77）。

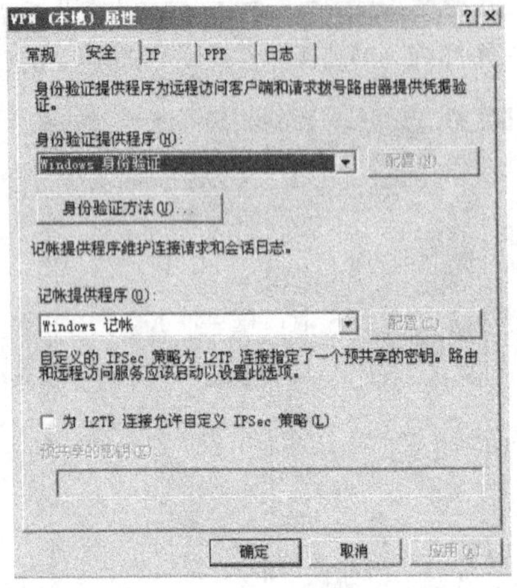

图 11-76 “安全”选项卡

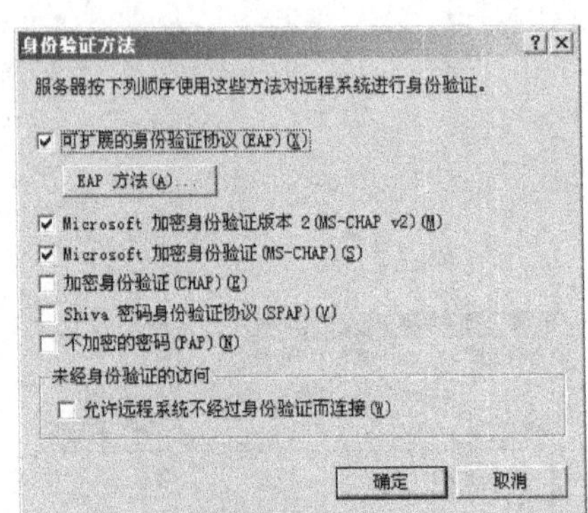

图 11-77 身份验证方法

而客户端的验证方法是右键单击“网上邻居”，在弹出的快捷菜单中选择“属性”选项，然后右键单击“连接”，在弹出的快捷菜单中选择“属性”→“安全”选项，如图 11-78 所示。

可以采用图 11-78 中系统建议的典型设置，或选择“高级（自定义设置）”选项卡，然后单击“设置”按钮来自定义验证方法，如图 11-79 所示。图中的“登录安全措施”用来选择验证的方法，而“数据加密”是用来选择是否要针对信息加密，不过所选择的验证方法必须有信息加密功能，支持信息加密的验证方法有 MS-CHAP、MS-CHAP v2、EAP-TLS，而 PAP、SPAP 与 CHAP 并不支持加密功能。

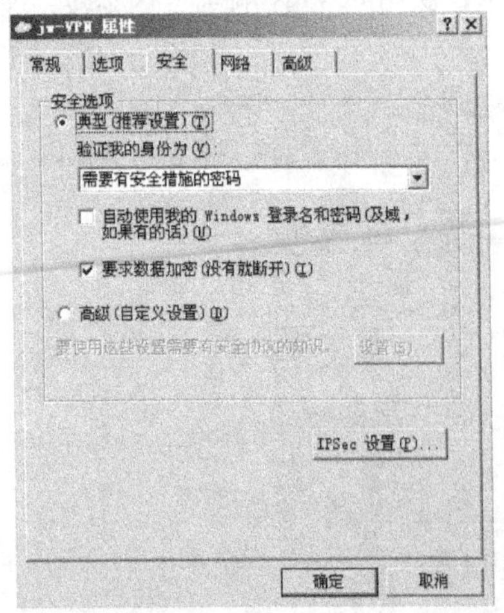

图 11-78 “安全”选项卡

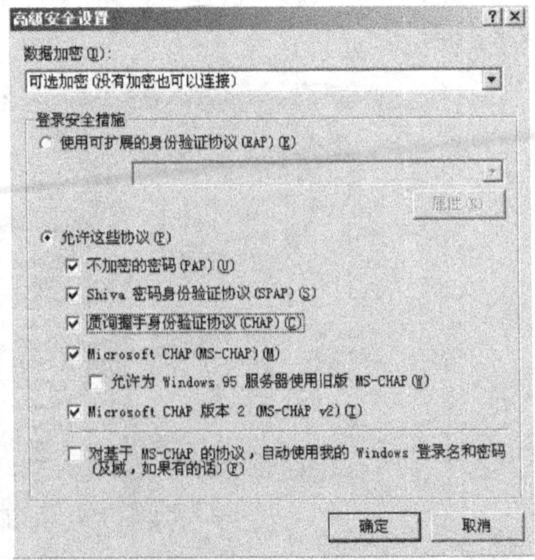

图 11-79 身份验证方法

图 11-79 中最后一个选项表示若采用 MS-CHAP，则自动使用登录计算机或域时的用户名与密码来连接。

11.3.9　配置远程访问策略

用户是否有权利来连接远程访问服务器，是由远程访问策略来决定的。远程访问策略是一组条件和连接设置，使网络管理员在授予远程访问权限时，更具灵活性。远程访问策略具备许多功能，例如它可以限制用户被允许连接的时间；限制只有属于某个组的用户，才可以连接远程访问服务器；限制用户只能够通过指定的媒介来连接，如调制解调器；限制用户只能够使用指定的验证通信协议；限制用户只能够使用指定的信息加密方法。

Windows Server 2003 内建有 2 个远程访问策略，如图 11-80 所示。用户连接进来时，远程访问服务器会先从最上面的策略开始，来对比用户是否符合该策略内所定义的条件，若符合，则会以此策略内的设置来决定用户是否可以连接远程访问服务器；若不符合，则依次对比第 2 个策略、第 3 个策略……只要有一个策略符合，之后的策略就不会再对比了。

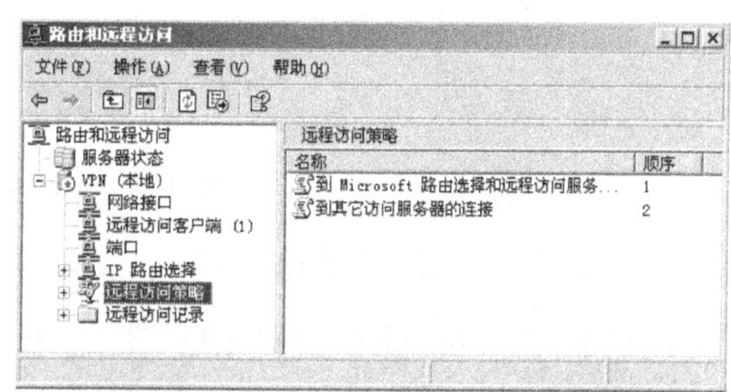

图 11-80　内置的远程访问策略

1. 远程访问策略的元素

远程访问策略的组件包括条件、远程访问权限和配置文件 3 个元素。

（1）条件。远程访问策略条件是与连接尝试设置相对比的一个或多个属性，如连接尝试的时间、Windows 组、客户端 IP 地址等。如果有多个条件，则所有条件都必须与连接尝试的设置匹配，以使连接尝试与策略匹配。

（2）远程访问权限。如果远程访问策略的所有条件都满足，则将授予或拒绝远程访问权限。使用"授予远程访问权限"选项或"拒绝远程访问权限"选项（见图 11-85）可以设置策略的远程访问权限。

可以通过用户账户的拨入属性对每个用户账户授予或拒绝远程访问权限。用户账户拨入属性的远程访问权限（见图 11-59）将会覆盖远程访问策略的远程访问权限。当用户账户拨入属性的远程访问权限被设置为"通过远程访问策略控制访问"时，远程访问策略的远程访问权限将决定是否授予用户访问权限。

用户账户拨入属性的远程访问权限和远程访问策略的访问权限只接受连接中的第一个步骤。连接尝试由用户账户拨入属性和远程访问策略配置文件属性的设置决定。如果连接尝试与用户账户属性或策略配置文件属性的设置不匹配，则将拒绝连接尝试。

（3）配置文件。远程访问策略配置文件是当通过用户账户拨入属性的远程访问权限设置或远程访问策略权限设置而授权连接时应用于连接的一组属性。配置文件由拨入限制、IP、多链路、身份验证、加密和高级等属性组成。

2. 远程访问策略的验证过程

用户是否被允许连接远程访问服务器，要由用户账户的权限设置、远程访问策略的权限设置、远程访问策略配置文件的设置等 3 方面来决定，其详细流程如图 11-81 所示。

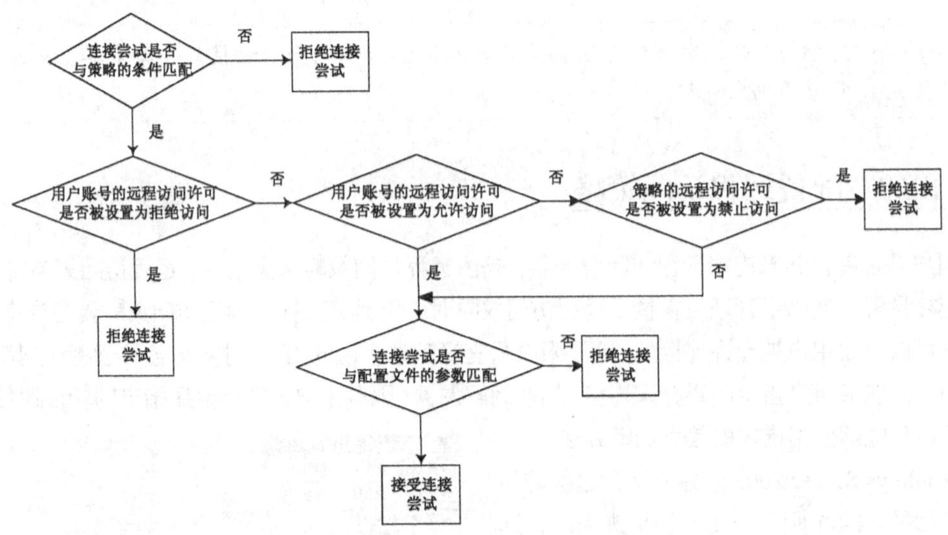

图 11-81　远程访问策略的实施过程

3. 配置远程访问策略

（1）打开“路由和远程访问”管理控制台，在左侧控制台树中双击展开远程访问服务器，选择“远程访问策略”，在右侧窗口中的空白处右键单击，在弹出的快捷菜单中选择“新建远程访问策略”选项。

（2）在打开的“新建远程访问策略向导”对话框中单击“下一步”按钮，将打开“新建远程访问策略向导-策略配置方法”对话框。在此对话框中可以选择使用向导来配置典型策略（默认值）或设置自定义策略（本任务选择此项），同时设置远程访问策略的名称，如图 11-82 所示。

（3）单击“下一步”按钮，将打开“新建远程访问策略向导-策略状况”对话框，如图 11-83 所示，在此对话框中配置远程访问策略条件。单击“添加”按钮，将打开“选择属性”对话框，在此对话框中选择要配置的条件属性，如图 11-84 所示。条件属性添加完成之后，在“新建远程访问策略向导-策略状况”对话框中将能够看到这些条件。

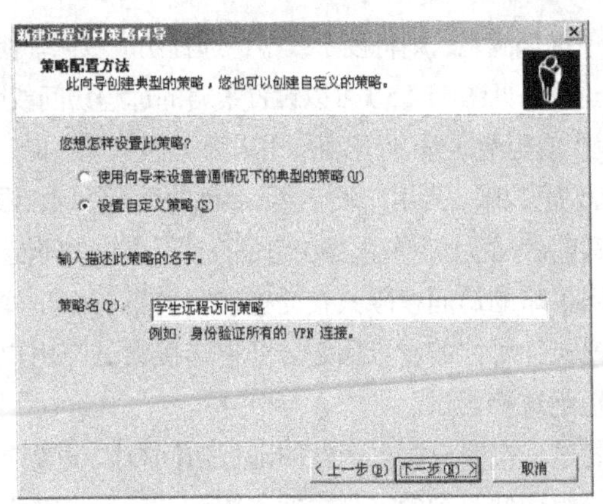

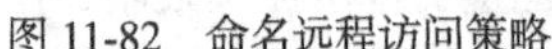
图 11-82　命名远程访问策略

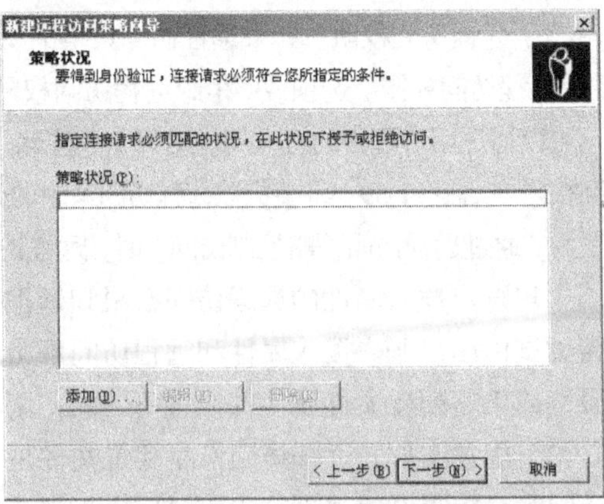

图 11-83　“策略状况”对话框

（4）单击“下一步”按钮，将打开“新建远程访问策略向导-权限”对话框，在此对话框中配置远程访问策略的远程访问权限，如图 11-85 所示。

（5）单击“下一步”按钮，将打开“新建远程访问策略向导-配置文件”对话框，如图 11-86 所示。单击“配置文件”按钮，将打开“编辑拨入配置文件”对话框，如图 11-87 所示。通过“编

辑拨入配置文件”对话框，可以设置远程访问策略的配置文件，设置客户端连接以及断开的时间、客户端的连接方式等。

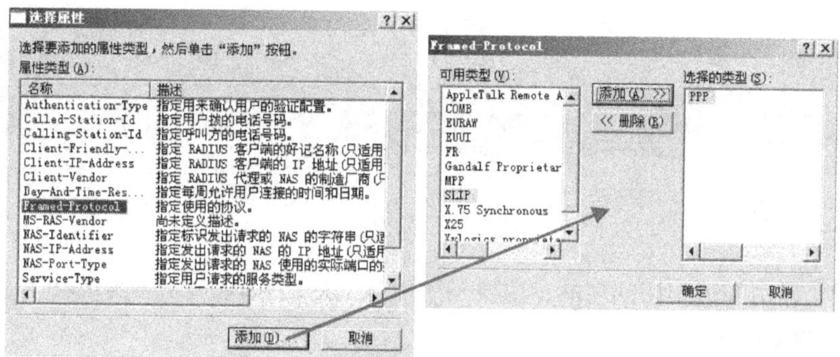

图 11-84　选择属性

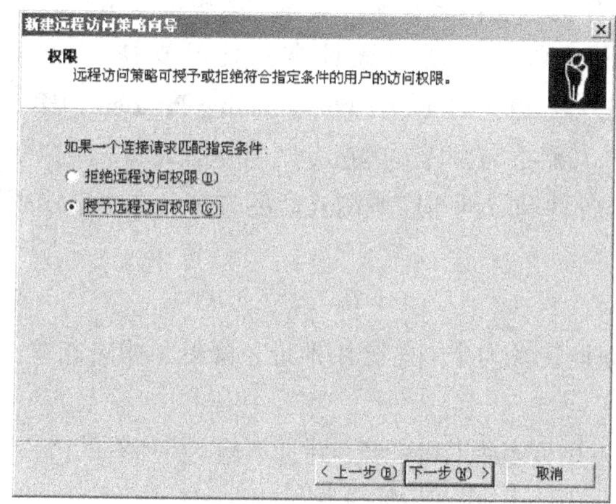

图 11-85　选择权限

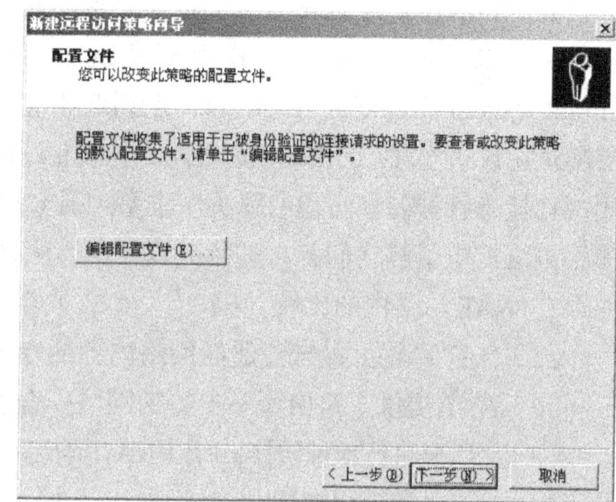

图 11-86　配置文件

（6）单击“下一步”按钮，将打开“新建远程访问策略向导-完成”对话框。单击“完成”按钮返回“路由和远程访问”管理控制台，远程访问策略创建完成，如图 11-88 所示。

（7）在远程访问策略上右键单击，在弹出的快捷菜单中选择“上移”或“下移”选项可以调整

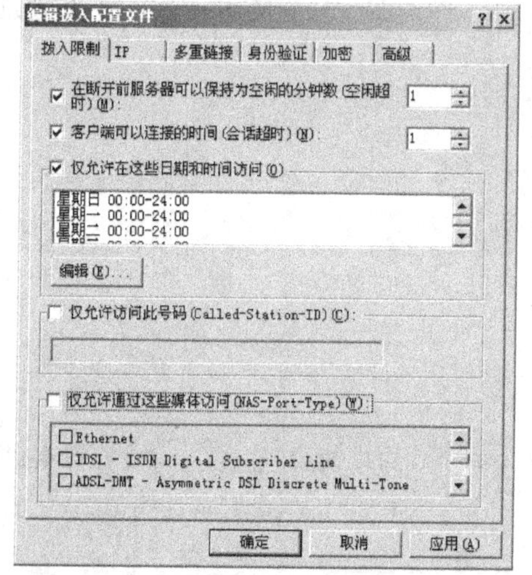

图 11-87　编辑拨入配置文件

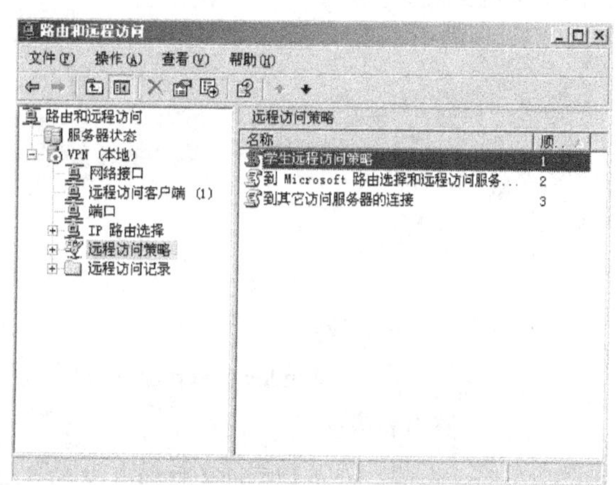

图 11-88　远程访问策略创建完成

其执行顺序；选择“属性”选项可以打开远程访问策略的属性对话框，通过属性对话框，可以对远程访问策略的条件、远程访问权限和配置文件进行配置，配置方法与创建远程访问策略时相同。

小结

本章介绍了路由和远程访问功能，主要是使用 Windows Server 2003 实现 IP 路由、NAT 以及虚拟专用网（VPN）。

VPN 是利用现有的公共设施组建的虚拟的、专用的网络，具有廉价、安全的特点，加强了与远程客户和远程办公室进行 Internet 连接的功能。作为一名网络专家，应该了解虚拟专用网对于网络组织结构的重要性，并了解使虚拟专用网正常工作所应该具有的技术支持：PPTP（Point-to-Point Tunneling Protocol，点到点隧道协议）、L2TP（Layer Two Tunneling Protocol，第 2 层隧道协议），虚拟专用网及安全性、虚拟专用网及其路由与翻译、虚拟专用网与防火墙、虚拟专用网连接等各种疑难问题的解决。本章主要介绍了各种局域网与广域网互联的方法，在决定使用哪种方法前应了解它们各自的特点以及相互区别。

1. NAT 与路由的比较

（1）NAT 可将大量未注册的网络内部的专用地址转换为个别的公用地址，降低了网络成本。

（2）NAT 提供了路由所不支持的网络安全性。

（3）因为要进行地址转换，所以 NAT 要比路由占用更多的网络资源，并且不是支持所有的协议。

2. NAT 与代理服务器

（1）二者都提供地址转换功能且提供网络的安全性。

（2）代理服务器需配置端口，且提供对客户访问数据的缓存功能。

3. NAT 与 Internet 共享

（1）NAT 与 Internet 共享功能相同，只是 Internet 共享的配置简单。

（2）Internet 共享只适用于小型的网络，需要固定的内部 IP 地址，只能使用一个公用 IP 地址，只允许单个内部网络接口。

习题

一、填空题

1. 在 Windows Server 2003 的命令提示符下，可以使用________命令查看本机的路由表信息。

2. VPN 使用的 2 种隧道协议是________和________。

3. RIP 路由器使用的最大跃点计数是________个跃点，达到________个跃点或更

大的网络被认为是不可到达的。

4. Windows Server 2003 提供了________和________两种地址转换的方法。

二、选择题

1. 一台 Windows Server 2003 计算机的 IP 地址为 192.168.1.100，默认网关为 192.168.1.1。下面哪个命令用于在该计算机上添加一条去往 131.16.0.0 网段的静态路由？（　　）

A. route add 131.16.0.0 mask 255.255.0.0 192.168.1.1

B. route add 131.16.0.0 255.255.0.0 mask 192.168.1.1

C. route add 131.16.0.0 255.255.0.0 mask 192.168.1.1 interface 192.168.1.100

D. route add 131.16.0.0 mask 255.255.0.0 interface 192.168.1.1

2. 下列哪一项不是创建 VPN 所采用的技术？（　　）

A. PPTP　　B. PKI　　C. L2TP　　D. IPSec

三、简答题

1. 什么是专用地址和公用地址？

2. 把局域网连接到 Internet 有几种方法？

3. 网络地址转换 NAT 的功能是什么？

4. 简述地址转换的原理，即 NAT 的工作过程。

5. 下列不同技术有何异同？（可参考课程网站上的补充资料）

（1）NAT 与路由的比较

（2）NAT 与代理服务器

（3）NAT 与 Internet 共享

实训

实训 1　配置 NAT 实训

一、实训目的

（1）了解掌握使局域网内部的计算机连接到 Internet 的方法。

（2）掌握使用 NAT 实现网络互连的方法。

二、实训环境及网络拓扑

运用 4 台计算机模拟图 11-89 所示的拓扑结构。

一台计算机充当 NAT 服务器（公有 IP 为 202.162.4.1，私有 IP 为 192.168.0.1），其余充当局域网内的计算机（IP 分别为 192.168.0.2、192.168.0.3 和 192.168.0.4），NAT 服务器能够访问互联网。

要求：配置 NAT 服务器，使局域网中的计算机能够访问互联网的 Web 站点。

三、实训指导

1. NAT 服务器端

硬件安装（接入设备和局域网网卡）和软件

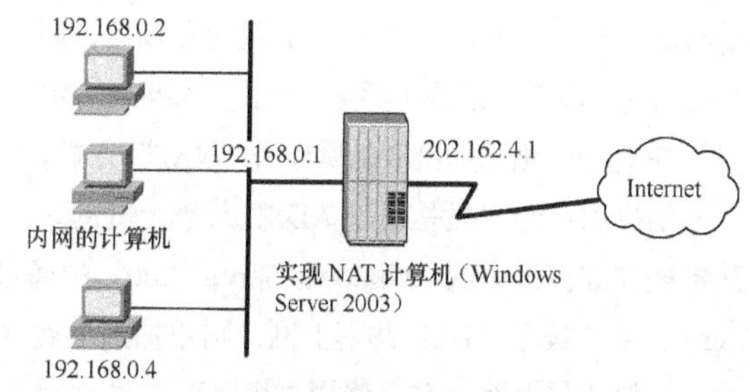

图 11-89　使用 NAT 接入 Internet

配置方法。

2. NAT 客户端的设置

局域网 NAT 客户端只要修改 TCP/IP 的设置即可，可以选择以下两种设置方式。

- 自动获得 TCP/IP。
- 手工设置 TCP/IP。

手工设置 IP 地址要求客户端的 IP 地址必须与 NAT 局域网接口的 IP 地址在相同的网段内，也就是 Network ID 必须相同。默认网关必须设置为 NAT 局域网接口的 IP 地址。本实训中，客户机的 IP 地址是 192.168.0.2，默认网关为 192.168.0.1。

首选 DNS 服务器可以设置为 NAT 局域网接口的 IP 地址（192.168.0.1）或是任何一台合法的 DNS 服务器的 IP 地址。

完成后，客户端的用户只要上网、收发电子邮件、连接 FTP 服务器等，NAT 就会自动通过 PPPoE 请求拨号来连接 Internet。

3. 在工作站中测试

配置完成后，工作站就可以通过配置好的 NAT 服务器连接到 Internet 了。在客户机上，如 IP 地址为 192.168.0.2 的计算机，使用 ipconfig /all 检查配置，然后浏览打开网站，如果能正常打开连网的网站，就证明配置正确，否则要查找原因。

四、在虚拟机中实现共享上网

1. 实训准备条件

安装好 Windows Server 2003 操作系统的虚拟机一台，安装好的 Windows 2000 Professional、Windows XP Professional 的虚拟机各一台。

2. 准备实验环境

要创建该实验环境，首先在此虚拟机的基础上，为每个虚拟机创建一个“克隆”链接。然后在 VMware Workstation 中创建“组”，将创建好的“克隆”链接的虚拟机添加到新建的“组”中，具体步骤请参阅附书的电子文档“虚拟机与 VMware Workstation”（见网站资料）。

（1）关闭所有的虚拟机，编辑组，为 Windows Server 2003 再添加一块网卡，因为共享上网需要两块网卡，一块网卡连接局域网，一块网卡连接 Internet。

（2）单击“编辑组设置”按钮，打开“组设置”对话框，单击“添加适配器”按钮，如图 11-90 所示，为 Windows Server 2003 添加以太网 2。

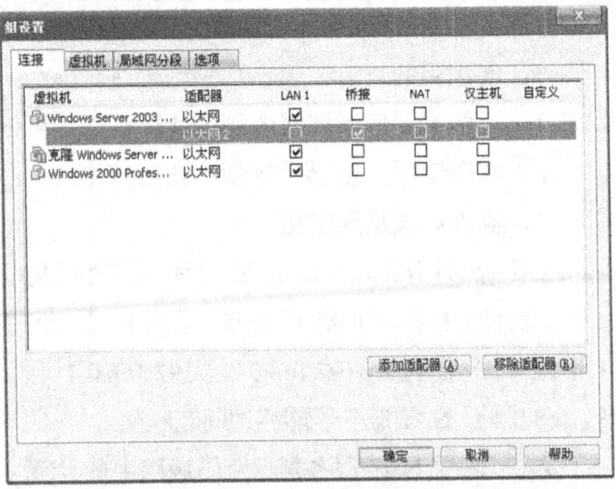

图 11-90　添加适配器的组设置

根据用户连接 Internet 的方式不同，新添加的虚拟网卡的属性与设置也不同。如果主机可以直接上网，如有固定的 IP 地址（不管是局域网还是直接公网地址），并且还有可用的 IP 地址可以使用，则添加的网卡属性可以是“桥接”方式。如果没有可用的 IP 地址，则添加网卡的属性为“NAT”方式。

如果用户的主机是通过 ADSL 共享上网的，又希望在虚拟机中的 Windows Server 2003 中通过 ADSL 拨号方式上网，其他虚拟机通过 Windows Server 2003 拨号 ADSL 共享上网，则添加网卡属性为“桥接”方式。如果不想让 Windows Server 2003 的虚拟机拨号上网，并且使用主机已经拨号上网的 Internet 连接，则虚拟机网卡属性为“NAT”方式。

不管选择哪种方式，都可以根据需要修改每块网卡的属性，以满足需求。

（3）在本次实训中，设置网卡属性为“桥接”方式，在 Windows Server 2003 虚拟机中，可以使用“路由和远程访问服务”中的“NAT”为其他两台虚拟机提供共享上网服务。

3. 在 Windows Server 2003 虚拟机中启用 NAT

在 Windows Server 2003 虚拟机共享上网服务器的配置步骤如下。

（1）启动组，当所有的虚拟机都启动后，进入 Windows Server 2003 虚拟机，等待一会儿，系统会自动为新添加的第二块网卡安装驱动程序，并自动把网卡名称命名为“本地连接 2”，原来的网卡名称则为“本地连接”。

（2）打开“网络连接属性”对话框，把原来的网卡命名为“LAN”，把新添加的网卡命名为“Internet”，如图 11-91 所示。

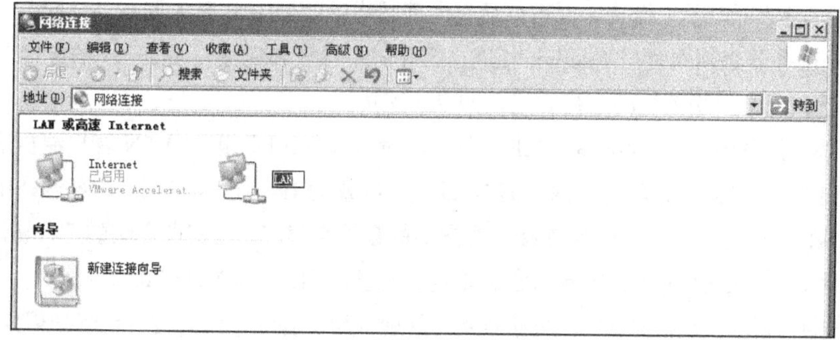

图 11-91　网络连接

（3）设置 LAN 的 IP 地址为 192.168.0.1，连接到 Internet 网卡的 IP 地址为 202.162.4.1、网关地址为 202.162.4.2、DNS 地址为 202.162.4.3。

（4）运行“路由和远程访问”服务，并进行配置。

4. 在工作站中测试

（1）设置工作站的 IP 地址为 192.168.0.2，默认网关为 192.168.0.1，DNS 为 192.168.0.1。

（2）使用 ipconfig /all 检查配置，然后浏览网站，用来测试配置正确与否。

五、实训思考题

（1）什么是专用地址和公用地址？

（2）Windows 内置的使网络内部的计算机连接到 Internet 的方法有几种？是什么？

（3）在 Windows Server 版的操作系统中，提供了哪两种地址转换方法？

六、实训报告要求。

参见第 1 章后的实训要求。

实训 2　远程访问 VPN 实训

一、实训目的

（1）掌握远程访问服务的实现方法。

（2）掌握 VPN 的实现。

二、实训要求

（1）配置并启用 VPN 服务。

（2）配置 VPN 端口。

（3）配置 VPN 用户账户。

（4）配置 VPN 客户端。

（5）建立并测试 VPN 连接。

三、部署需求和环境

1. 部署需求

部署远程访问 VPN 服务应满足下列需求。

（1）使用提供远程访问 VPN 服务的 Windows Server 2003 标准版（Standard）、企业版（Enterprise）和数据中心版（Datacenter）等服务器端操作系统。

（2）VPN 服务器必须与内部网络相连，因此需要配置与内部网络连接所需要的 TCP/IP 参数（专用 IP 地址），该参数可以手工指定，也可以通过内部网络中的 DHCP 服务器自动分配。

（3）VPN 服务器必须同时与 Internet 相连，因此需要建立和配置与 Internet 的连接。VPN 服务器与 Internet 的连接通常采用较快的连接方式，如专线连接。

（4）合理规划分配给 VPN 客户端的 IP 地址。与拨号远程访问相同，VPN 客户端在请求建立 VPN 连接时，服务器也需要为其分配内部网络的 IP 地址。配置的 IP 地址也必须是内部网络中不使用的 IP 地址，地址的数量根据同时建立 VPN 连接的客户端的数量来确定。本实训介绍的远程访问 VPN 部署，使用静态 IP 地址池为远程访问客户端分配 IP 地址，地址范围采用 192.168.0.41 ~ 50。

（5）客户端在请求 VPN 连接时，服务器要对其进行身份验证，因此应合理规划需要建立 VPN 连接的用户账户。

2. 部署环境

本实训将根据图 11-92 所示的环境来远程访问 VPN。

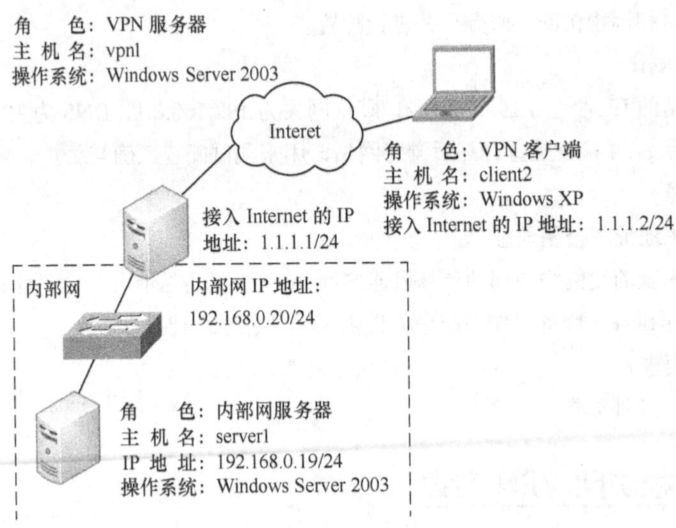

图 11-92　远程访问 VPN 示意图

四、实训指导

1. 配置并启用 VPN 服务

（1）使用具有管理员权限的用户账户登录到要配置并启用 VPN 服务的计算机 vpn1。

（2）配置到内部网和到 Internet 的连接，确保正常连接。为了方便说明，本实训将到内部网的连接

命名为 LAN，并按照部署环境将 IP 地址设置为 192.168.0.20/24；将到 Internet 的连接命名为 Internet，并按照部署环境将 IP 地址设置为 1.1.1.1/24。

（3）参考教材中的相关步骤，打开“路由和远程访问服务器安装向导-远程访问”对话框。

（4）在该对话框中选择“VPN”单选项，然后单击“下一步”按钮，打开“路由和远程访问服务器安装向导-VPN 连接”对话框。在此对话框中选择 VPN 服务器到 Internet 的连接，并清除“通过设置静态数据包筛选器来对选择的接口进行保护”复选框。

提示

- 选中“通过设置静态数据包筛选器来对选择的接口进行保护”选项时（默认被选中），可以通过设置数据包筛选器来限制与 Internet 接口的通信，阻止不需要的连接。由于远程访问 VPN 客户端的位置相对不固定，而数据包筛选器是静态的，这就给 VPN 的实现带来不便，因此本实训中清除了对该选项的选择，不使用数据筛选器。
- 如果需要设置数据包筛选器，则可以在 VPN 服务器配置并启用成功之后，打开“路由和远程访问”对话框，展开 VPN 服务器，再展开“IP 路由选择”目录树，并选择“常规”选项；然后在右窗格中右键单击 VPN 服务器与 Internet 连接的接口，在弹出的快捷菜单中选择“属性”选项，打开接口属性对话框。通过该对话框中的“入站筛选器”和“出站筛选器”按钮可以设置数据包筛选器。

（5）在“路由和远程访问服务器安装向导-VPN 连接”对话框中单击“下一步”按钮，打开“路由和远程访问服务器安装向导-IP 地址指定”对话框，选择“来自一个指定的地址范围”单选按钮。

（6）单击“下一步”按钮，打开 “路由和远程访问服务器安装向导-地址范围指定”对话框；单击“新建”按钮，打开“新建地址范围”对话框，在此对话框中指定要分配给 VPN 客户端的 IP 地址范围 192.168.0.41 ~ 50。

（7）单击“确定”按钮返回“路由和远程访问服务器安装向导-地址范围指定”对话框。单击“下一步”按钮，打开“路由和远程访问服务器安装向导-管理多个远程访问服务器”对话框。

（8）单击“下一步”按钮，打开“路由和远程访问服务器安装向导-完成”对话框。单击“完成”按钮，将打开有关在通过 DHCP 服务器为远程访问客户端分配 IP 地址时必须配置 DHCP 中继代理的提示对话框。单击“确定”按钮，将启用 VPN 服务。

2. 配置 VPN 端口

（1）使用具有管理员权限的用户账户登录远程访问服务器。

（2）打开“路由和远程访问”对话框，在左窗格中双击展开服务器，然后右键单击“端口”图标，在弹出的快捷菜单中选择“属性”选项，打开“端口属性”对话框。双击“WAN 微型端口（PPTP）”或“WAN 微型端口（L2TP）”图标，打开“配置设备”对话框，在此对话框中可以配置端口的用途和数量（默认为 128 个 PPTP 端口和 128 个 L2TP 端口）。

（3）单击两次“确定”按钮，完成端口配置。

3. 配置 VPN 用户账户

（1）系统默认所有用户都没有拨号连接 VPN 服务器的权限，必须另行开放权限给用户。

（2）执行“管理工具”→“计算机管理”→“本地用户和组”命令，双击需要远程拨入的用户的图标，在“拨入”选项卡中开放相应的权限，如图 11-93 所示。

4. 配置拨号远程访问用户账户的选项及说明

（1）在图 11-93 中，“远程访问权限（拨入或 VPN）”选项区域用于确定用户是否可以建立远程访问连接。在默认情况下，远程访问服务器在进行身份验证时，将首先检查客户端提供的用户账户和密码是否符合远程访问策略的条件。如果不符合，则拒绝连接；如果符合，则将检查此处设置的远程访问权限。

- “允许访问”：允许用户建立远程访问连接。
- “拒绝访问”：拒绝用户建立远程访问连接。
- “通过远程访问策略控制访问”：通过远程访问策略来控制用户是否可以建立远程访问连接。如果选中此选项，服务器将再次检查符合条件的远程访问策略，根据远程访问策略来确定用户是否可以建立远程访问连接。

默认情况下，用户账户的远程访问权限被设置为“通过远程访问策略控制访问”。实训中将远程访问权限设置为“允许访问”。

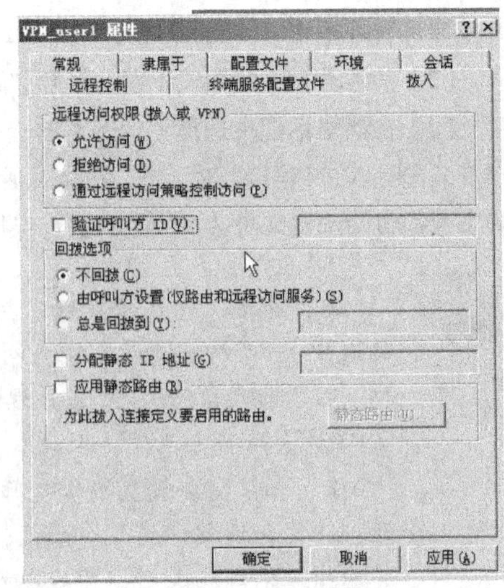

图 11-93　“拨入”选项卡

（2）验证呼叫方 ID。如果启用了“验证呼叫方 ID”选项，服务器将验证呼叫客户端的电话号码。如果呼叫客户端的电话号码与此处配置的电话号码不匹配，连接尝试将被拒绝。

呼叫方 ID 必须受呼叫客户端、呼叫方与远程访问服务器之间的电话系统以及远程访问服务器支持。如果配置了呼叫方 ID 电话号码，但不支持呼叫方 ID 信息从呼叫客户端到拨号远程访问服务器的传递，则连接尝试将被拒绝。

呼叫方 ID 功能的设计给远程访问者提供了更高级别的安全性。配置呼叫方 ID 的缺点在于用户只能从特定的电话线路拨入。

（3）回拨选项。如果启用了回拨功能，则远程访问服务器在收到用户的访问请求并通过身份验证后，将挂断连接，然后再回拨呼叫方重新建立连接。服务器回拨时使用的电话号码由呼叫方或管理员设置。

启用回拨有 2 个优点。

- 有利于控制和降低费用。回拨时，拨号费用将统一由总部来支出。如果客户端所在地的拨号费用高于服务器所在地，则通过回拨可以在一定程度上节约拨号费用。
- 提高安全性。通过回拨到设定的电话号码，可以保证此用户确实为可以远程访问的合法用户，而非未授权的用户。

回拨设置包括下列 3 个选项。

① “不回拨”：不启用回拨功能，服务器将不回拨客户端。

② “由呼叫方设置”：虽然选择此选项并不能提供真正的安全功能，但是对于从不同位置使用不同电话号码呼叫的客户端来说，它是有用的，可以控制和降低拨号费用。如果使用此选项，当远程访问服务器收到用户连接呼叫并通过身份验证之后，在发起呼叫的客户端将会出现“回拨”对话框；用户需要输入当前的回拨号码，该号码将发送到服务器；服务器收到号码后会挂断连接，然后进行回拨。

- “总是回拨到”：回拨到指定的电话号码。

（4）指派静态的 IP 地址。在以当前用户账户建立远程访问连接时，服务器可以使用此选项为请求连接的客户端指派特定的静态 IP 地址。

（5）应用静态路由。可以使用此选项定义一系列静态 IP 路由，这些路由在建立连接时被添加到运行路由和远程访问服务的服务器的路由列表中。此选项在配置请求拨号路由时使用。

5. 配置 VPN 客户端

（1）使用具有管理员权限的用户账户登录需要进行 VPN 连接的客户端。

（2）配置到 Internet 的连接，确保与 VPN 服务器正常通信。

（3）打开“新建连接向导-网络连接”对话框，选择“虚拟专用网络连接（V）”单选按钮。

（4）单击“下一步”按钮，打开“新建连接向导-连接名”对话框，输入连接配置文件的名称，如“To-VPN1”。

（5）单击“下一步”按钮，打开“新建连接向导-VPN 服务器选择”对话框，在此对话框中设置要连接的 VPN 服务器，可以是 IP 地址，也可以是域名。

（6）单击“下一步”按钮，打开“新建连接向导-可用连接”对话框，选择“任何人使用”单选按钮。

（7）单击“下一步”按钮，打开“新建连接向导-完成”对话框。单击“完成”按钮，将打开“连接”对话框，则 VPN 连接的配置文件创建完成。

6. 建立并测试 VPN 连接

（1）使用具有管理员权限的用户账户登录需要进行 VPN 连接的 VPN 客户端。

（2）打开“连接”对话框，输入建立 VPN 连接的用户账户和密码，单击“拨号”按钮，将开始建立 VPN 连接，连接成功之后，在状态栏将出现已连接的提示。

（3）单击该提示，打开连接状态对话框，单击“详细信息”按钮，可以查看 VPN 连接的详细信息。

（4）打开命令提示符对话框，对远程访问连接进行检查和测试，测试结果如下。

① 检查 VPN 连接。

```
C:\>ipconfig
Ethernet adapter 本地连接:
    Connection-specific DNS Suffix.:
    IP Address..........: 1.1.1.2
    Subnet Mask.........: 255.255.255.255
    Default Gateway........:
PPP adapter To-VPN1:
    Connection-specific DNS Suffix.:
    IP Address..........: 192.168.0.42
    Subnet Mask.........: 255.255.255.255
    Default Gateway........: 192.168.0.42
```

② 尝试与内部网服务器通信，以测试 VPN 连接。

```
C:\>ping 192.168.0.19
Pinging 192.168.0.19 with 32 bytes of data:
Replay from 192.168.0.19:Bytes=32 time=4ms TTL=128
…（省略部分显示信息）
```

（5）使用具有管理员权限的用户账户登录远程访问服务器，打开“路由和远程访问”对话框，双击展开远程访问服务器图标，然后选择“远程访问客户端”选项，在右窗格中可以看到已经建立的 VPN 连接。

（6）选择“端口”选项，在右窗格中可以看到正在使用的 VPN 端口（状态为“活动”）。

五、实训思考题

（1）什么是 VPN？简述其工作原理。

（2）如何配置 VPN 端口？

（3）如何配置 VPN 用户账户？

（4）如何测试 VPN 连接？

六、实训报告要求

参见第 1 章后的实训要求。

综合实训 1

1. 实训场景

假如你是某公司的系统管理员，现在公司要做一台文件服务器。公司购买了一台某品牌的服务器，在这台服务器内插有 3 块硬盘。

公司有 3 个部门——销售、财务和技术。每个部门有 3 个员工，其中一名是其部门经理，另两名是副经理。

2. 实训要求

（1）在 3 块硬盘上共创建 3 个分区（盘符），并要求在创建分区的时候，使磁盘实现容错的功能。

（2）在服务器上创建相应的用户账号和组。

命名规范，如用户名：sales-1、sales-2……组名：sale、tech……

要求用户账号只能从网络访问服务器，不能在服务器本地登录。

（3）在文件服务器上创建 3 个文件夹，分别存放各部门的文件，并要求只有本部门的用户能访问其部门的文件夹（完全控制的权限），每个部门的经理和公司总经理可以访问所有文件夹（读取）。另创建一个公共文件夹，使得所有用户都能在里面查看和存放公共的文件。

（4）每个部门的用户可以在服务器上存放最多 100MB 的文件。

（5）做好文件服务器的备份工作以及灾难恢复的备份工作。

3. 实训前的准备

进行实训之前，完成以下任务。

（1）画出拓扑图。

（2）写出具体的实施方案。

4. 实训后的总结

完成实训后，进行以下工作。

（1）完善拓扑图。

（2）修改方案。

（3）写出实训心得和体会。

综合实训 2

1. 实训场景

假定你是某公司的系统管理员，公司内有 500 台计算机，现在公司的网络要进行规划和实施，现有条件如下：公司已租借了一个公网的 IP 地址 100.100.100.10，和 ISP 提供的一个公网 DNS 服务器的 IP 地址 100.100.100.200。

2. 实训基本要求

（1）搭建一台 NAT 服务器，使公司的 Intranet 能够通过租借的公网地址访问 Internet。

（2）搭建一台 VPN 服务器，使公司的移动员工可以从 Internet 访问内部网络资源（访问时间：09:00—17:00）。

（3）在公司内部搭建一台 DHCP 服务器，使网络中的计算机可以自动获得 IP 地址访问 Internet。

（4）在内部网中搭建一台 Web 服务器，并通过 NAT 服务器将 Web 服务发布出去。

（5）公司内部用户访问此 Web 服务器时，使用 https；在内部搭建一台 DNS 服务器，使 DNS 能够解析此主机名称，并使内部用户能够通过此 DNS 服务器解析 Internet 主机名称。

（6）在 Web 服务器上搭建 FTP 服务器，使用户可以远程更新 Web 站点。

3. 实训前的准备

进行实训之前，完成以下任务。

（1）画出拓扑图。

（2）写出具体的实施方案。

注意

在拓扑图和方案中，要求公网和私网部分都要模拟实现。

4. 实训后的总结

完成实训后，进行以下工作。

（1）完善拓扑图。

（2）修改方案。

（3）写出实训心得和体会。

参考文献

[1] 刘晓辉. 网络服务器搭建与管理[M]. 北京：电子工业出版社，2006.

[2] 刘淑梅等. Windows Server 2003 组网技术与应用详解[M]. 北京：人民邮电出版社，2006.

[3] 杨云. 计算机网络技术与实训[M]. 北京：中国铁道出版社，2006.

[4] 王隆杰等. Windows Server 2003 网络管理实训教程[M]. 北京：清华大学出版社，2006.

[5] 唐涛等. Windows Server 2003 应用教程[M]. 北京：清华大学出版社，2006.

[6] [美]Mark Minasi 等. Windows Server 2003 从入门到精通[M]. 北京：电子工业出版社，2004.

[7] 平寒，于静，郭娟等. Windows Server 2003 配置管理项目实训教程[M]. 北京：中国水利水电出版，2009.